5G與高速電路板

5G and High Speed PCB / Carrier

白蓉生 編著

台灣電路板產業學院
Taiwan PCB Institute

理事長序

　　科技進步改變了人類生活型態，從教育、醫療、交通、娛樂，均因為新科技帶來截然不同的互動。行動通信也隨著頻譜的釋出與數據傳輸的技術升級，讓手機具備更多智慧功能，為人類生活帶來更多便利性。

　　進入萬物皆聯網的時局，面對第五代移動通信世代（5G）商轉多年，因傳輸速度更快、高頻寬、高密度及低延遲等特性，而有利發展大數據、人工智慧、物聯網等服務，也進階了帶動高品質視聽娛樂、智慧醫療、智慧工廠、自駕車、無人機、智慧城市等加值創新應用。

　　5G世代刺激通訊PCB需求，手機板的製造水準要求也越來越高，白蓉生資深技術顧問於本書中對5G名詞定義、術語、製程新材料、雲端運算、光通訊模塊、電路板失效分析等也做了精闢的解說，搭配大量高清的彩圖。自2013年首拆i5手機發表於季刊，後續又針對每一代之iPhone之技術與其獨特性做介紹（i8除外），讓讀者能於書本中瞭解手機板工藝的進步，以及電路板未來製程、新材料的新知識。

　　後疫情時代下，企業與民眾必須適應遠距和零接觸的工作與生活型態。遠距辦公、企業數位轉型已成為日常。對於電子產品、聯網需求攀升，促使5G相關投資大幅提升，積極整備以利未來5G創新技術與產品之研發，電路板產業攜手終端共同打造創新應用產品及服務。希冀在5G世代能研發出具台灣產業優勢之產品系統、次系統、元件、創新應用。

　　5G世代的來臨，不只產業面臨改變，各式的創新智慧運用也會將許多想像變成真實，為現代人的生活型態帶來重大變革。為迎接新時代來臨，政府正積極加速推動5G基礎建設，營造友善5G發展的環境，強化我國既有的產業優勢，讓台灣朝向智慧國家邁開步伐。

台灣電路板協會　理事長

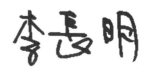

2022.4.15

自序

第5代行動通訊的5G是從2020年全球逐漸開始的，5G各種電子產品中智慧型手機不但產量產值全球居首外，其手機板的精密製造與複雜高難度組裝更非其他電子產品所能比擬。而各種品牌手機的龍頭又非iPhone而莫屬，例如P.229可見到iPhone12的20層主板，其頂面10層板朝內的兩大模塊，與底面8層板另一模塊之間，其間距只有7.5mil兩根頭髮的粗細而已，不得不佩服其設計與量產之精準與困難，於是筆者將本書18章460頁的格局中動用了四整章(3,12,13,14)，共66頁與400張切片高倍彩圖搭配小心成文。讀者須知筆者所做微切片的試樣全都是從最新上市所買來的新機，利用Olympus的STM-6與STM-7跨越7年的兩代工具顯微鏡，所逐一取得上萬張的高倍彩圖中再三精選的圖像成文成書。取像過程中不但要小心製作切樣，還要長時間緊盯螢光幕，對80多歲的老花眼而言確實是一種需要毅力的折磨，然而在每季期刊的使命下又只能面臨挑戰無可迴避。如今整理成書時還須另外加把勁校稿糾錯與重編才能付梓。

本書除對5G終端用最大量的手機高難度技術深入探討外，也還對5G雲端資料中心與基站用的HLC厚大板，與精密軟板以及高速板材另加著墨。讀者須知各類5G電子產品市場台灣早已成為全球的魁首，而台灣四大兆元電子產業的護國群山(晶片,封裝,伺服器,電路板)中，各種伺服器與其厚大板更占有全球70%以上的份額，於是書內又加入與終端手機板完全不同雲端技術的許多資料，如基站應設法避免PIM雜訊等，如此才不致對5G高速傳輸有所偏頗。

高速5G一旦進入長途遠距的傳輸時除了微波以外，還需用到光纖光纜的光傳輸。由於光傳輸不但比電傳輸更便宜外，而且更重要的是光傳輸全無電傳輸的多種負面效應(串擾、損耗、雜訊、衰減等)，因而『光傳輸』已成為5G電路板繞不過去高速訊號的全新載具。於是本書又加第七章的光通訊與光電互相轉換用特殊的PCB『光模塊』，此等高速板類面積雖小但其PAM4技術難度卻極高，成為目前業界的全新挑戰。

筆者雖然年事已高眼力已差，但20年來每日面對的卻是精密顯微的『失效分析』(Failure Analysis)，因而書中又加入了十五與十六兩章的5G失效分析，共用52頁的兩章其各種彩圖達500張之多，如此眾多切片圖主要都在說明銅前酸首先鍍出鬆散的沙銅，與其所造成盲銅脫墊與深通孔ICD。此外就是深盲孔與深通孔清洗不的黑殘鈀與紅化銅，此二鬆散銅層才是折磨業界多年的惡魔。為了讓讀者揚棄錯誤電鏡與普通光鏡不真實圖像的誤導，與減少對500張圖像細讀的障礙下，筆者即在序言中破例排入一張3000倍的清楚彩色切片圖，並在圖內加註文字，希望能破除一些對高檔光鏡缺乏認知而只迷信電鏡的業者們有所警覺，原來清洗不只才是濕流程目前最大的困難。進入5G的電路板與載板的領域，各種失效分析只要放大到2000倍所有的妖魔鬼怪都將無所遁形。其實絕大部份失效分析，幾乎全然無需用到又貴不看不清楚全局的黑白電鏡，當然前提是要會做到位FA級切樣才行。這正是自視甚高的老外客戶與一般高學歷業者們的痛點所在。

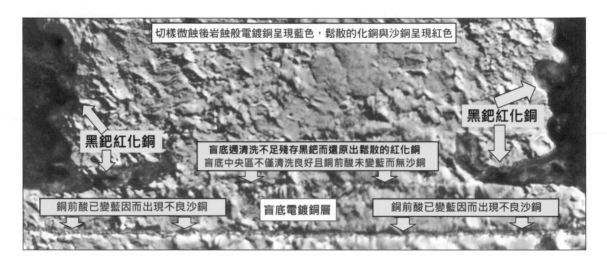

除了上述多種實體產品的硬體工程外，本書還納入了筆者十餘年來做為教材講義的『訊號完整性』，重新整理成為共122頁的另類文章做為附錄。事實上高速傳輸的方波訊號，其原理不但比PCB本身技術更為複雜而且進步還更快，筆者刻意將PCB製程技術與板材特性加入到高速訊號傳輸之中，使整體系統中的高速傳輸在原理與實務方面更趨完善，此種整合應為學界業界前所少見。筆者斗膽跨行謬誤必多尚盼高明指正。本書付梓之際正是84歲筆者白內障手術的前夕，期盼復原後還能繼續切片與執筆為文。

台灣電路板協會　技術顧問

2022.4.22

目 錄
contents

第一章 現行高速厚大板的全新面貌

1-1 前言

　　厚大板High Layer Count PCB（簡稱HLC）一向為各種大型電腦或通信基地等大型機箱中的主角，其可靠度之重要性自非一般個人電子品或普通商用電子品所能比擬。且在各種訊號傳輸速度愈來愈快的壓力下，使得現行高速厚大板的設計原理與板材匹配與品質要求又更遠勝於前。筆者先前文章多半著重在市場最大量輕薄短小的手機板與封裝載板，原因是資料來源頗多信手捻來不多思索所促成。對正在流行的LED大型看板或LED大型舞台之特殊PCB則全未著墨，當然也是筆者全無機會接觸到這類新式中型板的緣故。至於厚大板則已累積了近5年來產品約五千張的切片圖，因而本章即專寫厚大板的全新面貌。

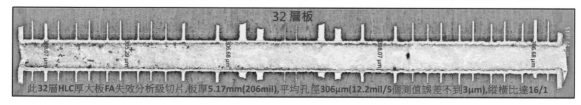

此32層HLC厚大板FA失效分析級切片，板厚5.17mm(206mil)，平均孔徑306μm(12.2mil/5個測值誤差不到3μm)，縱橫比達16/1

1-2 厚大板的背鑽

1-2-1 厚大板為何要背鑽Back-drill？

　　當低工作電壓的高速方波在厚大板中需要換層繼續傳輸時，則必須要用到通孔的孔銅壁與孔環的互連。此等高縱橫比的深通孔實際上只會用到局部孔銅而已。其餘無用的孔銅殘樁（Via Stub）還必須加以移除，否則在高速傳輸中就會呈現如天線般的響應而帶來許多雜訊。而且高速厚大板還要把功能孔中許多無功能的孔環去除，以減少工作中寄生電容所產生的插損（Insertion Loss，即S_{21}）。通常要求的Stub不可超過10mil，更嚴格者不可超越5mil。

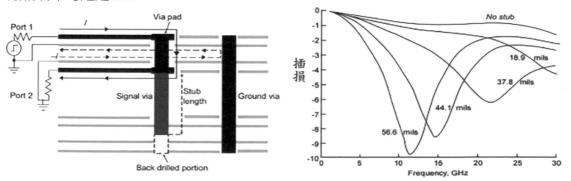

圖1.上左圖紅色孔壁即為Via Stub孔銅殘樁，右上圖說明所留下殘樁長度會在某種頻率下造成插損的比較，殘樁長則插損大，全無殘樁者則幾無插損了。

1-2-2 背鑽殘樁與天線

　　厚大板有功能的通孔，其功能環以外的殘樁必須盡可能的移除，以減少形成天線的麻煩。由於天線微小能量會在兩大銅面間出現放大作用那就更麻煩了。

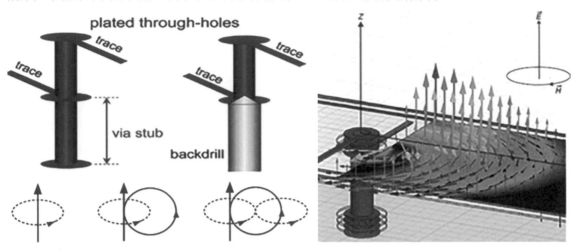

圖2.上左說明理想的背鑽希望完全不留殘樁，但實做上卻有難度。通常定深背鑽的原理以電感式的設定法為主，其殘樁長度則依客戶實際需求而訂定。左下及右圖說明高速傳輸中完全不做背鑽的殘樁會成為高速訊號部份電磁波能量射出的出口，有如天線般的作用，並還會在兩大銅面間出現再放大的現象。

1-2-3 為何厚大板的深孔只需局部背鑽？

　　早年的厚大板幾乎都是深孔全環的設計，所保留的全環並非每個孔環都有跑訊號或接地的功能。凡有功能者須再從孔環向外延伸訊號線或連接大銅面，無功能孔環則尚可另做抓牢板材之用，以減少爆板與孔銅被拉離（Pull Away）的後患。此處所列上圖即為早先厚大板採深孔全環的畫面。現行的厚大板的功能孔則只留下有用的內環，如下圖上孔有訊號從L1通到L13，其餘L14到L22的無用孔銅（稱為Stub或Via Stub）則必須鑽掉，以減少成為天線的煩惱。此圖下半無功能通孔則共搭配了14個無用的超大孔環，目的就是為了增加對板材的抓地力。

1-2-4 厚大板多次強熱後銅導體與板材會產生嚴重的變形

　　目前客戶對厚大板可靠度的基本要求是6次回焊或3次漂錫，甚至8次回焊或3次漂錫。之後不可出現外層浮環（Lifted Annual Ring）與孔銅壁的拉離（Pull Away）。這就是為什麼厚大板材不得不拉高Tg到180，以減少Z膨脹的主要原因。然而即使如此的高Tg仍然會出現板內各種銅導體與基材間頗多局部的脆性開裂。

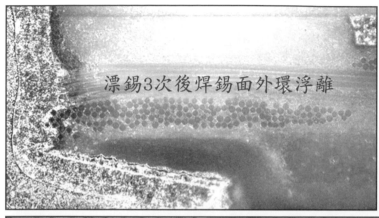

1-2-5 背鑽後殘樁的規格

　　現行背鑽所剩餘的孔銅殘樁stub不可超過10mil（250μm），所列左上圖背鑽後直接量測所剩的兩側殘樁均在6mil左右，堪稱定深鑽孔之技術高明。左下圖則為背鑽後再將畫面兩殘樁蝕刻掉一些才達到172μm的成績。右列兩圖說明背鑽又經6次回焊造成孔環被向下拉斜與ICD，原因是孔環上下板材多寡不均多次漲縮差異累積所致。

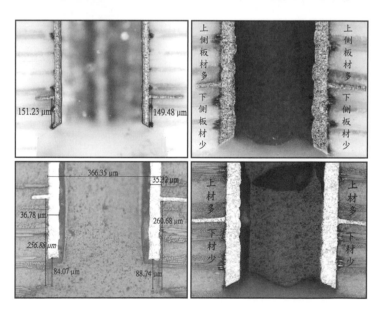

1-2-6厚大板清洗不足造成化學銅與重氧化的ICD

　　厚大板深通孔徹底清洗並不容易，即使較方便清洗的酸性錫鈀膠體，一旦在眾多孔環（尤其是厚環）的側銅面上留有殘鈀時，則必然會沉積上鬆散的化學銅。不幸此種看似無關緊要的ICD又處於背鑽孔環與後續多次強熱者，將有被拉裂的危險。下右厚環側面的ICD為全無黑鈀的重氧化並非化學銅。

厚大板高縱橫比深通孔槽液處理後的市水沖洗與純水再洗並不容易

1-2-7 厚大板深清洗不足背鑽後多次強熱造成化銅式的ICD

　　背鑽後的空板為了保證下游多次組裝焊接的可靠度起見，一般客戶要求至少須經6次強熱（以回焊為主）嚴酷折磨後其背鑽處不可發生ICD（InnterConnecting Defect）。一般通孔銅壁與孔環的ICD可分為三種：①殘餘膠渣 ②不良沙銅 ③化學銅。而背鑽處的孔環由於上下兩側板材多寡差異頗大以致Z脹不均，製程管控欠佳者經常過不了多次強熱後的電測。右列四張放大3,000倍的畫面可清楚見到背鑽孔環的ICD是源自鬆散化銅的拉裂。根本原因是出於酸性鈀處理深孔後清洗不足，造成化學銅竟然在孔環側壁殘鈀處，不該沉積而沉積，進而遭到多次強熱而拉裂。

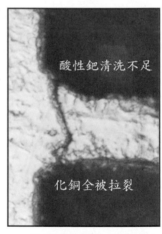
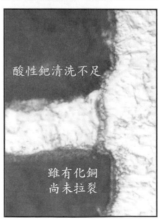

1-2-8 背鑽殘樁板材不足強熱後拉斜孔環

背鑽後餘銅殘樁（Stub）外之板材不足，多次強熱脹縮不均必然造成該孔環被拉斜，一旦出現ICD（膠渣、沙銅、化銅）者將呈現互連不良過不了電測的災難。現行厚大板已很少出現膠渣卻經常出現鬆散的沙銅與化銅。沙銅出自銅前酸而化銅則來自深孔清洗不足的殘鈀。本案例即為殘鈀化銅所引發的失效。

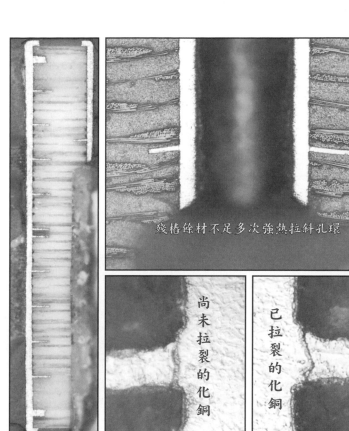

殘樁餘材不足多次強熱拉斜孔環

尚未拉裂的化銅

已拉裂的化銅

1-2-9 深孔各種槽液處理後的市水首先沖洗非常重要

當深通孔縱橫比超過15/1或口徑低於3mil的超小盲孔，由於各種槽液處理後的清洗困難，經常會出現不良沙銅或殘鈀引發的化學銅，兩者均將造成通孔背鑽處孔環多次強熱後的拉裂，或填銅盲孔多次強熱後的脫墊。真正的原因是各種槽液都已加了潤溼劑得以降低表面張力容易進孔，但隨後的水洗卻不易進孔不易全數帶走殘存槽液，有時連容易洗的酸性鈀製程都會出現殘鈀與化銅的可靠度問題。正確的水洗法是先用市水徹底沖洗然後再用純水把市水移除才對。

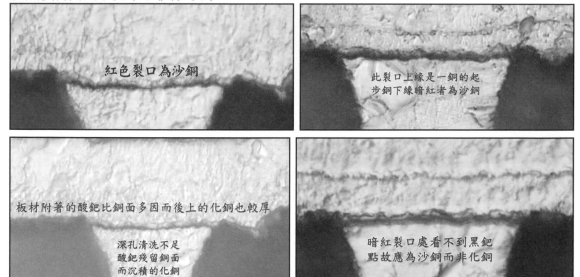

紅色裂口為沙銅

此裂口上緣是一銅的起步銅下緣暗紅者為沙銅

板材附著的酸鈀比銅面多因而後上的化銅也較厚

深孔清洗不足酸鈀殘留銅面而沉積的化銅

暗紅裂口處看不到黑鈀點故應為沙銅而非化銅

1-2-10 水平切片可進一步證實化銅式的ICD

　　前節所附各高倍垂直切片雖可證明多次強熱後所出現的化銅性ICD，是出自深孔中酸性錫鈀膠體清洗不足以致沉積上不該出現的化銅，進而引發多次強熱拉裂鬆散化銅可靠度不夠的ICD。本節對該化銅式ICD再小心製作水平切片，使能進一步看到更多的黑色鈀及紅色化銅，並與各接近白色的電鍍銅得以清楚判讀。

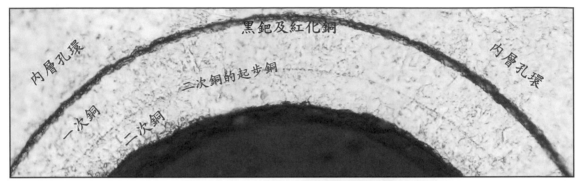

1-2-11 背鑽處板材上下均厚者則孔環不致被拉斜

　　背鑽處孔環當其上下兩側板材厚度接近時，則多次強熱造成的Z膨脹也就相差不大，因而孔環也就不易被拉斜拉裂。甚至孔壁與孔環間隱藏的各種ICD也就不容易出現了，從清晰高倍的切片畫面上更可見到互連不良ICD的真正病因。所列上下兩圖即說明兩背鑽孔者尚未遭到拉斜的畫面。通常較短的背鑽孔需鑽掉較長較多的孔銅，因而所餘留殘樁的規格長度就更難掌控了。

1-2-12 背鑽孔殘樁末端為何會出現ENIG痕跡？

背鑽孔為了保護功能性孔銅不再受損，通常都要求鑽前塞樹脂或塞綠漆，鑽後將會形成直徑稍大很深的空腔。而ENIG可焊皮膜是背鑽後的工程，於是當ENIG前製程的活化鈀（含鈀約15-20ppm）進入此種很深的盲腔並在殘樁末端沉積

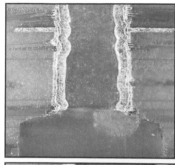
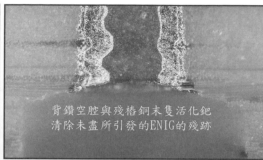

背鑽空腔與殘樁銅末隻活化鈀清除未盡所引發的ENIG的殘跡

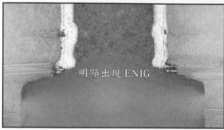

明顯出現 ENIG

明顯出現 ENIG

上不該有的活化黑鈀與化鎳。流程雖已設計去除多餘殘鈀之後浸槽與水沖洗，這對板面ENIG而言並無太大問題，但對深盲孔卻不易洗淨因而就出現了意外附著ENIG的異常了。

1-3 酸性鈀與鹼性鈀有何不同？

1-3-1 厚大板酸性鈀的判讀

酸性錫鈀膠體處理過的孔壁有兩大特徵：①孔銅外側的玻纖束經常出現電鍍銅的銅瘤 ②玻纖束所附著的黑鈀多於樹脂區的黑鈀；但這只是針對強熱前的空板而言。多次強熱後樹脂區常會出現「樹脂縮陷」（Resin Recession）或孔銅拉離的瑕疵，造成該處少許黑鈀被拉空拉寬，初看之下似乎比玻纖束黑鈀還較多的假象。

此22層板經6次回焊拉脹後板材α2約250ppm/℃而脹多但孔銅僅17ppm/℃而脹少的畫面

此樣經6次回焊強熱造成樹脂縮陷而似乎黑鈀較多的畫面

樹脂縮陷清楚可見

　　酸性錫鈀膠體黑色槽液中的Pd⁺⁺含量約60ppm，遠比鹼性錯離子鈀暗紅色槽液中250ppm的Pd⁺⁺便宜不少，而且酸性的清洗又比鹼性容易很多。只要把酸性預鈀槽及酸性鈀活化槽兩者與其隨後清洗善加管理，就不會出現玻纖束化銅性的電鍍銅瘤了。

此樣為酸性鈀處理的深孔但未經後續強熱的標準畫面

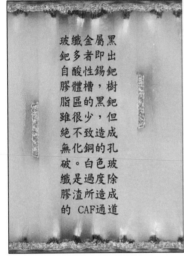

玻纖金屬黑鈀多者即出自酸性錫鈀膠體槽，樹脂區的黑鈀雖很少，但絕不致造成無化銅的孔破。白色玻纖是過度除膠渣所造成的 CAF通道

樹脂區的黑鈀雖少但仍可扮演好活化的角色，而降低將化銅槽的Cu^{+2}還原成Cu^{0}的能障，有了葡萄狀的化銅才會有岩石狀的電鍍銅

樹脂區的黑鈀雖少但仍可扮演好活化的角色，而降低將化銅槽的Cu^{+2}還原成Cu^{0}的能障，有了葡萄狀的化銅才會有岩石狀的電鍍銅

1-3-2 深孔清洗不足殘留酸性鈀大號黑粒子釀成銅瘤

　　厚大板深通孔活化反應後清洗不足，經常殘留大號黑鈀粒子者，將首先在常規化學銅槽中，形成被紅色化銅包圍黑鈀的化銅瘤，之後到達電鍍銅時又被誇張性的鍍成了大號電鍍銅瘤。而且還會在大號銅瘤的四周出現具介面性的褶鍍（Foldng），對整體孔銅的強度將埋下多次強熱後可能拉斷的隱憂。

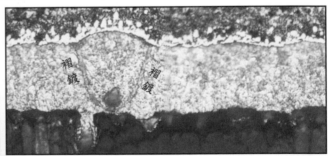

先有黑鈀後有紅化銅才成為電鍍銅瘤→

1-3-3 酸性鈀產生的銅瘤還會造成褶鍍

此處所列四圖係利用酸性錫鈀膠體的活化，然後再採高溫槽液（55℃）厚化銅（約35-40μm）所完成的通孔。所謂厚化銅（Heavy Copper）是90年代初期業界所流行的PTH製程，可取代全板的一次鍍銅而得以節省掉設備與場地，並還可縮短流程。但厚化銅的品質卻很難掌控，最後終於全部退出業界。注

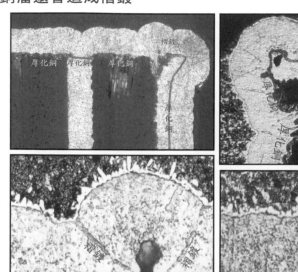

意厚化銅在銅面上的沉積與成長是靠高溫來降低能障，而不再依賴黑鈀的活化了。銅瘤本身不可怕其真正後患是褶鍍，多次強熱猛拉中有斷孔的危險。

1-3-4 高縱橫比深通孔即使酸性鈀其後清洗也很困難

不管是紅色的錯離子鹼性鈀槽液，或黑色錫鈀膠體的酸性槽液，最後都會在孔壁絕緣板材上反應成為黑色的金屬鈀皮膜，這才是將化銅槽液還原成葡萄狀金屬銅的活化劑。通常酸性槽液比鹼性要好洗得多，但對超深通孔或超小盲孔而言，則高表面張力的後水洗（73 dyne/cm），想要把已入孔低表面張力的槽液（例如35 dyne/cm）全數清除當然也不容易。一旦孔環側銅留有殘鈀者則必然會沉積上鬆散的化學銅層。

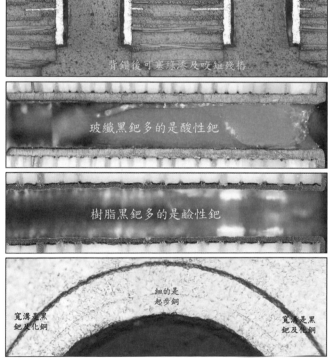

1-3-5 厚大板鹼性鈀的判讀

　　成本貴了很多的鹼性鈀經常用在賣價較高的封裝載板，但也有些厚大板業者認為鹼性鈀的品質比酸性鈀要好，於是也用了鹼性鈀。其實這只是心理上的感覺而已，對原理的深入認知與妥善管理才是勝負的關鍵。此節最下圖即為樹脂縮陷後的鹼性鈀分離。

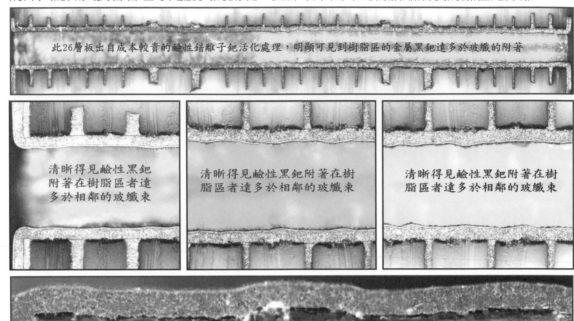

清晰得見鹼性黑鈀附著在樹脂區者遠多於相鄰的玻纖束

清晰得見鹼性黑鈀附著在樹脂區者遠多於相鄰的玻纖束

清晰得見鹼性黑鈀附著在樹脂區者遠多於相鄰的玻纖束

過度除膠渣與多次強熱後樹脂區縮陷的清楚畫面

1-3-6 鹼性鈀的深孔更難清洗將造成後續的化銅性ICD

　　鹼性鈀的暗紅色錯離子槽液與隨後的DMAB還原槽，會在孔壁先吸附上紅色Pd^{++}然後才還原為黑色的Pd^0。從中右圖可見到前者的紅濾心與後者黑濾布。非常遺憾的是不了解實務狀況的供應商們都堅持用純水去做後清洗，經常造成業者們對小盲孔或超深通孔無法徹底洗淨，在可靠度方面造成災難。必須先用市水洗淨才再用純水把市水沖掉才是正確的做法。

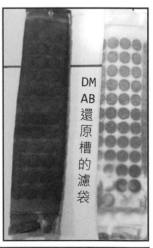

殘鈀黑點引來的化銅脫墊

厚大板化銅性ICD

1-3-7 鹼性鈀太厚者會造成通孔銅壁或樹塞處的拉離

鹼性錯離子鈀本身帶正電性，因而必然會吸附在負電性較強的Epoxy樹脂表面較多，而吸附在負電不強的玻紗束就較少了。一般塞孔樹脂為了堅硬起見不免添加極多的填充粉料（Fillers）以致負電性變弱，再加上電鍍蓋銅前金屬化流程的鈀層太厚時，就很容易在樹塞蓋銅處發生強熱後的拉離（Pull Away）。

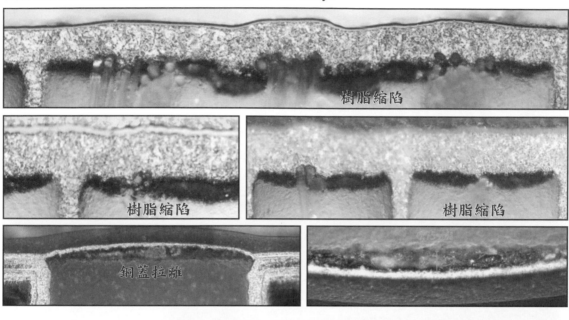

1-3-8 鹼性鈀不易清洗經常造成內層孔環處出現化銅式ICD

一般通孔板均以酸性錫鈀膠體做為金屬化的活化劑，但也有一些厚大板採用Pd濃度較高的鹼性鈀槽做為化銅前的活化處理。鹼性鈀與隨後DMAB的中性還原槽後絕不宜用純水清潔，否則必然在深孔各內環側面留下殘鈀，進而造成化銅沉積。多次強熱後經常出現化學銅被拉裂的ICD。

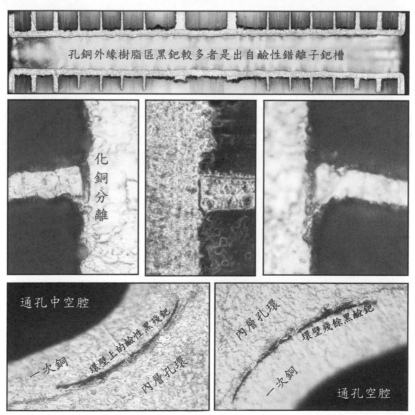

1-4 某些厚大板為何又採用DP直接電鍍的做法？

1-4-1 黑影或黑孔的金屬化做法

　　十多年前業界曾流行過以環保為口號的各種DP做法，號稱節省成本並減少化學銅槽液各種螯合劑對環境的傷害，然而各式DP對電鍍銅起鍍都很慢且良率不佳（孔破、假性膠渣等）下，已逐漸沒落而退出業界。但以CAF掛帥的汽車板與厚大板，甚至非常怕強鹼化銅的軟板等卻又逐漸採用DP了。此處所列上切片圖中可見到尚保留部分抓地環，說明該PCB屬速度還不太高的26層背鑽板，即採黑影法所生產。

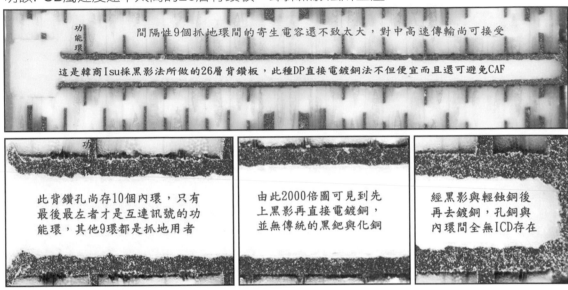

1-4-2 高分子DMS-E的金屬化做法

　　此處所列5圖為31:1極高縱橫比的厚大板與極深通孔，由於板厚已超過小針的極限於是只好從兩頭進行對鑽，如此情況下難免會有對不準的情形。橫列三圖即為兩頭對鑽的畫面。這種極深通孔若仍採活化鈀與化學銅之傳統金屬化時，其Cu^{++}還原成Cu^{0}過程中一定會產生H_2，因而點狀氣泡式的孔破就很難避免了。此種多年前曾經亮相的高分子金屬化紫色皮膜，其後電鍍銅起步雖然很慢，但卻可免於點狀孔破而成為全新賣點。

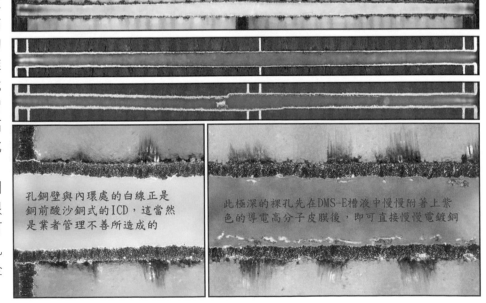

1-4-3 傳統黑鈀化銅與DMS-E的比較

此處左二圖為傳統酸性錫鈀膠體活化，與隨後化學銅金屬化及電鍍銅後放大3,000倍的畫面，可清楚見到紅色化銅與後續三次白色藍色電銅的區別，右二圖為DMS-E紫色高分子導電膜與後續單次紅色電鍍厚銅的畫面。由於DMS-E皮膜已將玻纖與樹脂間的各種除膠渣所產生的微隙堵死，因而可防止不良環境中銅金屬（尤其是化銅）的CAF了。

1-4-4 傳統黑鈀紅化銅與黑影法的比較

右四圖之上二圖為傳統錫鈀膠體之活化與化學銅式金屬化製程，可清楚見到黑鈀、紅化銅與白電銅三者的區別。此種光鏡畫面中所呈現的明顯色澤，完全不是SEM所能夠相提並論的。下兩圖為黑影製程後之電鍍孔銅，完全看不到黑鈀與紅色化銅，且也全無化銅遷移的CAF現象。

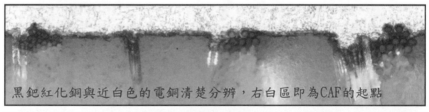

黑鈀紅化銅與近白色的電銅清楚分辨，右白區即為CAF的起點

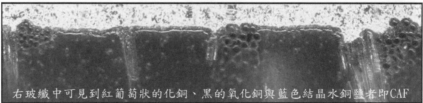

右玻纖中可見到紅葡萄狀的化銅、黑的氧化銅與藍色結晶水銅鹽者即CAF

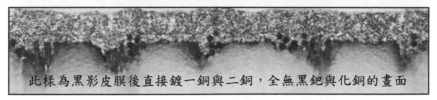

此樣為黑影皮膜後直接鍍一銅與二銅，全無黑鈀與化銅的畫面

玻纖末端已全被黑影皮膜所堵死因而即無電銅的CAF了

1-5 酸性錫膠體為何銅瘤特多？

1-5-1 酸性錫鈀膠體後電鍍銅瘤多的原因

　　酸性錫鈀膠體的顆粒原本就較大，一旦前置的預活化槽沒照顧好，以致不斷夾帶固體粒子雜質進入活化鈀槽時，將破壞鈀膠體槽液的平衡而使得膠體粒子變大。再加上過度除膠渣又使得玻纖突出，於是原本容易附著在玻纖的黑鈀其形成的大黑粒子就更多了。且由於均鍍性不佳的老式電鍍銅製程，與其低電流處整平力不足等諸多因素，於是造成幾乎所有通孔都出現大小銅瘤，其實責任並不全在酸性鈀本身。

銅瘤出自紅化銅與黑鈀之瘤心

此偏光圖是剪掉無用空腔拉近兩孔銅壁重組者，可見到銅瘤都長在低電流的玻纖處

過度除膠渣造成玻纖突出致使銅瘤更加明顯

即使新一代的鍍銅再好也蓋不住酸性鈀與玻纖突出兩者的不良效果

　　酸性錫鈀活化槽中的膠體粒子原本就比鹼鈀槽液粗大很多，一旦又從上游帶來過多的粉塵粒子或較多水份時，將破壞活化鈀槽的平衡而逐漸出現粗大粒子。已老化的酸性錫鈀槽其粗大黑粒不幸著落於玻纖又被帶入化銅槽時，就會先形成被紅色化銅包裹的銅瘤，之後更被敏感的酸性電鍍銅包覆成更大的銅瘤。加強酸性錫鈀活化槽的過濾與勤換預活化槽者，應可減少此種銅瘤的發生。

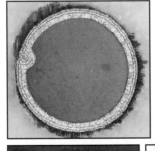

先沉積上黑鈀點然後形成紅化銅及電銅瘤

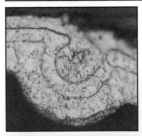

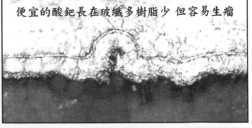

便宜的酸鈀長在玻纖多樹脂少 但容易生瘤

先是黑鈀點造成化銅瘤，之後又被電銅放大為大瘤。

1-5-2 如何區別沙銅與化銅？

鬆散的沙銅是源自已變為藍色銅前酸中的Cu^{++}，不管是通孔或盲孔其垂直掛鍍大排板下緣的各孔內，一定會夾帶藍色的銅前

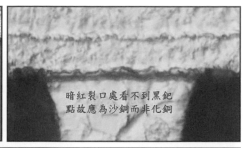
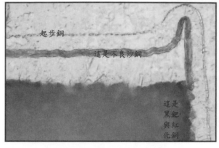
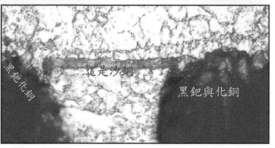

酸。當其直接進入電鍍銅槽立即起鍍時，則一定先鍍出銅前酸中的Cu^{++}而成為要命的沙銅。至於死角處銅面上沖洗未盡的殘鈀與隨後沉積的化銅，其切片微蝕後紅色寬溝中一定會出現黑鈀點。全無黑點者才是銅前酸的沙銅。一般而言沙銅多而化銅少。

1-5-3 通孔品質極為良好之厚大板範例

此處14層板係採鹼性鈀所製作為知名美商Sanmina的產品，其孔徑僅8.2mil，縱橫比高達15:1，孔銅厚度1.3mil，3mil厚內環經小心鑽孔全無釘頭出現，且

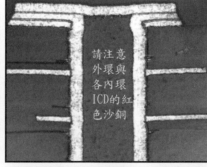
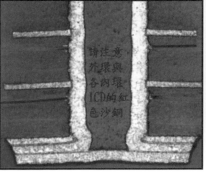

塞孔樹脂之精采工藝亦令人讚嘆。PTH係採成本較貴的鹼性鈀系統，而電鍍銅技術也極為優越，不幸的是其超厚的不良沙銅卻大敗其筆，不得不為之扼腕。

1-6 厚大板長途高速傳輸銅箔的不斷進步

1-6-1 常規柱狀銅箔的反轉與反瘤

　　方波訊號所傳輸的資訊量為了要多要快，其每秒中所跳動的次數必定要多（也就頻率要高），因而其0與1之間的工作電壓就也愈低愈好了。厚大板長途高速傳輸中一定會遭遇許多阻力，持續造成訊號微小能量的不斷損耗。銅箔的皮膚必須要很光滑才得以減少因電流發熱損耗的Skin Effect。於是銅箔不但原本稜面profile必須變得平坦，而且連反轉後光面上抓地用的銅瘤也一再拉平與縮小。此等刻意把小瘤或微瘤長在線底光面者即稱為「反轉反瘤銅箔（Reverse Treated Foil；RTF）」

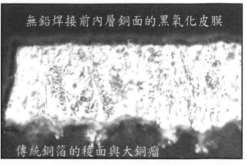
無鉛焊接前內層銅面的黑氧化皮膜

最近開發單粒低疊式超小銅瘤的清晰畫面

傳統銅箔的稜面與大銅瘤

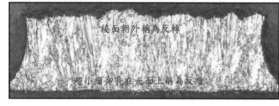
稜面朝外稱為反轉
超小瘤卻長在光面上稱為反瘤

稜面上為棕替化皮膜
光面上的超小瘤係採鈞勻的單粒鍍銅

1-6-2 低電流鍍箔全無柱狀結晶之新式銅箔

　　低工作電壓（1V以下）弱電的高速訊號在厚大板長途傳輸過程中，為了減少Skin Effect趨膚效應而將原本高電流（1500ASF）的柱狀銅箔，改為槽液添加助劑且低電流密度（約500ASF），鍍出全無柱狀兩面平滑的最新銅箔。為了不致過度犧牲抓地力起見，於是在其線路底面另鍍上均勻分佈的細小單粒微瘤。從所列四圖及其說明文字，即可瞭解傳統銅箔也因高速傳輸而在不斷進步中。

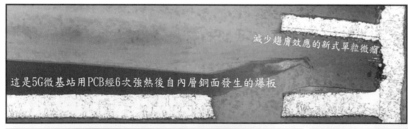
減少趨膚效應的新式單粒微瘤
這是5G微基站用PCB經6次強熱後自內層銅面發生的爆板

線頂線側已出現微裂
5μ銅箔底單粒微瘤抓地力夠強

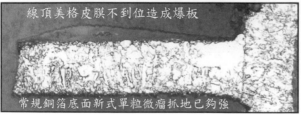
線頂美格皮膜不到位造成爆板
常規銅箔底面新式單粒微瘤抓地已夠強

此上下兩孔環其全無柱狀兩面平滑之新式銅箔，由於鍍箔機底強力入水口之流場干擾，致使低電流鍍箔出現無害的微分界線

1-6-3 高速傳輸板材必須降低極性造成焊後的開裂

　　高速傳輸為了避免板材極性（Polarity）過高而對訊號能量造成損失（即S_{21}插損的主要來源）起見，一律要求絕緣板材必須達到Low D_k/D_f的指標。如此一來必然造成板材極性的不足，也就是樹脂本身的內聚力與對玻纖附著力兩者的衰減。進而在多次焊接強熱後造成板材中央出現多處Z膨脹的水平橫裂，以及內層孔環外緣的微小斜裂。

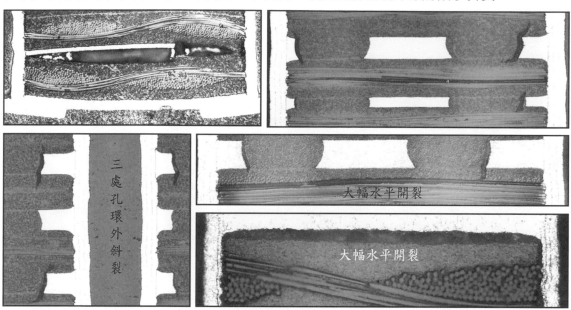

　　由上可知高速板材刻意降低極性不但容易在多次強熱後造成不同方向的大小開裂，且又將其樹脂Tg拉高到180℃致使脆性也為之大增。強熱後甚至容易發生樹脂內縮（Resin Recession）等不易發覺的瑕疵。最下橫圖為現行高速傳輸全新的RTF銅箔，注意底部超小微瘤的抓地力卻仍強，多次強熱後可見到頂面棕替化皮膜已經開裂。

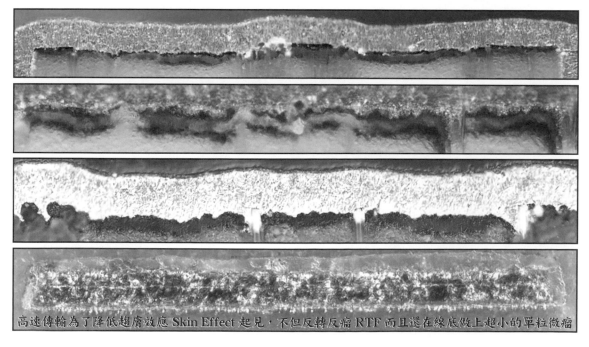

1-6-4 厚大板內厚銅與板材間的開裂

　　本節所列各圖係取樣自十多年前AR比20：1的一種42層板，經6次回焊考驗後，不但發現板內厚銅線路處Megtron4樹脂的橫裂，而且連深孔所接2Oz的厚孔環周圍樹脂也出現微裂。且當年厚大板中某些高速訊號的層次也出現了兩面平滑全無柱狀結晶的高速銅箔（見右中圖），目前連手機的薄小板也被客戶指定採用這種雙面平滑的高速銅箔了。這種雙面光滑箔所用槽液不同，且電流密度也較低（500ASF）僅為傳統柱狀箔的1/3而已。高速銅箔中間的分界線係出自鍍箔機底高速沖出槽液的流場（見右上圖），造成添加容易脫附所致。

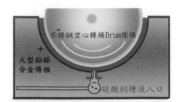

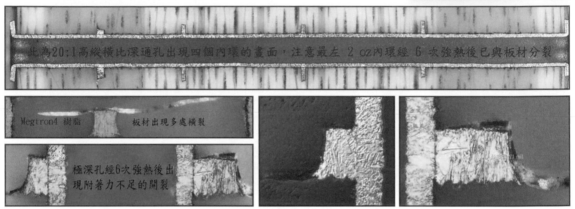

1-6-5 高速板材極性不足強熱拉裂板材與拉斷鍍褶

　　由前1-6-3小節可知極性不足的樹脂多次強熱後，厚大板內必然出現多處板材的微裂，通常切片畫面不一定看得到。下列第三圖即採開裂專用紅墨水使浸入微裂中，即可清楚見到各種開裂。最下兩圖係補充1-3-3節孔銅褶鍍遭到拉斷的畫面。

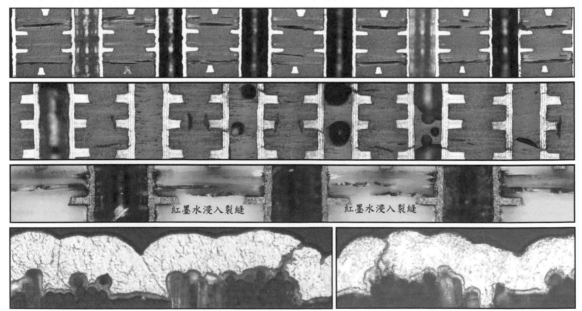

第二章 5G無線通訊與
　　　快速進步的軟板材料

2-1 前言

　　全球5G無線通訊將從2020年將逐漸在各種領域中陸續展開，與PCB有關的是小5G手機天線的LCP軟板，與大5G自駕車的雷達PTFE硬板，以及Data Center各種雲端計算所用的多種高速厚大板與光電轉換卡板等，據估計5G總體網路設備將比目前擴大100倍以上。手機天線與雷達兩者均屬射頻的微波板類，與現行主流多樣數碼方波式PCB大異其趣。本章試從手機軟板全新的LCP材料為主題，介紹5G將要採用各種不同面貌的全新軟板。以下即為本章之大綱：

　　2-2、簡要說明5G無線通訊的內容　　2-3、手機用LCP天線板與其他PI軟板與其等特性
　　2-4、高頻高速用無柱無稜雙面光滑的新銅箔　　2-5、軟板慣用主材PI的進步
　　2-6、軟板的其他輔佐材料

2-2 簡要說明5G無線通訊的內容

2-2-1 5G手機無線通信目標的敲定

　　國際電信聯盟（ITU）曾在1998年12月整合了全球六大區域無線通信組織（手機也在其中），成立了第三代合作夥伴計畫（3GPP）。2018.6.13在美國聖地亞哥為全球5G發佈了第15號版本（Release 15）文件的三大願景。台灣也由中華電信，經濟部5G辦公室、工研院、資策會等共同成立了『台灣5G產業聯盟』，加速2020年實現小5G手機的商用。附兩圖即為3GPP的組成與5G三大願景及細節。

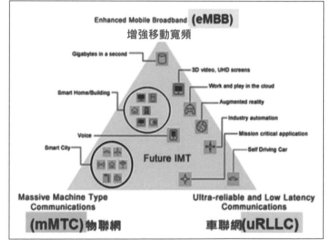

2-2-2 5G時代對人類生活的影響

　　從前述2018.6.13全球性無線通訊組織（3GPP）發佈的Release15可知5G共識的三大願景（或稱標準），若欲徹底落實則其頻譜寬度必須超過100MHz才能上路。然而現行4G LTE所函蓋的珍貴商用頻段早都已被各地政府高價賣出；以台灣為例4G的700MHz、900MHz及1800MHz等三個頻段總價即高達台幣1186.5億的標金。

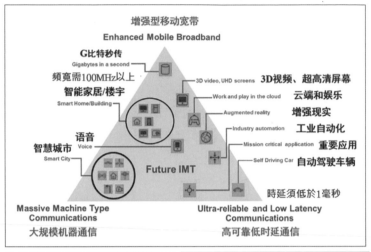

　　由下簡表可知高階5G無線通信的毫米波是從30GHz或10mm起跳，至於2020年起手機通信的小5G仍只在10GHz以下的LTE範圍。對於汽車雷達與自動駕駛系統而言，其頻率還須高達77GHz已進入毫米波mmWave之波段。右三角圖再以中文説明5G新興領域的三大願景與十大具體目標。

微波波長 10mm-1mm 範圍者稱為毫米波 mm Wave，而換成頻率則為 30GHz-300GHz。汽車自駕與高速行動物聯網 IoT 之即時上網即落在此等高頻範圍。

2-2-3 5G拉高無線通信頻率與加快網通速度的影響

　　取自網站的三維網狀立體座標圖，可用以簡述5G涵蓋各種新興產業的範疇。圖中紅色點連直線與紅色弧點線所包夾的範圍即為2020年起手機通訊"小5G"（Sub-6GHz）的作業領域。而淺綠色朝上斜向座標所示毫米波mm Wave（24GHz以上）之更高頻區域，將成為高速移動的長程無線通信範圍，其中自駕車與機器人都將是全球最大的商機。

5G頻率和網速提升對電子行業的影響

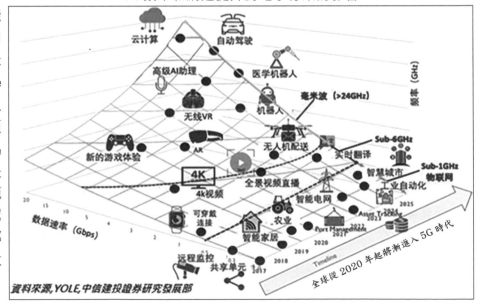

1. eMBB增強移動頻率方面：各種大小聯網將覆蓋汽車、地鐵、高鐵與辦公室等，其數據吞吐量將超過4G的1000倍。從附下圖可知4G可用頻寬已經過度擁擠，而5G扣除氧氣吸收與水氣吸收兩段不良頻寬後，仍然有很大的頻寬可用（可達252GHz）。

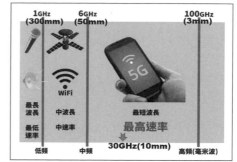

2. uRLLC超高可靠度與低時延方面：此即車聯網之領域其時延將降到1毫秒。

3. mMTC大規模機器通信方面：將使得萬物（務）均可聯網，希望海量小型化終端之間，可達到較低頻率高速傳輸（6秒下載一部電影）之廣大覆蓋。

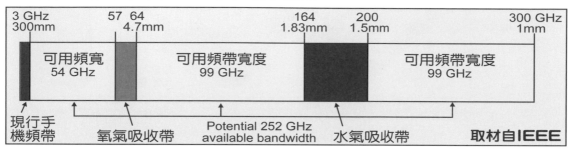

2-3 手機用LCP天線板與其他PI軟板與其等特性

2-3-1 小5G手機所用的LCP天線軟板

1. 4G LTE是指第4代無線通信需經長時間的不斷改善（Long Time Evolution）才能到達所努力的目標；而5G NR則是指第5代移動通信全新開發的無線通信（New Radio）技術，當然此等全新商用技術並非一朝一夕可以完成的。

2. 要逐步完成5G手機（未來頻率從3GHz到30GHz，以20GHz為分水嶺）與其他新興行業的三大願景者，其所有軟體與各種硬件都需要全新開始。PCB業界的軟板一向只做為系統內部立體互連用的配角，然而到了4G，5G時代軟板在輕薄短小及可撓性的優點下，卻一躍而成為手機精密天線板的完全主角了。

3. 5G手機初期頻率多半在6GHz以下故稱為Sub-6GHz或小5G。以蘋果iPhone X的LCP天線組合而言（含上下及側立三片LCP天線軟板，下三圖即為筆者切片所用的真樣）應已接近小5G了，本文即以電性物性極佳的LCP軟材做為開始。

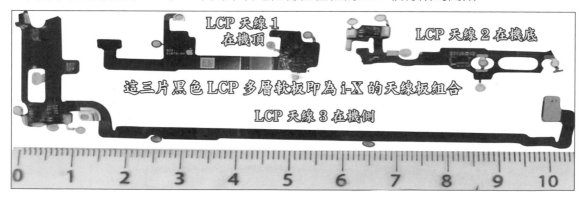

2-3-2 前數代手機的LDS天線板

前幾代手機的天線模組板，是一種3D造型的LDS立體電路板。係利用特殊塑料立體造型的機殼，採 Laser Direct Structuring 強雷射直接活化（德國

新式全屏手機上市此種LDS天線即遭淘汰

車用方向盤的 LDS 立體電路板

用機殼塑料作為天線會使屏幕受限

前一代手機是利用機殼作為天線

其他用途的立體電路板

LPKF專利）而構造的電路板。其原理是在塑料中預先混入金屬化合物粉末（例如鉻酸銅），凡經雷射光能量掃瞄活化的區域，即可將之還原成金屬（例如Cu）；於是即可進入PCB流程製做化學銅與ENIG而成為手機天線的立體電路板。2014年大陸最高人民法院宣判LPKF的專利無效後，這種LDS立體電路板的單價即迅速崩盤而無利可圖。

2-3-3 小5G手機LCP天線板與攝像頭及人臉辨識PI軟板的故事

熔融型LCP液晶樹脂所製作的天線軟板最早是出現在iPhone8，到了iX時代除了高頻天線已用了3-6片LCP多層軟板外，其他高速傳輸的"人臉辨識模組"及"雙鏡頭攝像模組"仍採用正規PI+TPI所做的軟板。事實上i-7時代即已將傳統的同軸電纜（Coaxial Cable）天線改為輕薄的PI軟板天線了。其厚度的減薄竟達65%之多（見下右圖中從0.8mm降到了0.29mm）。

LCP樹脂在110GHz極高頻段中仍表現出D_k 3.0與D_f 0.004優異的介電性質，不但在毫米波僅次於Tg很低（19℃）的軟材PTFE，且在高速傳輸領域中也極為傑出。下附LCP天線板以外的人臉辨識模組及雙眼攝像頭即為iX手機中PI軟板參與的其他精密部件。

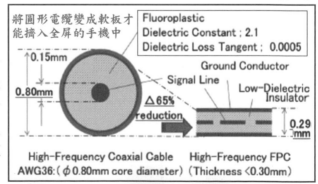

將圓形電纜變成軟板才能擠入全屏的手機中

Fluoroplastic
Dielectric Constant：2.1
Dielectric Loss Tangent：0.0005

0.15mm
0.80mm
△65% reduction

Ground Conductor
Signal Line
Low-Dielectric Insulator
0.29mm

High-Frequency Coaxial Cable
AWG36：(ϕ0.80mm core diameter)

High-Frequency FPC
(Thickness <0.30mm)

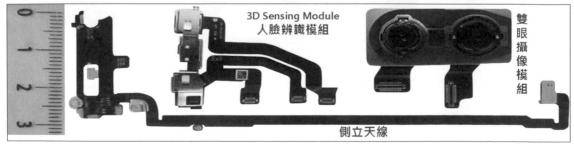

3D Sensing Module
人臉辨識模組

雙眼攝像模組

側立天線

2-3-4 液晶聚合物（樹脂）LCP的分類及用途

Liquid Crystal Polymer可概分為三種類型；①第I類為熱致（熔融）型的Thermotropic LCP（TLCP），可加工成白色薄膜與FCCL，iX天線板即屬此類。②第II類為Lyotropic LCP（LLCP）溶致（劑）型 （如杜邦Vectra粒料），只能做成Kevlar纖維無法做薄膜。③第III類LCP的HDT低於240℃也不能用於手機軟板。

現行蘋果手機LCP天線軟板所用者均為第一型的TLCP類，其薄膜之熱變形溫度（Heat Deflection Temp；HDT）在280℃以上，因而壓合溫度只好設在290℃以上，40分鐘熱壓中LCP樹脂會順著分子結構取向而流動致使板厚很難控制，進而造成特性阻抗值的不連續而無法正常工作。

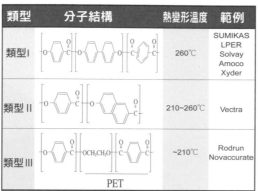

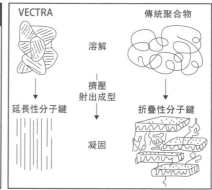

事實上三類LCP堪稱都是優良的工程型料，所在各種領域的用途也都極廣。下表即按LCP樹脂粒狀原料的熱變形溫度HDT，說明其等原始粒料供應商及下游用途。手機軟板用LCP薄膜材料只有日本的Kuraray與Murata及住友化學三家量產而已。

液晶高分子產品的分類

型式	HDT	特性	生產廠商	用途
I	280~350	超耐熱 此類 LCP 薄膜即為高階手機用的 FCCL	Amoco (Xydar) 住友化學 (E500) 日本石油化學 (RC, FC) TOSO (HAG140)	耐熱容器，微波爐零件，繼電器零件等 薄膜很困難業者僅 Kuraray 與 Murata
IIa	240~280	耐熱性較 I 低、成形性佳	三菱工程塑膠 (E345) 住友化學工業 (E6000) Hoechst-Celanese(Vectra) Polyplastics (C, E) 日本石油化學 (300) Toray (LC201, 301) 上野製藥 (LCP2000)	杜邦的 Kevlar 纖維即屬此類 為連接器 3D 成型的最佳塑料 SMD(Surface Mount Devices), 連結器 (Connector)，繼電器零件，電子開關，MID (Molded interconnection Device) 等。 此 MID 立體電路板即雷射活化 LDS 天線板
IIb	200~240	高強度、高模數、精密成形性、流動性、低膨脹、尺寸安定性	三菱工程塑膠 (E335) Hoechst-Celanese(Vectra) Polyplastics (A, B) Unitika(LC5000) 上野製藥 (LCP1000)	
III	60~200	高密度、高模數、精密成形性	三菱工程塑膠 (E322, E310) Unitika(LC3000)	擴音器零件，FDD Carriage，CD Pickup，光纖被覆材料。

2-3-5 LCP與PI在物性方面的比較

熔融型TLCP不但常溫時的機械性質極佳,而且還具有一種自我補強的功能,與一般最好的工程塑料比較時亦毫不遜色。用以完工的多層軟板其柔軟性亦極為優異。下左六小圖為iX極其狹小空間中,須將前2-3-1小節的3號細長天線板必須緊貼著電池表面佈局時,可清楚見到柔性極佳的LCP天線板已完全貼合。但黃色的PI天線板則因彈性較大造成空間的浪費。另外iX中高速傳輸的人臉辨識與攝像模組卻另採較便宜的PI軟板。下右圖即為其長中短三片PI軟板所互連的人臉辨識器。

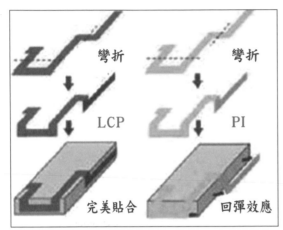

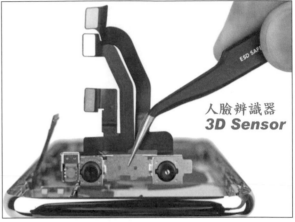

從前2-3-1小節照片可見到iX機頂的1號天線,那是LCP的四層軟板(有些區域是兩層或三層板),與長條型3號中繼天線的五層軟板不同。從切片圖可見到不管是高溫或低溫其LCP都比PI更為柔軟;此處上左圖四層銅區要比三層銅區能夠多撐到20μm的LCP厚度。上右2000倍圖可見到上側彎折處CVL覆蓋膜表面的PI薄膜,由於高溫中不夠柔軟而出現永久性皺折,但白色的厚LCP與CVL灰色的厚純膠層則柔軟應變未見到異常。從下橫圖還可見三層LCP天線軟板與其兩片PI補強板之間竟然在焊後出現浮離。

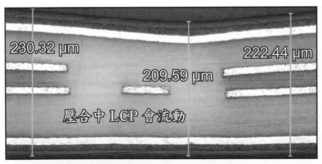

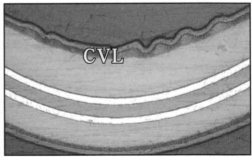

2-3-6 LCP與PI兩者在電性方面的比較

　　熔融型TLCP屬熱塑型之塑料，其棒狀分子結構剛直且排列整齊，而D_f極低到0.002左右，且D_k也低到3.0。更讓人驚訝的是吸水率竟可低到0.04%，比最近新聞報導（2018/11）突然逼宮的MPI（吸水率0.4%）優越十倍之多。目前看來LCP已成為大5G手機天線板的唯一選擇（甚至毫米波）。由於材料貴與多層軟板難度高，LCP上下游供應商又太少，且多次高溫壓合之流動造成介質厚度變化太大的不良下，使得成品竟然比PI貴到20倍之多。傳說4.5G或小5G的手機將可能會被加氟改質的MPI所取代。但2021後真正大5G更高頻的手機（15GHz以上）量產時，也許LCP在良率改善下仍將再成為天線板的寵兒。從下右圖可知在5GHz時LCP的損耗比PI少了1個dB（即20%左右）；下中圖可見到頻率在15GHz以上接近mmWave時，LCP的損耗仍比MPI低了不少。幸好在6GHz以下的小5G階段，兩者相差還不算太大。

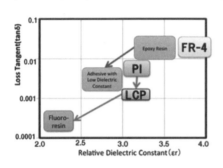 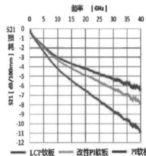 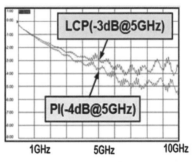

2-3-7 從LCP板材切片見到前所未見的特點

　　利用上游TLCP粒料去製成FCCL所需的白色LCP薄膜，其製程非常困難目前只有日商Kuraray（右上圖即為其廣告及其各種優良特性）與村田Murata兩家量產商用而已（另杜邦與住友則未見報導）。而日立及松下則利用其白色薄膜再去加工做成FCCL。為了解決LCP薄模目前取得不易的難題起見，業界也曾另採溶劑型LCP去塗佈在銅皮上成為FCCL，但耐熱性似乎不如薄膜型。

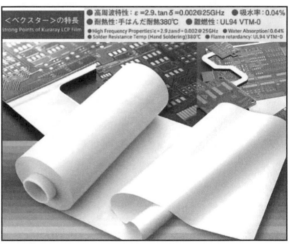

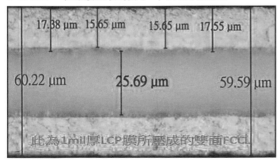

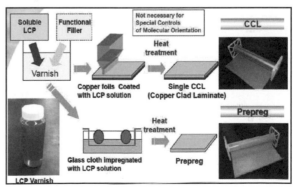

從2018.12月初報章新聞與網站資訊中得知，蘋果後續手機天線軟板也許會捨高價難做的LCP而改採氟化物改質的MPI式軟材，據分析原因可能是：①單價貴（成品約為PI的20倍），②製程難度高良率低③供應商太少；看來手機天線板提早在4.5G前就搶先就用了LCP的高檔軟材似乎有些操之過急。下列切片圖即為筆者動刀所攝取日商可樂利（Kuraray）的LPC雙面FCCL板材，注意四圖中高速銅皮內緣紅色的超小銅瘤與LCP之間的密貼，顯然是具備了良好耦聯劑Silane的幫忙才呈現的優異接著。

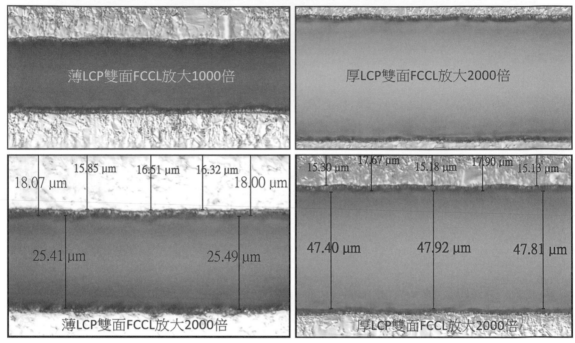

薄LCP雙面FCCL放大1000倍 / 厚LCP雙面FCCL放大2000倍 / 薄LCP雙面FCCL放大2000倍 / 厚LCP雙面FCCL放大2000倍

2-3-8 LCP液晶樹脂多次強熱強壓中的流動

若欲對LCP的高分子單元深入瞭解時，則可發現高溫中LCP樹脂是一種呈現棒狀排列的單元，不過所有單元並非均勻佈局，而是無剛性外圍部份呈現平行條狀結構，只有棒心部份才呈現一般高分子所常見雜亂排列卻具有剛性的結構。於是強熱強壓下該眾多短棒狀的LCP樹脂就出現了順向流動的外皮與不太流動的核心。如此一來就使得這種熱塑性的聚合物並非一次就會壓垮，而是經多次強熱強壓下才逐漸出現厚薄不均的不良現象。厚薄不均的介質層必然造成傳輸線阻抗值Z_0的不一致而無法工作了。

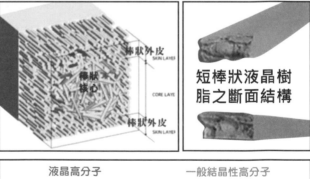

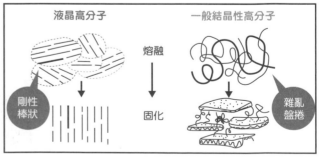

LCP為熱塑性樹脂，經高溫壓合中（290℃，40分鐘）其外圍短棒狀高分子會呈現順向的移動，甚至還會出現往壓力較低處的流動，此即五層LCP側立中繼天線板呈現波浪狀厚薄不均的原因。Apple的專家們當然早就知道這種要命的罩門，於是只好在最關鍵位置填入高溫粉末冶金的銲塊（粉料重量比Sn55,Cu36,Ni3.5；熔點600℃以上）做為互連與支撐以防止被壓垮。

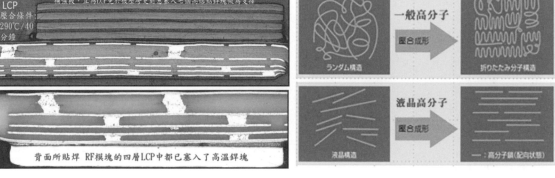

　　雖然第1類型LCP的熔點達350℃且熱變到溫度亦達280℃，但在290℃/40分鐘多次強熱強壓的流動中，仍然會造成整片天線板如波浪般的厚薄不均。事實上這種LCP樹脂在強熱中軟化而被擠成厚薄不均的現象只發生在FPC而已，原始FCCL或上游的單純薄膜成材時並未發生。原因當然是出自多層板中鋪銅面積大小與位置不均所致。所附四圖即為原始LCP白色薄膜與下游雙面FCCL的真相。

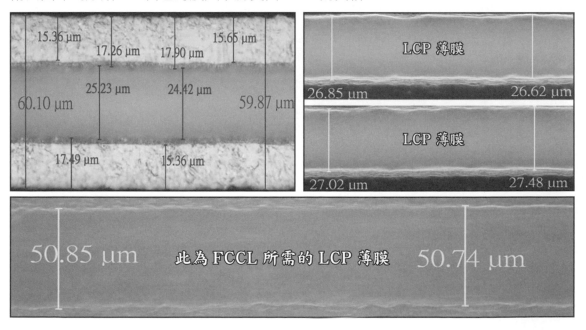

2-3-9 從LCP五層天線板切片所見到的特點

下四圖是來自2-3-1小節長條L型的3號天線軟板，切片後才發現是五層板並非傳言的三層板。各層銅箔均為兩面光滑中有分界線（Demarcation）低電流所鍍的最新ED銅箔，而熟箔紅色單面的微小銅瘤也是前所未見。從放大1000倍的左下接圖可知，該五層板是起步於83.44µm的雙面板，之後續壓三次才完工的五層板。每次LCP的壓合都要290℃/40分鐘，由於LCP的流動造成完工板厚度發生了劇烈變化，進而影響阻抗值的不穩，使得敏感的天線無法工作。為了防止LCP被壓扁蘋果刻意在關鍵區塞進了熔點600℃以上SnCuNi粉末冶金的銲塊做為支撐與互連。

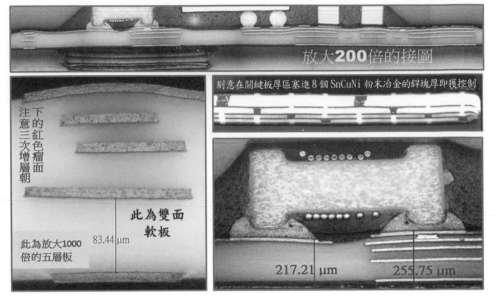

2-3-10 支撐LCP介質厚度的高溫銲塊

從下四切片圖可見到電感器下方無支撐處的厚度已明顯擠薄，而電容器兩腳下有了三層銅箔及兩個銲塊的支撐其厚度尚可保持正常。為了防止多次強熱強壓造成LCP介質層的流動，以致厚薄不均引發的傷害起見，該五層板多處介質層中已填入了粉末冶金的「錫55,銅36,鎳3.5」高溫焊粉焊膏（熔點600℃以上）熔成的錫塊做為支撐。再從兩個2000倍圖還可見到高溫銲塊與上下銅層的關係。由於銲料的熔點太高無法出現一般焊接『液態』與『固態』間快速擴散的明顯IMC。此種全新的固與半固之間的擴散雖然很慢，但仍可明顯見到已擴散的IMC。

由前節可知該粉末冶金（Sintering）形成的銲錫塊，經歷多次強熱強壓與上下兩銅面緩慢擴散下，也會在界面長出較薄的IMC來。此處上左圖可見到有銅層支撐處的板厚還可維持，但銅箔較少處其LCP的厚度就被擠薄了。銲料熔點太高雖不致液化但卻會軟化，致使強壓滑動中較厚LCP處出現的剪力幾乎造成攔腰折斷（見下兩圖）。

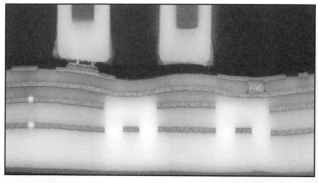
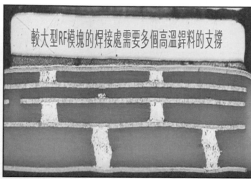

2-3-11 人臉辨識器 3D Sensor

從前2-3-3小節人臉辨識器見到長中與短三片黑色的三層PI軟板，外觀來看來與黑色的LCP天線板幾乎無異，於是又對其等零件補強處進行切片。才見到這三片PI雙面板只做為傳輸互連用途並沒有天線板那麼複雜。然而怪異的是下圖為何在PI雙面板銅面上又再刻意去選擇性的鍍銅？一頭霧水下希望高明的讀者能給個答案。

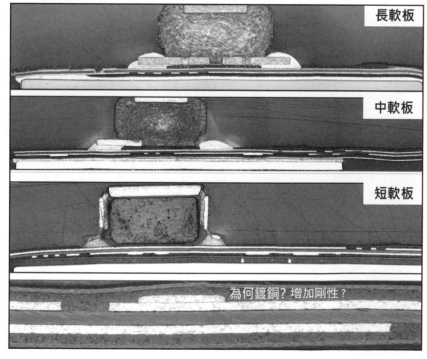

2-3-12 雙眼攝像模組無膠PI+TPI三層雙面板的UV盲孔

　　從2-3-3小節還可見雙眼攝像模組也有兩片為高速傳輸用的軟板，從切片看來此攝像頭的兩片軟板比起人臉變識器還要複雜一些。左眼下較短軟板屬常規PI+TPI的無膠三層板。此處先說明介質處無膠PI+TPI三層的盲孔壁細節。從下列4mil鍍銅盲孔看來，該等盲孔只能用低能量的UV雷射光點每秒鐘去鋸出（Trepaning）300盲孔，比硬板的CO_2每秒燒出1000孔要稍慢些，原因是軟板材料無法瞬間承受太多CO_2熱量所致。

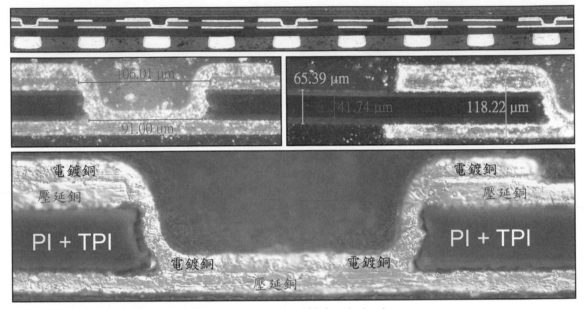

2-3-13 雙眼攝像模組有膠及PI+TPI雙面軟板的盲孔

　　攝像模組右眼下的軟板也是由PI+TPI所製作的雙面板，但卻增加了純膠的絕膠層。同樣UV雷射光點的鋸孔但效果卻與上述無膠PI+TPI者大不相同。此處盲孔之孔壁出現①壓延銅②PI膜③純膠層等三種材料，由於三種材料軟硬不同經光點繞鋸下也就出現了咬蝕深度的不同。右下圖更可見到盲頂由『PI+純膠』兩者所組成CVL覆蓋膜，其中純膠層在加溫與抽真空軟化貼合之下竟已將4.5mil的盲孔全部填平（與前節相同）。由此可知軟板盲孔的互連根本不需要用到硬板的鍍銅填孔。

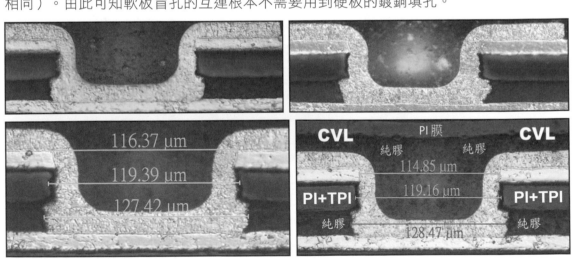

2-3-14 PI+TPI+純膠的軟板其UV雷射成孔的細節

　　為了看清楚PI+TPI+純膠三種板材的與PTH及電鍍銅的關係,乃刻意小心拋光切樣並放大到3000倍攝取畫面以窺其堂奧。讀者須知硬板切片若欲畫面上免於刮痕而不破壞美感者已經不太容易,更何況是軟板?即便再小心拋光也很難全無醜陋刮痕的存在。從所列3000倍刻意過度曝光的兩張盲孔畫面,可清楚見到壓延銅、PI+TPI與純膠層三者間對UV雷射光點不同反應的落差,更可見到落差孔壁上先有PTH的活化黑鈀層才有紅色的化銅層,也才有跡近白色的電銅層。軟板盲孔之所以只鍍銅而無需填銅者,當然是為了保持柔軟與減輕重量而著想,而且還可降低成本。

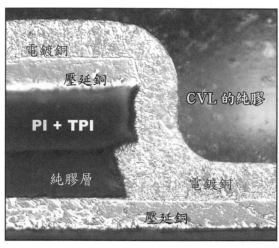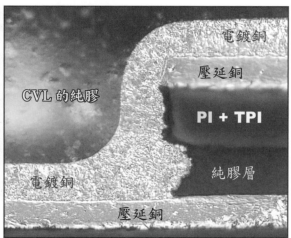

2-3-15 軟板材料受到濕製程的影響

軟板絕緣材料的PI與純膠都很怕強酸更怕強鹼,純膠的質地鬆軟尤其容易吸水與受傷。是故除膠渣溫度與時間的力道必須要比硬板更為輕柔才行,也盡量不要用強鹼的化銅而改用黑孔黑影或直接電鍍以減少孔破與CAF的後患。

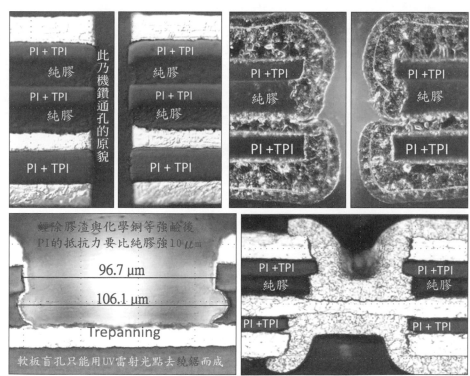

2-4 高頻高速用無柱無稜雙面光滑的新銅箔

2-4-1 高頻高速全新銅箔的生產與實用

軟板用銅箔可分為：①電鍍銅箔ED Foil②壓延箔Rolled Annealed Foil（R.A.Foil）；後者很貴只有在不斷彎折的動態軟板才會用得到。而一般靜態軟板早已被改善的ED Foil所取代了。

近5年來由於高頻高速的快速發展，為了減少銅箔粗糙稜牙的Skin Effect起見，刻意把生箔量產慣用的電流密度從1000ASF降低到200-300ASF左右，因而從切片可見到早先粗稜與柱狀者均已變成現在的平滑表面了。銅箔廠在降低產出下當然就會拉高新箔的售價。不但生箔做法改變連後處理的銅瘤，也都成為平鋪的微瘤與耦連劑而不再是堆積式的大瘤了。

棱面朝外稱為反棱

超小瘤卻長在光面上稱為反瘤

最近開發單粒低疊式超小銅瘤的清晰畫面

天線軟板用無稜雙面光單面微瘤之新箔

長度 16.59 μm

低電流所鍍無稜雙面光滑單面微瘤之高速銅箔

E.D. Foil在低電流下所鍍出雙面光滑單面微瘤的高價新箔，不但用於高速傳輸之硬板，也同時用在高頻天線的軟板中。新箔槽液的助劑也捨棄了早年只用Gelatin液態明膠而改用一般鍍銅光澤劑的MPS（SPS水解電解後的產物），以及聚乙二醇的載運劑（也就是潤濕劑Wetter）。這種雙面光滑的新箔雖然可降低Skin Effect而有利於高速傳輸，但抓地力不足多次熱脹冷縮下卻經常會出現銅箔浮離的麻煩。為了加強抓地力銅箔供應商們也都在微瘤面的耦聯劑（Silane）方面努力改善。

新槽液的添加劑已改變

MPS + Wetter

鍍箔機陽極條形高濃高速噴口，會對陰極表面吸附的助劑造成瞬間脫附，而在銅箔半厚處出現分界線

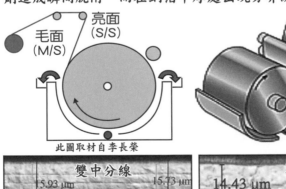

亮面（S/S）

毛面（M/S）

此圖取材自李長榮

常規後處理有：長銅瘤、鍍黃銅、鍍鉻

無稜新箔後處理除微瘤外還需加塗耦聯劑以增強附著力

雙中分線

15.93 μm   15.73 μm

14.72 μm   14.33 μm

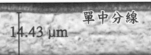

單中分線

14.43 μm

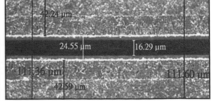

42.24 μm

24.55 μm   16.29 μm

111.36 μm   111.60 μm

42.59 μm

2-4-2 無柱無稜兩面光滑與超小微瘤的全新銅箔

　　現行各種軟板或硬板不分大小厚薄幾乎都一窩蜂採用低電流所鍍，無稜無柱兩面光與單面微瘤的高速新箔。事實上此種為避免Skin Effect的全新銅箔，用在厚大板長途傳輸確可減少損耗已是不爭的事實；然而在如此薄小板中也居然照單全收難免有些矯枉過正。讀者須知低電流鍍箔機底部槽口高速沖入的高濃槽液，必然對陰極表面的添加劑造成"脫附"效應，致使新箔中出現了分界線（Demarcation，左中圖有雙線），高倍中均清晰可見。而iX的五層LCP天線板也用了單一界線的全新高速銅箔。

俯視100倍所見三井高速新銅箔的微瘤畫面

俯視200倍所見三井高速新銅箔的微瘤畫面

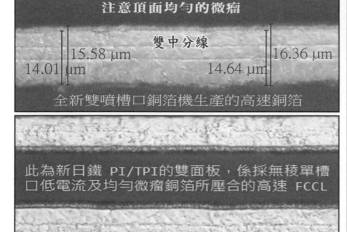
注意頂面均勻的微瘤
雙中分線
15.58 μm
14.01 μm
16.36 μm
14.64 μm
全新雙噴槽口銅箔機生產的高速銅箔

此為新日鐵 PI/TPI的雙面板，係採無稜單槽口低電流及均勻微瘤銅箔所壓合的高速 FCCL

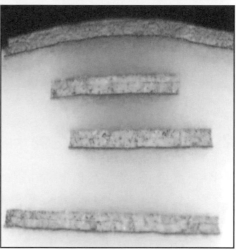

2-5 軟板慣用主材PI的進步

2-5-1 軟板材料主角PI的故事

　　軟板板材多年主角的棕色聚醯亞胺Polyimide（PI）薄膜，其有機合成是由多個雙酐類（PDMA）與多個雙胺類（ODA）先聚合成聚醯胺酸（PAA），再經高溫脫水與閉合環化而成為聚醯亞胺樹脂。由於PI結構式中含極性H氫原子頗多故其吸濕性很強（達1.3%）。吸水不但會拉低傳輸速度而且還會加大損耗，非常不利於高速傳輸。

PMDA + ODA
N個 雙酐類　　N個 雙胺類

polymerization
聚合反應
→ 聚醯胺酸 polyamic acid (PAA)

imidization
-H₂O
高溫脫水環化反應
→ 聚醯亞胺 polyimide (PI)

2-5-2 軟板業所用FCCL結構的變化

多年來FCCL不管是單面基板或雙面基板一向是採3L式（Cu+AD接著層+PI）的結構，而其中的Adhesive接著層已從早年的亞克力Acrylic改為低分子量接著力更好的環氧樹脂（即業界所謂的純膠）。為了增加柔軟度加強接著力減少開裂起見，此環氧樹脂層中還刻意加入重量比30%左右的丁腈橡膠（CTBN）。此種AD層還可用在覆蓋膜Coverlay（CVL）與防靜電的銀箔層中。目前純膠層已成為一種獨立性的軟材了。

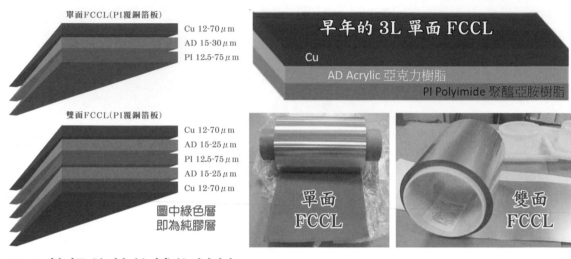

2-6 軟板的其他輔佐材料

2-6-1 多種接著用途的純膠層Adhesive

FCCL所使用的Adhesive接著層其功能正如同用於硬板的膠片Prepreg一樣，不過目前已大部份改用Epoxy+CTBN的新式AD層了。此種純膠層不但接著強度更好而且也可更薄而更柔軟，原因是Epoxy加入CTBN成為互穿聚合物網絡（IPN）後其Tg下降頗多之故。雖然軟板加了CTBN不但無礙反而有利，但硬板若為了減少爆板卻不太敢添加，惟恐完工硬板Tg下降太多而引發其他更多的麻煩。

$$\text{HOOC}\left[\left(\text{CH}_2\text{CH}=\text{CHCH}_2\right)_a\left(\text{CH}_2\text{CH}\right)_b\right]_c\text{COOH}$$

a 丁二烯　b 丙烯氰　CN

兩端各接羧酸的丁二烯丙烯腈
Carboxyl-terminated butadiene-acrylonitrile（CTBN）

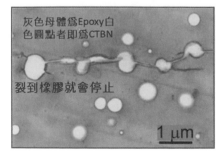
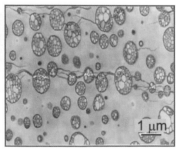
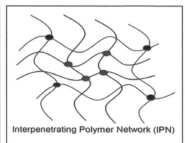

2-6-2 PI與TPI兩者的結合

2010年以前軟板介質材料的結構，主要是由PI膜與接著劑的Acrylic亞克力或Epoxy兩者所組成，業界稱為3Layers式軟基材板（Cu+AD+ PI）。之後與PI相同族群的熱塑型超薄接著劑TPI（Thermoplastic PI）開發成功，於是亞克力即逐漸沒落了。採用TPI接著者稱為2L軟材（Cu+TPI+PI）。此種號稱2L的軟板已變得更薄更柔軟與更耐折。2L的2TPI+PI複合膜材與FCCL的量產法共有三種，以壓合法及塗佈法較常見於業界。下附三切片圖即為新日鐵之雙面FCCL軟材，可清楚見到不同顏色的TPI薄層。

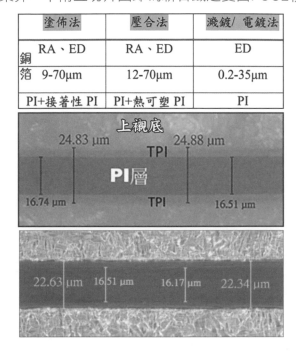

	塗佈法	壓合法	濺鍍/電鍍法
銅箔	RA、ED	RA、ED	ED
	9-70μm	12-70μm	0.2-35μm
	PI+接著性PI	PI+熱可塑PI	PI

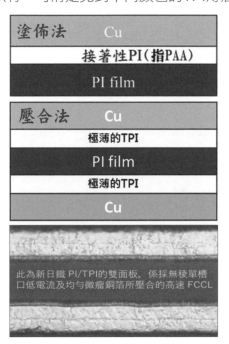

熱塑性TPI最早是由杜邦開發用於塗料的Avimid，此緻密塗料曾用在戰鬥機的機翼上。後來NASA亦開發出LaRC-TPI並將之商業技轉給三井與Rogers。第三種TPI是美商Ultem所開發的工程塑料，下列即為前兩者的結構式與TPI的兩張切片圖。

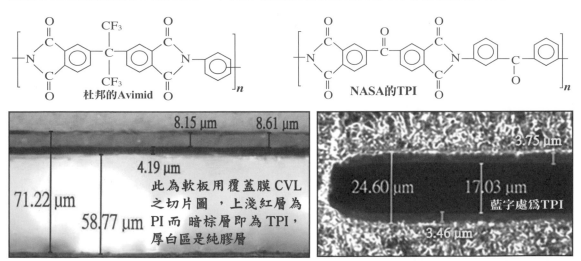

2-6-3 LCP與PI及MPI三種樹脂的比較

1. LCP的好處有：①電性極佳（毫米波30GHz時Dk3.0而Df 僅0.002）②物性柔軟③不吸水（平均吸水率0.04%）④耐熱性良好而且還有自我增強的特質。但LCP的缺點亦有：①長時間（40分）高溫（290℃）多次強壓中會出現流動現象，即使其熱變型溫度高達350℃也無濟於事。②成品板厚薄不均阻抗值不穩③材料成本很貴（約為PI的10倍），成品更比PI更貴到20倍，下兩式即為PI與MPI結構式的比較。

2. PI的性質則有：①材料便宜製程良率高，阻燃性抗溶劑性良好，但很怕強鹼與強酸。②吸水率高到1.3%③至今仍為FPC業界最重要的介質材料。

3. MPI是將PI結構式6個H改為6個F使得吸水率可從1.3%降到0.4%，還使得電性變好（Dk2.7%/Df0.003），有希望在小5G或4.5G領域中（3-6GHz）取代LCP成為手機天線板的材料。不過MPI也比PI貴了5倍以上，加入戰場的業者有杜邦、鐘淵，下游FPC則有高雄的台郡等。

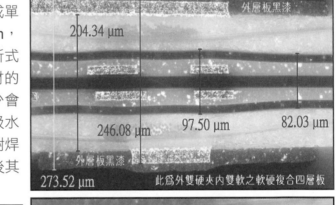

聚醯亞胺 polyimide (PI)

6F 改質的 MPI

6FDA-ODA polyimide (Modified Polyimide:MPI)

2-6-4 PI+TPI複合膜材之優點

一般熱固型PI之Tg約350℃ 而熱塑性之TPI軟化點約240℃，兩者組成單雙面複合膜材中TPI常規厚度約4μm，至於PI厚度則端視需求而定。此等新式複合膜材之CTE約18ppm/℃與銅材的17ppm/℃很接近，因而壓合後很少會因後續熱脹冷縮而開裂。不幸的是吸水率卻高達1.3%，使得一般FPC只可耐焊1分鐘左右。FPC業自從引進入TPI後其組裝品質已取得大幅改善。

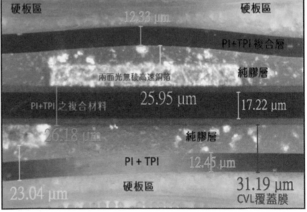

硬板區　　　　　　　　　　　硬板區

12.33 μm

PI+TPI 複合層

兩面光無稜高速銅箔

純膠層

PI+TPI 之複合材料　　　25.95 μm　　17.22 μm

26.18 μm

純膠層

PI + TPI　　12.45 μm

硬板區　　　　　　　　　31.19 μm

CVL覆蓋膜

23.04 μm

204.34 μm

246.08 μm　　97.50 μm　　82.03 μm

外層板黑漆

外層板黑漆

273.52 μm　　此為外雙硬夾內雙軟之軟硬複合四層板

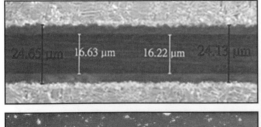

24.65 μm　16.63 μm　16.22 μm　24.13 μm

2-6-5 不同材料界面強力接著的原理

軟板製程會遇到很多不同的薄膜,其等界面間的接著強度當然很重要。首先要做到各種界面間的"絕對清潔"與"消除氣泡",然後加熱使純膠層對TPI或銅面或其他材質表面進行接著。至於接著強度的原理則可利用右列上四圖的理論加以說明。下兩圖特別再說明形成機械扣鎖的兩種細部機理:拋錨效應是指較硬灰色者強擠進藍色較軟者成為扣鎖,至於扣牢效應則是指灰色較軟者充滿藍色較硬者事先形成的凹洞內而完成扣鎖。

Mechanical interlocking
機械扣鎖:軟化的接著劑進入孔洞而抓牢

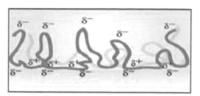

Electrostatic theory
靜電理論:界面電子遷移進而產生靜電吸引

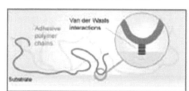

Adsorption theory
吸著理論:界面兩邊極性不同的凡得瓦而力吸附

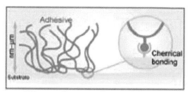

Chemisorption theory
化學鍵理論:接著劑出現耦聯劑化學鍵而抓牢

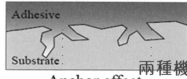

Anchor effect
拋錨效應

兩種機械扣鎖

Fastener effect
扣牢效應

2-6-6 LCP天線軟板所用銅箔及其表面處理

由眾多LCP天線軟板切片中可見到,所用銅箔雖均為兩面光滑中有分界線的全新ED Foil,不過級別上反而不如攝像頭與人臉辨識器所用壓延銅箔來得更高檔。從3000倍不同採光取像下,才發現選用新式ED Foil為了增加對LCP附著力的刻意做法。

天線軟板所用半完工的無柱無稜兩面光滑的生箔,還需全新的後處理:①光面先微粗化②毛面另長出紅色均勻的微瘤③兩面再均勻塗佈耦聯劑以增加附著力。也就是接前節說明的化學鍵、吸著、與靜電等三方面再加把勁強力抓牢。

注意銅箔表面的耦聯劑皮膜

注意銅箔表面的耦聯劑皮膜

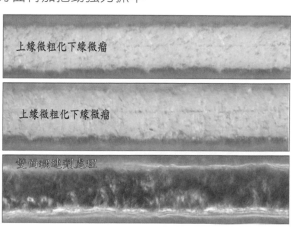

上線微粗化下線微瘤

上線微粗化下線微瘤

雙面耦聯劑處理

2-6-7 軟板組裝所必須的補強材料

完工軟板可在任一板面外加貼補強材，然後才可在背面進行各種零組件的組裝焊接。附表即為6種常見補強材料的各種細節。

軟板用各種補強材料之細節比較

項次	項目	酚醛樹脂	玻璃纖維	PET	PI	金屬板 (SUS)
1	厚度	0.6~2.4mm	0.1~2.4mm	0.025~0.25 mm	0.0125~0.125 mm	無特別限制
2	對焊錫的耐熱性	可	良好	不可	良好	良好
3	可使用溫度	~70	~110	~50	~130	~130
4	機械強度	大	大	小	小	大
5	熱硬化型接著劑	不可	可	不可	可	可
6	耐燃性	UL 94V-0 可	UL 94V-0 可	不可	UL 94V-0 可	UL 94V-0 可
7	成本	中	高	低	高	中
8	主要用途	承載接腳零件	承載有接腳的SMT零件	連接器插頭	承載SMT零件	承載SMT零件
9	其他	須先沖型	須先沖型	須先沖型	須先沖型	具成形性

軟板的兩個外層板面任何區域的銅墊均可焊接零件，但其背面必須利用純膠另外貼合上補強板，如此在減少變形下才能進行高溫的焊接工作。本節右圖為單雙面FPC的全結構，下列者為iX天線用LCP三層板焊接處之切片，可見到背面已加貼兩片PI黑色的補強板。

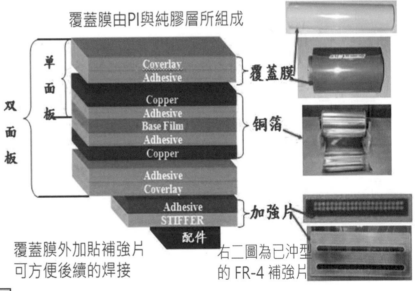

覆蓋膜由PI與純膠層所組成

覆蓋膜外加貼補強片可方便後續的焊接

右二圖為已沖型的 FR-4 補強片

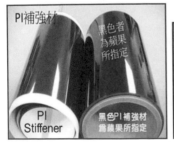

PI補強材

黑色者為蘋果所指定

PI Stiffener

黑色PI補強材膠蘋果所指定

此為 i-x 的 LCP 天線板某零件下方兩片PI 補強板

注意:白色部份為LCP的三層板,下面兩片暗色者是為焊接的PI補強板

2-6-8 覆蓋膜Coverlay（CVL）

　　軟板用的CVL正如同硬板的綠漆一樣，具有防焊及保護外層板的功能。不過軟板CVL的材料與加工則又較硬板的綠漆更為精密及困難。一般是把PI膜與純膠層組成的CVL先行衝形然後再套貼於FPC的兩個外板面使露出金屬銲墊即可。為了對準度更好起見還可採用感光式的CVL。蘋果手機用的LCP天線板或其他PI軟板的CVL，一律採用杜邦的黑色CVL301或亞洲電材的產品。

PI　純膠層　離型紙

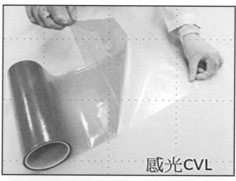

感光CVL

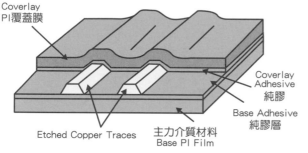

Coverlay
PI覆蓋膜

Coverlay
Adhesive
純膠

Base Adhesive
純膠層

Etched Copper Traces

主力介質材料
Base PI Film

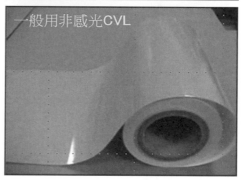

一般用非感光CVL

2-6-9 EMI Shielding Film防電磁干擾屏蔽膜

　　為了防止外來的EMI電磁干擾同時也不希望干擾別人時，則須在完工板覆蓋膜外指定區域再貼附上柔軟的抗EMI屏蔽膜。此種抗EMI複合膜中具有超薄低電阻的金屬膜（如0.1μm蒸鍍銀）可將入侵的電磁波部分反射回去，已滲入的電磁波則還可使之產生渦電流而損耗其能量。有時還會採用多層不同金屬薄膜以儘量達到防堵EMI的目的。

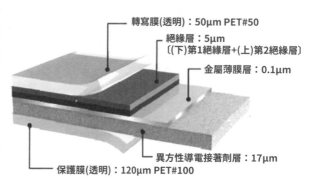

轉寫膜(透明)：50μm PET#50
絕緣層：5μm
（(下)第1絕緣層+(上)第2絕緣層）
金屬薄膜層：0.1μm
異方性導電接著劑層：17μm
保護膜(透明)：120μm PET#100

PI層
導電膠層

PI層
環氧膠層

信號層
PI基材
接地層

透明轉寫膜：50μm
保護層：5μm
屏蔽層：壓延銅箔膜層：5.5μm
異方性導電接著劑層：9μm
（壓合前：15μm）

第三章 不到半根頭髮粗的鍍銅盲孔

拆解 iPhoneXR 的多種發現

3-1 前言及iPhoneX的簡說

3-1-1 iPhoneXR的天線板及主機板

不可諱言的是蘋果手機板十年來一向走在全球精密電子工業的前頭，所使用的PCB也成為業界最先進的科技創新指標。筆者自2012年起即從逆向工程(Back Engineering)的角度一路對蘋果手機進行拆解與切片分析：i5(文章在季刊60期/61期)，i6(季刊68期)，i7(季刊75/76期)，i8(無文章)，iXR(LCP天線軟板在季刊82期；主機板在季刊83期)。

TPCA熱心技術探討而購買真正全新手機，而筆者也具備了精密切片與深入分析的能力，這就是近十年來TPCA季刊異於其他協會雜誌之所在。以下即為本文的大綱：

3-2、iPhone手機的改朝換代　　3-3、各種互連盲孔的比較

3-4、銅箔的快速進步　　3-5、載板與類載板兩種mSAR的不同

3-1-2 iPhoneX 的主力機 iXS 與高價機 iXS Max

使用A11晶片的iXS其最大特色是將長條型十層主板折半，中間另插入雙面板然後再上下焊成為22層板，如此省下的面積可用以加大了L型電池。且高價的XS Max更改用A12晶片又將電池一分為二以增加續航力。

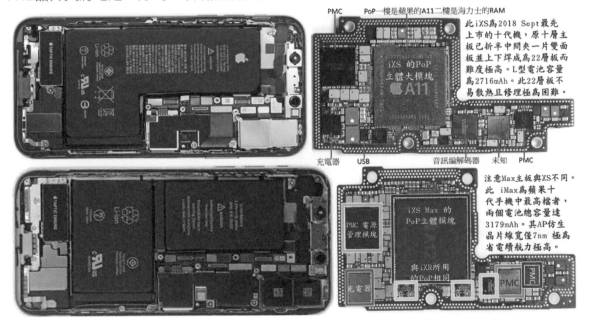

PMC　PoP一樓是蘋果的A11二樓是海力士的RAM

iXS 的PoP 立體大模塊　A11

此iXS為2018 Sept最先上市的十代機，原十層主板已折半中間夾一片雙面板並上下焊成為22層板而難度極高。L型電池容量為2716mAh。此22層板不易散熱且修理極為困難。

充電器　USB　音訊編解碼器　未知　PMC

PMC 電源管理模塊　iXS Max 的 PoP立體模塊　與iXR所用的PoP相同　PMC　PMC

充電器

注意Max主板與XS不同。此 iMax為蘋果十代手機中最高檔者，兩個電池總容量達3179mAh。其AP仿生晶片線寬僅7nm 極為省電續航力極高。

3-1-3 iXR主板正面的全貌

　　此次對iXR主板切片之前，仍委請前次拆解i7的歐毅賢手機師傅出手。下圖即為iXR主板正面全圖，而右圖為其全機正面的X光透視圖(取自網站)，可見到該十層主板即落在大電池的上側。主板正面頭號元件PoP的A12正是筆者詳加探討的重心，也正是電

子業從晶片、封裝、組裝最先進技術之所在。2018年Q3推出的主力機iXS與高價機iXS MAX卻都賣不好之下，只好又推出廉價的iXR希望找回市場(其實就是i9只是把電池與AP晶片換掉而已)。事實上XR也依然不見起色。

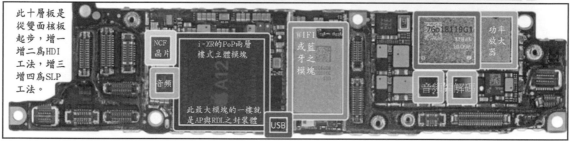

3-1-4 iXR主板反面的全貌

　　從上右圖放大金色Logo可見到，TPCA此次所買的XR新機其主板是奧地利PCB業者AT&S的出品，製造日期是2018年Week42(即Oct15-21)。上列的實物圖即為前節X光

透視正面全機的本尊。下列全圖即為主板反面貼裝的全貌，筆者行文主力是落在東芝大型閃存的SIP模塊其之載板與主板在細線與盲孔的詳情。

3-2 iPhone手機的改朝換代

3-2-1 前後三代iPhone其PoP中AP的改變

　　智慧型手機最大最重要的元件就是一樓的AP與二樓DRAM所上下立體組成的大型模塊PoP（Package on Package），而i7、i8、iXR（其實就是i9）三代在PoP模塊中都有很大的改變。首先是2016年i7中用於承載AP晶片的RDL就淘汰了多年來封裝業所使用的6L載板；其次從中圖可見到i8/PoP一樓的AP晶片已比i7縮小了很多，這説明其nm線路又再縮細不少。且二樓的DRAM也改為立體打線的雙晶片。至於iXR的PoP則改變更大，其AP晶片已由單片改為RDL上接主晶片與下貼兩小晶片的三合一封裝了。

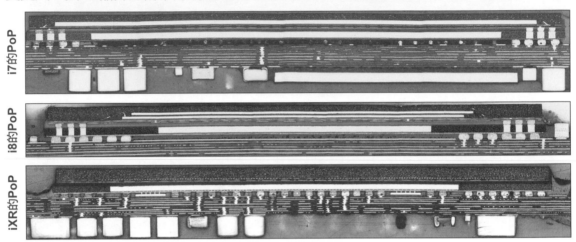

3-2-2 iXR已將先前的AP單晶片改為AP三晶片

　　從所附上兩圖可見到RDL朝上的製造狀態與RDL朝下的組裝狀態，其流程是在主晶片的Fan-in區另加外圍的Fan-Out區兩者全平面上先後完成五層銅的RDL。然後在RDL頂面左右兩區另貼焊上兩個小晶片，同時也全面植妥1300銲球而得以翻轉貼焊在類載板式的十層主板上，第三圖為小晶片之一的詳圖。第四圖為局部RDL五個銅層的詳圖。

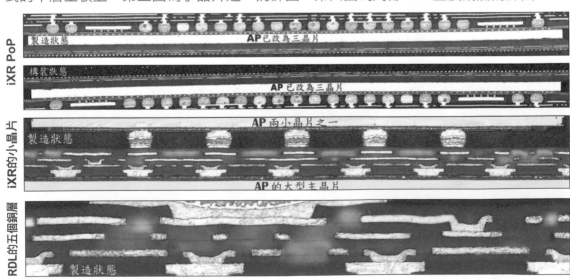

3-2-3 iXR五層銅式RDL中出現不到半根頭髮粗的感光盲孔

右列從總厚度為45µm的五銅RDL詳圖中,可見到從晶臉本身銅柱往上四次藍字感光介質PSPI的增層,其流程為五次光阻五次電鍍銅所得到線路及互連盲孔。注意其L1銅層竟然為斷續電流所鍍千層派的"6合1"首銅層與盲孔,這是TSMC的絕招。鍍銅前的金屬化是採乾式"濺鍍鈦與濺鍍銅"以取代濕式PTH的傳統做法,以徹底消除不易濕潤的孔破問題。注意感光盲孔的底徑只有20µm而已,須知人髮平均為3mil或75µm。

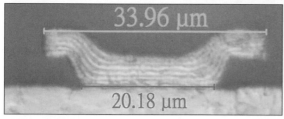

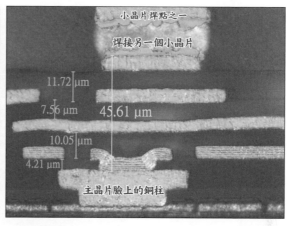

3-2-4 iXR中AP封裝用替代載板的RDL製造過程

從下大圖可見到五層銅式RDL的製程為:①先在AP晶片內外已徹底削平的全表面上,採旋轉塗佈之PSPI感光介質(即5.23µm與4.73µm的層次),然後解像出感光盲孔並再全面光阻及小心對準孔位再次解像出盲孔,於是即可進行盲孔及光阻表面的濺鈦與濺銅②去光阻(也一併去掉光阻表面的濺射鈦銅,但盲孔內的鈦銅還在)然後完成千層派的首次電鍍銅。③接著再塗佈二次綠字(5.74µm/9.61µm)的PSPI感光介質,以及再次光阻後濺鈦濺銅及常規電鍍銅③延續②的做法直到L5全部完工。

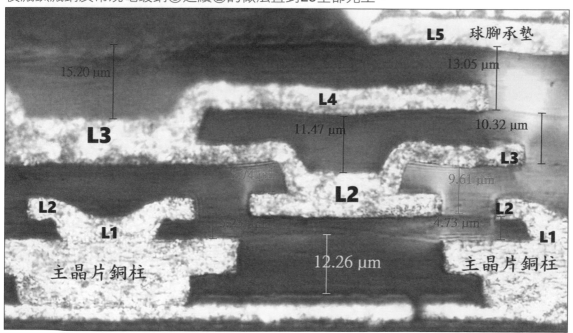

3-2-5 RDL內外兩區感光盲孔的不同

本節左圖為RDL中央晶片Fan-In區L1到L2的感光盲孔與銅導線，可見到超小盲孔的兩層首銅是台積專有極為特殊"六合一式"的千層派鍍銅。從右上圖可見到這種鍍銅盲孔的口徑只有26.16μm也就是1mil而已，這是目前所見到最小的互連盲孔。右下圖為RDL外圍Fan-Out區L4到L5大號感光盲孔鍍銅後的碟型UBM，這是用於PoP腹底先行植球的銅墊，有球後才能得以翻轉貼焊在主板正面（Near Side）完成PoP的整體構裝。

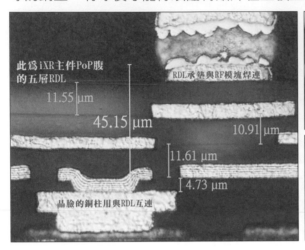

3-2-6 iXR最重要元件PoP中AP晶片的大改變

由前3-2-2小節可見到iXR的AP主晶片面積已比i7縮小了30%之多，這當然是晶片佈線更細帶來的正面效果。為了加快速度及強化功能起見，於是iXR已將原本單一AP晶片改變成為一大兩小分別互連在RDL的1L面與5L面上的三晶片了（見下PoP構裝全圖）。再從最下1000倍接圖可見到左端小晶片採用5個銅柱貼焊在RDL的5L表面銅墊，而右上圖即為其2000倍放大畫面。注意RDL與小晶片仍然採用SAC305所焊接，其銲點會有老化成Cu_3Sn不牢的問題，將來也許會再進步到Cu/Cu的面對面對接。

3-2-7 iXR在主板背面Far Side所貼焊大型東芝的快閃記憶體模塊

　　若將PoP所貼焊的十層主板面當成Near Side，則主板的背面即為Far Side；從下列上大圖可見到東芝SIP載板的全圖，此元件在前幾代iPhone中只是單純的閃存模塊而已，但此次iXR卻將之擴大為四個晶片及九層載板大型系統封裝式的SIP了。下中放大暗場圖可透視見到十層主板與九層載板以及兩大兩小四個晶片的位置，最下為一個打線另一個覆晶其等兩小晶片貼焊在九層載板的放大圖。

此為打線晶片所見到銅打線的2000倍畫面

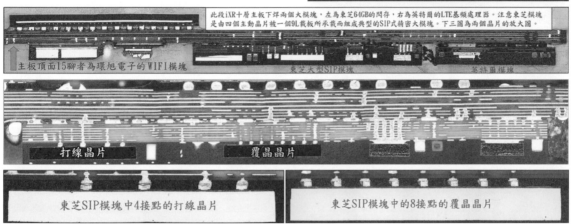

此段iXR十層主板下焊兩個大模塊，左為東芝64GB的閃存，右為英特爾的LTE基頻處理器。注意東芝模塊是由四個主動晶片被一個9L載板所承載而組成典型的SIP式精密大模塊。下三圖為兩個晶片的放大圖。

主板頂面15腳者為環旭電子的WIFI模塊　　　東芝大型SIP模塊　　　英特晶模塊

打線晶片　　　覆晶晶片

東芝SIP模塊中4接點的打線晶片　　　東芝SIP模塊中的8接點的覆晶晶片

3-2-8 東芝大型快閃SIP模塊與主板的互連

　　最下大圖即為東芝快閃模塊中其九層載板400倍的放大接圖，上右放大2000倍者為該載板層間互連用堆疊盲孔的部份精采畫面。事實上封裝載板與一般PCB的盲孔皆出自CO_2雷射燒孔，兩者後續填銅製程差異不大，只是載板盲孔口徑較小而已（有時會小到50-60μm）。中圖為九層載板與打線晶片採SAC305的焊接互連，可清楚看到焊接熱量過大造成IMC太厚，甚至在白色Cu_6Sn_5與底銅間還出現灰色的Cu_3Sn以致強度逐漸不足。將來也許會出現無需銲料而採『銅對銅』對接的一天。

九層載板的焊墊

打線晶片的銅柱

打線晶片與白色晶臉

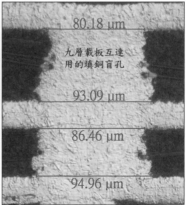

80.18 μm

九層載板互連用的填銅盲孔

93.09 μm

86.46 μm

94.96 μm

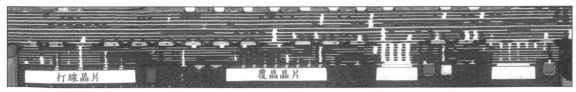

打線晶片　　　覆晶晶片

3-2-9 AP晶片與WIFI模塊兩者互連用RDL的不同

　　上二圖為AP晶片與其五層銅式RDL的放大圖，下二圖為iXR中首見的另一個WIFI模塊，其晶片與頂面具有四層銅的RDL畫面，兩者雖同屬PSPI感光盲孔與鍍銅互連；但注意台積電的InFO自從i7起其RDL的首鍍銅即採斷續電流的千層派式做法，而此WIFI其RDL的L1卻只是常規電鍍銅。故可判斷此種新RDL的模塊應該不是出自台積電。不過兩者孔徑也都不到半根頭髮粗（注意右上圖AP/RDL的L1盲孔底徑只有19.95μm）。

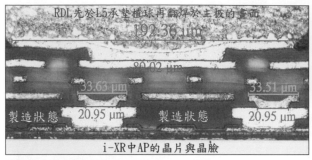
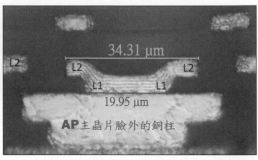

3-2-10 WIFI模塊中RDL鍍銅盲孔口徑也不到半根頭髮粗

　　右四圖黃藍數字的RDL四個鍍銅感光盲孔均用於WIFI模塊中的RDL互連，其口徑都不到半根頭髮粗。從四個放大3000倍圖面中均可見到電銅前的金屬化已全改為乾式的濺射鈦與銅了。還可從左下三圖見到其感光盲孔銅壁外圍的濺鈦層與RDL的各次銅層。當盲孔口徑越小數量越多時，傳統濕流程無法徹底潤濕下必然造成孔破，屆時乾製程應可全面出台了。

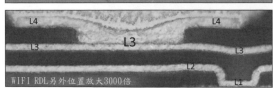

從前節與本節多個高倍放大圖看來，幾乎可確知WIFI模塊RDL中互連盲孔的口徑平均為32μm而且都是鍍銅而非填銅。但從本節右上圖與中橫圖卻見到兩個只有20μm幾乎已成填銅的超小盲孔，這卻令筆者大惑不解？須知PSPI的感光盲孔當然是在精密光罩下進行成像與及處理，同樣做為互連有何必要去另外做出如此超小的填銅盲孔？但願高明者能指教一二。

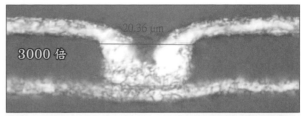

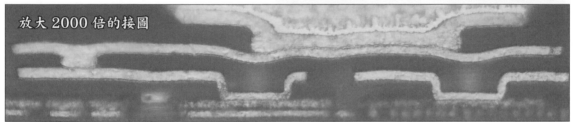

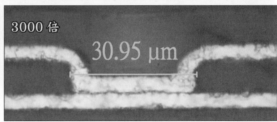

3-3 各種互連盲孔的比較

3-3-1 軟板互連用的盲孔與硬板不同

多層軟板的互連盲孔與硬板不同處有：①口徑較大且孔環與底墊也都加大，以取得撓折時的更好抓地力②軟板盲孔無需填銅以維持其柔軟性③軟材基銅多半是高單價的壓延銅④盲孔壁形狀與所用的材料有關。從上二及左下三圖看來，其BS中純膠層較易遭到除膠渣槽液的攻擊而向外擴大少許。

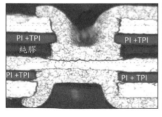

3-3-2 軟板盲孔的孔壁形狀會隨材料不同而不同

從右上兩圖可見到軟材為PI+2TPI，其孔壁係採UV雷射所繞鋸出而非硬板的CO_2所燒成，故在能量向內遞減下其孔壁稍呈斜坡狀。但下兩圖板材的孔型卻與上兩圖完全不同，材質較軟的BS（Bonding Sheet）純膠層會在除膠渣時容易被咬蝕而外擴少許的畫面。事實上這些只鍍銅不填銅積盲孔很少會斷裂。

3-3-3 軟板鍍銅盲孔的空腔會被CVL的膠層所填滿

從本節上三圖可見到軟板盲孔的空腔可被覆蓋膜（Coverlay；CVL）中的純膠層所填滿，注意其純膠層中所添的粉料清晰可見。但此種CVL的純膠層與銅面接著用BS（Bonding Sheet）中的純膠層（Epoxy+CTBN）兩者並不太一樣。前者CVL為了減少流動與增加強度起見已加入頗多$Al_2(OH)_3$的粉料，而BS的純膠層中則不加粉料。

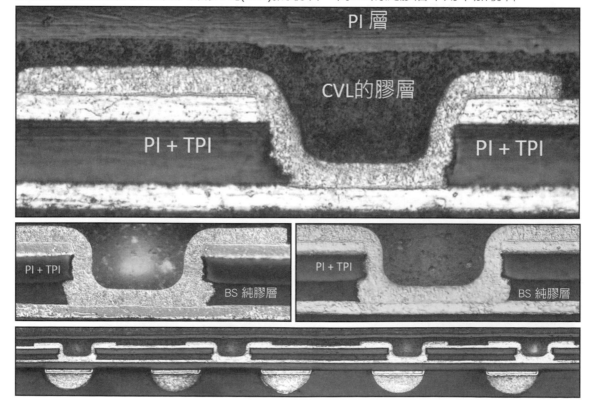

3-3-4 電路板與載板常見的鍍銅盲孔與填銅盲孔

　　左二圖為近十年來HDI式PCB或Carrier載板所採用的鍍銅盲孔，口徑尚可放鬆到 5-6mil(125-150μm)左右，右二圖為現行載板之填銅盲孔，其口徑已縮小到2mil多一點 了。盲孔填銅在電銅槽液添加劑進步與量產下，不但價格下降而且填孔的本領也不斷上 升，其孔內的快速填銅不僅遠比面銅更快更厚而且還呈現孔心向上突出的趨勢。

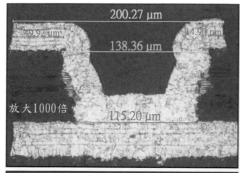

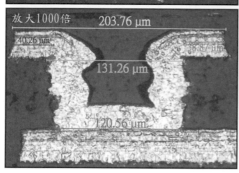
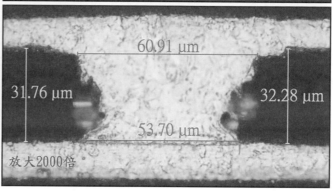

3-3-5 雷射成孔的進步

　　除了軟板採用產速較慢的UV雷射鋸出盲孔外，幾乎所有硬板均採用nano-second 奈秒級脈衝的CO_2雷射去燒出盲孔。近年來由於互連盲孔數量增加太多，以致孔距不斷逼近，造成相鄰盲孔間的板材留下"熱影響區"（Heat Affected Zone；HAZ）傷害的後患，下左圖中黃色區域即為被HAZ傷害的區域。因而CO_2雷射燒孔的新機種已將奈秒級脈衝再逼短到皮秒級Pico-Second甚至飛秒級Femto-Second的脈衝，以改善大量微小盲孔的成孔品質。右上兩圖即為其燒孔過程中孔口出現濺銅多寡的比較。

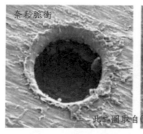
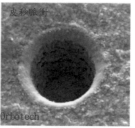
此二圖取自Orbotech

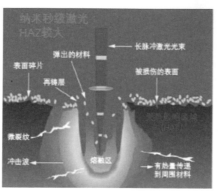
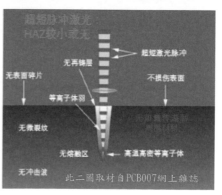
此二圖取材自PCB007網上雜誌

3-3-6 SAP（Semi-Additive Process）半加成法的真正面貌

日商大運味之素大改行並量產多年ABF（Ajinomoto Bond Film）的白色膜材，已成為全球高階大型載板SAP增層用無玻纖的膜材，其關鍵技術就是所摻加的nm級SiO_2小球。當增層的ABF膜材打出盲孔後接下來的除膠渣會咬掉表面小球，所留下眾多球坑則可用以抓牢起步用的化銅層，進而得以在大排板上做出10-15μm的牢固細線。通常ABF的超小盲孔可採UV雷射繞鋸成孔，較大盲孔則可用更快速的CO_2燒孔。其化銅也較一般厚出50%。

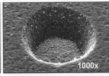

3-3-7 SAP法與mSAP法兩者細線的不同

SAP半加成法的流程是先對高價ABF膜材執行孔內與板面兩者總體性除膠渣，如此即可清潔盲壁盲底又可咬掉表面微球而留下1μm的球坑，於是後續鋪滿較厚的化銅層時就具備了絕佳的抓地力。有了較厚的化銅層才可用以代替銅箔進行後續流程；經光阻、電銅、去光阻，全面咬蝕（Differential Etching）後即得到已削角寬度僅10-20μm的細線（見左下圖）。從畫面下端見到傳統蝕刻有尖角的內層板與上端無尖角細線看來，兩者完全不同。右三圖是用3-5μm UTC取代高價SAP的mSAP工法所量產的載板細線。注意載板與類載板兩者流程也有差異。

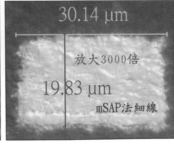

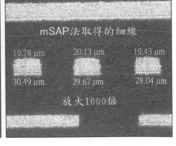

3-3-8 載板用SAP半加成法與mSAP模擬半加成法兩者的對比

　　SAP半加成法僅指ABF膜材經全面除膠渣咬掉微球留下微坑後；再經①PTH化鈀化銅濕流程的金屬化②光阻及成像③電鍍銅成線及填盲孔④去光阻並全面性蝕劑而完工。

下中圖即為8+2+8的高階CPU超大型載板，上下8次增層均為SAP法的傑作。右三圖為其互連盲孔與細線的畫面。所謂mSAP法就是利用常規的PP與超薄銅皮來代替昂貴SAP法的化銅層做為起步，以節省掉ABF的成本並增加全板剛性。左下圖即為mSAP生產載板的切片。

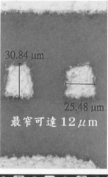

30.84 μm
25.48 μm
最窄可達 12 μm

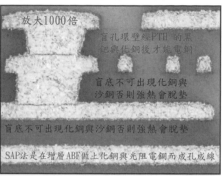

放大1000倍
盲孔環壁經PTH的黑色沉銅化鍍銅後才能電銅
盲底不可出現化銅與沙銅否則強熱會脫墊
盲底不可出現化銅與沙銅否則強熱會脫墊
SAP法是在增層ABF做上化銅與光阻電銅而成孔成線

放大1000倍
87.97 μm
63.42 μm
88.90 μm
69.01 μm
77.15 μm
68.42 μm
採超薄銅皮單雙面薄板的mSAP法所生產的6L載板

在Tg高達260℃強剛性的BT樹心板，上下採SAP共其8次增層而完工18層，再於線路SRO植18K球的超大CPU載板

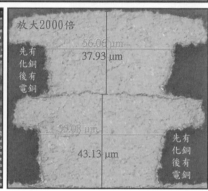

放大2000倍
先有化銅後有電銅
56.06 μm
37.93 μm
58.08 μm
43.13 μm
先有化銅後有電銅

3-3-9 模擬半加成mSAP法於載板與類載板兩者的比較

　　各世代iPhone手機，都是採用SLP（Substrate Like PCB）『類載板』的工法去量產細線微孔的手機板，載板mSAP板材的UTC超薄銅皮厚度為2-3μm，為了降低手機板的成本於是SLP的UTC厚度則已放寬到5μm左右，其所有流程均與mSAP法不太相同。由於超薄銅皮UTC太過軟弱無法自由持取，因而必須在特殊接著劑協助下另與18μm拋棄型載箔共同組成複箔，當UTC被熱壓在玻纖樹脂板面後，其接著劑下半部會被強熱所裂解，於是即可連同載箔從3μmUTC的光面撕離，然後即可進入PCB流程的鑽孔或盲孔。右圖即為mSAP原複箔的UTC精細畫面。

號稱18μm的拋棄型載箔
起步用3μm UTC

支撐UTC用號稱18μm 拋棄型載箔
15.71 μm
密貼兩種銅箔的接著劑層
11.39 μm
將此UTC組合三材熱壓在生產板面後下線可撕離
mSAP起步用的超薄銅皮UTC
3.58 μm

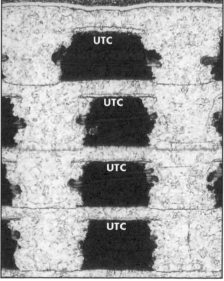

UTC
UTC
UTC
UTC

3-3-10 乾式真空濺鈦濺銅之半導體式金屬化做法

右三圖即為顛覆傳統另採乾式金屬化（Metallization）製程以取代容易孔破與脫墊的現行濕流程，左二圖為現行PTH濕流程完工載板的切片畫面。由於阿托水平線PTH或上村垂直PTH都是採高單價較少銅瘤的鹼性離子鈀，用以取代PCB一向慣用較便宜但銅瘤較

多的酸性膠體鈀。可恨的是鹼性鈀處理後的清洗竟然一律用純水！請問純水如何能洗淨百萬計盲孔死角中的殘餘鹼性鈀？一旦有殘鈀則後續當然會有化銅也必定會脫墊。事實上載板對於是否脫墊的要求卻遠遜於蘋果手機板。

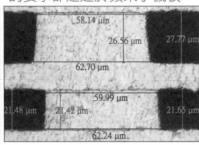

此為真空濺鈦濺銅乾式金屬化所製作的濕式填銅盲孔，注意上下鈦層清晰可見

完成封裝與組裝的八層載板

主PCB的銅墊

紅色化銅

紅色化銅

盲底紅色化銅容易脫墊

盲底紅色化銅容易脫墊

3-3-11 載板PTH鹼性離子鈀清洗不足的化銅脫墊

所有載板業的PTH都採用高單價自認一定好的鹼性離子鈀，可恨的是大排板數百萬盲孔如何能用純水洗淨強鹼？最好是先用市水強力預洗以除掉死角殘鹼，然後再用純水把市水洗掉才是正確的做法。然而載板業不管是垂直線或水平線都一律採用昂貴的純水去沖洗殘鹼，若真能洗淨那才是痴人說夢話呢！幸虧載板已被封牢在模塊內且焊接次數也不多，是故發生脫墊也就不多了。然而載板一旦做了可靠度試驗時其脫墊就會多了。由是可知殘鹼的清除是多麼重要了。

深盲孔清洗困難底部經常殘留化銅而脫墊

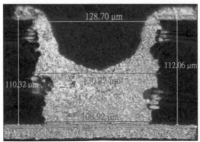

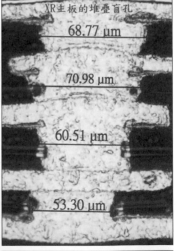

XR主板的堆疊盲孔

68.77 µm

70.98 µm

60.51 µm

53.30 µm

盲底局部化銅

放大3000倍的接圖可清楚見到深盲底部紅色的全部化銅，多次焊接就會脫墊

盲底局部化銅

3-4 銅箔的快速進步

3-4-1 反瘤反轉銅箔 Reverse Treated Copper Foil

　　為了因應高速方波與射頻弦波兩者快速傳輸與減少損耗起見,三種板材進步最快的就是銅箔。右上圖為傳統ED銅箔:其粗糙稜面後續還要長出粗大銅瘤,當其反踩在樹脂表面時才得以抓牢。如此完工PCB的眾多小型焊墊,在數次重工返工中才不致因強熱而浮離。右中為低稜LowProfile的反瘤新式ED銅箔,PCB加工是把微瘤光面踩壓在樹脂表面,成線後底部皮膚跑高速訊號時才可減輕Skin Effect的損耗。下左為生箔後處理的稜面再鍍銅瘤過程,注意其陽極是故意斜放,使起鍍時因距離近電阻小以致電流超大而出現粉狀鍍銅,走動中距離漸遠電流漸小又成為良好鍍銅,於是好銅包爛銅就成為銅瘤了,右下兩黑白電鏡圖即為瘤前瘤後之對比。

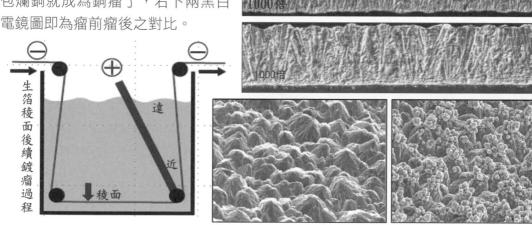

　　為了高速方波與射頻微波兩者傳輸能量不致過度損耗起見,無稜無瘤兩面光滑的全新銅箔,不但在厚大板(下圖)已使5年以上,連iXR手機LCP天線軟板所用者(右下圖)也都改用全新銅箔了。從下圖厚大板多次強熱內層銅面的開裂可知,傳統用的黑氧化或棕氧化都不能再用了,替代化皮膜(如阿托的Bondfilm)則可過關。至於光滑銅面微瘤的抓地力,當然還要另靠Silane的大力幫忙才不致浮離。

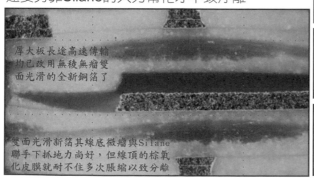

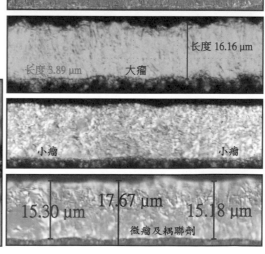

3-4-2 超薄銅皮UTC微瘤面的耦聯劑

　　本節上兩圖為低稜Low profile與小瘤的常規銅箔，右上圖為暗場取像的單圖而下列上圖卻另為明場的接圖，兩者均未見到小瘤面上出現白色的耦聯劑。最下圖為明場在特殊偏光中所攝取的連接圖，已見到UTC微瘤下緣的白色耦聯劑皮膜。下中的明場圖雖看不到Silane跡像，但UTC紅色的微瘤面卻清晰可見。

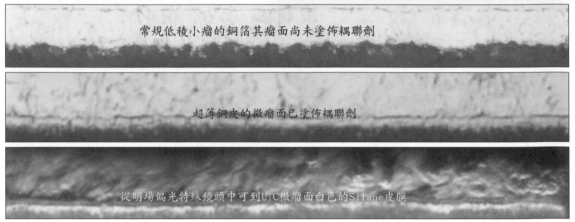

此為蝕刻完工現線路的截面圖

低稜小瘤未塗Silane的常規銅箔

常規低稜小瘤的銅箔其瘤面尚未塗佈耦聯劑

超薄銅皮的微瘤面已塗佈耦聯劑

從明場偏光特殊鏡頭中可到UTC微瘤面白色的Silane皮膜

　　本節左側兩圖為低稜小瘤傳統銅箔在同一試樣不同光影中取像的對比，其左中特殊偏光中並未見到白色的耦聯劑。不過右列二圖傳統銅箔的微瘤面在一般性偏光中也可見到暗色的耦聯劑。其餘右三右四及下大橫等三圖，均為具有UTC與及微瘤面者是載板mSAP的專用銅箔，右三明場雖看不到Silane，但下兩明場特殊偏光者卻可見到白色耦聯劑的皮膜。右上為清晰高倍所見到UTC下緣的白色耦聯劑圖。

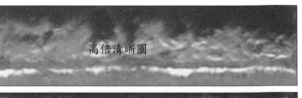

高倍清晰圖

低稜小瘤無耦聯劑的正統銅箔

低稜微瘤有Silane的正統銅箔

微瘤有Silane超薄銅皮的明場畫面

與上圖為同一切樣

明場特殊偏光全無Silane的對比畫面

微瘤有Silane 超薄銅皮的明場特殊偏光畫面

微瘤有Silane 超薄銅皮暗場的接圖

3-4-3 iXR手機LCP天線板其FCCL中UTC微瘤面的耦聯劑

此節三圖均為XR手機LCP天線軟板所用Kuraray雙面銅箔的軟材，從右上圖可見到該FCCL的總厚度為60μm，兩面銅箔厚為15.36μm，故知UTC與微瘤兩者厚約2μm。左下偏光連圖中更可見到微瘤面暗色的Silane薄膜。右下圖為暗場所見到的紅色UTC與白色耦聯劑的皮膜。兩種不同界面的接著強度應來自四種機制：①機械扣鎖②靜電理論③吸著理論④化學鍵理論。至於此等軟材中耦聯劑的接著強度，則以化學鍵居功厥偉。將來不管是硬板或軟板，也不管大板小板，耦聯劑的用場必然越來越廣。

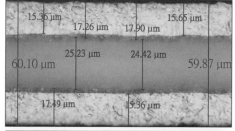

明場偏光2000倍可見到厚度為60μm而LCP為25μm的雙面 FCCL中，其上下銅箔的內緣不但出現紅色的微瘤層，而且也出現暗色的耦聯劑 Silane 層。

此圖為2000倍暗場所見 LCP雙面 FCCL，其耦聯劑層已轉為白色。

3-4-4 XR天線LCD軟板其銅箔微瘤面的耦聯劑

此五圖均為XR手機LCP天線多層軟板的切片，其壓合條件為290℃,400PSI,100分鐘左右；經常會把軟化的LCP壓垮擠薄，因而蘋果就特別採用600℃以上的銲料做為支撐及互連。右上四層LCP天線板焊接零件畫面中可見到LCP中白色的高溫銲料，右中為該銲料的放大圖，右下為其暗場圖可清楚見到兩銅箔的雙面都出現了白色耦聯劑皮膜。左上圖為右下圖左端的放大畫面，左下深盲孔畫面也可見到紫色的耦聯劑。

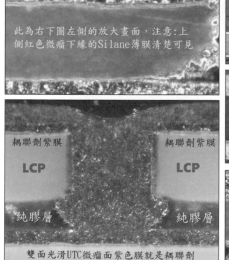

此為右下圖左側的放大畫面，注意：上側紅色微瘤下緣的Silane薄膜清楚可見

耦聯劑紫膜　　　　耦聯劑紫膜

LCP　　　　LCP

純膠層　　　　純膠層

雙面光滑UTC微瘤面紫色膜就是耦聯劑

兩銅皮外緣出現耦聯劑白膜　　　兩銅皮外緣出現耦聯劑白膜

3-5 載板與類載板兩種mSAP的不同

3-5-1 mSAP工法的盲孔可靠度

　　XR手機主板與大型九層式載板兩者均採mSAP工法所量產，本節最下連圖即為大型SIP的9L載板貼在主板的偏光圖。右圖是該載板8個堆疊填銅盲孔代替全通孔且已完成雙面焊接的畫面。從中圖可知該等盲孔的口徑都不到4mil，更可從左圖放大2000倍強光取像的畫面見到，兩盲孔周圍已出現紅色的化銅（黑鈀要從偏光透視才可見到）；但近乎白色填銅與底墊銅之間並未出現紅色的化銅或沙銅，多次強熱後也當然不會脫墊。

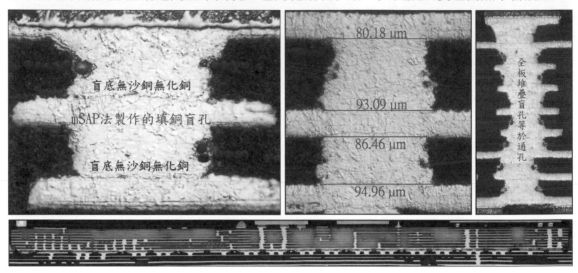

3-5-2 iXR十層主板的疊構與SLP細線

　　右中的大圖可見到iXR十層主板的疊構過程為：首先進行雙面內核板的成孔成線製程，即L5與L6的超薄板材（見右上圖102.5μm）的大排板工程。 在完工內核板上下兩面採P/p與銅箔的HDI式逐次壓合增層，首次增層到「增一」後的四層板（即L4到L7）。並繼續增到十層板。注意含「增二」以後三增者即為SLP製程。下圖即為L2五條細線之一刻意放大3000倍的清楚畫面。

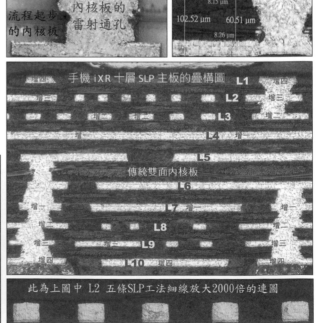

3-5-3 類載板與載板兩者mSAP的不同

載板SAP的化銅層較一般PCB化銅層約厚出50%，一旦清洗不足以致於盲底尚有殘鈀及化銅時當然會出紕漏，不過載板出貨最多焊5次情況下因而較少脫墊。但蘋果手機板出貨前至少要焊15次，於是這種SLP的手機板就比真正載板還更加困難了。右兩圖中可清楚見到最下端的UTC以及阿托水平線所鍍的一銅與後來的二銅。再從中圖三個堆疊孔可見到PCB的化銅較薄故也較少出現盲底可怕的紅色化銅。

XR的堆疊填銅盲孔多次焊接後並未脫墊

放大2000倍

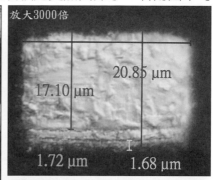

放大3000倍

20.85 μm
17.10 μm
1.72 μm
1.68 μm

20.03 μm
17.22 μm
1.64 μm
1.72 μm

放大1000倍的XR類載板細線

3-5-4 傳統蝕刻經二流體改善的效果與SAP細線的比較

傳統水平上下蝕刻細線兩面效果並不同，下板面是被上噴所咬蝕當然不會有水溝效應（Puddle Effect）。但內層上板面則必定會出現不良的水溝效應。所謂二流體就是指上板面的走動咬蝕中，同時也將積水抽走以降低水溝對細線的負面效果。右三圖即為內層板頂面抽蝕的細線良好效果。左二圖為高成本的SAP細線畫面。

注意：SAP採ABF增層及無阻劑全面蝕刻，因而所有線路尖角都被削

無阻劑的全面蝕刻既咬光化銅也咬圓電銅

暗線是咬不掉的黑鈀

向上三次ABF增層的SAP法
下端是傳統的內核板
有光阻保護的常規蝕刻會有尖角

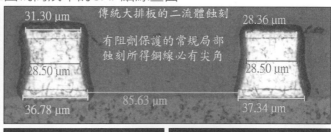

傳統大排板的二流體蝕刻

有阻劑保護的常規局部蝕刻所得銅線必有尖角

31.30 μm
28.36 μm
28.50 μm
28.50 μm
85.63 μm
36.78 μm
37.34 μm

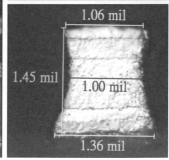

1.06 mil
1.45 mil
1.00 mil
1.36 mil

1.10 mil
1.44 mil
0.97 mil
1.42 mil

第四章 銅離子的電化遷移ECM 與銅原子的電遷移EM

Electro-Chemical Migration電化遷移是指PCB或載板Carrier長期工作中，在環境水份的助虐下經常發生的一種失效（Failure），亦即濕環境中金屬外部發生化學反應離子性的搬遷。至於電遷移（Electro-Migration），則是指半導體細線或各種銲點在無水氣無化學反應的狀態，卻在大電流與高溫中金屬內部發生了物理性原子搬遷現象。兩者大不相同不宜混為一談。本文先將ECM分為三小節搭配多個精細彩圖詳加説明。然後再討論半導體線路或銲料所發生非化學反應類的EM電遷移。

1.軟板與硬板綠漆中出現離子式的ECM
2.玻纖束中發生的離子式CAF
3.兩金屬密貼或遠距發生的Galvanic Corrosion
4.大電流高溫中半導體線路或銲料的電遷移EM

4-1 電化遷移ECM

4-1-1 某4L軟硬結合板出現電化遷移ECM

右上圖是內軟外硬的四層Rigid Flex軟硬結合板，由於內夾雙面軟板某處已出現的ECM電化遷移，於是乃將L1外層平磨掉以方便精確俯視觀察軟板問題點之切片所在，該圖中藍字ECM處即為絕緣失效的位置。

第二圖為內夾雙面軟板的軟材結構說明，ECM白字處已可見到紅色的爬銅了。確切爬銅的落點是發生在Coverlayer（CVL）保護膜中的純膠層與主軟材TPI之間，放大1000倍的下圖畫面已見到從陽級往陰級爬銅的ECM了。

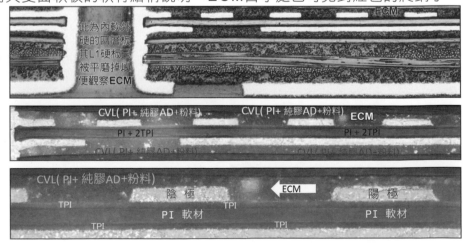

4-1-2 軟硬結合板出現 ECM 的放大細說

　　從前節放大1000 倍的最下圖及本節 400倍的上圖，可見到該ECM 是發生在內夾軟板兩線路之間，也就是陽極先氧化腐蝕出走後再獲取電子而還原成金屬銅，並逐漸在TPI與純膠夾縫間往陰極爬去，其原理與電鍍非常相似。三列兩圖說明軟板的訊號線為了附著力起見通常比硬板要寬一些。四列2000倍兩圖可清楚見到陽極腐蝕後厚度變薄的畫面，且從最右下圖還可見到陽極金屬銅外緣發生氧化與還原反應的顏色變化。

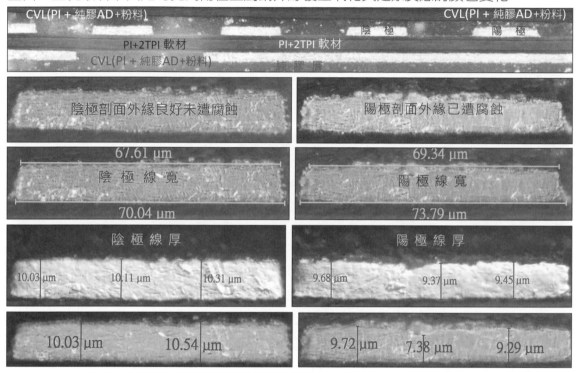

4-1-3 硬板綠漆中所發生ECM的詮釋

　　電路板兩金屬間發生ECM的條件是：①工作電壓（偏壓）所產生的陰陽極②水氣③可供遷移的通道。上兩圖中可見到Cu^+/Cu^0遷往陰極的ECM過程畫面。下兩圖可見到綠漆與板面間通道更大而更多的Cu^0遷移。

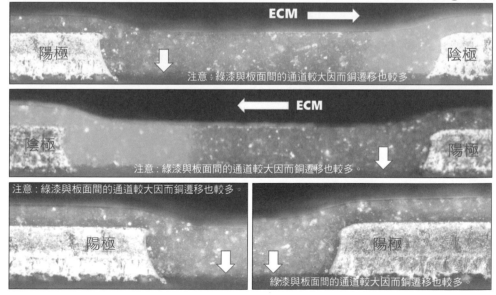

4-1-4 綠漆與板材間銅金屬的電化遷移ECM

1. 綠漆本身並非全無空隙，因而在「電化離子遷移」的5種成因：①水氣②電解質③露銅④偏壓⑤通道；齊備下就會發生ECM。能夠改善者只有避免通道而已。

2. 下例即為某載板經壓力鍋（PCT）試驗（條件為：Bias 1.8V,壓力29.7 PSI, Temp121℃,濕度100%），連續測到168小時後（及格標準為96小時），發現綠漆與板材之間出現了很大的浮離通道，因而才出現了通道中大幅遷銅的ECM。

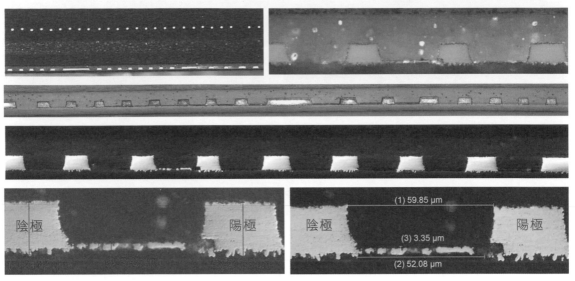

4-1-5 電化遷移 ECM 容易發生在水份較多的偏壓線路間

本節下左的俯視與右切片側視兩圖，為考試板在高溫高濕與偏壓（例如50V）之連續折磨中，由於附著板面的水分遭到電解而使陽極變色並產生了體積較大的氧氣，當其頂破綠漆後即出現了往陰極爬銅的俯視與側視畫面。上列2000倍的大接圖為前例內層軟板容易吸水的純膠層處出現的ECM。

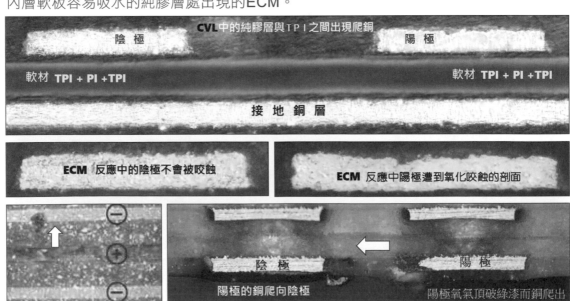

4-2 玻纖束中的CAF

4-2-1 從陽極出發玻纖中導電物的遷移

玻纖布必須先有Silane矽烷耦聯劑皮膜（上兩圖為代表結構式）後才能與樹脂親密結合，鑽孔後除膠渣首站的膨鬆處理一旦過度時，原有的耦聯劑皮膜將遭到水解而留下反白的空氣間隙，此種微隙將會滲入化學銅成為滲銅（Wicking），後續並將成為可怕CAF的起點。上左圖說明斜線的玻璃與右方塊樹脂兩者表面間，所出現的矽烷皮膜會往樹脂區擴散而抓牢兩表面。上右圖說明矽烷化學鍵皮膜遭到水解時將因鬆散而脫層分離。下兩圖可見到玻絲與銅箔衣面兩處的耦聯劑皮膜。

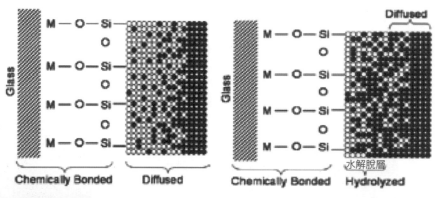

玻纖絲外緣已塗佈耦聯劑

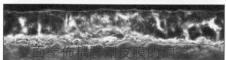
雙面塗佈耦聯劑皮膜的銅箔

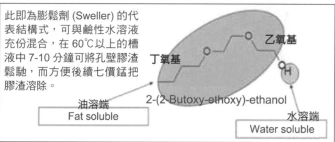
此即為膨鬆劑 (Sweller) 的代表結構式，可與鹼性水溶液充份混合，在 60℃以上的槽液中 7-10 分鐘可將孔壁膠渣鬆馳，而方便後續七價錳把膠渣溶除。

乙氧基
丁氧基
2-(2-Butoxy-ethoxy)-ethanol
油溶端 Fat soluble
水溶端 Water soluble

4-2-2 除膠渣 Desmear首站膨鬆槽正是CAF的殺手

鑽孔後的除膠渣與金屬化兩大濕流程中，共有5種槽液會攻入玻纖與樹脂的狹縫中，進而造成可怕的CAF後患。本節係針對5種槽液的接觸角進行量測，此種Contact Angle愈小者愈容易鑽入狹縫中。

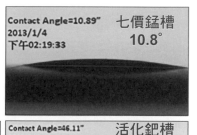
Contact Angle=10.89"
2013/1/4
下午02:19:33
七價錳槽
10.8°

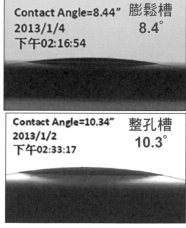
Contact Angle=8.44"
2013/1/4
下午02:16:54
膨鬆槽
8.4°

Contact Angle=10.34"
2013/1/2
下午02:33:17
整孔槽
10.3°

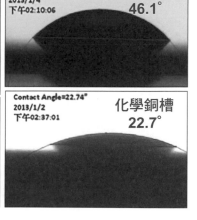
Contact Angle=46.11"
2013/1/4
下午02:10:06
活化鈀槽
46.1°

Contact Angle=22.74"
2013/1/2
下午02:37:01
化學銅槽
22.7°

4-2-3 鑽孔膠渣被膨鬆的示意情形

　　膨鬆槽係採可水溶之有機溶劑式膨鬆劑（見4-2-1節）與NaOH組成強鹼性高溫（75℃）槽液，製程板經1-10分鐘之浸泡處理迫使各種膠渣發生腫脹鬆弛，以利後續Mn^{+7}的順利攻入與清除溶解。

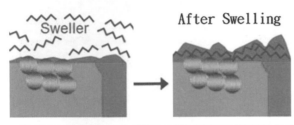

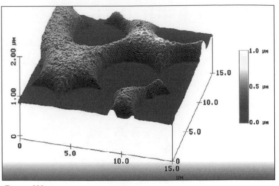

Swelling-
After 150s Swelling

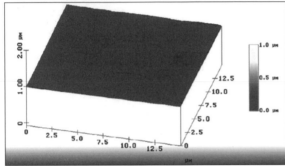

Swelling-
Prior Swelling (0s)

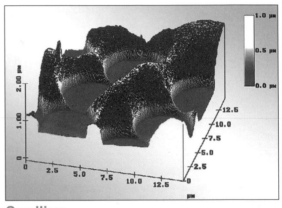

Swelling-
After 240s Swelling

4-2-4 過度膨鬆處理造成玻絲耦聯皮膜水解而反光發白與滲銅

　　由前可知膨鬆槽液的潤濕角（Wetting Angle）只有8.4度，在高溫槽液膨脹中很容易鑽進玻纖紗束，並水解掉耦聯皮膜而出現反白的微隙。隨後即有黑色鈀與紅化銅沉積的滲銅（Wicking）在玻纖微隙中長出，並為後續可怕的CAF埋下禍根。

　　一般業者對ICD都深具戒心因而對除膠渣採重度處理。事實上所謂的ICD其實絕大多數是沙銅或化銅而不是殘膠（從顏色圖面可知），指鹿為馬的原因是切片過於粗糙失真所致。

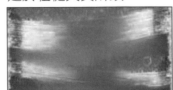

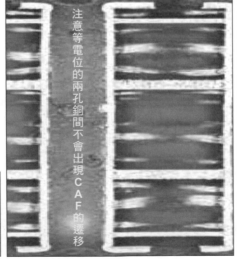

注意等電位的兩孔銅間不會出現CAF的遷移

陽極　陰極

只有在不等電位偏壓下的兩孔銅才會出現CAF

陽極　陰極

只有在不等電位偏壓下的兩孔銅才會出現CAF

4-2-5 玻纖紗束入口處出現滲銅Wicking的過程

過度膨鬆水解掉玻絲的耦聯皮膜而呈現微隙後，紫色高溫的Mn^{+7}隨即溶除掉微隙中的樹脂而有了寬縫，於是化鈀化銅即在毛細作用下滲入與沉積。右下再放大的兩黑白電鏡圖雖已見到化銅與電銅的填入，但卻無法如光鏡般分辨兩種銅材。

左下圖可見到玻纖中潤濕角46度先到的黑鈀與22度後上的紅化銅，說明黑鈀並未將縫隙先行堵死。

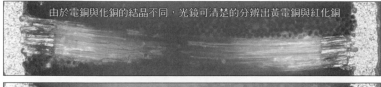
由於電銅與化銅的結晶不同，光鏡可清楚的分辨出黃電銅與紅化銅

由於電銅與化銅的結晶不同，光鏡可清楚的分辨出黃電銅與紅化銅
長度 119.66 μm

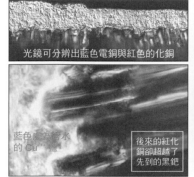
光鏡可分辨出藍色電銅與紅色的化銅
藍色應含有水的Cu^{++}鹽
後來的紅化銅卻超越了先到的黑鈀

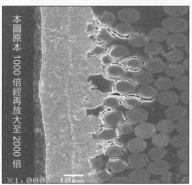
本圖原本1000倍經再放大至2000倍
X1,000 10μm

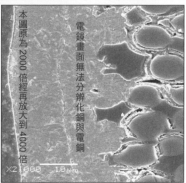
本圖原為2000倍經再放大到4000倍
電鏡畫面無法分辨化銅與電銅
X2,000 1.0μm

4-2-6 CAF導電性陽極性玻纖絲

若將CAF照字面翻譯則如本標題所示任誰也當然看不懂，而中圖文字才是真正的定義。

上兩俯視圖具有偏壓Bias兩通孔間絕緣材料（介質Dielectric）中已出現了CAF的失效，從中下兩切片圖可清楚看到自陽極往陰極玻纖中的遷移物，有紅色的Cu;黑色的Cu^{++}/Cu^{+}；與藍色含水的Cu^{++}銅鹽；等各式導電物。此等絕緣不良的失效（Failure），當工作電壓較低時將無法正確傳輸訊號，至於高電壓工作者將造成燒機，汽車板尤其關鍵。PCB欲降低CAF風險的首要做法，就是減輕膨鬆槽對玻纖束耦聯皮膜的水解。

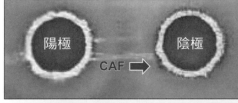
陽極　陰極　CAF ➡

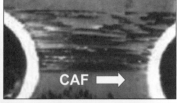
CAF ➡

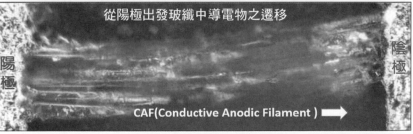
從陽極出發玻纖中導電物之遷移
陽極　陰極
CAF(Conductive Anodic Filament) ➡

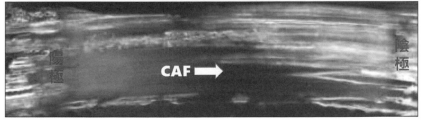
陽極　陰極
CAF ➡

4-2-7 玻纖紗束中單獨玻絲發白的說明

　　板材區切片畫面經常會發現玻纖紗束中有單支發白發亮的情形，事實上那只是單支玻璃絲（Filament）出現空心絲（Hollow Fiber）的不良現象，而並非一般認知CAF滲銅（Wicking）的發展延伸，原因是其中並無紅色的銅存在。膠片進料檢查方法是將原始玻纖布浸在比重較輕的油中40分鐘，即可見到單支絲發白的情形。

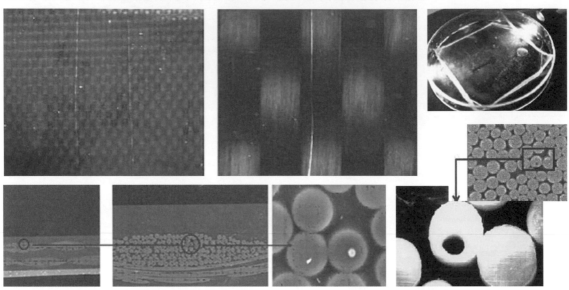

4-2-8 空心絲的形成與CAF

　　根據2001年北京化學工業出版社一本厚達1284頁的「玻璃纖維與礦物棉全書」P.26所言，熔融的玻璃漿自白金鍋向下擠出的拉絲過程中，由於E-glass的熔點較低且配料中的澄清劑不足，以致捲入了CO_2或SO_2而拉伸成了空心絲（Hollow Filament）。

在偏壓，水氣，與滲銅條件下，空心絲將形成毛細管電泳現象的銅心絲了

　　帶有空心絲的玻纖布做為一般性FRP補強材時也許影響不大，但用於PCB又不幸最糟時卻有可能會滲入銅份而釀成CAF，因而CCL廠進料檢驗時不得不小心。右二圖即為典型空心絲所造成的CAF，右上圖以毛細現象說明其空心絲滲銅的原理。

空心絲兩端不幸遭到鑽孔弄破又滲入了化銅而釀成 CAF

4-2-9 水體中銀離子或銅離子快速ECM的枝晶 Dendrite

從左下黑白示意圖可看到當清潔水體被低電壓電解時，所產生的OH⁻會跑去陽極而H⁺會跑去陰極，OH⁻與溶出的Ag⁺會形成Ag₂O或Ag(OH)₂並再泳去陰極，然後在右端的陰極面不斷地堆積成銀枝晶（見右上兩彩圖），並往陽極回長造成全迴路連通而停止生長。

由於Ag原子的電子軌道（2+8+18+18+1）與Cu電子軌道（2+8+18+1）；兩者最外層都只有一個容易出走的價電子，在ECM反應中極易形成Ag⁺與Cu⁺而出走（右下彩圖即為銲料露銅處的銅離子枝晶）。下橫框所列者即為枝晶快慢的排序。

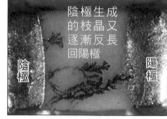

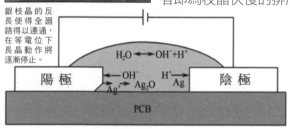

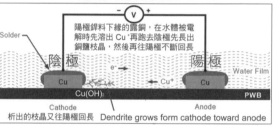

4-3 賈凡尼腐蝕

（快）Ag>Cu>Pb>SnPb>Sn>SAC>SnBi>SnZn（慢）

4-3-1 電位差造成的賈凡尼腐蝕

密貼或互連的兩金屬一旦其電位差頗大又有水氣時，於是負電性較大者將搶奪對方的電子而扮演陰極，並強迫對方成為陽極而遭腐蝕，稱為賈凡尼效應腐蝕（Galvanic Corrosion）。上兩圖即為ENIG皮膜在濕氣中出現IG咬爛EN，甚至連底銅都遭到氧化腐蝕。至於放大3000倍的三列兩圖其ENEPIG皮膜的裂口，卻是出自多次焊接的拉裂而非賈凡尼腐蝕。

下兩圖是濕氣環境中工作很久的組裝板其孔銅壁遭到的賈凡尼腐蝕，3000倍中可見到灰色的銲錫與白色的IMC聯手扮演陰極，並強迫孔銅成為陽極而遭氧化為黑色的CuO而逐漸掏空孔銅。

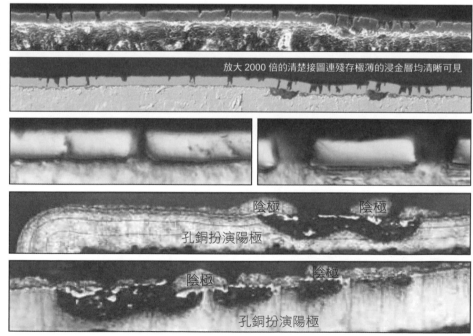

4-3-2 浸鍍銀可焊皮膜帶來的賈凡尼腐蝕

綠漆後可焊性的I-Ag浸鍍銀皮膜，由於操作快速簡單銲點強度良好而成本又便宜，加以白色反光而成為LED板類所愛用。然而一旦綠漆存在Undercut側蝕者，其藏汙納垢的電解質，水氣，以及銀與銅的電位差；等三大巨頭到齊後的賈凡尼腐蝕則必然發生且永不停止。

選用化銀皮膜時其綠漆絕不可存在Undercut

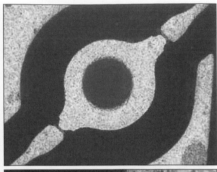

剝除綠漆後可見到交接處的銀面已將左右的銅料都爛完了，並強迫對岸的大面銅體也開始氧化腐蝕。

剝除綠漆後可見到交接處的銀面已將左右的銅料都爛完了，並強迫對岸的大面銅體也開始氧化腐蝕。

上左圖為綠漆後完工的浸銀板，上右為剝除綠漆後見到界面快要被咬斷的畫面。下列兩1000倍俯視放大圖已可見到，自身與鄰居兩種銅體都被銀面屠殺的下場，即使咬斷而不再出現賈凡尼腐蝕，但卻還會繼續發生沒完沒了的ECM遷移。

4-3-3 綠漆或紅漆後的浸鍍銀容易發生賈凡尼腐蝕

從右上俯視圖可知扮演陰極的銀面，強迫綠漆下的陽極銅體氧化變黑成為CuO了。在電位差，水氣，與電解質三條件到齊後，交界處的銅體即使全斷其後續賈凡尼腐蝕也不會停止。目前業界已很少再選用浸銀皮膜了。

右下三圖浸銀通孔其銅環頂部綠漆邊緣浮離處已出現了小型的賈凡尼腐蝕，下兩圖紅漆下陰陽交界帶底部也有黑色的CuO了。左右夾攻中遲早會全部咬斷。

陽極　　　銅體綠漆表面　　　陽極
陰極　　　銅體銀面　　　陰極

右環已出現賈凡尼腐蝕

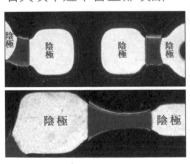
陰極　陰極　陰極　陰極
陰極　　陰極

銅面浸鍍銀

電　鍍　銅　　漆綠
基銅
板材

4-3-4 互連兩金屬其遠距離的賈凡尼腐蝕

許多精密手機板常會採用ENIG與OSP兩種可焊皮膜，也就是先做ENIG後做OSP所謂的「選化板」。左上圖紅標所指暗色OSP銲墊就是業者們所認定的異常或缺點，而且還認為是藥水或板材出了問題。為了證明業者們的錯誤起見，乃刻意對右上圖的三個OSP承墊進行切片如中圖，並再個別放大如下三圖；於是可見到中間暗色者所鍍的三次銅層都很完整，但左右盲孔連通到金墊者卻因被搶電子而遭到過度咬蝕成為淺色，亦即最上圖所示的遠距離互連式的賈凡尼腐蝕。

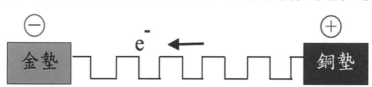

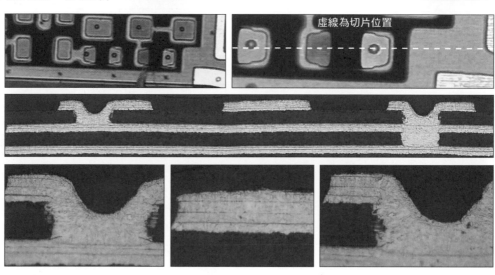

虛線為切片位置

4-4 何謂電遷移Electro-Migration；EM?

4-4-1 ECM與EM兩者的不同

由前可知電化遷移ECM是發生在電路板金屬外部化學反應後的離子遷移，至於電遷移EM則是發生在半導體金屬細線或銲料內部的物理性原子遷移，兩者完全不同。通常對後者是採用大電流與高溫去快速模擬EM長期工作中的劣化現象。早先晶片的鋁線路與目前的銅線路多少都會發生EM 的失效。下兩圖是取材自Indium銲料公司。

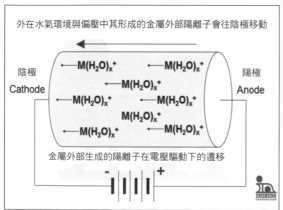

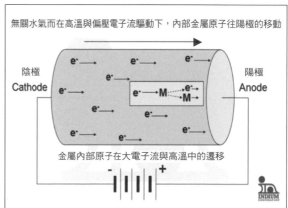

4-4-2 半導體鋁線或銅線在EM中出現的Voids與Hillocks

半導體晶圓晶片併傳（Parallel Transmission）用的超細線路金屬，最先是選用容易蒸鍍與容易蝕刻的鋁。由於多晶狀態的鋁在大電流（出自細線的擁擠效應）與高溫中容易出現EM電遷移的缺點，之後才改為不易蒸鍍卻可槽液電鍍銅的銅製程後，不但導電更好而且電遷移也少了。此種半導體金屬內部物理性原子遷移的EM，與前述PCB金屬外部經化學反應的離子性遷移ECM完全不同。

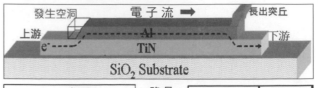

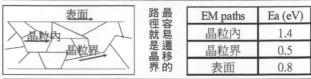

EM paths	Ea (eV)
晶粒內	1.4
晶粒界	0.5
表面	0.8

最容易遷移的路徑就是晶界的

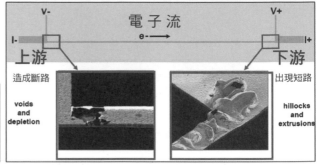

4-4-3 封裝工業中各種銲料的EM電遷移

採有機載板對晶片的封裝體BGA或CSP（指載板對比晶片的面積比在1.2以下之小型BGA），晶與板兩者互連用的銲球稱為Bump凸塊（大陸稱凸點）。在大電流與長期高溫工作中，凸塊的上游銲料經常被EM掏空而存在了斷路的危險。近年來細線微球多功能密集封裝趨勢下，必須要面對EM問題。

由於凸塊的尺寸很小長期使用中難免會有EM的失效，而載板與PCB之間的錫球體形很大是故較少EM問題。

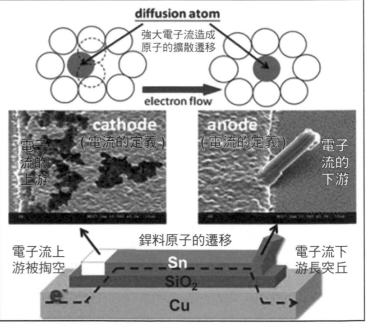

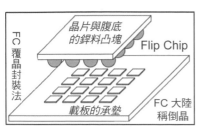

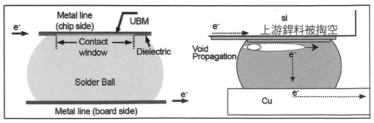

4-4-4 晶片與載板互連用Bump凸塊的電遷移

　　圖1説明晶片（大者稱Chip，小者稱Die）與載板的關係，若從電流的定義來看則有陰極Cathode與陽極Anode 之分；但若從定義相反的電子流去看時則應有上下游的區別。當討論 EM電遷移時則應以電子流的上下游較易理解。

　　圖2右説明EM動作中，上游銅基地不但被移走金屬原子甚至連銅的IMC都被遷往下游。圖2左説明上游鎳基也遭掏空且其IMC亦被遷去下游；圖3説明高鉛凸塊發生EM與上游的開裂畫面；圖4説明錫銀凸塊焊牢的鎳基地與銅基地其兩上游已開裂的EM畫面。

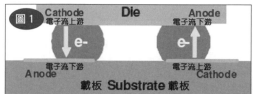

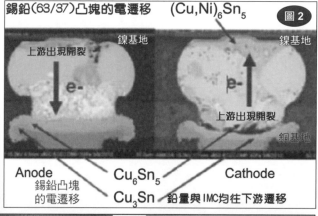

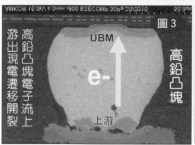

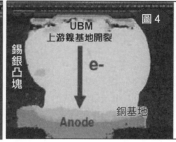

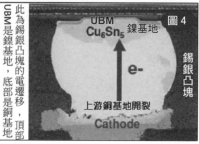

4-4-5 最常用銲料SAC305凸塊的電遷移

　　右上示意圖説明電子流搬遷原子的畫面，右中圖為兩SAC305凸塊電遷移上下游遷移的路徑。事實上學界業界對光學顯微鏡都不熟悉，像這樣低倍的表達若改採精緻備樣與光鏡取像時，其優美的彩色效果將遠超過黑白電鏡的醜陋畫面，右下兩彩圖雖取自光鏡但效果卻大打折扣。正下方光鏡彩圖説明以銅柱取代銲球時其EM實驗的結果，不幸開裂情形反而更糟。

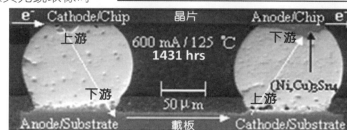

第五章 5G電路板設計板材與製程的應變

5-1 前言

　　第五代無線通信的5G在業界傳聞很久，其實大多著重在最常見的手機而已。然而5G還包括多種無線通信，如自駕汽車，機器人，空拍機與萬物聯網之全面展開等，均採用天空中傳播的射頻正弦波訊號，以及到達系統多種數碼作業（如手機電腦功能的遊戲等）的高速方波訊號。要想真正進入龐大商機的5G，就PCB領域而言，訊號傳輸的原理與設計端的改善，三種板材（銅箔、樹脂與玻纖）的進步，以及越來越難的製程如何提升其良率等，均需深入瞭解，本文試用多種彩圖舉例說明之，其綱要如下：

　　　5-2、傳輸線的原理與設計改善

　　　5-3、5G電路板銅箔的大幅躍進

　　　5-4、絕緣材料極性的降低

　　　5-5、急待改善的製程缺失

5-2 傳輸線的原理與設計改善

5-2-1 電路板傳輸線Transmission Line 的組成

　　電路板（含載板）的傳輸線簡言之只有外層的微帶線及內層的帶狀線兩類，而此兩類又有常規單股訊號線與雙股訊號線所組成的另類高檔專用差動傳輸線。

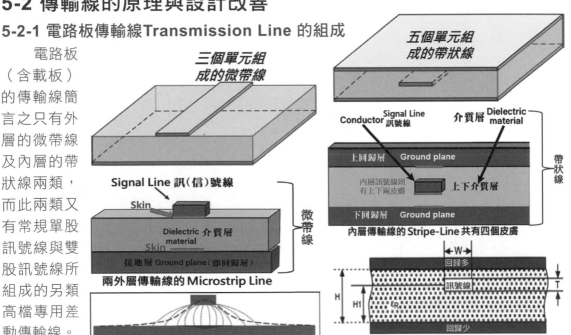

5-2-2 電路板傳輸線所傳送訊號能量之路徑說明

電路板傳輸線（含導體與介質層）傳送訊號能量時，訊號線與回歸銅面會有跑去與跑回的小電流，而其周圍介質中也會同步跑電磁波。導體趨膚效應（Skin Effect）的電阻發熱自必損耗能量，而電磁波穿越極性（指D_k與D_f）介質板材時，也對其極性分子造成扭動扯動的發熱同樣損耗能量。兩種損耗合稱為插入損耗（Insertion Loss）。此即高速板一再要求銅箔的低稜小瘤，與板材低極性（low D_k/D_f）的原因了。

導體中跑電流介質中跑電磁波！

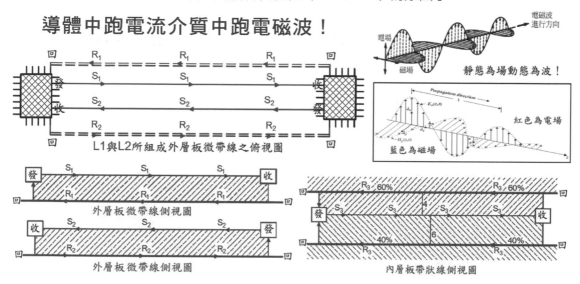

5-2-3 訊號線的集（趨）膚效應與回歸路徑

右二圖說明單股訊號線與回歸層的皮膚所在，下框圖說明工作頻率愈高時其訊號線的下緣皮膚愈薄。下左圖說明訊號線的皮膚與回歸電流的分佈，下右圖說明帶狀線的四處皮膚與回歸電流分佈。

Skin current is evenly distributed along the perimeter when ground plane is far 當介質層極厚時，

則訊號線前奔的電流會均佈於訊號線外圍，而回歸電流則均佈於GND的頂面。

當微帶線中的介質層越薄時，則訊號線前奔的電流會趨向下皮膚，回歸電流會往GND的上皮膚集中。

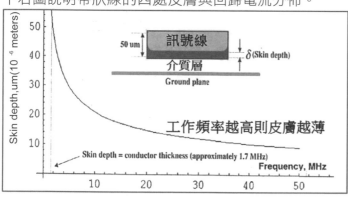

工作頻率越高則皮膚越薄

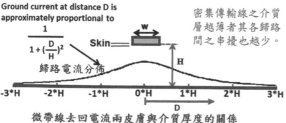

微帶線去回電流兩皮膚與介質厚度的關係

密集傳輸線之介質層越薄者其各歸路間之串擾也越少。

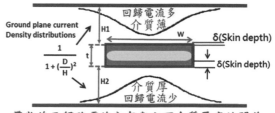

帶狀線兩歸路電流分布與上下介質厚度的關係

5-2-4 利用汽車輪胎對應說明D_k與D_f的物理含義

1. 由於主動（大陸稱有源）元件之功能不斷增多增強，使得傳輸資訊（信息）的I/O端口（Port）與訊號線（Signal Line）數目也不斷增多。為了佈置更多訊號線起見，只有縮細線寬增加層數以納入所有的跑線。然而多種主動與被動元件引腳或球腳焊接的承墊却只能安放在外層板面上，這就是PCB線路變細、層數增多與I/O數劇增、球腳縮小、引腳跨距Pitch一再拉近的基本原因。

2. 為了減少單股線的雜訊，與多股線間的串擾起見，迫使PCB之板厚愈來愈薄。如此一來却又使得訊號線與歸路間的寄生電容反而增大，進而造成訊號變慢與衰減。於是又不得不縮細線寬W以抑制寄生電容的增大。注意：必須先要使傳輸線充飽寄生電容才能跑訊號。

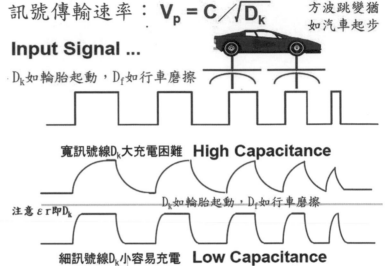

訊號傳輸速率：$V_p = C / \sqrt{D_k}$

方波跳變猶如汽車起步

Input Signal ...

D_k如輪胎起動，D_f如行車磨擦

寬訊號線D_k大充電困難　High Capacitance

注意 εr 即D_k　　D_k如輪胎起動，D_f如行車磨擦

細訊號線D_k小容易充電　Low Capacitance

5-2-5 電磁波在介質中的損耗（D_f）將轉為熱能而一去不返

高速方波傳輸中，其介質層中飛奔的電磁波與極性分子產生的吸與斥，將造成介質分子的扭動抖動而變為熱量，此即是一去不返永遠損耗的D_f。D_f也可視為水管漏水或車輪磨擦等，均屬不可逆的損耗。永久性損耗的D_f對高速訊號尤其關鍵。當高速傳輸線分佈於厚大板中時，其衰減後到達收訊端殘餘能量的不良訊號將無法判讀。

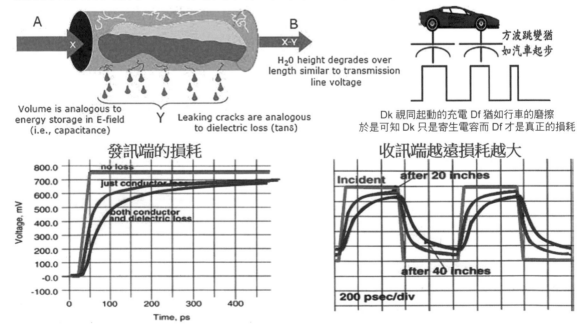

H₂0 height degrades over length similar to transmission line voltage

Volume is analogous to energy storage in E-field (i.e., capacitance)

Leaking cracks are analogous to dielectric loss (tanδ)

方波跳變猶如汽車起步

Dk 視同起動的充電 Df 猶如行車的磨擦
於是可知 Dk 只是寄生電容而 Df 才是真正的損耗

發訊端的損耗

收訊端越遠損耗越大

5-2-6 介質損耗D_f的深入說明

1. 方波必須先降低振幅其頻率才能上升或速度才能加快，造成厚大板長途傳輸的多種衰減（源自訊號線的集膚效應與絕緣介質的極性）。方波速率除了受到介質D_k的制約外（$V_p = C / \sqrt{D_k}$），其傳輸能量的衰減更受到板材D_f的直接影響。

2. 方波能量遭介質所耗損的D_f原文是Dissipation Factor散失因素，學名亦稱Loss Tangent損耗正切（Tan δ），也被稱為Dielectric Loss介質損耗，或Loss Factor損耗因素等。其物理意義是指長途傳輸中的方波能量，有一部份對板材造成扭動抖動而轉變為永遠損耗的發熱；於是「已損耗者」針對「尚健在者」兩者之比值，即稱為板材的D_f。因為是比值是故並無單位。

3. 將「已損耗者」定位為能量的虛值（Imaginary），將「仍健在者」定為實值（Real），於是虛/實或Imaginary / Real兩者之比值，即成為三角函數δ角正切的"對邊/鄰邊"了，也就是還可利用數學的正切去表達D_f。

Intel 對每吋傳輸線之損耗規格暫定為：
Stripline 上限 0.78dB
Microstrip 上限 0.84dB

由上圖三角函數的關係可知：Tan δ =對邊/鄰邊= ε " / ε ´ ，或=虛/實

4. 此種介質本身"虛／實"之D_f值，對高速訊號長途傳輸到達收訊端（Receiver）時，方波能量必然呈現衰減。故當PCB的外頻時脈加快到100M Hz時，其D_f的Low就很重要了。業界又另將D_f倒數成為"實／虛"之比值，另稱為電容器或板材的"品質因素"Quality Factor簡稱為Q Factor，也就是 Q Factor = 1 / D_f。說穿了這些都是裝神弄鬼故弄玄虛唬唬初學者而已。

5-2-7 板材吸水後D_k/D_f都會升高而對SI不利

1. 由於水分子的極性很大（D_k=75），一旦板材吸水後即將使得D_k/D_f升高劣化進而引發訊號傳輸品質的下降，當然也使得長程高速訊號之衰減（Attenuation）加劇。

2. 以Nelco的標準FR-4板材而言，當方波訊號之頻率或速度高達1G Hz時，其乾燥板材之衰減約為-0.14 dB/in，但吸飽水後居然劣化到-0.34 dB/in，竟超出2倍以上。

3. 單股訊號線能量衰減之計算式為：

$$Atten = -4.34 \left(\frac{R_{Len}}{Z_0} + G_{Len}Z_0 \right) \ dB/length$$

參考：雙股差動線之衰減計算式為：

$$Atten_{diff} = Atten_{odd} = 4.34 \left(\frac{R_{Len\text{-}odd}}{Z_{0\text{-}odd}} + G_{Len\text{-}odd}Z_{0\text{-}odd} \right) dB/length$$

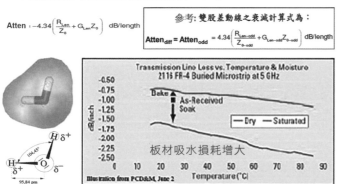

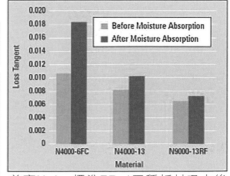

美商Nelco標準FR-4三種板材吸水後D_f變大與未吸水者的比較

5-2-8 厚大板長途高速傳輸應採差動線

從VNA對厚大板板邊試樣的眼圖量測可知，差動（分）線對厚大板長途高速傳輸的SI品質確實遠優於一般單股（端）線。由於差動線佈局與製作都較困難故一般PCB較少使用。但系統厚大板與USB 3.0以上的長途傳輸，都必須採用無雜訊的差動線。

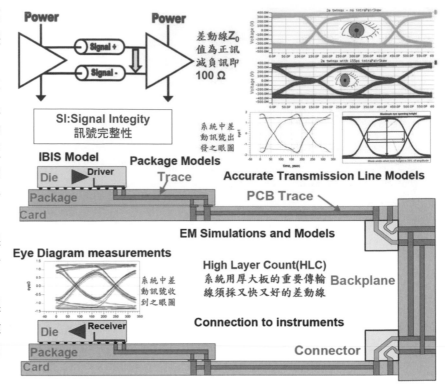

從上三圖的微帶線可知，單股訊號線到達目的地之後，其電流必須從接地層回歸到發訊端。但差動雙股線則可直接由反線回歸比接地回歸更快，並還能抵消外來的干擾。最下圖為PCB內外四種傳輸線的佈線方式。

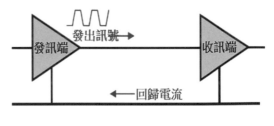

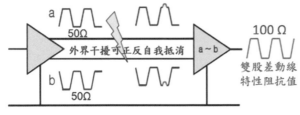

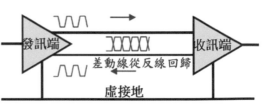

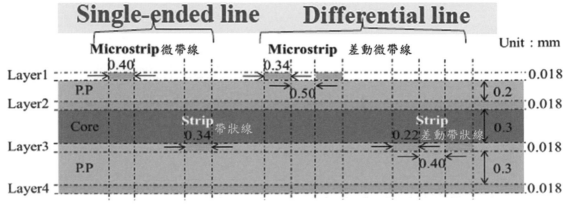

差動的雙股訊號線不但要S≦W且還須彼此等長，否則就會出現左下圖時斜Skew的缺失，且還會累積成Jitter時抖而影響到訊號品質。右上圖説明單股線的插損很大，右中虛實疊合説明收訊與發訊間的損耗對比。右下為差動線的插損。

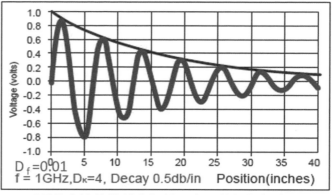

$D_f = 0.01$
$f = 1GHz, D_K = 4$, Decay 0.5db/in　Position(inches)

40吋長的高速傳輸線在板材不良下其損耗很大

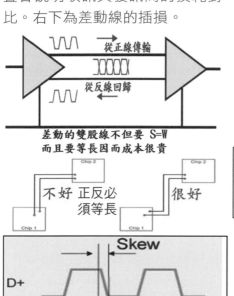

差動的雙股線不但要 S=W 而且要等長因而成本很貴

不好 正反必須等長　　很好

很多Skew疊在一起叫做Jitter時抖

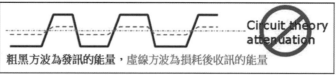

粗黑方波為發訊的能量，虛線方波為損耗後收訊的能量

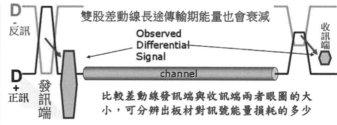

雙股差動線長途傳輸期能量也會衰減

Observed Differential Signal

channel

比較差動線發訊端與收訊端兩者眼圖的大小，可分辨出板材對訊號能量損耗的多少

　　右上二圖説明雙股差動線既不干擾別人也不受到別人干擾，右下圖顯示一旦出現外來干擾時會被正反兩訊號線加以吸收抵消，而其Z_0則為100Ω。左上兩圖説明差動傳輸中正反兩線呈現的磁通量已彼此抵消而無雜訊外洩。左下為兩組紅色差動線的對比圖示。

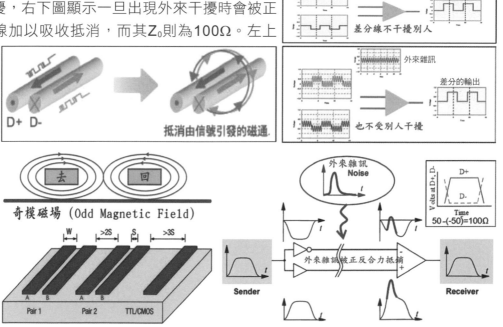

5-2-9 特性阻抗Z_0與交流阻抗Z完全不同

　　高速訊號在傳輸線中遇到的阻力稱為Z_0；低速交變電流（如60 Hz）在普通電線中遇到的阻力稱為Z；兩者完全不同。右圖指出高速傳輸在導體損耗與介質損耗，以及兩者加累的總損耗。右下兩電路圖説明理想Z_0與PCB的實際有損的Z_0，兩者組成元素並不相同。由左中彩圖可知當傳輸線不連續時所呈現的反彈圖與反彈係數的公式。

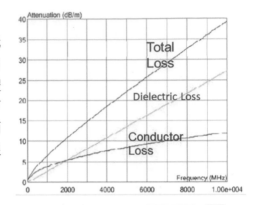

① DC：$I=\dfrac{V}{R}$ or $R=\dfrac{V}{I}$ （直流無電感）

② AC：$Z=\sqrt{R^2+(X_L-X_C)^2}$ （X部份稱為電抗）

③ Signal：$Z_0=\sqrt{L/C}$ （此為理想公式）

$Z_0=\sqrt{\dfrac{R+j\omega L}{G+j\omega C}}\approx\sqrt{\dfrac{L}{C}}$

有損實務公式　　無損理想公式

Ideal transmission line representation

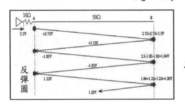

反彈係數 $\rho=\dfrac{Z_2-Z_1}{Z_2+Z_1}$

$Z_0=\sqrt{\dfrac{L_l}{C_l}}$

理想無損公式

只討論上下完美導體不過問介質

Lossy transmission line representation

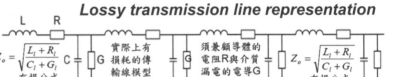

反彈圖

$Z_0=\sqrt{\dfrac{L_l+R_l}{C_l+G_l}}$　有損公式

實際上有損耗的傳輸線模型

須兼顧導體的電阻R與介質漏電的電導G

$Z_0=\sqrt{\dfrac{L_l+R_l}{C_l+G_l}}$　有損公式

5-2-10 高速訊號的傳輸品質取決於特性阻抗Z_0之一致性或連續性

1. 由前節可知直流電遇到的阻力稱為歐姆電阻Ω，交流電遇到的阻力稱為阻抗Z，而高速訊號遇到的阻力卻另稱為特性阻抗Z_0；一般只簡稱為阻抗。

2. 右上為微帶線計算特性阻抗值Z_0時其四種參數影響程度的大餅圖。

微帶線公式：
$$Z_0=\frac{87}{\sqrt{E_R+1.41}}\ln\left(\frac{5.98H}{0.8W+t}\right)\Omega$$

帶狀線公式：
$$Z_0=\frac{60}{\sqrt{E_R}}\ln\left(\frac{4S}{0.67Hw}\left(0.8+\frac{t}{w}\right)\right)\Omega$$

3. 下六圖是選自Polar軟體Si 8000共有93種阻抗計算模式中常用的六種算法，只要把實測的數據填入電腦畫面方格即可取得Z_0。

銅厚 8%

阻焊厚度 4%

介質常數 D_k 16%

微帶線影響Z_0的四種參數

介質層厚度 48%

介質層厚度的影響最大

線寬 24% 訊號線寬度的影響居次

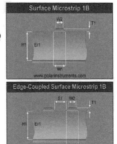
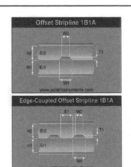
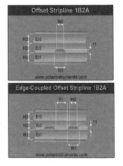

5-2-11 PCB銲墊表面處理對訊號能量損耗的影響

1. 當高速方波之頻率超過4GHz者,則完工板將因表面處理皮膜的不同而在能量損耗（Loss）方面有所差異,其中以ENIG的損耗最大。這是因為EN具有少許磁性,當訊號頻率超過6GHz時,其工作中之損耗將更為明顯。

2. 對於天線類極高頻的微帶線板類,除了板材須選用D_k/D_f極低（3.0/0.0013）的鐵弗龍Teflon樹脂外（例如Rogers的RO 3003）,其完工板面更要求非常潔淨,甚至連綠漆也不宜使用,以減少射頻天線與饋線間傳輸的損耗。

3. 為了改善此種RF板類的可製性（DFM）與可用性起見,經常採用性質差異極大的不同樹脂進行混壓,例如天線部分直接採用Teflon,其他支撐用的匹配板材,則可採FR-4做為主體疊構而進行混壓。

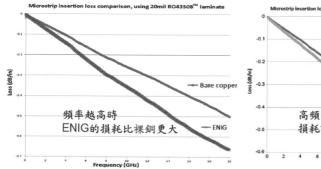

Finish	Average IL @ 22 GHz (dB/in)
Bare copper	-0.444
Silver	-0.453
HASL	-0.493
ENIG	-0.56

5-3 5G電路板銅箔的大幅躍進

5-3-1 電鍍銅箔ED Foil 的生箔Raw Foil與熟箔Treaded Foil兩者的流程

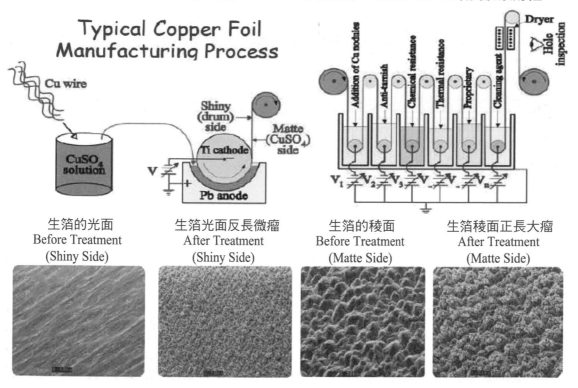

| 生箔的光面 Before Treatment (Shiny Side) | 生箔光面反長微瘤 After Treatment (Shiny Side) | 生箔的稜面 Before Treatment (Matte Side) | 生箔稜面正長大瘤 After Treatment (Matte Side) |

5-3-2 傳統銅箔與RTF反瘤反轉銅箔

　　右二電鏡立體黑白圖為傳統柱晶粗稜大瘤銅箔的表面呈現，左三圖為原始銅箔柱狀結晶的粗稜與大瘤的切片彩圖，右下兩圖為RTF銅箔的內層線路。

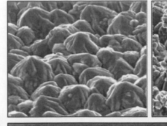
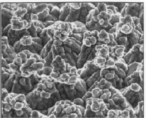

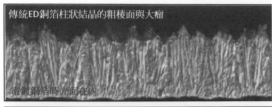

傳統ED銅箔柱狀結晶的粗稜面與大瘤

電鍍銅箔時光面在內

稜面朝外稱為反轉

2000 倍

超小瘤卻長在光面上稱為反瘤

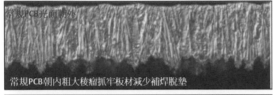

常規PCB光面朝外

常規PCB朝內粗大稜瘤抓牢板材減少補焊脫墊

刻意將稜面朝外光面朝內以降低趨膚效應之銅箔稱為RTF

壓合前銅線外緣須做棕替化皮膜

放大 3000 倍

導線下緣為高速訊號電流之趨膚通道

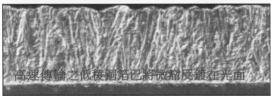

高速傳輸之低稜銅箔已將微瘤反鍍在光面

為了減少粗糙與抓地力而整面另鍍的單晶銅牙

5-3-3 生箔的製造過程

　　下三為生箔鍍箔機示意圖，最左下兩切片圖說明最新150ASF低電流所鍍新箔的中分線。中兩圖是將RTF與全新箔做切片比較；最上為多層板中所見傳統銅箔的真正畫面。

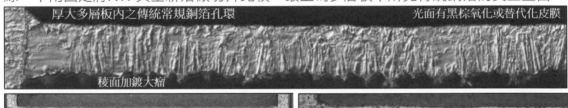

厚大多層板內之傳統常規銅箔孔環　　　　　　光面有黑棕氧化或替代化皮膜

稜面加鍍大瘤

VLP低稜反瘤反轉銅箔

後半箔與微瘤　　　　　　　　前半箔及棕替化皮膜

無柱無稜雙面光滑有分線射頻高速用的新箔

鍍箔機陽極下方條形高濃高速噴口，會對陰極表面吸附的助劑造成瞬間脫附，而在銅箔半厚處產生分界線。

亮面 (S/S)

毛面 (M/S)

後半箔　　前半箔

中分線上的前半箔

中分線下的後半箔與微瘤面

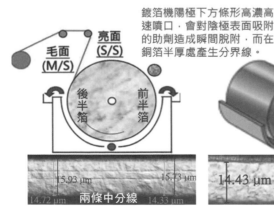

15.93 μm　　　　15.73 μm

14.72 μm　　　　14.33 μm

兩條中分線

14.43 μm

一條中分線

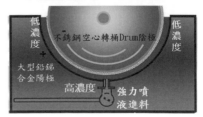

低濃度　　　　　　　　　　　低濃度

不銹鋼空心轉桶Drum陰極

大型鉛錫合金陽極

高濃度　　**強力噴液進料**

5-3-4 高速與射頻兩種場景所採用之全新銅箔

左下示意圖說明低電流（已從1500ASF降到150ASF）全新生箔的鍍箔機簡圖，左上為原始雙面軟板用的新箔畫面。右上兩圖為最新手機天線板MPI改質聚醯亞胺的雙面完工軟板，可見到兩面貼附的新箔與通孔的兩次鍍銅，右下兩圖為新箔與後續兩次鍍銅的對比圖。

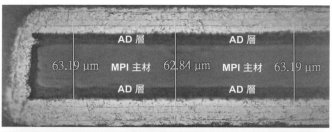

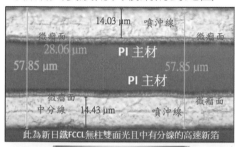

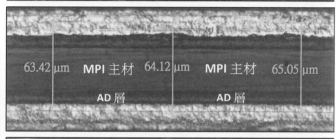

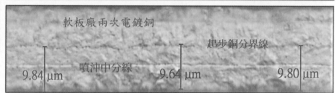

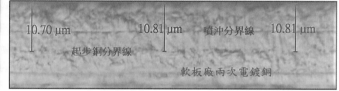

5-4 絕緣材料極性的降低

5-4-1 玻纖布表面耦聯劑的重要

玻纖布外表有了Silane耦聯劑皮膜才得與樹脂無間親和，一旦遭到Desmear中膨鬆劑之過度攻擊而水解時，將會在玻纖紗束內留下白色的中空縫隙，並將成為後續製程中化銅往紗束的滲入與後續不斷遷移可怕的CAF。

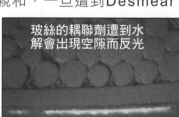

玻絲的耦聯劑遭到水解會出現空隙而反光

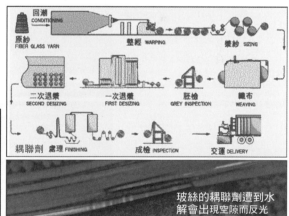

玻絲的耦聯劑遭到水解會出現空隙而反光

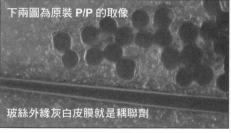

下兩圖為原裝 P/P 的取像

玻絲外緣灰白皮膜就是耦聯劑

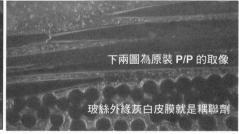

下兩圖為原裝 P/P 的取像

玻絲外緣灰白皮膜就是耦聯劑

5-4-2 軟材液晶樹脂LCP已用於iX手機天線板

　　LCP液晶樹脂的D_f可低到0.002，D_k也低到3.0，且吸水率更超低達 0.04％，是5G手機薄形天線板的首選。可惜LCP耐熱性不佳，其壓溫高達290℃時很容易出現厚薄不均的波浪多層板，此種介質層的厚薄不均必然造成阻抗不一致而傳輸不良，於是只好在關鍵處加入水果公司專利的高溫錫塊（6000℃以上）作為厚度的支撐，以維持特性阻抗的一致性或連續性。

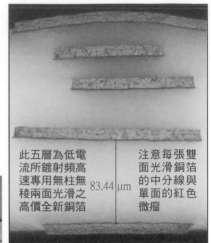

此五層為低電流所鍍射頻高速專用無柱無稜兩面光滑之高價全新銅箔　83.44 μm　注意每張雙面光滑銅箔的中分線與單面的紅色微瘤

LCP 五層天線組裝軟板之一角

LCP 白色基材　　　呈現波浪狀

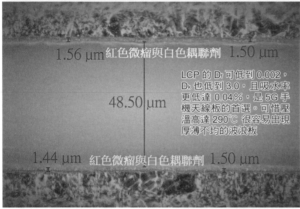

1.56 μm 紅色微瘤與白色耦聯劑 1.50 μm

LCP 的 D_f 可低到 0.002，D_k 也低到 3.0，且吸水率更低達 0.04％，是 5G 手機天線板的首選。可惜壓溫高達 290℃ 很容易出現厚薄不均的波浪板

48.50 μm

1.44 μm 紅色微瘤與白色耦聯劑 1.50 μm

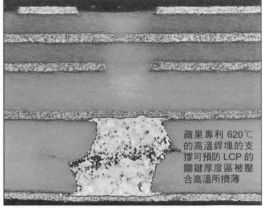

蘋果專利 620℃ 的高溫銲塊的支撐可預防 LCP 的關鍵厚度區被壓合高溫所擠薄

5-4-3 用於高速厚大板低極性樹脂的聚苯醚 PPO或PPE

　　Panasonic著名的PPO樹脂的高速板材Megtron6其D_k僅3.6-3.7，D_f僅0.002-0.004，吸水率0.14％，Tg高達185℃；是高速厚大板的良好板材。然而極性不足下其流程中的整孔及金屬化都要特別小心，以減少孔破的發生，避免特性阻抗不連續的SI問題。

樹脂塞孔前內層孔銅須先行再結晶以減少完工板後續強熱中因CTE不均而拉斷孔口

Megtron 6 板材

樹脂塞孔前內層孔銅須先行再結晶以減少完工板後續強熱中因CTE不均而拉斷孔口

Megtron 6 板材

樹脂塞孔前內層孔銅須先行再結晶以減少完工板後續強熱中因CTE不均而拉斷孔口

極性不足不易金屬化　　　常規 FR-4 極性較大金屬化較容易　　　極性不足不易金屬化

5-4-4 用於基站台或射頻板的碳氫樹脂（Hydrocarbon Polymer）

以美商Rogers的ＲＯ4350為代表高剛性的碳氫樹脂，其Ｔｇ高達280℃，而D_k3.66，D_f0.0031，吸水率0.06%，是各種基站的標準用板與碟型天線板的主力板材。由於此種密集芳香族樹脂的剛性太強太硬，極性又不足，致使金屬化也比一般ＦＲ-4困難。若與其他板材混壓時其後續PTH也必須小心操作以減少爆板與孔破。

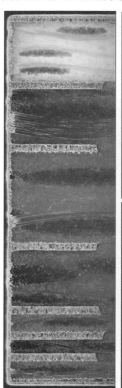

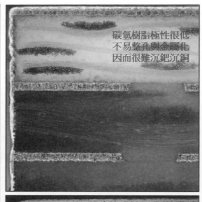

碳氫樹脂極性很低不易整孔與金屬化因而很難沉鈀沉銅

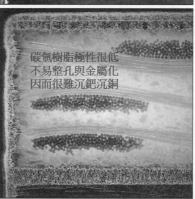

碳氫樹脂極性很低不易整孔與金屬化因而很難沉鈀沉銅

碳氫樹脂極性很低不易整孔與金屬化不易沉鈀沉銅

5-5 急待改革的製程缺失

5-5-1 內層板銅面皮膜不可再使用氧化法

此節右上兩圖為黑氧化皮膜爆板的切片畫面，而左上圖為棕氧化皮膜的爆板。事實上自從 2006.7起無鉛焊接全球展開後，業界就應放棄耐熱性不佳的氧化法而改用替代化皮膜。

下三圖為耐熱良好棕替化皮膜的畫面，這種替代化已不再是氧化銅皮膜而是甲酸銅皮膜了。

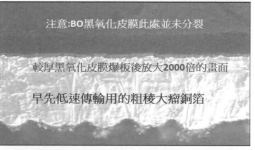

注意:BO黑氧化皮膜此處並未分裂

較厚黑氧化皮膜爆板後放大2000倍的畫面

早先低速傳輸用的粗稜大瘤銅箔

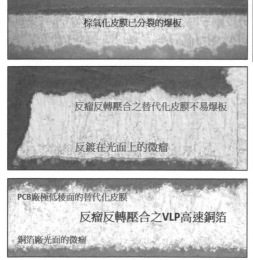

棕氧化皮膜已分裂的爆板

反瘤反轉壓合之替代化皮膜不易爆板

反鍍在光面上的微瘤

PCB廠極低稜面的替代化皮膜

反瘤反轉壓合之VLP高速銅箔

銅箔廠光面的微瘤

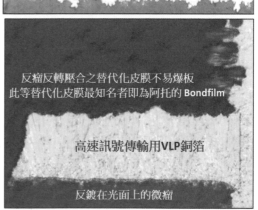

黑氧化皮膜已分裂的爆板

反瘤反轉壓合之替代化皮膜不易爆板此等替代化皮膜最知名者即為阿托的 Bondfilm

高速訊號傳輸用VLP銅箔

反鍍在光面上的微瘤

5-5-2 鬆散的沙銅是出自銅前酸中藍色的Cu''

　　各種電鍍銅產線的銅前酸必須每天更槽,以減少多次強熱中沙銅的盲孔脫墊,以及厚大板高縱橫比深通孔內沙銅式的ICD。從本節所列五圖應可清楚分辨鬆散沙銅與殘鈀化學銅兩者的差別。

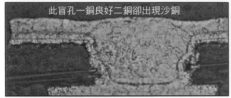
此盲孔一銅良好二銅卻出現沙銅

起步銅　這是沙銅　21.95 μm　這是沙銅　起步銅

起步銅　這是沙銅　21.60 μm　這是沙銅　起步銅

此為化銅　這是沙銅　此為化銅　這是沙銅　此為化銅

這是沙銅　這是沙銅

5-5-3 小盲孔深通孔的殘鈀會帶來鬆散的化銅

　　通常封裝載板或高檔HDI其等通盲孔壁的活化處理,經常採用成本較貴的鹼性鈀。而一般PCB雖多用便宜又好洗的酸性膠体鈀,但深孔也仍然清洗困難。

　　只要有殘鈀存在則必定會有化銅也必然招來後續強熱中鬆散化銅的脫墊,或厚大板深通孔的化銅式ICD。本節各切片為一種困難的5G考試板(見下連圖)經多次強熱後,通盲互連關鍵點已局部被拉裂的畫面。

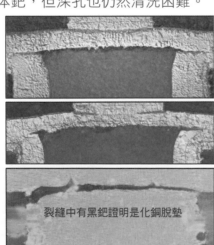
裂縫中有黑鈀證明是化銅脫墊

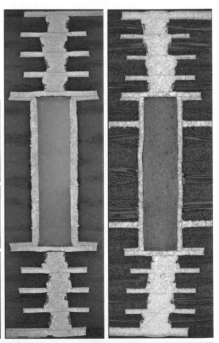

右兩圖為5G考試板經多次強熱Z軸劇脹後,盲底與內層板通孔樹塞後蓋鍍銅(Cap Plating)處的拉鬆。下兩圖則為深通孔清洗不足殘留酸鈀所引發的化銅ICD。讀者須知酸鈀雖然比鹼鈀容易洗,但縱橫比太高(超過10:1)者其清洗也很困難。原因是水的表面張力為73 *dyne/cm*,而各種加了Wetter的處理槽液連一半都不到,5G以後PCB的水洗也必然痛苦不堪。

強熱化銅脫墊

強熱後殘鈀
與化銅 ICD

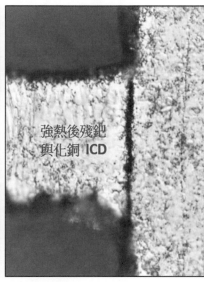

強熱後殘鈀
與化銅 ICD

強熱化銅脫墊

5-5-4 殘留鹼鈀或酸鈀帶來的化學銅脫墊

高單價的鹼性鈀很難洗淨,深通孔的酸性鈀也不好洗,此處說明清洗不盡的鹼鈀所帶來的鬆散化銅,經多次強熱後的脫墊畫面。

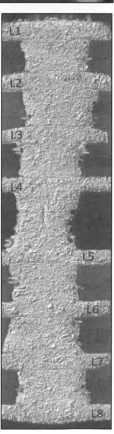

L1
L2
L3
L4
L5
L6
L7
L8

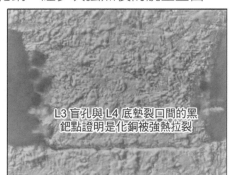

L3 盲孔與 L4 底墊裂口間的黑鈀點證明是化銅被強熱拉裂

L3 盲孔與 L4 底墊裂口間的黑鈀點證明是化銅被強熱拉裂

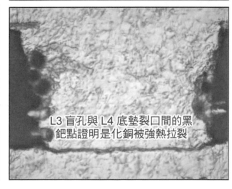

L3 盲孔與 L4 底墊裂口間的黑鈀點證明是化銅被強熱拉裂

5-5-5 清洗不足多次強熱後板材的局部開裂

本節所列兩個連接大圖為明場偏光透視圖，與明場干涉的另一表面立體圖，兩圖8

個通孔左右內層板的板材的上緣多處均已出現開裂。最下為第3孔的1000倍立體圖可清楚見到開裂是在內層雙面板材與P/P膠片之間。

從本節上圖可知壓合後尚無通孔時，其雙面板流程所用水平高溫黑氧化處理，使得頂面兩銅盤之間已被強鹼所槽液占據，一旦隨後純水清洗不足的殘鹼必將成為貼合強度的局部弱點，進而造成完工板多次強熱Z脹後的局部開裂；若其黑氧化為垂直線者則大排板下緣的強鹼也很難洗淨。正確的做法是放棄高溫強鹼的黑化或棕氧化法，而改用常溫酸性的替代化皮膜（Replacement見中右圖）以減少無鉛焊接中的各種爆板。

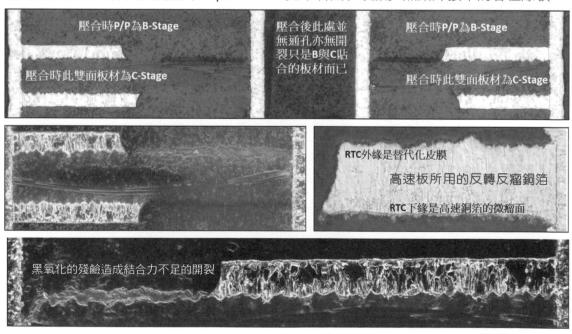

5-5-6 厚大板多次強熱後無環孔壁樹脂的內縮

　　厚大板某些重要功能的傳輸孔，必須把所有無傳輸功能的孔環完全去除，以減少高速傳輸中過多的寄生電容，唯其如此才不致降低速度與增加雜訊。但如此卻使得抓地力不足下，多次強熱後難免出現樹脂縮陷而與孔銅分離，此種瑕疵是否會影響傳輸品質或其他不良效應，目前尚無明確的說法。

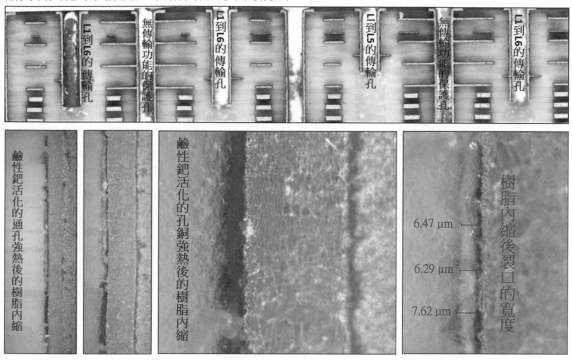

　　本節左圖是L1到L10的傳輸孔，雖然附近已另有全環孔抓地通孔的保護，但從右二圖對傳輸孔3000倍的放大畫面上仍可看到頗寬樹脂縮陷後的分離。事實上這種小一的瑕疵在粗糙的切片中是看不到的當然也就沒爭議了。

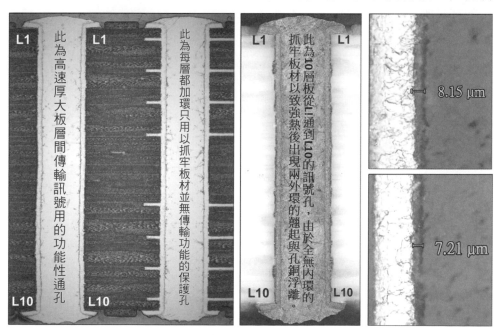

從本節右上 BGA球腳與PCB 銅墊所出現過厚的 IMC可知,該厚大板確實已遭受了多次強熱的折磨。從右下兩個長長的放大接圖可清楚看到,其孔銅與樹脂的分離已不能忽視了。一般厚大板機鑽時若發生扭力不足的斜鑽,其外觀是完全無法察覺的。此種無環抓地的傳輸孔其銅壁與基材分離的後果如何目前尚無所知。

從此 BGA 球腳銲點 IMC 的厚度可知,此 16 層板至少已強熱過 5 次以上。

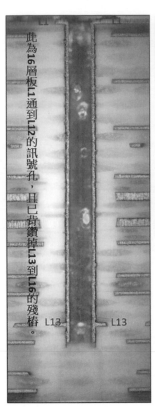

此為16層板L1通到L12的訊號孔,且已背鑽掉L13到L16的殘樁。

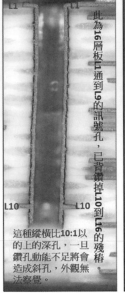

此為16層板L1通到L9的訊號孔,已背鑽掉L10到L16的殘樁。

這種縱橫比10:1以上的深孔,一旦鑽孔動能不足將會造成斜孔,外觀無法察覺。

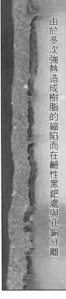

由於多次強熱造成樹脂的縮陷而在鹼性黑鈀處與孔銅分離。

由於多次強熱造成樹脂的縮陷而在鹼性黑鈀處與孔銅分離。

5-5-7 厚大板多次強熱後無環孔外環的浮離

本節右上已取消多餘孔環抓地不足的高速傳輸孔,經漂錫後已出現外環的翹起浮離(注意:汽車板將不被允收)。但左上圖同一片板子保留全孔環的非傳輸孔則安然無恙。從下兩3000倍圖面還可清楚見到外環浮起的兩種不同畫面。

此孔已有三個內環抓牢板材因而在填錫強熱時可減少外環劇烈的Z膨脹而免於翹起式浮環。

此孔全無內環抓牢板材因而在填錫劇烈Z膨脹時強迫外環隨板材舉起,但當板材冷卻縮回而外環又未同步者就會出現翹起式浮環。

此外環浮離瞬間竟然有錫滲入並焊牢在銅箔底牙表面。

此外環不但翹起而且還向上浮起。

5-5-8 高縱比深通孔清洗不足時的殘鈀化銅的ICD

　　從本節左二圖可見到一次全板電鍍銅前的銅前酸太藍以致Cu^{++}太多，造成左二圖外環與次外環出現很寬的紅色沙銅。且右3000倍大畫面中非常清楚見到一次銅的嚴重紅色沙銅，不過二次銅前卻並未見到沙銅，由此可知這應是管理者的問題。

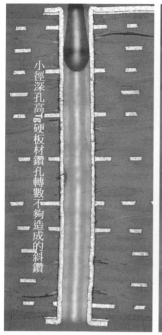

小徑深孔高I高T硬板材鑽孔轉數不夠造成的斜鑽

一次銅起步時出現了容易脫墊的紅色沙銅

兩面光滑中間有分線的高速新箔

強熱劇脹中拉斷局部孔銅

從面銅延伸到孔內接環處的不良沙銅

二次銅起步時已無沙銅

孔銅拉裂

5-5-9 黑孔製程銅面黑膜咬不乾淨的後患

　　從本節五個黑色通孔ICD看來，這正是黑孔製程中銅面黑膜的咬蝕不足，造成強熱拉離的假性膠渣ICD。

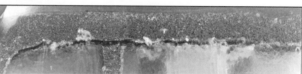

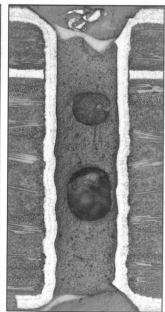
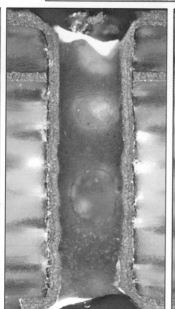
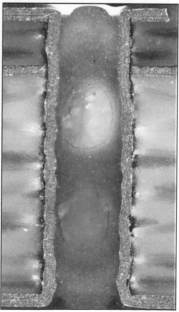

5-5-10 水平切片更清楚見到玻纖中黑鈀與沉銅的關係

通孔金屬化的流程是先在絕緣孔壁沉積上黑色的鈀層使完成活化，之後才能沉積上導電用的化學銅。從本節各水平畫面可清楚見到後來的紅化銅居然超越先上的黑鈀！其原因是鈀槽液的接觸角為46°，而銅槽的接觸角只有22°，因而紅化銅就會鑽透黑鈀了。

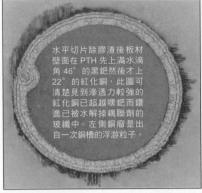

水平切片除膠渣後板材壁面在 PTH 上先上滿水滴角 46° 的黑鈀然後才上 22° 的紅化銅，此圖可清楚見到滲透力較強的紅化銅已超越嘿鈀而鑽進已被水解掉耦聯劑的玻纖中。左側銅瘤是出自一次銅槽的浮游粒子。

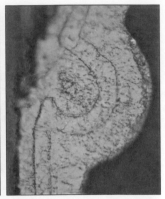

除膠渣的過度膨鬆處理會造成玻纖表面的耦聯劑遭到水解而出現微隙，後續鑽入的化銅即成為 CAF 的濫觴起點。

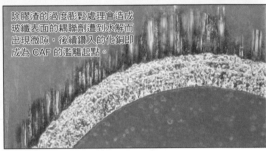

除膠渣的過度膨鬆處理會造成玻纖表面的耦聯劑遭到水解而出現微隙，後續鑽入的化銅即成為 CAF 的濫觴起點。

5-5-11 清晰切片圖可判讀問題的真相

從本節最下連接圖可見到BGA腹底的2球根本是個爛球，而且很明顯可判讀此問題出自原器件供應商的瑕疵品，也就是在植球時弄上了一個空心的爛球，這與PCB或PCBA兩者當然都無關了。由此可知良好手法的切片與無可爭議的光鏡彩圖，在關鍵時刻有多麼重要了。

BGA 載板腹底電鍍鎳金先行植球

1 球

PCBA 組裝時 OSP 之錫膏焊接

BGA 載板

BGA 載板腹底電鍍鎳金先行植球

3 球

OSP 表面錫膏球焊接

HDI 電路板

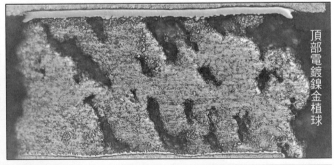

頂部電鍍鎳金植球

1 球   3 球   4 球

5-5-12 THB考試板的失效案例

本節為線寬線距2mil的THB考試板，經1000小時考試中半途即已失效而停機出局的試樣。從下列三張切片連圖可看出，只有朝上板面才出現陽極銅往陰極銅搬家的畫面，想必是考試板是平放在考試機箱內所造成的。

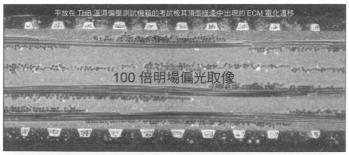

平放在 THB 溫濕偏壓測試機箱的考試板其頂面綠漆中出現的 ECM 電化遷移

100 倍明場偏光取像

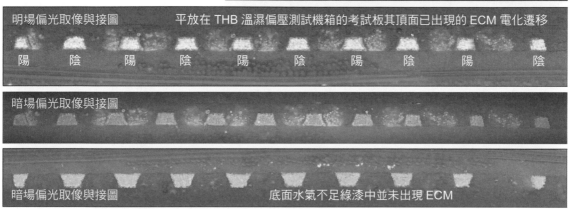

明場偏光取像與接圖　平放在 THB 溫濕偏壓測試機箱的考試板其頂面已出現的 ECM 電化遷移

陽　陰　陽　陰　陽　陰　陽　陰　陽　陰

暗場偏光取像與接圖

暗場偏光取像與接圖　　　　底面水氣不足綠漆中並未出現 ECM

5-5-13 切片鑲埋樹脂硬度對高倍畫質的影響

本節上圖係採壓克力樹脂鑲埋的切樣，由於粉體與液體兩者混合時操作簡單固化迅速且無臭味，故而廣受業者們的愛用。下兩圖係另採環氧樹脂的鑲埋，此類樹脂不但很臭而且固化十分耗時調膠也不方便，但卻由於與試樣的離隙很小且硬度也很大，是故高倍觀察時其外緣的清晰度確已超過壓克力樹脂，如何選擇要看情況而定。

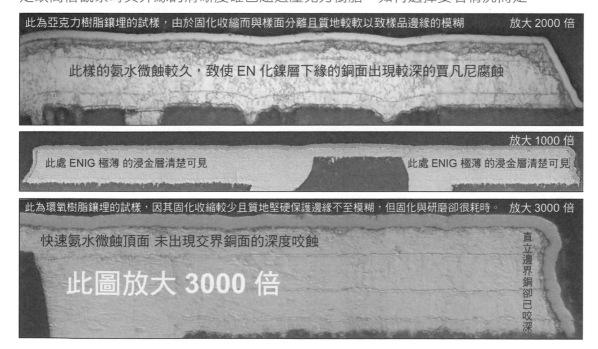

此為亞克力樹脂鑲埋的試樣，由於固化收縮而與樣面分離且質地較軟以致樣品邊緣的模糊　　放大 2000 倍

此樣的氨水微蝕較久，致使 EN 化鎳層下緣的銅面出現較深的賈凡尼腐蝕

放大 1000 倍

此處 ENIG 極薄 的浸金層清楚可見　　　　　　此處 ENIG 極薄 的浸金層清楚可見

此為環氧樹脂鑲埋的試樣，因其固化收縮較少且質地堅硬保護邊緣不至模糊，但固化與研磨卻很耗時。　放大 3000 倍

快速氨水微蝕頂面 未出現交界銅面的深度咬蝕

此圖放大 3000 倍

直立邊界銅卻已咬深

第六章 5G到來與雲端運算 Cloud Computing的興盛

6-1 前言

　　喧騰已久的5G（第五代行動通訊技術）終於將自2020年全球逐漸展開，電子業總體市場陸續成長的攀升力道至少5年，PCB與CCL將是此次超大浪頭的最大贏家。熱鬧文宣多樣噱頭紛紛展示十分了得的5G功能，其之所以如此強大當然是出自背後雲端（資料中心與基站台）軟硬體的大幅飛躍，與其所支援各種終端（電腦、手機、電視等）軟硬體的極速精進。在兩端業者們多方面的巨大資本支出下，將使得兩端所必用的各類PCB，不但在產量方面翻倍又翻倍，同時在技術方面也一難還再難。然而事實就擺在眼前，CCL與PCB其總體產值的擴增是絕對假不了的。本章先從雲端種種PCB與Carrier談起，下章再細說終端兩種板類的故事與新事。本章之大綱如下：

　　6-2、5G名詞詮釋與各種願景

　　6-3、5G心臟的資料中心Data Center

　　6-4、5G雲端所用厚大板與超大載板

　　6-5、5G基站Base Station與天線Antenna的大幅進步

　　6-6、結論

6-2 5G名詞詮釋與各種願景

6-2-1 5G名詞的由來與內容

　　5G全文是5th Generation Mobile Networks，譯為第五代行動通訊技術。此種5G無線通訊的技術規範，是由國際電訊聯盟（ITU）一個叫3GPP（第三代合作夥伴計劃）的下轄組織，在2018.6.所發佈第一階段商業佈局的Release15文件而對5G加以明確定義。右列兩圖即為其所宣示的三大願景與十項內容。右上圖

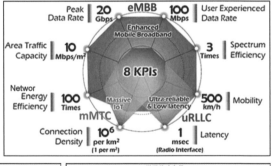

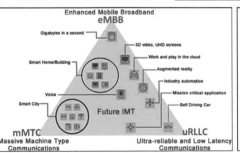
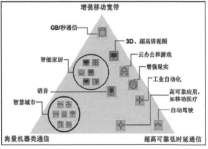

更清楚將三大願景領域用三種顏色加以區分，而以藍色eMBB所轄5.5個關鍵績效指數（KPI；也就是能力）最為重要。至於Release16，將於2020.4.提交ITU審核與發佈。

6-2-2 5G績效(能耐)與4G兩者的比較

本節右圖即為前節右上圖所含蓋8項具體能耐的再次清楚呈現。下列大圖是利用雷達圖（或蜘蛛圖）對5G與4G多項能耐能力的總體比較；小面積的淺綠色為4G的能耐，深綠色大面者即為5G強大本領的對比。圖中所謂的IMT（國際行動通訊）是ITU下屬另一次級組織。

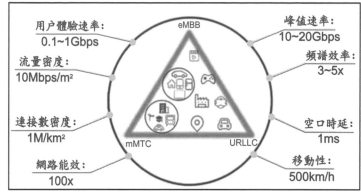

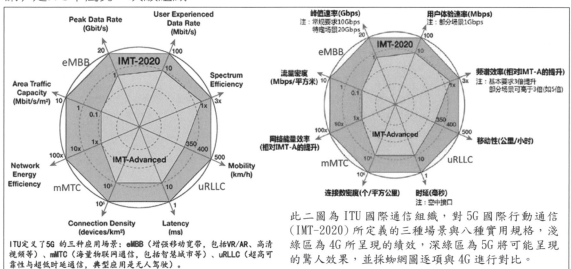

ITU定义了5G 的三种应用场景：eMBB（增強移動寬帶，包括VR/AR、高清視頻等）、mMTC（海量物聯网通信，包括智慧城市等）、uRLLC（超高可靠性与超低时延通信，典型应用为无人驾驶）。

此二圖為ITU國際通信組織，對5G國際行動通信（IMT-2020）所定義的三種場景與八實用規格，淺綠區為4G所呈現的績效，深綠區為5G將可能呈現的驚人效果，並採蜘網圖逐項與4G進行對比。

6-2-3 5G/NR是4G/LTE長期發展的延續

右圖說明5G新無線通訊（New Radio）是延續4G/LTE的長期發展，也就是將4G原有資源加以擴增（如宏基站）以節省成本。左下圖為5G用戶對3G、4G最容易看懂的內容比較。右下圖說明5G完成後，其三大指標與萬物互聯網際網路（Internet of Everythings）多用途的詳細圖示。

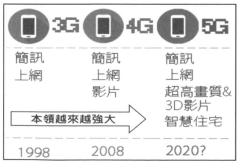

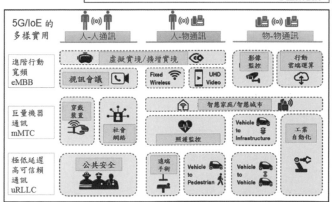

6-2-4 5G手機換機潮的成長與萬物行動化內容的展現

本節三圖均取材自2019.5.10行政院發佈的 "台灣5G行動計劃" （2019-2022），右上圖為2018.12.資策會所公佈的手機銷售預測。下圖為2018.10.台北市電腦公會所發佈各世代的通訊需求。圖中5G處藍色粗體字即取材自Release15，電腦公會的中譯要比其文件更為貼近事實。下右說明5G將在物質與精神層面的大幅改變。

全球 5G 手機出貨量預估
■5G手機出貨量 ＋滲透率
（百萬支）

2018(e)	2019(f)	2020(f)	2021(f)	2022(f)
0.2	4.2	34.9	136.4	311.8
		2.1%	7.8%	17.3%

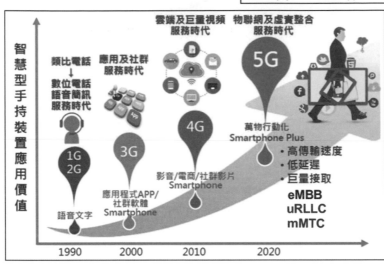

6-2-5 5G時代的生活將更為精緻與合理化

本節描繪未來5G想像人類生活從文化面與物質面可能出現的各種重大改變，此圖亦取材自行政院的5G計畫。其中自駕車與物聯網全新產值的效果與市場影響都將是5G最大的商機。

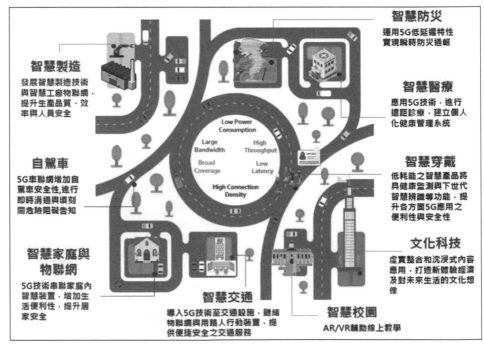

6-3 5G心臟的資料中心Data Center

6-3-1 Data Center的規模

　　DC台灣稱資料中心，大陸稱數據中心，各種DC規模的差異很大。一般工商企業或學校或政府的規模都不大，若就Server伺服器數量而言約在數百到千台左右。但如就Google、Facebook、Microsoft、Amazon等超大網路集團來說，其每個Hyperscale DC的伺服器均在百萬台以上。右兩圖為其單一廠棚機櫃的佈局，左下為機櫃走道的壯觀，下中為機櫃近照，右下為台灣教育雲的小型DC。

Google某超大資料中心廠房之一其多走道的機櫃壯觀

圖片來源- Google

Google某超大資料中心某廠房單一走道前排的機櫃壯觀

教育雲主Data Center設在教育部資料司內，另者在成大

台南成大所設教育雲的小型 Data Center

6-3-2 台灣將有第二座超大型資料中心

　　Google全球已擁有16座超大型DC（每座的Server均超過百萬）排名第三（僅次於微軟的45座與亞馬遜的40座）。2013.12谷歌已在彰濱工業區購地15公頃（18個足球場）建立亞洲最大的DC（員工200人），前三期投資台幣200億嘉惠7000萬東南亞人上網。2019.9.11再度於台南科技工業園區購地10公頃（3萬坪約11個足球場）建第二座超大DC，初期與彰濱四期另再投資台幣100億以上。

Google 喬治亞總部其七大廠棚的 Hyperscale 超大型 DC占地32英畝，稍大於17個足球場

亞特蘭大五個足球場的超大廠棚內極為壯觀的 Server農場

再度投資台南 600億

台灣第二座超大DC占地10公頃以上約有11個足球場

6-3-3 大型貨櫃式的行動DC

　　DC除了IT資訊技術的固定設備外，還可採用單一或多座大型貨櫃所建構的另類DC，左下圖即為多台貨櫃所組成的半固定式大型DC，工作人員利用滑板以節省時間。右上為亞馬遜網路服務公司（AWS）在某個公開場合，直接把DC大卡車開上舞台。右下為主持人介紹其AMS的行動DC。對某些暫時性人群聚集的熱點（如世運會）而言，此種移動性DC再搭配上多台天線車，即可讓數萬人同時上網。

6-3-4 DC硬體IT機器受到軟體的總管理

　　所謂"軟體定義的DC"是利用強大的管理軟體仔細掌控全部機器的健康狀況。一旦某個機櫃稍許不正常時，就會主動調配其他機櫃無縫接軌以維持整體運轉。然後維修人員進行維修更換與壓毀。如此將可提高全年的高效率與降低成本。DC中絕大多數IT機器是伺服器（Server），少部分為更高階的交換機（Switch）與路由器（Router）等。此等均由厚大板所組裝的PCBA，台灣生產者占全球60%以上。所用主要元件就是CPU與各種記憶體模塊，且各大模塊所用的超大載板70%以上也都是台灣所生產。

我們對這些服務器進行了定制設計 使其既緊湊又節能

对于损坏的硬盘，我们会清除其所有数据 还会使用磁盘破碎机将其销毁

此為刀片式伺服器的DC

由極多Blade Server組成龐大Rack機架

以便进一步确保数据安全

6-3-5 超大型資料中心用於冷氣的驚人耗費與節省

　　各種超大資料中心的廠棚內全年均應保持17℃，以保護大量機櫃中IT機器的安全，否則將因不斷出現過熱而當機的異常。一旦雲端停機對於成千上萬的用戶而言簡直就是一種災難。因而各種大小DC都要架高地板協助冷氣循環以保障各種機器的安全。本節右二圖係微軟公司某小型DC(864台伺服器)刻意放置在海底以降溫的實驗畫面。左兩圖為中國大陸頗多大型網霸（如百度、騰訊、阿里巴巴等）將其龐大DC放到貴州的山區，利用全年固定方向吹來的冷風，使其自行進入大型機房，然後再從穿頂的豎井把熱風排出去，如此將可使得各超大DC節省下龐大IT以外的電費。

多個山洞都順著風勢而打

騰訊貴安七星數據中心
也就是風是這樣子從側邊吹來

2014 年 Microsoft 曾將一個 864 台高階伺服器的 DC 放在海底以降溫稱為 Project Natick

6-3-6 資訊中心如何與網路用戶溝通？

　　上網找東找西不管是電腦固定網或手機行動網，最後都要透過無線式網際網路（Internet大陸稱因特網）才能進入雲端DC。其路徑是從其DC最上第7層進入系統快速到達最下第1層伺服器群，找到所要後再經Internet回傳到達用戶。如此往返運算從用戶顯示畫面去看也不過0.2秒而已。通常較單純固定模式的運算大可不必進入DC去，而利用DC外圍另闢的邊緣（界）運算（例如5G宏站機房的Server機櫃）使得以節省時間與資源。全球2016年已有超大DC共338座，預計2021年5G上路後會增加到628座，高難度厚大板的商機將快速擴增，須知此等超大DC的運算流量至少已占所有資訊流量的94%。

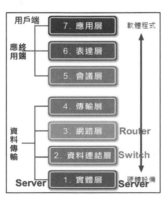

用戶端
應終用端
　7. 應用層　軟體程式
　6. 表達層
　5. 會議層
資料傳輸
　4. 傳輸層
　3. 網路層　Router
　2. 資料連結層　Switch
Server　1. 實體層　硬體設備　Server

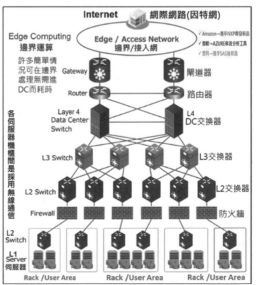

Internet　網際網路(因特網)
Edge Computing　邊界運算
Edge / Access Network　邊界/接入網
Amazon→攜手NXP開發新品
微軟→AZURE事業分析工具
思科→攜手SAS推新品
許多簡單情況可在邊界處理無需進DC而耗時
Gateway　閘道器
Router　路由器
各伺服器機櫃間是採用無線通信
Layer 4 Data Center Switch　L4 DC交換器
L3 Switch　L3交換器
L2 Switch　L2交換器
Firewall　防火牆
L2 Switch
L1 Server 伺服器
Rack /User Area　Rack /User Area　Rack /User Area

第六章 5G 到來與雲端運算 Cloud Computing 的興盛　95

6-3-7 傳統DC的資料傳輸段已由四層簡化為三層

從下兩圖可見到傳統DC的"資料傳輸"段原本有四層架構（見3.6節），即：L4的核心交換機，L3匯集層與交換機，L2接入層的交換機，與L1伺服器的大量機櫃。為了加快DC雲端內部傳輸，新式超大DC已將L2與L3合併為新的L2。右下圖第1層的Pod是指由多機櫃所組成的"櫃群"，大型DC的機櫃常達數千之多。而每個機櫃上層將會是路由器與交換機以及防火牆等機器。由於伺服器常達百萬台以上故常被戲稱為伺服器農場或CPU農場。

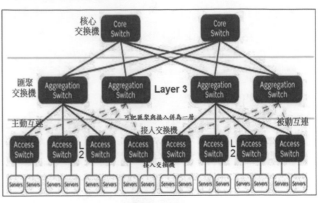

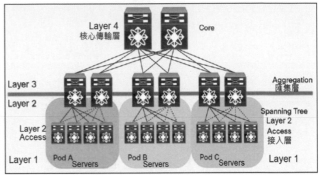

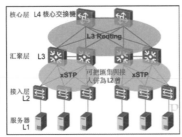

6-3-8 現代化超大DC的交換機由於用量減少以致難度增加

為了加速加多流量並減少DC上下縱傳的時延與當機起見，2015年起超大DC已將原本L3匯集層的交換機與L2接入層的交換機合併，而成為目前脊葉式（Spine/Leaf）的扁平新架構。使得原來上下（南北）縱傳的流量改變為左右（東西）的橫傳。並將葉式Leaf困難的交換機改裝到各機櫃的櫃頂（Top of Rack）成為目前超大DC的標準配備。現行400GHz光纖傳輸的超大DC正如同電廠水廠一樣已成為生活必備的基建。

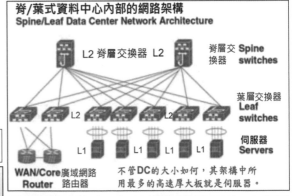

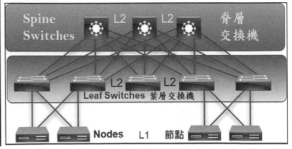

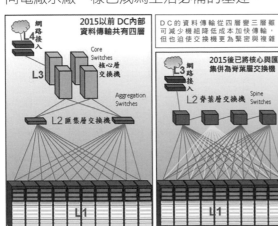

6-3-9 DC機櫃的心臟就是各種伺服器

　　整個超大DC中除了協助網通流量順利的路由器與交換機外，真正執行龐大運算與記憶存取任務的就是各種伺服器。而全球伺服器60%以上都是來自台灣，這也就是厚大板HLC業者（欣興，金像，華通，先鋒）與組裝業者（廣達，英業達，台達，緯穎，技嘉等）的貢獻。除了DC主雲的工作外，宏基站邊緣雲或霧（Fog）也執行了更多的邊緣計算，亦即各種神經末梢亦需用到極多的伺服器。

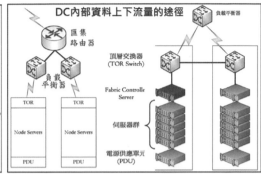

6-3-10 DC的運算能力是出自機櫃的協同工作

　　眾多機櫃是利用櫃頂TOR的射頻或光纜對外互連，目前分配主力資源者就是櫃頂的葉式交換機。下右為Intel機櫃組成的案例。由於機櫃是採用光纜或天線對外聯絡，因而會用到多量的天線單元與光電轉換用的400GHz光模塊。機櫃主要成員就是計算與儲存大數據用的伺服器。右圖藍色區塊為計算用的伺服器，淺綠者為儲存用的伺服器。目前大型DC都已安裝專用軟體全程加以細部管理，機動快速調度機櫃使整體DC全年都能保持最良好的工作狀態，稱為軟體定義的DC（SDC）。

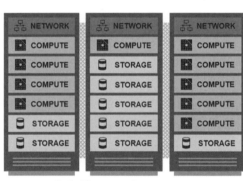

6-3-11 邊緣運算Edge Computing的大幅興起

　　據估計2012到2020八年間全球各種網通的流量將會增加十倍，因而終端的固網用戶或行動用戶等極大數據，若件件都要進入DC處理時那就必然塞車而太慢了。於是就出現了終端行動用戶只需連通到各種大小基站台的主機，即可由其系統中伺服器完成簡單的運算，稱為邊緣或霧運算。此種邊緣計算的市場比起雲端DC還要更大上千倍。中左圖即為5G到來時邊緣運算可滲透的行業，中右為台灣目前經營邊緣運算的四家知名業者。其中MWC是指世界行動通信大會（Mobile World Congress），每年2-3月在西班牙巴塞隆納舉辦大型展覽與學術活動，參與者有全球手機業者以及電信業者等，是全球行動通信業的年度大事。台灣已擁有專館並有十幾個團隊參展。

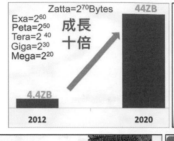

6-3-12 Google Map利用衛星與超大DC連續攝像與大數據儲存的永濟島

　　中國大陸吹砂填海的南沙美濟島，2015時環狀珊瑚礁的填島面積已達5.7km²，預計最終將達8km²。實際上2013年時還只是個高腳屋的礁石而已。該島中央潟湖水深20-30m外圍卻是深達千米以上的深海，此緊鄰菲律賓的天然良港現已成為大陸的海軍基地。除了美濟島外中國還另填成了渚碧島、永暑島、華陽島、赤爪島等8個造陸，總面積13.7 km²。下兩圖即為Google大數據針對2014.3與2016.7的對比，右圖為美濟島的確切位置2000年以前即有中國漁民進住，現已成為中國領土。

2013 年的美濟礁

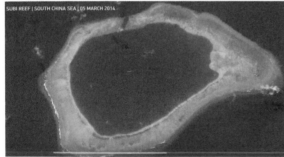

6-3-13 美濟島已成為海軍基地

右大圖係取自網站美濟島海軍佈局的說明,大圖中黃框為中國海軍立碑說明造島是2015.1.16開工而2015.6.30完工,並修築混凝土護岸25.7公里。大圖右下紅圈可見到潟湖中已有十艘軍艦停泊。右下為2700m長的跑道於2016.7.13海南航空公司所試飛的大型民航機。左下為美濟島可能成為旅遊中心的建築物及中國三處南沙海空基地關係圖。

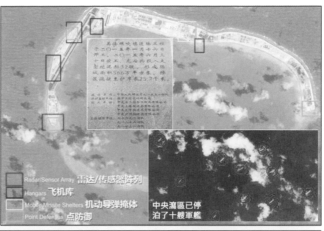

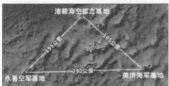

6-4 5G雲端所用厚大板與超大載板

6-4-1 DC機櫃系統常用的三種厚大板

從6-3-8節可知各種DC用的厚大板(HLC),以最下L1實體層機櫃中的Server伺服器最多,其次是系統L2與L3的Switch(交換器或交換機),以及第三層的Router路由器。本節下左18層的路由器大板,與右列28層的交換機大板均為台廠所生產。右下示意圖可見到從A用戶傳到D用戶所通過的5個路由器與1個交換機。從兩片厚大板正面可見到各有1個CPU及多枚記憶體的大型BGA模塊,至於用量更多的伺服器厚大板及其切片畫面,後續各節還將深入說明。

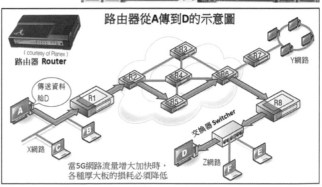

6-4-2 交換機(器)用的28層高速厚大板

　　右圖即前節交換機板的全層切片圖,該全深通孔塞填樹脂後再重新**PTH**與蓋銅的工藝堪稱十分精彩。而最下圖全通孔之均勻鍍銅也十分了得。中上圖更可清楚見到高速箔的紅色微瘤,而中下圖2oz高速銅箔底面還可見到白色的耦聯劑皮膜。左3000倍線路切片圖為取自大圖的L2及L27。此等全球用的厚大板60%以上是由台灣PCB業界所供應。讀者須知5G厚大板的高速板材已與早先不同且單價也更貴了。

1oz無柱無稜兩面平滑有中分線的高速銅箔

頂面是棕替化皮膜

24.44 μm

29.32 μm 　底面是4.8 um的紅色微瘤皮膜

2000倍

3000倍 高速銅箔光面的棕替化皮膜

微瘤面的白色耦聯劑皮膜

L2與L27之四次鍍銅

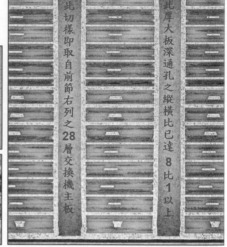

此切樣即取自前節右列之28層交換機主板

此厚大板深通孔之縱橫比已達8比1以上

小心鑽孔及長時間低電流所鍍孔銅厚度超過1 mil

　　右上圖亦為該28層板全部銅層的分佈,中上為其8層2oz仍有少許柱狀之高速銅箔,至於中中及中下兩1oz的銅箔是為排除集膚效應而刻意低電流所鍍,故已見不到柱狀結晶但卻可見到中分線。本節右下與前節中上兩圖均可見到1oz銅箔的紅色微瘤皮膜,此低電流慢鍍而有中分線的高速銅箔,其單價要比傳統銅箔至少貴了80%以上。

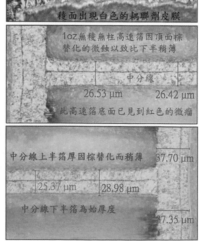

此2oz銅箔光面已做了棕替化皮膜

稜面出現白色的耦聯劑皮膜

1oz無稜無柱高速箔頂面棕替化的微蝕以致比下半稍薄

中分線

26.53 μm　　26.42 μm

此高速箔底面已見到紅色的微瘤

中分線上半箔厚因棕替化而稍薄 37.70 μm

25.37 μm　28.98 μm

中分線下半箔為始厚度

37.35 μm

L2 與 L27

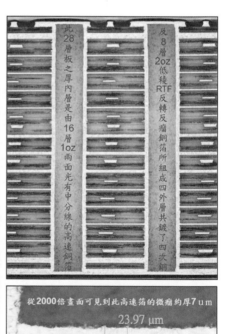

此28層板之厚內層是由16層1oz兩面光有中分線的高速銅箔

及8層2oz低稜RTF反轉反瘤銅箔所組成四外層共鍍了四次銅

從2000倍畫面可見到此高速箔的微瘤約厚7 um

23.97 μm

30.14 μm

從2000倍畫面可見到此高速箔的微瘤約厚7 um

6-4-3 DC用量最多雙CPU伺服器(服務器)之三種機組

下圖為雙CPU伺服器完工的主機板,通常為 16-20層之厚大板,注意其中8條藍色RAM擴充槽可各插入十層板式的內存條。右下三圖即為常見三式Server的外觀;塔式者為單一工作站或小企業組合小型DC之用,最下為超大DC用的Rack機櫃式 Server,可擴大到數十萬或百萬以上的規模。至於

刀片(亦譯刀鋒)式伺服器也為大型DC所用,此式有占地少纜線少的優點,但散熱卻不是很好。

單機使用的塔式伺服器

Tower 塔式伺服器　　　　Blade 刀片式伺服器

Rack 機櫃式伺服器

6-4-4 雙CPU伺服器的主機板分為大小兩種

左二圖為刀片(鋒)式伺服器的機組,每箱內共有20片雙CPU的18層半大式主機板,此刀片式機組非常節省空間故常用在廠房較小的DC中。但也由於組裝太過緊密致使散熱不太容易,因而所用CPU的效率功率都不宜太高。右列者為16層的標準Server主機板,及其所待裝56核心高效雙CPU的承墊。此等標準尺寸的主機板不但常用在各種大型DC也可用於單機的工作站。套圖者為Intel的高價高效CPU模塊,還需另加厚大的散熱器才能在裝主機板上。

Blade 刀片式伺服器組合及主機板

6-4-5 各種電腦及伺服器用的內存條

本節中圖為十層DDIV組裝板的外觀,此十層板單面裝有8顆記憶模塊者通稱為內存條。從6-4-4節主機板上8條藍色卡槽看來,此種DDRIV內存條的用量應該是Server主板的8倍。若再加上個人電腦的海量來估計時,此等中階的PCB當5G到來時也必然十分缺貨。右列直立兩圖即為單價不同內存條的多層板,最下圖為其八層板高倍切片所見到內層銅箔的棕替化皮膜與毛面的標準銅瘤畫面。

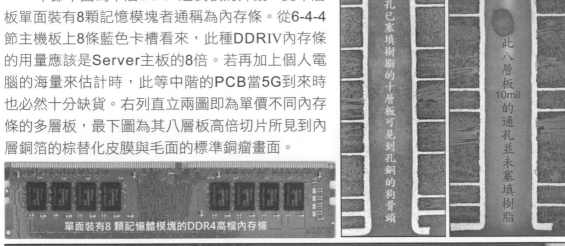

此10mil孔已塞填樹脂的十層板可見到孔銅的狗骨頭

此八層板10mil的通孔並未塞填樹脂

單面裝有8 顆記憶體模塊的DDR4高檔內存條

壓合前內層銅箔光面2000倍下棕替化的皮膜清楚可見,黑棕兩種氧化膜均不宜再用。

此8L小板所用者仍為微柱低稜並具標準銅瘤較低階的高速銅箔

6-4-6 路由器Router高速厚大板的切片剖析

本節各切片圖均取材自6-4-1節左圖18層板的路由器,右上即為該板的全通孔圖。從下列兩400倍圖可見到厚板中央L9/L10雙面板2oz銅箔,雖號稱高速銅箔但卻不是真正兩面平滑且有中分線者,仍可清楚見到其近似標準銅箔卻又是低稜與微柱的RTF銅箔畫面。右下圖為其餘16層真正兩面平滑並有中分線的招牌高速銅箔,注意此切片經過較重微蝕處理後,竟然發現紅色不良沙銅的ICD,通常失效分析切片技術不到位者,每每會被多數所謂的專家誤判為膠渣。

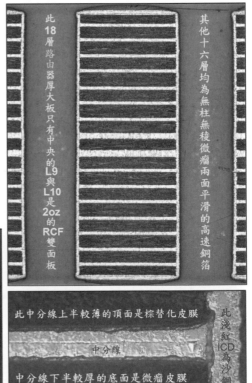

此18層路由器厚大板只有中央的L9與L10是2oz的RCF雙面板

其他十六層均為無柱無稜微瘤兩面平滑的高速銅箔

此L9與L10低稜微柱幾乎無瘤RTF的雙面板係採棕替化皮膜

此L9與L10低稜微柱幾乎無瘤RTF的雙面板係採棕替化皮膜

此中分線上半較薄的頂面是棕替化皮膜

此淺紅ICD為沙銅

中分線

中分線下半較厚的底面是微瘤皮膜

6-4-7 超大型DC用4顆CPU的高效Server

下兩片是高階伺服器用18層組裝完工的
厚大主機板，可見到均為4顆CPU的版本。而
且右上圖所用的Intel CORE i9是56核心的高
速產品，左側為AMD的EPYC更是64核心的
超高速處理器。目前全球超大型DC整年全天
候的忙碌工作，正如同水電公司一樣，已成為
全民生活所必需的公共設施了。台
廠目前經營此等伺服器的知名業者有
：廣達、緯穎、台達、英業達等。

6-4-8 兩種伺服器厚大板的內容

從前四節數種Server組裝板可知不同用途就會有不同設計。伺服器的用途有(1)網
頁Web伺服器可用於瀏覽及下載(2)檔
案伺服器可租給客戶存取用(3)郵件伺
服器(4)大數據用資料庫Data Base伺
服器。台灣幾家大廠年產均超過300
萬台。右不規則外型的大板即為可裝4
顆CPU的18層伺服器厚大板；上下套
圖為CPU用超大載板及其切片圖。右
下為刀片伺服器用的16層板，套圖為
接裝晶片所用2萬多凸塊的切片。正下
為L1到L3互連用的超大鍍銅盲孔，刻
意與機
鑽盲孔
以及填
銅小盲
孔三者
對比的
畫面。

所用四顆CPU類似的
20層超大載板，下附圖
即為其切片畫面。

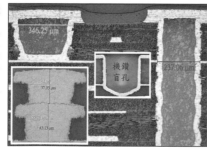

　　由於伺服器用量很大，僅Google一家每年就要買進30-40萬台之多。5G上路後全球現有300座超大DC將在2-3年內翻倍到600座，將使得Server的出貨必然快速增加。此等高難度厚大板的供應商並不多，產能擴充也非一蹴可及。右18層與中16層兩大切片全圖均出自前節上下兩板。由於伺服器的單價不如路由器與交換機，因而只能選用較便宜的RTF銅箔，比起有中分線單價翻倍的真正高速銅箔還確實節省頗多。

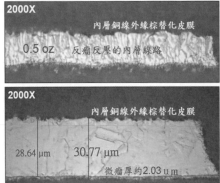

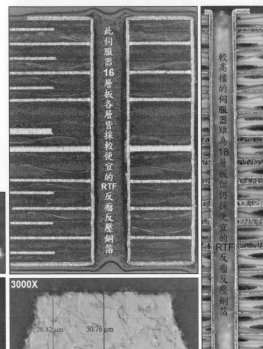

6-4-9 厚大板深孔清洗困難去除未盡的殘鈀將引發化銅式ICD

　　厚大板中某些傳輸線為了換層續傳而必須經由通孔與孔環互連到另層線路，該通孔剩下無用的銅壁必須移除稱為背鑽，以免傳輸中意外成為高速訊號的天線。右上兩圖即為背鑽後殘樁（Stub）的規格，中為可靠度試驗的強熱竟將孔環向下頂斜而互連開裂，右下已開裂的化銅卻常被誤為膠渣。下兩圖說明化銅開裂的真因是清洗不足的殘鈀所致。

6-4-10 高速傳輸迫使銅箔大幅進步

5G高速方波與射頻弦波其等頻率將持續上升而振幅卻不斷下降,致使銅面粗糙所釀成的集(趨)膚效應必須予以排除;縮小銅瘤就是最有效的手段。右(1)圖為早先PCB所用的標準銅箔,其鍍箔機須採1000ASF以上高電流快速鍍出的高稜生箔與後續加鍍的大銅瘤(2)中電流使得稜面與柱晶都已降低的銅箔(3)兩面光滑及超小瘤的高速箔(4)無瘤稜面朝外而微瘤光面朝內的RTF銅箔,此廣用者單價僅比傳統箔高出10%而已。

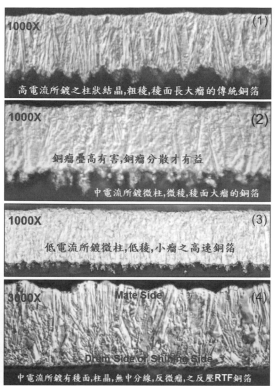

(1) 1000X 高電流所鍍之柱狀結晶,粗稜,稜面長大瘤的傳統銅箔

(2) 1000X 銅瘤疊高有害,銅瘤分散才有益 中電流所鍍微柱,微稜,稜面大瘤的銅箔

(3) 1000X 低電流所鍍微柱,低稜,小瘤之高速銅箔

(4) 3000X Mate Side Drum Side or Shining Side 中電流所鍍有稜面,柱晶,無中分線,反微瘤,之反壓RTF銅箔

大型鍍箔機直徑2公尺的空心陰極輪 Drum與陽極的距離(槽液)僅5cm

右(1)圖為單價較便宜可用於低階厚大板的RTF高速銅箔,(2)與(3)均為兩面平滑且有中分線的高階銅箔,其等單價比標準銅箔至少貴了80%以上;原因是鍍箔機所用電流從1000ASF拉低到150ASF造成產出太低所致。最下暗場的圖(4)是用於iX手機天線軟板的高價兩面平滑銅箔,其單面微瘤中還刻意塗佈了白色的耦聯劑以增強對軟材的抓地力。下三圖說明中分線是出自極低電流(150ASF)與光澤劑被底部強力進液沖打造成脫附所致。

(1) 3000X 低電流所鍍低柱,低稜,反瘤,無中分線之RTF高速銅箔

(2) 3000X 中分線 較低電流所鍍兩面平滑,粗晶,稍有中分線與微瘤之銅箔

(3) 3000X 15.93μm 13.86μm 微瘤皮膜平均膜厚2.07μm

(3) 3000X 中分線 極低電流所鍍兩面平滑,細晶,有中分線與微瘤之銅箔

3000X 13.12μm 11.63μm 微瘤皮膜平均膜厚1.49μm

(4) 3000X 極低電流所鍍兩面平滑,有中分線,單面微瘤與耦聯劑

鍍箔機陽極下方條形高濃高速噴口,會對陰極表面吸附的助劑造成瞬間脫附,而在銅箔半厚處產生分界線。

亮面(S/S) 毛面(M/S) 後半箔 前半箔 鍍箔機陽極底部 條形進液口

不銹鋼空心轉桶Drum陰極 大型鉛銻合金陽極 大型鉛銻合金陽極 強力噴液進料狹溝 微銅液

Mate Side Drum Side

6-4-11 5G時代超高效率超多功能處理器所採用的超大載板

超大型DC上百萬台的高效伺服器，全年每分每秒巨大流量下為了強化CPU的功能，縮短各器件間的傳輸距離與降低成本起見，CPU用的載板也不得不愈厚愈大。下兩圖即為罕見65X65mm的超大載板；右下切片圖即為其18層的全圖。中央為Tg 260℃共有8張玻纖布的高剛性BT雙面板，為了剛性更好起見其互連通孔一律填塞樹脂。雙面板外採ABF薄材與化銅電銅等共增層了8次才完工。下左圖頂面中央區共有33,679K錫銅合金壓扁球墊係為客戶晶片銅柱承焊之用，右上3000X圖即為其球墊尺寸。

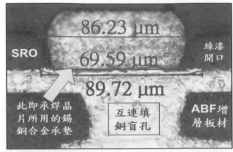

SRO　綠漆開口
此即承焊晶片所用的錫銅合金承墊
互連填銅盲孔
ABF增層板材

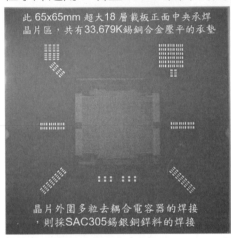

此65X65mm超大18層載板正面中央承焊晶片區，共有33,679K錫銅合金壓平的承墊

晶片外圍多粒去耦合電容器的焊接則採SAC305錫銀銅銲料的焊接

此18L超大載板的背面共有與下游Server主板焊接盈速的銲墊4078個

此超大型BGA腹底須植4078顆SAC305的錫球也是一件大工程

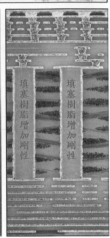

填塞樹脂增加剛性　填塞樹脂增加剛性

6-4-12 超大載板後段植球工程的困難

本節下列兩俯視圖為超大載板頂面綠漆開口（平均15K以上）與壓扁的銲球，其每個3.19mil開口均植有壓扁的微小球墊。最下為頂面已貼焊客戶晶片的切片，也就是載板扁球與晶片底銅柱彼此焊牢的珍貴畫面。右上為微球的各種數據，右下為增層7次的16層全板畫面，其頂面兩處SRO底白色的ENEPIG為植球之用。

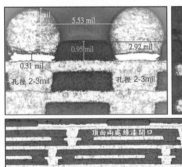

5.53 mil
0.95 mil
2.92 mil
0.31 mil
孔徑 2-3mil　孔徑 2-3mil
不在孔心孔徑不正確

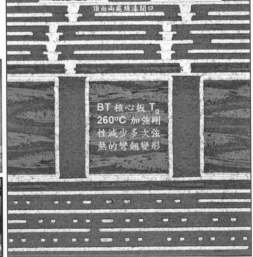

頂面兩處綠漆開口
BT核心板Tg 260ºC加強剛性減少多次強熱的彎翹變形

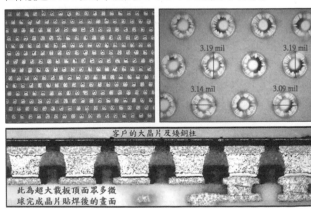

客戶的大晶片及矮銅柱
3.19 mil　3.19 mil
3.14 mil　3.09 mil
此為超大載板頂面眾多微球完成晶片貼焊後的畫面

6-4-13 封裝完工超大型BGA後續在主板的組裝貼焊

　　最下個兩小心併接24次才完成的全橫大畫面,即為超大型BGA模塊縱橫44球腳的切片圖,而右大圖為已組裝完工厚大板的上下拼接圖。由於此BGA模塊面積太大以致於組裝焊接時,其四個角落處被強熱劇烈Z膨脹的多次拉扯變形下,造成球腳與承墊銅面處被拉裂(見下中左圖),以及PCB銅墊下面板材也被拉裂(坑裂Pad Crater)的畫面。由是可知5G為了高速傳輸所整併的超大BGA模塊,其上下游工程有多麼困難。

為了減少超大模塊遭到強熱的傷害起見背面需妥備散熱裝置

此為5+2+5 增層大型載板的畫面

此為載板腹底的植球圖

超大模塊的BGA其四角的銲球容易浮裂

四角銲球承墊下的板材也容易坑裂

此為16層厚大板組裝後的上下立體切片

此超大型BGA其腹底縱橫每排共44球,全腹底1936個銲球都要焊牢並不容易,經常出現銲點微裂與板材坑裂

此超大型BGA其腹底縱橫每排共44球,全腹底1936個銲球都要焊牢並不容易,經常出現銲點微裂與板材坑裂

6-4-14 5G超大型載板良率與與可靠度的困難

　　本節75x60mm超大20層載板的規模更超過前節,從右上圖可見到雙面板經ABF增層了9次的20層板。此載板頂面中央亦焊有錫銅合金的28.8K扁球墊。由於其熔點已達227℃,直徑85μm的球墊兩次強熱竟然造成左下套圖IMC面下凹達4.56μm之多,且右上全圖及右下套圖L19與L20之間也都出現了爆板。據稱此等超大載板封裝良率連20%都不到。

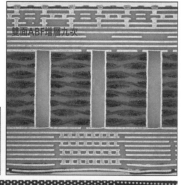

雙面ABF增層九次

壓扁球徑85μm

熱量過多所致

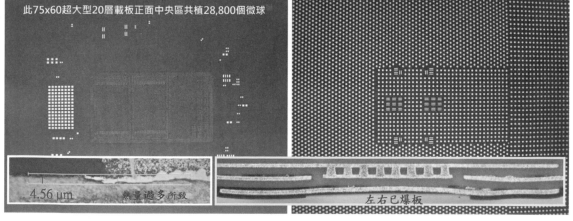

此75x60超大型20層載板正面中央區共植28,800個微球

4.56μm　　熱量過多所致

左右已爆板

6-4-15 超大載板後段植球與壓平工程兩次強熱效應的觀察

　　從前節20層超大載板其球墊植焊與壓平的兩次強熱，確已造成載板底面兩層多處出現爆板龜裂。本節上圖即為3000倍所見到過多的強熱不但把白色的Cu_6Sn_5擴散

成長得很厚之外，甚至底部還長出了灰色柱狀的惡性Cu_3Sn，其後續強度當然就不好了。下兩圖為一般常見熔點僅217℃的SAC305銲球，焊接後不但牙狀IMC外觀與上述錫銅合金球不同，而且也見不到過熱的惡性Cu_3Sn。

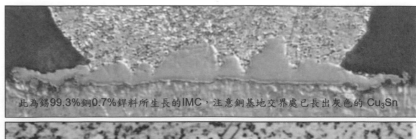

此為錫99.3%銅0.7%銲料所生長的IMC，注意銅基地交界處已長出灰色的 Cu_3Sn

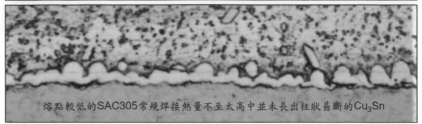

熔點較低的SAC305常規焊接熱量不至太高中並未長出柱狀易斷的Cu_3Sn

此為熔點較低SAC305常規焊接所長出白色IMC的Cu_6Sn_5，其外觀與熔點較高的錫銅合金不同

6-5 5G基站Base Station與天線Antenna的大幅進步

6-5-1 5G基站內容擴增天線複雜

　　20年前1G/2G的基站是採一體化只做語音收發的基站Base Transceiver Station（BTS），也

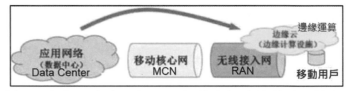

就是都會區採六角形蜂窩（巢）式劃分，每個六角窩內設置一個收發訊號的基站，讓相鄰蜂窩可用無線電波緊密互連，使得移動手機不致斷訊。至於其抱柱上天線盒內則只有拉長型氟樹脂的簡單PCB。到了4G-5G時抱柱上天線已變成多收多發的MIMO結構了。

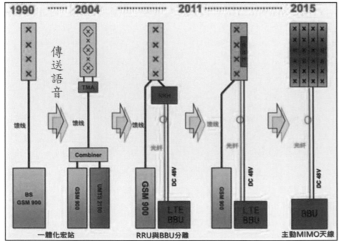

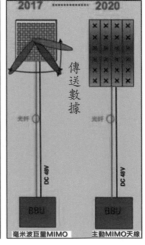

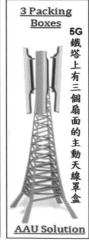

6-5-2 5G為因應用戶更多更快更複雜的需求而對宏基站大加改變

　　5G宏基站最大的改變就是(1)把『4G的RRU+天線』合併為主動天線單元的 AAU，以降低成本加速流量。(2)把4G的基頻單元 BBU又擴大為5G的集中單元CU與分散單元DC；如此一來可讓CU得以進行邊緣運算以節省往返資料中心的時間；其次是1個CU可管理多個DU而方便資源的機動分配以減少浪費。例如白天教室人多晚上宿舍人多，於是在CU隨機調度之下可使得每個人都能享受快速流量的好處，與"集中式天線接入網"C-RAN很相似。

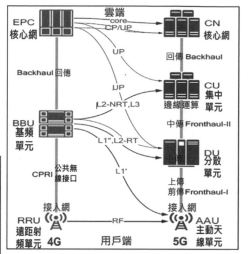

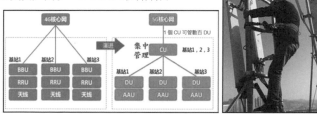

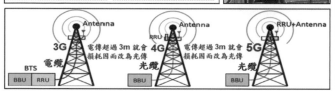

6-5-3 5G各種大小基站的功用

　　右上兩圖說明已將4G的"天線+RRU"合併成5G的主動天線單元AAU了，如此將可減少微弱電磁波訊號的損耗。右中圖說明用戶需先經宏站的三層虛擬雲，再經廣域的Internet網際網路才能到達雲端DC，而其耗時僅1ms而已。右下為5G四種基站的內容。下圖說明5G宏站與小窩小站的關係。

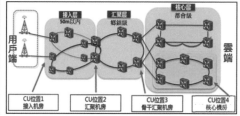

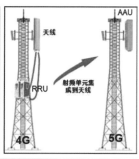

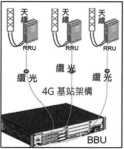

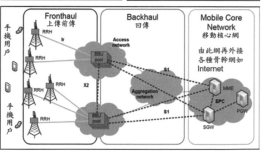

為了增強5G高頻率低能量微波訊號的覆蓋率減少死角起見，必須將原有的蜂窩再細分為多個小窩，於是PCB用量就會大增。母雞帶小雞才能微底撈光米粒。

讀者需知此等大小基站所用的板材皆為射頻的碳氫樹脂與高檔低損耗樹脂以及高速銅箔等高檔板材。且各種大小載板的用量也必然極速增加。

基站類型	單載波發射功率	覆蓋能力
宏基站 Macro-BS	大於 10W	200 米以上
微基站 Micro-BS	500mW~10W	50~200 米
皮基站 Pico-Cell	100~500mW	20~50 米
飛基站 Femto-Cell	小於 100mW	10~20 米

6-5-4 5G宏基站天線與機房的透析

下大框為4G與5G宏站內容的說明，當天線取得RF電磁波訊號後即需經由無損耗的光纜（Fiber Cable）傳到機房的主設備中，於是其兩端就需加裝光電轉換用的 "光模塊（Optical Transceiver），圖中光模塊用的10層小板其用量必然增加極多。右上三圖說明4G到5G，從陣列天線的少數MIMO陣子到5G海量MIMO極多陣子的過程。

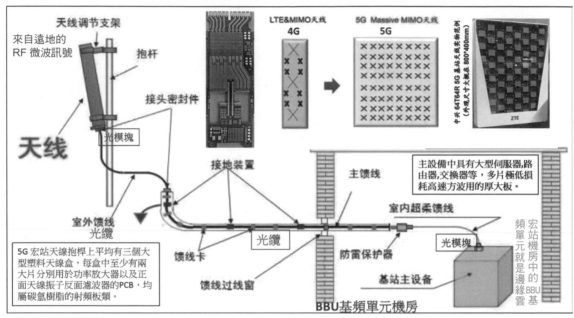

6-5-5 5G宏基站主動天線模罩內需要射頻的碳氫板而機房內另需高速厚大板

4G全球已架設500萬宏基站其中340萬台卻在中國，5G全球的宏基站將在未來4年內翻倍成長。宏站各天線罩內會用到多片射頻級的碳氫樹脂板，至於機房執行邊緣運算的機櫃中又需要多片高速厚大板；此外機房還需用到其他非IT技術的多片高階厚大板。2024年以前PCB與CCL的成長僅此宏站一項即已成為空前了。通常都會區每個蜂窩內至少有一個宏站與多個小基站以減少收不到訊號的死角。

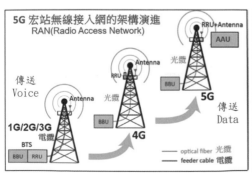

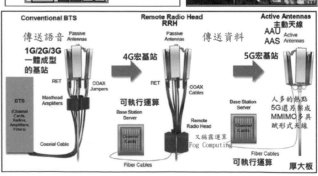

6-5-6 4G陣列天線的陣子（Elements）到了5G還更增多

　　4G（900MHz）低頻訊號之能量較強，其電磁波在自由空間的覆蓋較廣損耗較少。然而5G高頻訊號（3.5GHz）振幅降低能量減弱以致傳播中容易出現損耗。為了增強覆蓋只好把宏站陣列天線的陣子大幅增加到256個的海量，如此全方向立體空間集中能量的賦形電波單束，才可減少熱點通信的死角。甚至還需另外拉高頻率到毫米波領域並增多小站以做為因應，當然每個天線罩中高密度的碳氫樹脂板是絕不可少的。

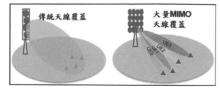

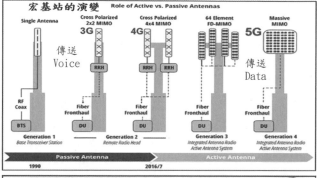

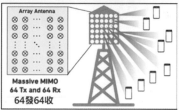

6-5-7 宏基站機房架構與功能

　　由6-5-5節可知宏站機房的設備分為(1)IT資訊技術之多機櫃(2)電源蓄電池空調與監控等公設。而機櫃中又以高速傳輸厚大板的伺服器為主，但與DC的伺服器不同。宏基站伺服器裝有專用芯片可指揮電磁正弦波與數位方波的轉換與收發工作。例如華為的麒麟990與高通的驍龍855等5G宏站方案，即可指揮陣列天線每個陣子對用戶進行單獨的立體掃描與追蹤。須知到了毫米波時單束訊號波的射向性與穿透力增強，將可彌補繞射性不足的缺失。

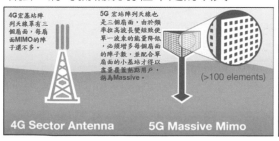

6-5-8 5G光模塊Optical Transceiver的快速竄起

光纖傳輸無電磁波干擾、無損耗、重量輕、成本低；因而只要PCB以外傳輸距離超過3m以上者幾乎都已改為光傳輸了。且單一光纖內可同時傳輸多支波長不同的光訊號，稱為「波長分波多工」WDM（Wavelength Division Multiplexing）的量傳技術。利用WDM技術可同時傳送8支粗光訊者稱為CWDM，若同時傳送128支細光訊者稱為DWDM。

此兩圖即為 2013 年上市 20 Pins 可達 10Gbps 的 SFP+ 增強型小封裝熱插拔的光模塊與其 PCBA。

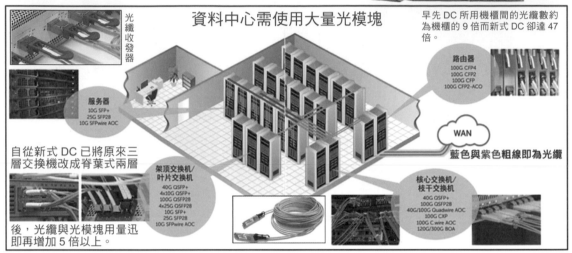

資料中心需使用大量光模塊

光纖收發器

服务器
10G SFP+
25G SFP28
10G SFPwire AOC

早先 DC 所用機櫃間的光纜數約為機櫃的 9 倍而新式 DC 卻達 47 倍。

路由器
100G CFP4
100G CFP2
100G CFP
100G CFP2-ACO

WAN

藍色與紫色粗線即為光纜

自從新式 DC 已將原來三層交換機改成脊葉式兩層後，光纜與光模塊用量迅即再增加 5 倍以上。

架頂交換机/叶片交换机
40G QSFP+
4x10G QSFP+
100G QSFP28
4x25G QSFP28
10G SFP+
25G SFP28
10G SFPwire AOC

核心交换机/枝干交换机
40G QSFP+
100G QSFP28
40G/100G Quadwire AOC
100G CXP
100G C.wire AOC
120G/300G BOA

本節右上圖即為外層ENIG光模塊用的十層板，兩個大金墊內層處已塞入了兩個純銅塊（Copper Slug），然後利用一大堆雙層填銅盲孔將光電轉換效率不佳的廢熱向外排除。注意銅塊周圍的空隙還要塞滿樹脂才能續增兩個外層。當先增L2與L9時（含內層塞樹脂的通孔），都還要重做PTH有了化學銅才能電鍍銅，稱為Capping帽子鍍銅。

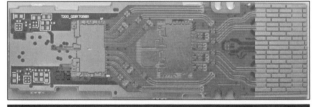

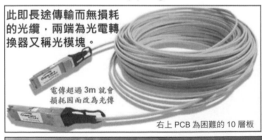

此即長途傳輸而無損耗的光纜，兩端為光電轉換器又稱光模塊。

電傳超過 3m 就會損耗因而改為光傳

右上 PCB 為困難的 10 層板

本節右列實圖為另一種已量產光模塊用的十層
小板，左為其全板切片圖，可清楚見到L2到L9的內
通孔已塞滿樹脂，增層前其上下兩面須先行PTH再
對其外層進行盲孔填銅，此即前節所謂的Capping
Plating。注意所用板材均為高速高單價的馬六與馬
七。下大橫圖為所塞銅塊的併接全圖；下小圖為可
靠度多次強熱後由於脹縮不均而爆板的畫面。

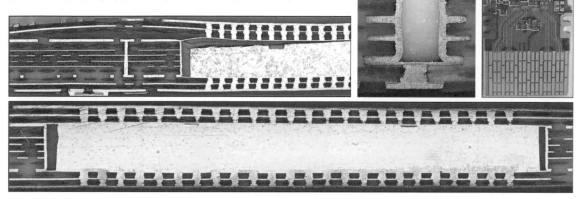

6-5-9 6GHz以下射頻板特用碳氫樹脂Hydrocarbon的快速竄紅

由於5G來臨其宏基站（Macro Base Station）的數量將由現在4G全球四年內500
萬台將爆增到1000萬台以上，致使宏站與其機房需大量安裝功率放大器（PA）濾波器
（Filter）與低雜訊放大器（LNA）等用板，而此等元件需用到GaAs或GaN的通信晶片，
因而也必須用到的射頻PCB類才能發揮功效。於是特殊碳氫（CH）樹脂板材如Rogers
4350或生益的S7136H等必然突然竄紅，碳氫
樹脂的D_k3.5/D_f0.004與極低吸水率0.06%是其
他樹脂所不及的。此等板材是由碳氫樹脂+陶
瓷填料+玻布所組成，其Tg竟高達280℃以上
因而硬度極高加工困難。所列14層大板三圖其
L1與L2之間白色者即為碳氫樹脂。

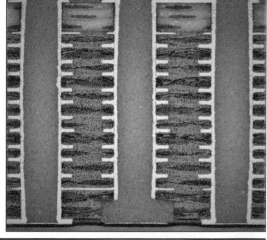

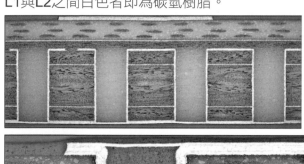

　　極為堅硬的碳氫樹脂其分子量約11000，是出60%液態的聚丁二烯樹脂，與苯乙烯的固態樹脂所共聚組成，溶劑為二甲苯。這種共聚物固化過程中容易發生粘黏的麻煩，為此RO4350不得不加入了粗大且先做過耦聯處理的陶瓷粉料做為改善，其添加量達25%(V/V)以上。在堅硬的碳氫樹脂與粗大粉料兩者聯手下，會使得PCB鑽孔與切外型的機械加工非常困難，鑽針的磨耗幾乎是FR-4的三倍，而

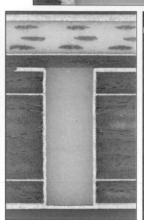

板材價格也在三倍以上。於是增加硬度的鍍膜針或銑刀終於登場了。

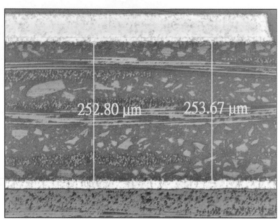

　　本節為RO4730碳氫樹脂板材的8層板，右圖的粉料除了外型不規則的大號陶瓷外，還另有空心球的奇怪填料，想必是為了空氣D_k=1的好處而已。不過卻造成鑽孔與鍍銅孔壁的意外孔破。由於中國在5G方面已領先全球，是故宏基站架台數量也必然超出其他地區很多。民族意識下此種CCL也當然以國產者優先。碳氫樹脂競爭對手現有生益的S7136H,S7133,S7438，台燿的862,862SLK，以及台光的EM-888K等。

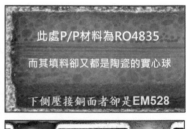

此處P/P材料為RO4835
而其填料卻又都是陶瓷的實心球
下側壓接銅面者卻是EM528

空心球填料會造成孔破

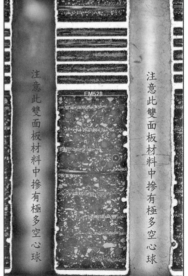

注意此雙面板材料中摻有極多空心球

注意此雙面板材料中摻有極多空心球

本RF射頻8層板中以此厚雙面板Rogers4370的板材組成最特殊，為了降低D_f竟然摻入顏多的空心球，一旦被鑽破時則孔銅壁就會出現各式銅球的畫面，這種情形是否影響訊號則不得而知。

被鑽破的空心球未能鍍銅或填銅者則將形成局部孔破。

6-5-10 5G宏站機房內的射頻前端RFFE用板

1. 下圖説明宏基站無線收訊的處理過程，鐵塔上AAU的天線板將收到的微波訊號用光纜拉到機房內，進行RFFE射頻前端的低雜訊功率放大（LNA）並解除載波，射頻功率放大，與濾波等去除雜訊後才可進入數位的基頻區。

2. 右大圖即為Radio PCB全板正面圖可見到16個分割小區，左小圖為16個ENIG小區之一，每個小區中的A為收發模塊（Transceiver），B為功放PA模塊，C為LNA，D為 Circulated，E為同軸電纜的拉頭，可逐一連接到另一片互疊濾波用的金屬模組板。

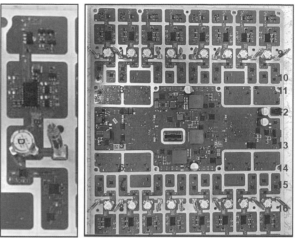

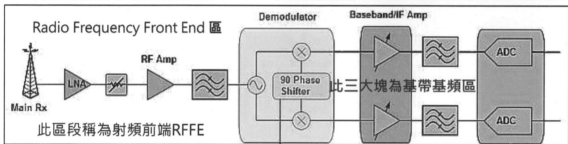

6-5-11 5G主動（有源）天線單元AAU的實例

　　本頁取材自Prismark2019.6在HKPCA商展中姜旭高博士的講義，係利用易利信編號AIR6468(A)的5G實際商品為案例，説明宏基站主動天線單元AAU的部分內容與所用射頻級碳氫PCB的細節。

1. 從右下天線塔（柱）可見到頂部有三個天線罩盒，利用三條光纜將接收到的微波訊號傳送到宏基站BBU（Base Band Unit）的機房中去，而右上方即為長方型天線罩盒的外觀。

2. 每個塑料天線罩盒重達40-60kg，外型大小為99x52x18cm；DC電源48V輸出功率120W。

3. 下中與下右即為罩盒中採碳氫樹脂製作的天線板，此MIMO64陣列式天線板的背面裝有極多濾波器，可對周圍空間進行垂直與水平波束的發送訊號。下左為機房中的Radio PCB。

Radio PCB

Antenna Assembly

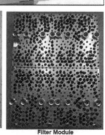

Filter Module

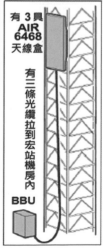

6-5-12 5G主動天線單元ＡＡＵ中發射大量
MIMO波束的PCB

本節亦取材自Prismark講義（2019.6）之Nokia
宏基站陣列天線的實際案例，為功率120W的64T/64R
雙極性的天線板；亦即收發共64陣子的碳氫樹脂多層
板的組合，每個陣子（Element）的功率為1.875W，
大型組合之尺寸為65X50X25cm重達47Kg。

6-5-13 5G三星毫米波mmWave 28GHz基站案例之一

此節各圖取材自Prismark對三星毫米波收發小
基站天線主板的解析，三個灰色外觀圖即為其掛牆
或抱桿的毫米波（28GHz）小基站，為4T/4R（4
發4收）小型陣列天線，但所耗功率卻達260W。其
單一電磁波束垂直俯仰有20°的掃描，水平左右有
60°的範圍。附圖左為金屬外殼及散熱材料，中圖
為碳氫板的正面，右圖為碳氫板的背面。

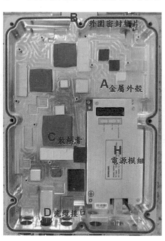
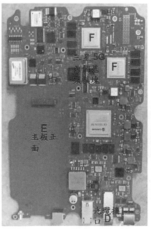
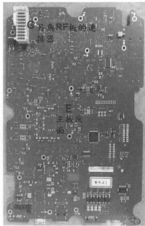

6-5-13 毫米波mmWave三星28GHz基站案例之二

本節為三星毫米波小基站所用碳氫板的另一案例;左為四具灰色雷達罩(Radome)組裝板的外型圖,所用中型多層板為Tg280℃的碳氫樹脂的射頻用板。中圖有四處4T/4R的陣列天線共有256個雙極陣子(Element);右圖共有四區每區有16個RFIC射頻小模塊(TR,PA,LNA等),右上E處為連接到前節天線主板的連接器。

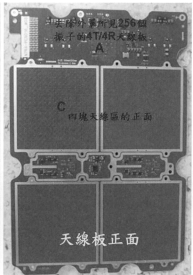
天線板正面

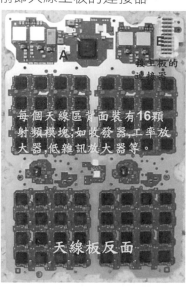
天線板反面

6-6 結論

本文為電路板與載板因應5G而大幅改變的首篇,先對雲端資料中心與霧端宏基站所用PCB進行整理:(1)右下為DC最新架構,最下層為伺服器16-18層高速厚大板的機櫃;中間脊層與葉層20層以上厚大板的交換機與路由器,眾多橘色連線就是光纜,其用量將為傳統DC的5倍(2)下圖為藍色大蜂窩宏站與黃色小窩微站的佈局,兩者不但需用高速板而且天線板還要用Tg280℃的碳氫樹脂。右上兩圖為AAU每扇天線罩盒與大小基站的佈局。由此整理看來2020年絕對是PCB/CCL空前盛況的起步,而且更會一直旺到2024年,這是業界歷史上從未見過如此長期穩定的榮景。

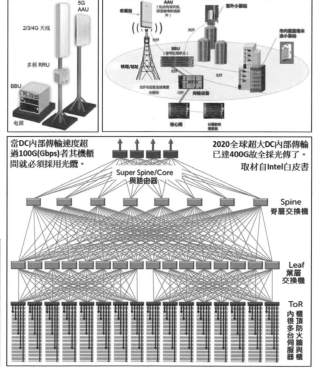

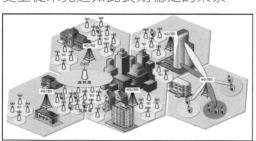

第七章 5G到來與光通訊的興起

7-1 前言

　　大系統間遠距的溝通稱為通訊（信）；機箱內各PCBA之間或PCBA板內個零組件的溝通稱為互連；縮小到晶片內眾多電晶體間的溝通也還是互連。各種電子通訊、互連及儲存等，均可用光子取代電子。當iPhoneX主晶片AP上的線寬已降到10nm以下時，電子訊號在銅線上極高速傳輸所引發的各種電磁波負面效應與溫度的攀升均將造成效果劣化，幾乎到了物理極限的改善談何容易。於是每18個月CPU電晶體數目就會倍增的摩爾定律也將走到盡頭。若將電子傳輸改為光子傳輸時則立刻又可加速發展，亦即所謂的『銅退光進』時代了。光傳輸的好處有：全無電磁波與銅金屬的負面效應，雜訊小，損耗Loss少，且重量輕了九倍，既便宜又節能，工安與資安也都更好。本文將對光通訊與光模塊進行綱要整理，主題如下：

　　　　7-2、光通訊光傳輸所用的光源　　　7-3、傳統低速光模塊的結構
　　　　7-4、矽光子高速光模塊的結構　　　7-5、光纖通信的簡要說明
　　　　7-6、光模塊PCB的切片分享

7-2 光通訊光傳輸所用的光源

7-2-1 物質如何能發光

　　從圖2可見到物質中某電子受到外來能量刺激後會從基態跳升到激發態，隨即便將外來能量以光與熱形式釋出後又落回原態，此種發光無法持久。圖2.1當外來能量連續刺激時其發光即可連續。圖3左當外來能量在小箭區共振腔內連續刺激中，即不斷產生紅色箭頭的雷射光，而此雷射光卻被多面強反射鏡面所包圍而只能往左側弱鏡處射出，圖3右即為雷射發光器的示意圖。圖4說明三五族化合物的正電洞與負電子受到外電流刺激下於介面向周圍發光。圖5說明光子訊號亮者為1，暗者為0，而右上方圖1即為光訊號與電訊號的對比。圖6說明雷射器所通入的電流（AC+DC）必須超過特定額定的閥值時才會連續發光。

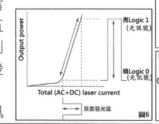

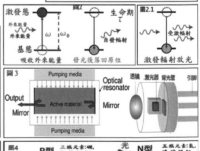

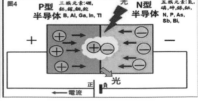

7-2-2 從周期表說明三五族化合物的發光

　　三族的硼、鋁、鎵、銦、鉈等均具有較多電洞而呈微正電性（positive；p），而五族的氮、磷、砷、銻、鉍另具較多的電子呈微負電性（negative；n），於是三五族的化合物（如GaAs砷化鎵）刻意摻雜及通入外電流後，即呈現前節右下圖4介面發光的物理現象。

化學元素周期表

三族元素與五族元素組成的半導體化合物即具有發光特性，若再加入四族的矽材時則成為另一種矽光子發光技術。

三族 IIIA　四族 IVA　五族 VA

I A	II A	III B	IV B	V B	VI B	VII B	VIII	VIII	VIII	I B	II B	III A	IV A	V A	VI A	VII A	VIII A
1 H 氫 1.0079																	2 He 氦 4.0026
3 Li 鋰 6.941	4 Be 鈹 9.0122											5 B 硼 10.811	6 C 碳 12.011	7 N 氮 14.007	8 O 氧 15.999	9 F 氟 18.998	10 Ne 氖 20.17
11 Na 鈉 22.9898	12 Mg 鎂 24.305											13 Al 鋁 26.982	14 Si 矽 28.085	15 P 磷 30.974	16 S 硫 32.06	17 Cl 氯 35.453	18 Ar 氬 39.94
19 K 鉀 39.098	20 Ca 鈣 40.08	21 Sc 鈧 44.956	22 Ti 鈦 47.9	23 V 釩 50.9415	24 Cr 鉻 51.996	25 Mn 錳 54.84	26 Fe 鐵 55.84	27 Co 鈷 58.9332	28 Ni 鎳 58.69	29 Cu 銅 63.54	30 Zn 鋅 65.38	31 Ga 鎵 69.72	32 Ge 鍺 72.59	33 As 砷 74.9216	34 Se 硒 78.9	35 Br 溴 79.904	36 Kr 氪 83.8
37 Rb 銣 85.467	38 Sr 鍶 87.62	39 Y 釔 88.906	40 Zr 鋯 91.22	41 Nb 鈮 92.9064	42 Mo 鉬 95.94	43 Tc 鎝 99	44 Ru 釕 101.074	45 Rh 銠 102.906	46 Pd 鈀 106.42	47 Ag 銀 107.868	48 Cd 鎘 112.41	49 In 銦 114.82	50 Sn 錫 118.6	51 Sb 銻 121.7	52 Te 碲 127.6	53 I 碘 126.905	54 Xe 氙 131.3
55 Cs 銫 132.905	56 Ba 鋇 137.33	57-71 La-Lu 鑭系	72 Hf 鉿 178.4	73 Ta 鉭 180.947	74 W 鎢 183.8	75 Re 錸 186.207	76 Os 鋨 190.2	77 Ir 銥 192.2	78 Pt 鉑 195.08	79 Au 金 196.967	80 Hg 汞 200.5	81 Tl 鉈 204.3	82 Pb 鉛 207.2	83 Bi 鉍 208.98	84 Po 釙 (209)	85 At 砈 (201)	86 Rn 氡 (222)
87 Fr 鈁 (223)	88 Ra 鐳 226.03	89-103 Ac-Lr 錒系	104 Rf 鑪 (261)	105 Db 𨧀 (262)	106 Sg 𨭎 (266)	107 Bh 𨨏 (264)	108 Hs 𨭆 (269)	109 Mt 䥑 (268)	110 Ds 鐽 (271)	111 Rg 錀 (272)	112 Uub (285)	113 Uut (284)	114 Uuq (289)	115 Uup (288)	116 Uuh (292)	117 Uus	118 Uuo

鑭系	57 La 鑭 138.905	58 Ce 鈰 140.12	59 Pr 鐠 140.91	60 Nd 釹 144.2	61 Pm 鉕 147	62 Sm 釤 150.4	63 Eu 銪 151.96	64 Gd 釓 157.25	65 Tb 鋱 158.93	66 Dy 鏑 162.5	67 Ho 鈥 164.93	68 Er 鉺 167.2	69 Er 銩 168.934	70 Yb 鐿 173.0	71 Lu 鎦 174.96
錒系	89 Ac 錒 (227)	90 Th 釷 232.03	91 Pa 鏷 231.03	92 U 鈾 238.02	93 Np 錼 237.04	94 Pu 鈽 (244)	95 Am 鋂 (243)	96 Cm 鋦 (247)	97 Bk 鉳 (247)	98 Cf 鉲 (251)	99 Es 鑀 (254)	100 Fm 鐨 (257)	101 Md 鍆 (258)	102 No 鍩 (259)	103 Lr 鐒 (260)

7-2-3 光通訊常用三種波長的光源

　　右圖1為電磁波的示意圖藍色者為電波紅色者為磁波。光通訊的光波亦為電磁波的一種。圖2說明波長與頻率呈倒數關係；圖3說明可見光在光譜中的位置，以及光纖通訊所常用的三種波長（LED或LD）都落在紅外光區；圖4說明所射出光束（波線）的寬度越窄能量越集中者其損耗越少射程也會越遠；圖5說明光通訊三種波長的能量衰減曲線，其中1300nm與1550nm兩者正是衰減最少的波長，這就是被選用為光通信的原因。

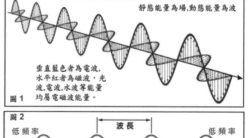

圖1 靜態能量為場,動態能量為波
垂直藍色者為電波,水平紅色者為磁波,光波,電波,水波等能量均屬電磁波能量。

圖2 波長　低頻率　高頻率

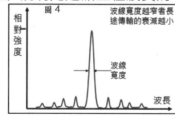

圖4 波線寬度越窄者長途傳輸的衰減越小
相對強度　波線寬度　波長

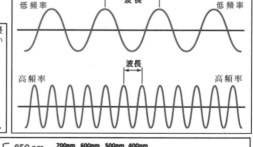

圖3 光通信窗口 0.76um～1.6um
850 nm / 1310 nm / 1550 nm
光通訊落在紅外線IR範圍
低頻　高頻
Radio waves　Microwaves　Infrared　Ultraviolet　X-rays　Gamma
LONGER　WAVELENGTH (meters)　SHORTER

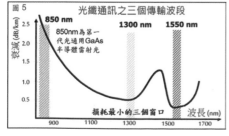

圖5 光纖通訊之三個傳輸波段
850 nm　1300 nm　1550 nm
衰減 (dB/km)
850nm為第一代光通用GaAs半導體雷射光
損耗最小的三個窗口
波長 (nm)

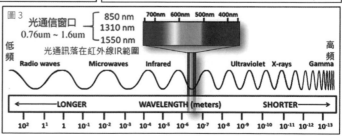

7-2-4 光通訊在玻璃光纖中所常用的三種光源

圖1説明玻璃光纖中常用的三種光源，目前以VCSEL在光通訊中最熱門；圖2為三五族化合物GaAs的LED（Light Emitting Diode；LED）發光結構與常見紅色小亮燈；圖3為側射型雷射發光器的簡單結構；圖4為面射型雷射發光器的結構，而其上下兩塊磊晶疊鏡即為其振腔或DBR反射鏡；圖5為側射型藍色雷射發光器的具體外貌，業界常用縮寫的TO是指Transistor Outline，Can指小罐型。面射型雷射的VCSEL指Vertical Surface Emitting laser；側射型雷射EEL是指Edge Emitting Laser。三種光源以VCSEL的光斑最小，射程最遠也最叫座。

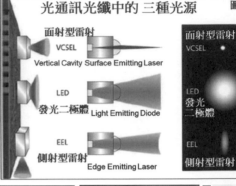

光通訊光纖中的 三種光源　圖1

面射型雷射
VCSEL
Vertical Cavity Surface Emitting Laser

LED
發光二極體　Light Emitting Diode

EEL
側射型雷射　Edge Emitting Laser

面射型雷射
VCSEL

LED
發光二極體

EEL
側射型雷射

TO-Can式封裝的藍色雷射光側射器　TO-Can指電晶體的封裝呈小罐外型

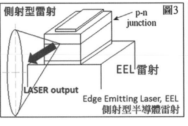

面射型半導體雷射
Vertical Cavity Surface Emitting Laser　圖4

LASER output

VCSEL 雷射

Mirror Stack
p-n junction
Mirror Stack
Substrate

側射型雷射　圖3
p-n junction
EEL 雷射
LASER output
Edge Emitting Laser, EEL
側射型半導體雷射

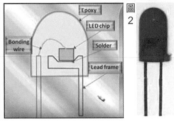

圖2
Epoxy
LED chip
Bonding wire
Solder
Lead frame

7-2-5 三五族化合物半導體發光的原理

圖1為白光LED的外型業界現已有7、8種發白光的配方，將常見GaN氮化鎵晶片所發的藍光再搭配YAG螢光粉通電後即可發出白光，由於省電且耐用已成主要照明燈具。

圖2説明LED發光的原理，當DC電流由已摻雜（Doping）三五族化合物的正端進入磊晶層再從的負端流出，圖4圖5為活性界面處四散的發光。至於光通訊則如圖3所示必須將發光體外圍另加反射鏡而讓發光集中從陽極端射出。通常這種功率僅50mw的LED，發光效率只有25%其餘75%都浪費在發熱了。

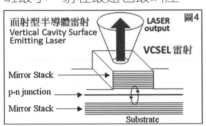

圖1
透鏡
LED芯片
負極導腳
負電
硅襯底
散熱基座
焊線
外部封裝
此為貼焊式白光LED的外貌與內部之結構
正電

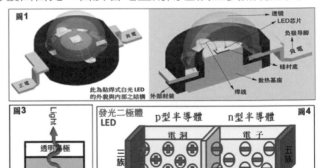

圖3
Light
透明陽極
Hole transport layer
holes
Luminescent dopant molecules
電流
Electron transport layer
electrons
陰極

發光二極體 LED　p型半導體　n型半導體　圖4
電洞　電子
三族　五族
電流　電流
歐姆接點　接面發光　歐姆接點

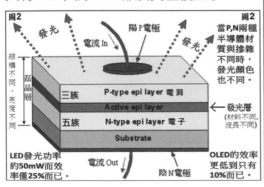

圖2
發光　陽P電極　發光
電流 In
結構不同，亮度不同
磊晶層
三族　P-type epi layer 電洞
Active epi layer
五族　N-type epi layer 電子
Substrate
LED發光功率約50mW而效率僅25%而已。
電流 Out　除N電極

圖2
當P,N兩種半導體材質與摻雜不同時，發光顏色也不同。

發光層（材料不同,波長不同）

OLED的效率更低到只有10%而已。

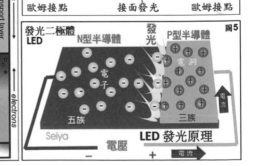

發光二極體 LED　N型半導體　發光　P型半導體　圖5
電洞
電子
五族　三族
電流
Seiya
電壓
LED 發光原理
－　＋　電流

7-2-6 激光器產生各種雷射光的原理

　　產生雷射光的激光器已有(1)VCSEL（Vertical Cavity Surface Emitting Laser）通稱為面射型雷射，光斑最小、射程最遠、壽命最長，用途也最大。自從蘋果手機iphoneX的人臉辨識器採用此種不可見光作為遠距偵測後即聲名大噪用量激增，並成為光纖通信的主要光源。由圖4當雷射二極體LD之輸入電流超過閾值時，才可在p型的InP與n型的InP之間產生光子，隨後在上下共振腔內不斷激發出角度很小的雷射光。目前由電轉光的效率已達90%。(2)FPL（Fabry-Perot Laser）激光器已於1998年商業化，其光纖傳訊可達40 km。(3)EC（External Cavity）外腔激光器，2006年商業化可調諧成單一波長的光束。

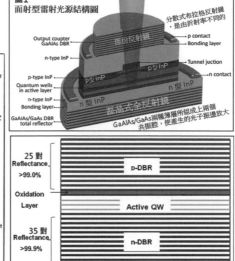

圖1 面射型雷射光源結構圖

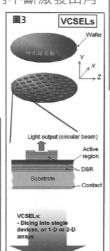

圖3 VCSELs

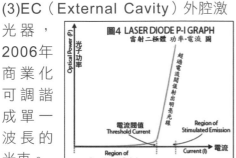

圖4 LASER DIODE P-I GRAPH 雷射二極體 功率-電流 圖

圖2 上下反射鏡的結構

7-2-7 TO-Can封裝側射型雷射光源的結構

　　從右圖1可見到小罐式TO-Can封裝的雷射器屬側射型雷射光源，內部的雷射二極體LD晶片即為三五族化合物其雷射光的心臟；圖2說明LD磊晶晶片從陽極（摻雜的p極）通入外來能量的電流，再從陰極（摻雜的n極）流出後，即從p/n介面的活化帶發射出橢圓形的側射雷射光。圖3亦為p/n晶片的三五族磊晶塊側向發光的示意圖；圖4為小罐型雷射器的結構圖；圖5是將側射型雷射器的磊晶式晶片與完工TO-Can成品兩者合併向外射出的說明；圖6為LD雷射二極體磊晶塊其pn活性介面發光的畫面。

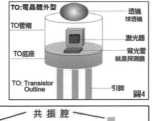

TO: 電晶體外型
TO: Transistor Outline
圖4

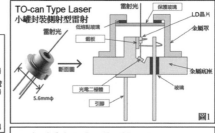

TO-can Type Laser 小罐封裝側射型雷射
圖1

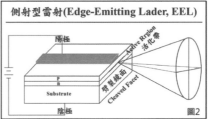

側射型雷射(Edge-Emitting Lader, EEL)
圖2

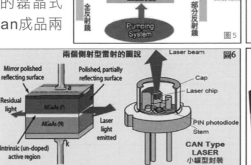

共振腔
圖5

兩個側射型雷射的圖說
CAN Type LASER 小罐型封裝
圖6

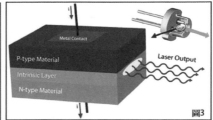

圖3

7-2-8 面射型雷射光源射出的原理

VCSEL垂直共振腔面射雷射光是目前商業化最熱門的光源，共振腔很短，成本不高，閥電流低，功率低發熱少，壽命很長（為其他光源的100倍），具圓點型光斑，其未來五年成長率將達35%。除了光通訊的大市場外，其它如消費性電子的傳感器（Sensor），車用的光達Lidar、人臉辨識器等，但此發光對溫度卻很敏感，高溫時波長會變長造成衰減。此即高速光模塊高階PCB中必須內埋散熱銅塊（Copper Inlet）的原因。一家華立捷公司2018也進駐桃園龍潭工業區投資十億台幣建廠做VCSEL的6吋磊晶產品，以波長850nm，940nm兩者為主。

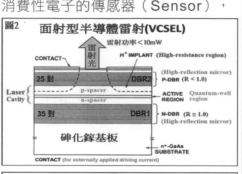

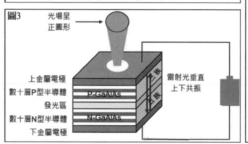

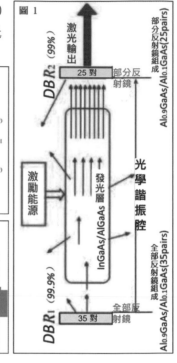

7-2-9 LED、EEL與VCSEL三種光源的特性比較

	LED	EEL	VCSEL	VCSEL 優點
電性參數				
操作電流(mA)	100	40	12	低功率，減少熱的影響
電阻(Ohms)	3	6	30	高電阻，易設計較優益的性能
頻寬(GHz)	> 0.1	1-10	1-10	容易達到高傳輸速率
相對強度雜訊(dB/Hz)		-120	-120	低 EMI，高速傳輸低功率消耗
發光參數				
起始電流(mA)	NA	15	0.5-5	低功率輸入即可操作
斜率效益(mW/mA)	0.001	0.3-0.9	0.2-0.7	容易控制增加的效率
光束角度(degree)	180	40	15	改善與光纖的偶合
光譜寬(nm)	50	3	< 0.3	不需要濾波器
激發時間(ns)	5	< 0.1	< 0.1	
散色(μm)	0	7	0	簡單的光特性，較高的效能
光束形狀	NA	橢圓	圓形	容易聚焦且精準度較高
一般的參數				
2D Arrays	是	否	是	
dλ/dT(nm/℃)	0.3	0.3	0.06	穩定的溫度變化特性
可靠度(hrs)		10^5	10^6	較長生命週期
晶圓測試	是	否	是	較高的產出率

7-2-10 發光二極體LED與雷射二極體LD的比較

　　LED最早商業化是1962年時惠普用在儀器中的紅色指示燈，原理是三五族化合物摻雜後p極的電洞與摻雜n極的電子，被外電源驅動下而於介面發光，其發光顏色與物料的摻雜有關，2014年三個日本人取得LED藍光的諾貝爾獎後即開始了LED白光照明的里程碑，但功率與效率都不高。一般LED直到1999年才能輸入1W功率及30%的效率，至於OLED的效率則只有10%。由於成本低且可採印刷法做出大面積取代黑板的電子看板，其效果比投影機更為清晰。至於LED的光纖通信則以多模近距離者為主。

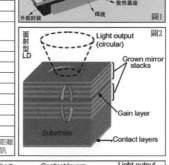

發光二極體 LED

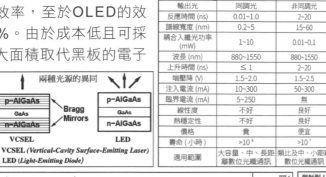

	LD	LED
輸出光	同調光	非同調光
反應時間 (ns)	0.01~1.0	2~20
譜線寬度 (nm)	0.2~5	15~60
耦合入纖光功率 (mW)	1~10	0.01~0.1
波長 (nm)	880~1550	880~1550
上升時間 (ns)	≤ 1	2~20
端壓降 (V)	1.5~2.0	1.5~2.5
注入電流 (mA)	10~300	50~300
臨界電流 (mA)	5~250	無
線性度	不好	良好
熱穩定性	不好	良好
價格	貴	便宜
壽命 (小時)	>10^6	>10^7
適用範圍	大容量、中、長距離數位光纖通訊	類比及中、小距離數位光纖通訊

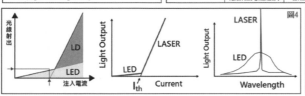

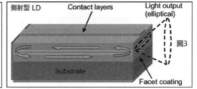

7-3 傳統低速光模塊的結構

7-3-1 小罐式封裝TOSA / ROSA且PCB較簡單的光模塊

　　最下圖為遠距光通訊的系統模式，可清楚見到從左到右光纖通訊的過程，也就是①發訊端的電子訊號（目前高低電位差為1V）進入光模塊（Optical Transceiver）的TOSA中，經雷射器轉成穩定的光子訊號，又經LD放大器射出光束。②光束進入光纖再傳到對方。③收訊端光模塊中ROSA的檢測器二極體把光訊號轉電訊號，再經放大而輸出穩定的電訊。其PCB模塊正反板面除了光/電（O/E）轉換的TOSA/ ROSA外，還須加裝控制器以維持兩種訊號的穩定。右上兩圖即為傳統光子光模塊中大型TOSA/ROSA的組裝情形；而中圖則為目前5G最新矽光子技術SiPh其高速（100G以上）光膜塊的密集封裝畫面，SiPh全新技術後文會詳細說明。

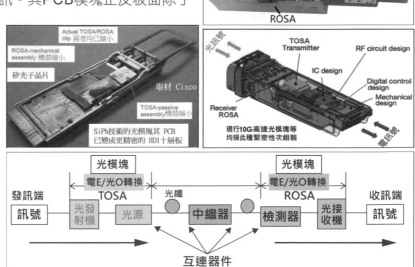

7-3-2 傳統低速光模塊的結構組成

　　傳統低速光模塊的外型如圖1，其位於PCB中下的簡單驅動IC模塊，可將進來的電訊號轉變成光訊號，再經TOSA的調節後即可射到光纖中向外傳送光訊號。至於對方傳來的光訊號經ROSA與另一個IC的工作下，又可轉變成電訊號，通過PCB的金手指而進入系統。圖2與圖4均為外型較大的罐封式激光器的內部結構；圖3為蝴蝶形激光器，兩側

的翅膀為散熱用。圖5說明罐式雷射器發出的激光須經過透鏡的小心調整，並對準尾纖才可射入光纖進行長途傳輸。

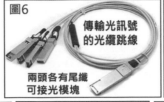

圖6　傳輸光訊號的光纜跳線

兩頭各有尾纖可接光模塊

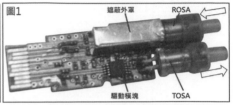

圖1　遮蔽外罩　ROSA　驅動模塊　TOSA

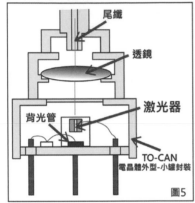

尾纖　透鏡　激光器　背光管　TO-CAN　電晶體外型-小罐封裝　圖5

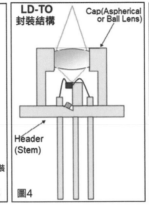

LD-TO 封裝結構　Cap(Aspherical or Ball Lens)　Header (Stem)　圖4

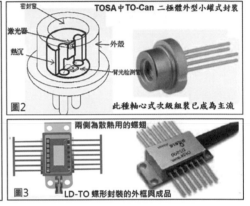

密封窗　TOSA中TO-Can 二極體外型小罐式封裝　激光器　外殼　熱沉　背光檢測管　此種軸心式次級組裝已成為主流　圖2

兩側為散熱用的蝶翅

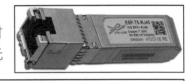

圖3　LD-TO 蝶形封裝的外框與成品

　　左右上兩圖為10Gbps低速光模塊完工商品的外觀，左下三圖為不同品牌低速光模塊其PCBA組裝的實件，取材自多個網站資料。不過所有商品介紹的網站都找不到矽光

子最熱門100或400Gbps的圖樣，想必是尖端業者不願公開最新矽光子技術所致。右二大圖為各種低速光模塊的拆解示意圖，自2020年5G起步後，100/400 Gbps等高單價高速光模塊將逐漸進入市場，在關鍵的超大資料中心雲計算領域中，此等低速產品勢必將逐漸減少。

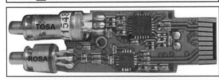

TOSA　Laser Driver　ROSA　Limiting Amplifier

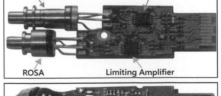

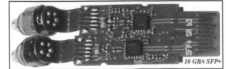

10 GB/s SFP+

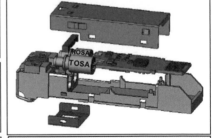

ROSA　TOSA

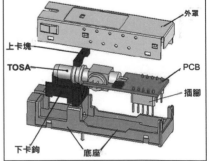

外罩　上卡塊　TOSA　PCB　插腳　下卡鉤　底座

由前二節多枚網路下載的實物圖片可知，低速光模塊不但結構較粗鬆且所承載的PCB也算不上是高檔。圖2即為其標準結構圖的簡單說明：①上半部為TOSA（Transmitter Optical Subassembly），也就電訊號進入光模塊經TxIC改變為連續激光，配合TOSA調變為斷續的光訊號，通過連接器後即進入光纖向外傳輸。②下半部為ROSA（Receiver Optical Subassembly），從光纖中收到的光訊通過連接器到達ROSA，並由收訊的RxIC改變為電訊號進入系統。但圖4卻是矽光子高速光模塊的整體結構更為精密外形也大為縮小了。圖5為已接上光模塊的長程跳線。

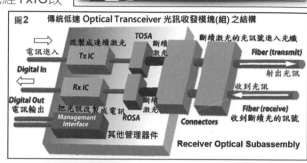

圖1
CWDM-SFP1G-EZX
1G SFP 1370nm 100km *HU
S/N:N0602170065
Fiberstore

圖2 傳統低速 Optical Transceiver 光訊收發模塊(組)之結構

改製成連續激光 TOSA 斷續激光 斷續激光的光訊號進入光纖
電訊進入 Tx IC 斷續激光
Digital In Fiber (transmit) 射出光訊
Rx IC 收到光訊
Digital Out 把光訊改製成電訊 斷續激光 Fiber (receive) 收到斷續光的訊號
電訊輸出 Management Interface ROSA Connectors
其他管理器件 Receiver Optical Subassembly

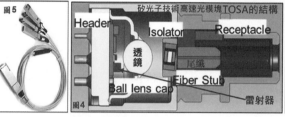

矽光子技術高速光模塊TOSA的結構
圖5
Header Isolator Receptacle
透鏡 尾纖
Ball lens cap Fiber Stub
圖4 雷射器

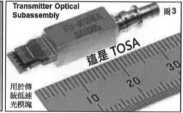

Transmitter Optical Subassembly 圖3
這是TOSA
用於傳統低速光模塊

7-4 矽光子高速光模塊的結構

7-4-1 矽光子技術的二代光模塊

從圖4為雷射二極體發光的光模塊可知，早先低速時代即採三五族連續激光。但5G高速光模塊中卻另採矽光子技術發光，右上圖1即為其光模塊的 PCB 示意圖；再從大圖2可見到傳統光模塊的收發內容。右下圖3是某展會出現高速光模塊的實例，下圖5為高速光模塊的精密PCB，其金手指是採雙股差動線以減少干擾。

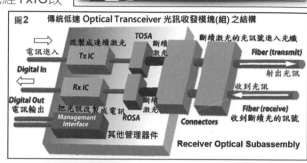

CAUI 10 × 10G
4× 25G 矽光子高速100Gbps光模塊所用精密PCB的示意 圖1
ROSAs
Host
4× 25G λ LAN-WDM On SMF
Gearbox ICs LDs 4× 25G λ TOSAs Optical Mux/Demux

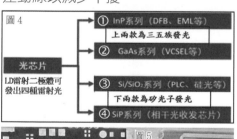

圖4
① InP系列（DFB、EML等）
上兩款為三五族發光
光芯片 ② GaAs系列（VCSEL等）
LD雷射二極體可發出四種雷射光 ③ Si/SiO₂系列（PLC、硅光等）
下兩款為矽光子發光
④ SiP系列（相干光收發芯片）

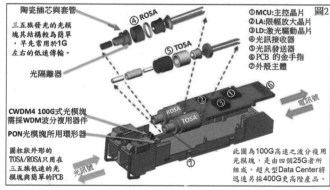

陶瓷插芯與套管 ④ROSA
三五族發光的光模塊其結構較為簡單，早先常用於1G左右的低速傳輸 ⑤TOSA
光隔離器
①MCU:主控晶片
②LA:限幅放大晶片
③LD:激光驅動晶片
④光訊接收器
⑤光訊發送器
⑥PCB 的金手指
⑦外殼主體
CWDM4 100G式光模塊需採WDM波分複用器件
PON光模塊所用環形器
圓柱狀外形的TOSA/ROSA只用在三五族低速的光模塊與簡單的PCB
電訊號
此圖為100G高速之波分複用光模塊，是由四個25G者所組成。超大型Data Center將迅達另採400G更高階產品。
光訊號

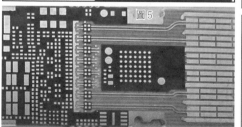

圖5

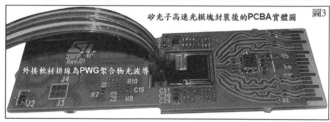

矽光子高速光模塊封裝後的PCBA實體圖 圖3
外接軟材排線為PWG聚合物光波導

7-4-2 矽光子光模塊與聚合物光波導（PWG）

　　圖1為PCB業界已研究多年於板內傳輸光訊號的光路（光波導Optical Wave Guide）佈局，也就是在板材內刻意置入傳輸光訊號的有機物透明光路，而不再只是電訊號與銅導線的獨占場面。圖1說明電訊號進入收發IC模塊，然後再進入雷射器而向上射出黃色的激光，經稜鏡折射後即轉向進入聚合物光波導（PWG，也就是圖3中的FPC軟板）並跳出板面向外傳輸。圖2可見到4組面射型雷射器VCSEL的組合，均由收發IC與雷射二極體所組成，可將光訊號經由110mm的PWG再進入光纖往遠處長途傳輸。圖4左也可見四組VCSEL面射型激光器向上射光，通過黃色折光稜鏡及四條PWG再通過PD光電二極體，然後轉成電訊號向外傳輸。

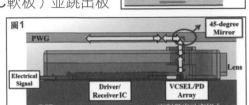

圖5

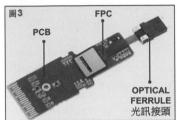

圖3

OPTICAL FERRULE
光訊接頭

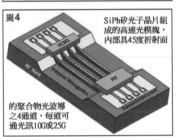

圖4

SiPh矽光子晶片組成的高速光模塊，內部具45度折射面

的聚合物光波導之4通道，每道可通光訊10G或25G

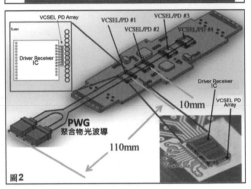

圖2

7-4-3 矽光子高速光模塊的心臟

　　矽光子技術的心臟如圖3簡示畫面，由上位三五族磷化銦InP的激光晶片層，搭配下位的CMOS矽晶片兩者所組成的混合體。當InP向下面射出VCSEL激光並利用45度折射鏡進入光波導用的矽晶片，亦即使用其"光路"向外傳輸。圖1為許多不同的InP晶片著落在傳統CMOS矽晶圓上的畫面，圖4說明傳統12吋矽晶圓十分便宜，但小型可激光的磷化銦4吋晶圓卻貴了20倍。圖2為Intel公佈矽光子量產高速光模塊的畫面，所射出的激光要如何對準光纖是件困難的工程。

圖1

底層矽晶圓可做為光訊號的通道

圖4

300 mm Silicon ~ ~$0.2 cm⁻²
100 mm InP ~ ~$4.0 cm⁻²

Source:Yole

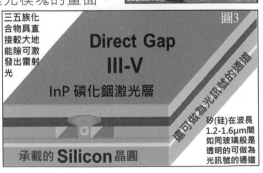

圖3

三五族化合物具直接較大地能隙可激發出雷射光

Direct Gap III-V

InP 磷化銦激光層

還可做為光訊號的通道

矽(硅)在波長1.2-1.6μm間如同玻璃般是透明的可做為光訊號的通道

承載的 Silicon 晶圓

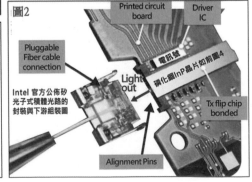

圖2

電訊號

磷化銦InP晶片如前圖4

右三圖為Intel所公布矽光子雷射器晶片的簡要製程。①首先對CMOS的12吋矽晶圓進行電漿活化，然後將InP晶粒逐一附著到矽晶圓上。②逐一移除磷化銦晶粒無效的晶背，只留下發射激光功能的有效晶臉。③此種混合激光耦合晶片的效率可達90%以上。下三圖說明此種矽光子晶粒量產中，可進行自動化的光路測試、電路測試與射頻測試。所列實體PCB即為100G光模塊所用HDI十層精密的PCB，該板面大型光電IC係採Flip Chip覆晶式封裝的BGA。

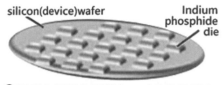

① 將磷化銦晶粒附著在12吋的矽晶圓上

② 移除InP的晶背只留下可發激光的晶臉

③ 逐一切割下矽光子的混合晶粒

光路測試

電路測試

射頻測試

7-4-4 矽光子高速光模塊的關鍵與系統工作

圖1為5G時代十六通道（每道25G）波分複用WDM的400G高速光模塊商品實例。圖2說明高速光模塊的引擎是由矽光子發光晶片與電IC二者組成。圖3/圖4為其內部心臟的剖析，也就是由電子訊號的CPU與光訊IC兩主動元件所組成。圖5為Intel矽光子光模塊在光訊長途傳輸中所在的地位，其路徑為：左端（含上白下藍）發出數字原始碼（0101……），透過交換機通過機櫃的光模塊並轉變成光訊號，然後經由2km長途跳線極快傳到對岸的收訊端，再經過矽光子光模塊把光訊號轉回電訊號再行輸出。

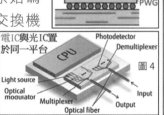

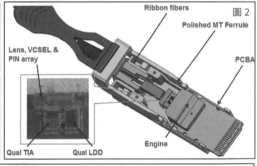

7-4-5 常規電傳與兩種新舊光傳就距離與速度的比較

從右圖可見到,當發訊與收訊二端距離頗近者,則以傳統電子銅線路的互連與傳輸最為有利。然而到了2020年以後,10G以上高速訊號的傳輸反倒是矽光子比電子更好了。至於長距離傳輸則向來以無負面電磁效應的光子訊號最佳,中短距離者則矽光子比一般光子更好。下圖說明Intel高速8通道400G超高速光模塊的工作,亦即電訊號從左上端進入上半部方框,經過多步驟處理而從右端以波長1.3μm的光訊號輸出,事實上處理過程已濃縮到右列實體PCB板面4通道的TOSA中完成。反之從右下ROSA接收到光訊後經方框下半部處理成電訊而從左下端輸出。

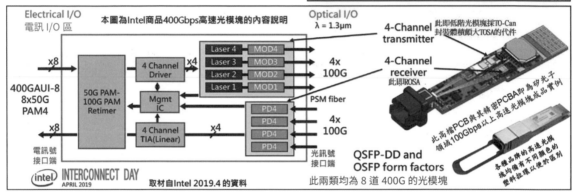

7-4-6 單一光纖內按波長區分之多用途光訊傳輸WDM

所謂WDM(Wavelength Division Multiplexer)是指短程單一玻纖內,可同時傳送數支刻意留有間隔的光訊號,如此將可節省跳線成本並可加快加多高速光訊號的功能。此種WDM又可分為:①CWDM(Coarse指寬鬆的WDM),其每支訊號光波長的間隔為20nm,對100m以內的近距光傳非常有利。如右上圖原本每根傳送25G的四根光纖,可改用右下圖單一光纖內同時傳送四支光訊。②DWDM(Dense指密集的WDM)其多束密光間距僅0.8nm,此種集中精密傳法當然很貴,屬高階的光纖傳輸。左下QSFP28的100G高階光模塊其單價在美金500元以上。

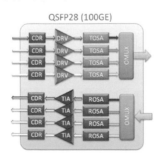

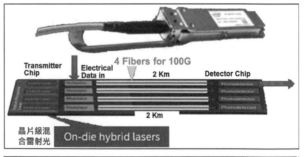

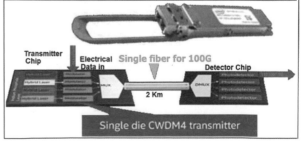

7-4-7 矽光子高速光模塊的應用與成長

右圖1說明矽光子高速光模塊其光電互換技術,將在七大尖端領域中加速滲入:資料(數據)中心、高效能運算、通信、消費、傳感器或生物傳感器、高端航太、量子電腦等。右下圖2為著名市調業者Yole所預估矽光子技術的逐年平均成長率,竟高達44.5%。圖3為IBM公佈由光子訊號進入並立即轉變為電子訊號輸出的新型光電IC模塊(並非光纖用的光模塊)。圖4是網站中披露業者們的併購故事,案例是華為欲加速進入SiPh矽光子技術,而在2013年全額併購比利時Caliopa公司的標誌畫面。

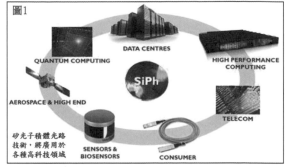

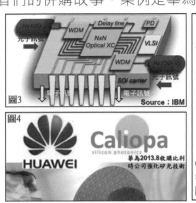

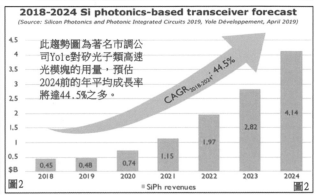

7-4-8 發展中的矽光子集體光路(SiPh Integrated Circuits)

著名的摩爾定律說CPU晶片中銅導線的集體電路(Integrated Circuits)器,其海量電晶體(Transistor大陸稱晶體管)的數目,每18月就增加一倍。須知有限面積矽晶片上的電晶體越來越多時,其互連用的銅線與層數就必須越細越多,目前iPhoneX處裡晶片的線寬已低於10nm了。且當電訊速度越來越快時,銅線路許多負面的傳輸效應就逐漸現形了;如散熱與雜訊等問題。當電子訊號到了物理極限時,全無電磁效應的光訊號就必然會取而代之,正所謂『銅退光進』是也。右圖為一家imec公司公佈的集體光路晶片,下二大圖均為未來光IC與電IC在同一片PCB上訊號互連互傳的想像畫面。

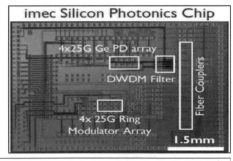

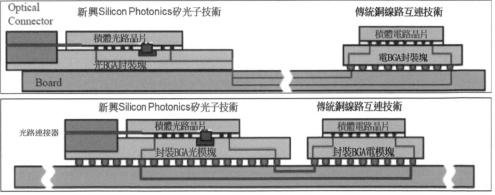

7-4-9 Data Center雲端的大幅成長與高階光模塊的需求爆增

2010-2017全球商用超大資料中心（DC）約386座，2016年起不但超大型DC快速增建，而且都已改用扁平式架構（左下圖的Spine/Leaf）的新雲端，先前舊雲端所用的光模塊多屬10Gbps，2018以後新增DC的光模塊已漸出現100Gbps的高價商品並與傳統10Gbps競爭。從右上圖可見到2021年的DC將急增到628座，至於100G以上用量大增後必然會降價，屆時低階者將逐漸出局。從左下新式超大ＤＣ的三層架構，可見到來自網際網路（Internet）的大量數據是透過光波與電波進入ＤＣ系統，再通過三層交換機（Core, SPINE, LEAF）到達眾多機櫃頂部（TOR），才能進入百萬計伺服器中執行工作。其間交錯的紅藍線均為光纖傳輸，於是大量高速光膜就成必須品了。

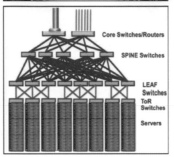

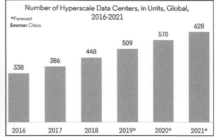

7-4-10 5G霧運算與邊緣運算的市場擴張

從圖1與圖3見到5G的網路商機可分為①雲運算（指超大型DC）、②霧運算（指行動通訊的宏站機房）、③邊緣運算（指行動通訊的極多微小基站）等三大層面，全球總IP數據流量將以年增25%的速度竄升，而其中82%都用在高畫質行動影音的傳輸。商機所在超大DC正以30%年成長率急奔，行動通訊的宏站也不含糊，估計2021年全球將超過700萬台，至於IP流量超過雲端1000倍的邊緣計算行動通訊微基站，其數千萬台的擴張也都在所難免，各種設施只要用到光纖通信則高速光模塊的成長也就無可限量了。下圖2預估全球"邊緣計算"的十年平均成長率竟高達35.5%。

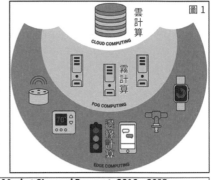

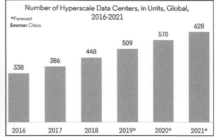

邊緣運算 2025 年將達 167.10 億美元。

7-4-11 Data Center 高速長途傳輸需用到光纜與高速光模塊

　　5G的霧運算與邊緣運算或行動上網最終都需要資料中心DC雲端的支援，而DC的超大機房常可達500m x 200m 如農場 之巨。為了減少電傳的損耗、延遲與雜訊等不良效應起見，凡距離3m以上一律改為光纖的高速光傳，5G時代的高速光模塊已達400Gbps甚至更高；為了光電能夠匹配起見，於是電子的方波訊號亦須改用四碼 PAM4 而得以更快一倍的傳輸。

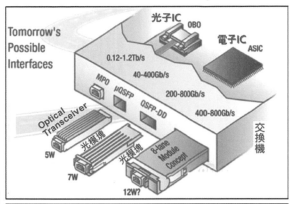

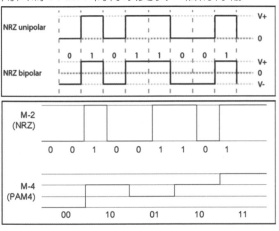

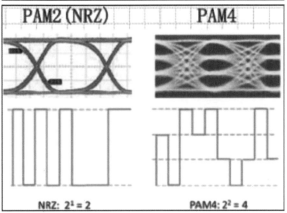

7-4-12 脈衝振幅調製 Pulse Amplitude Modulation 4（PAM4）將可使電子方波訊號傳輸更多更快

　　單一週期的兩碼可重新降低其振幅而變為四碼全新的PAM4，於是電訊速度即可加快一倍。但對於微小雜訊而言就更加難以處理了（尤其是PCB）。其實就是把原本單極的兩碼，降低其電壓調變成雙極的四碼，而其眼圖也由單眼變成三眼了。目前此等 PAM4超高速的電訊號將在400GbE超高速乙太網（厚大板）與各種光通路中逐漸使用了。

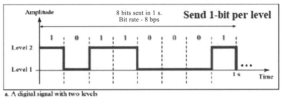

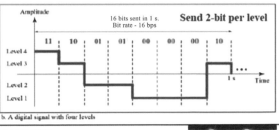

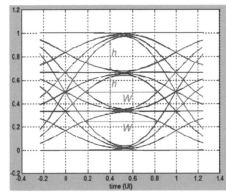

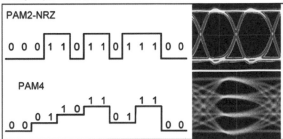

7-5 光纖通信的簡要說明

7-5-1 光纖種類與光纜組成

　　單支極細的玻璃絲（可細到10μm以下）稱為玻纖，多股長程玻纖絲搭配上其他補強材或電線者，稱為光纜。而細玻纖外須加折射率比玻璃更大的護套或導管做為保護與防洩之用。由圖2可知，每根玻纖只傳單一波長的光波訊號者稱為單模。而單一玻纖中同時傳送多根不同個波長訊號者稱為多模，即所謂WDM（Wavelength Division Multiplexing），也就是單絲內可同時傳送多根不同波長的光訊。圖5説明長距離的光纖光纜兩端均接有中繼器者稱為跳線，連接多支跳線才得以更加遠傳。而其出入兩端還必須插接光電收發換模組（Optical Transceiver）者簡稱光模塊，才能進出不同的光電系統。

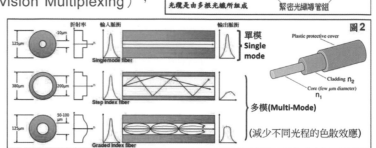

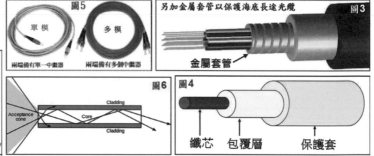

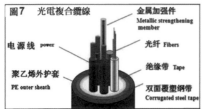

7-5-2 光纖的種類與傳輸性能的比較

　　從右圖及右表可看出光纖是由透明度很高的石英或玻璃細絲做為材質，三類光纖中以單模長途傳輸品質最好、衰減最少，卻也因成本太貴而最不叫座。至於兩種多模（單絲同時傳送多支不同波長的光訊）均可傳大角度的LED光線與LD雷射二極體小角度的激光；從衰減的比較可看出逐級多模者較好但也較貴。下二圖為光纖傳輸的系統示意圖，其光纖二端接入系統"光訊連接器"是指光電轉換的光模塊與尾纖的組合，通常近距離（500m以下）以便宜的LED為主，遠距則以VCSEL雷射光為主。

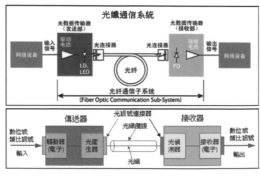

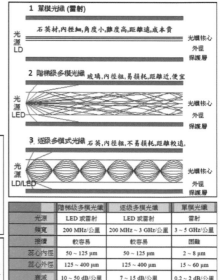

	階梯級多模光纖	逐級多模光纖	單模光纖
光源	LED 或雷射	LED 或雷射	雷射
頻寬	200 MHz/公里	200 MHz ~ 3 GHz/公里	3 ~ 5 GHz/公里
接續	較容易	較容易	困難
芯心內徑	50 ~ 125 μm	50 ~ 125 μm	2 ~ 8 μm
芯心外徑	125 ~ 400 μm	125 ~ 400 μm	15 ~ 60 μm
衰減	10 ~ 50 dB/公里	7 ~ 15 dB/公里	0.2 ~ 2 dB/公里
價格	較便宜	稍貴	最貴

7-5-3 光纖傳輸距離與波長及衰減的關係

圖1是波長850nm與100G SFP＋級的兩端光模塊，搭配光跳線所組成300m傳輸的圖示。圖2亦為相同級別的兩個光模塊，但波長卻變成1310nm，因而更可長傳到10

km之遠。圖3與圖5説明單模光纖傳輸的衰減較小而多模傳輸的衰減卻較大，故單纖中多支光訊的高效率傳輸，為了減少衰減也只適合2km以內的短傳而已。圖4為TOSA中三五族化合物VCSEL晶片經由小罐封裝而成的雷射器，但這也只能適用於

1Gbps以下的低速光模塊，而無法擠入新一代矽光子密封的高階光模塊了。

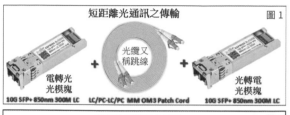

短距離光通訊之傳輸　　圖1

電轉光光模塊 ＋ 光纜又稱跳線 ＋ 光轉電光模塊

10G SFP+ 850nm 300M LC　LC/PC-LC/PC MM OM3 Patch Cord　10G SFP+ 850nm 300M LC

長距離光通訊之傳輸　　圖2

電轉光光模塊 ＋ ＋ 光轉電光模塊

10G SFP+ 1310nm 10KM LC　LC/UPC-LC/UPC SM OS2 Patch Cord　10G SFP+ 1310nm 10KM LC

低速光模塊 TOSA中的激光器　圖4

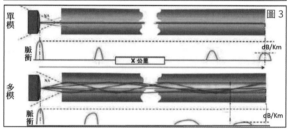

圖3

單模　脈衝　X公里　dB/Km

多模　脈衝　dB/Km

圖5

單模雷射光源 ➡

多模LED光源 ➡

7-5-4 光纖傳輸衰減的原因

從右上圖三稜鏡將白色日光經兩次折射而分裂成七彩光線的原理可知，波長較長的紅光二次折射後所走的路徑最直也最短，長途光傳時較省時少衰。因而光纖傳輸用的波長業界已公定為850nm、1310nm、1550nm等

介面速度不同因而產生折射　光的色散　長程多模傳輸各單光波長與速度不同，將造成色散。

白光

紅外光折射少有利直進　稜鏡

到達終點時脈衝展寬無法判讀。

紅光
橙光
黃光
綠光
藍光
紫光

紅外區段。中三圖説明，即使單一波長（例如850nm中可能出現845、860……等細分）經長途傳輸後難免會出現波段的色散展寬，此即原本能量集中展寬很小的雷射光其傳距要比能量分散的LED光源傳輸更遠的原因。下圖説明WDM（數支不同波長可同時傳送）搭配TDM分時多工器，此種微妙的變化使得光纖傳輸更為廣用。

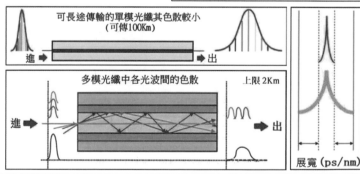

可長途傳輸的單模光纖其色散較小
（可傳100Km）

進 ➡ ➡ 出

多模光纖中各光波間的色散　上限2Km

進 ➡ ➡ 出

展寬（ps/nm）

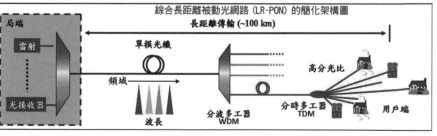

綜合長距離被動光網路（LR-PON）的簡化架構圖

長距離傳輸（~100 km）

局端
雷射
光接收器

單模光纖

頻域

波長

分波多工器 WDM

分時多工器 TDM

高分光比

用戶端

7-5-5 各種常用光模塊的商品說明

　　所列為六種光電訊號轉換用的光模塊（Optical Transcaiver光訊號收發模組）的實品外形圖，注意各款的代字代碼均為業界所共同制定，事後才被IEEE追認而已。①SFP（Small Factor Pluggable）是小型可熱插拔的光模塊的品名常用於資料中心 DC 與宏站機櫃或邊緣運算的各種交換機或路由器中。②XFP（Extra FP）為SFP的升級版，速度可達10 Gbps。③SFP+（Plus），為SFP的再升級版，較XFP晚出現，速度也更加快到10 Gbps以上。④SFP28此商品單一訊道中可加速到25Gbps，常用於850nm波長的近距高速傳輸。⑤QSFP/QSFP+，為25 Gbps四訊道共100G的高速光模塊，卻仍可保持很小的外型，只是另加塑料拉把而已。⑥QSFP28亦為四訊道的100G的高速光模塊，距離可達100m。以上六種均可執行CWDM或DWDM高速多傳的效果，至於每訊道50G共八訊道400G的光模塊OSFP（Octal）、QSFP-DD等要到2021年以後才會出現。

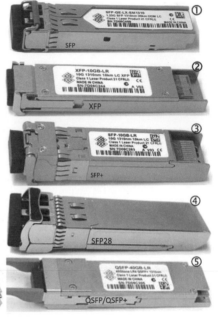

7-6 光模塊PCB的切片分享

7-6-1 5G新型高速光模塊其PCB均採HDI製程

　　自從2020全球正式進入5G時代起，傳統光模塊較簡單的PCB便較少見到量產。網路中出現的產品剖析圖均為傳統光模塊粗鬆的PCBA。新型矽光子高速光模塊（100G以上）已全為十層起跳的高難度HDI板類。從右列三個併接的全板大圖中可知，六圖中各①處即為其起步的內層雙面板，左下2000倍圖中可見到起步雙面板的通孔係採雷射兩面燒穿，再經三次鍍銅才完成大排版的core板。之後再經四次標準HDI增層才完工的十層板。從中上3000倍畫面的core板銅箔微瘤面可知，所用銅箔已達到最高檔次了。

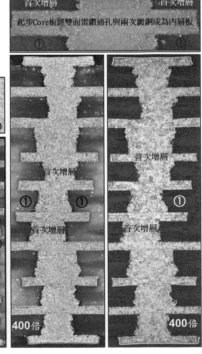

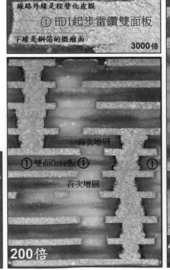

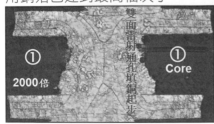

7-6-2 為了散熱降溫起見PCB內層須埋入銅塊Copper Slug

　　光模塊從電訊號轉換成光訊號其效率都不高，轉換後除了已取得夠強夠用的光源外，其餘的電能都會變成無用且有害的熱能！須知光模塊持續工作中一旦溫度上升其由電轉光的效率就會下降，因而PCB就必須埋入銅塊（Copper Inlet，業界戲稱為Copper Slug鼻涕蟲）。右下兩大接圖即為小心切片到達銅塊從頭到尾的全面呈現，且伴隨出現上下對外互連散熱用的23條填銅疊盲孔。為了更清楚到底有多少傳熱盲孔則又還須小心水平切片，每層有23×12=276個盲孔，四層則共計1104個互連的填銅盲孔。事實上這些盲孔也會幫忙吸收一部分雷射晶片由電轉光不良發熱。

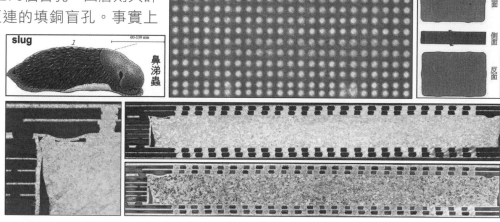

7-6-3 封裝用多層板外層的凹坑Cavity技術

　　待封裝組裝的高階PCB載板，其外層經常會出現幾個下沉的凹坑Cavity，目的是讓打線IC晶片可坐在坑內；其好處有：①減少打線長度以降低高速傳輸寄生電感的雜訊，②降低封裝後的總高度，③讓工作中晶片的發熱直接被大量填銅盲孔與銅塊所吸收而不致過度升溫。此種外層凹坑又可分為坑壁鍍銅與不鍍銅兩種，所列板面之實圖即為坑壁並未鍍銅的兩個Cavity，至於凹坑的工法一般是：①在設有凹坑的內層多處先貼離型紙②再用雷射逐一切紙到應有的尺寸，然後再壓合所需的增層③外層完工後再利用雷射於各記憶位置處繞燒掉外層板材，即可挑掉多餘的蓋子而露出有銅底的凹坑。

7-6-4 高速光模塊多層板採差動式佈線以降低雜訊

　　光模塊外型很小傳輸線也不長，但其單顆雷射晶片的光傳速度卻高達25G（四顆共100G），目前更已有單顆50G的矽光子晶片（即新詞的集體光路而不再只是集體電路了），因而光電互換的傳輸速度也隨之拉高，於是原只用在厚大板的雙股差動（分）線

Differential Line技術，竟也在此等小型PCB中亮像。右列三個A圖可見到外層的微帶差動線與內層的帶狀差動線；左列兩個B圖還可見到外層的四組差動線；至於中上的PCB板面俯視圖還可見到8組較粗的差動線，接近晶片處卻又變成較窄的差動線了。

外層微帶差動線(間距較寬)

外層微帶差動線(間距較窄)

內層帶狀差動線

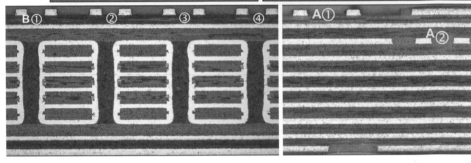

7-6-5 高速光模塊多層板通孔之孔銅與內環互連處竟出現三面包夾

　　多年來軍用多層板內層孔環與孔銅壁須完成三面包夾的互連，以保證高速訊號傳輸的可靠度，此乃軍規MIL-P-55110E之基本要求。亦即不但要把各孔環銅箔側面的膠渣徹底除盡而且還要把樹脂與玻纖也一併向外擴退，使得孔銅可三面牢夾孔環而永保安全。其實這是四十年前業者們對電鍍銅附著力認知不夠的過度反應，只要每次電鍍銅的界面沒有『沙銅』與『化銅』者，後鍍的銅層在任何惡劣情況下都不會分離。所列四個盲孔填銅切片圖即為無可置疑的鐵證，其左盲孔不但斷腰斷線竟然連板材都四分五裂了。

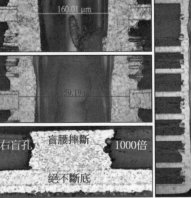
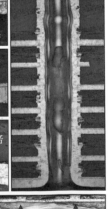

 200倍兩個斷腰的填銅盲孔

六面旋轉籠連續摔落試驗竟將已組裝的四層板摔成了雙面板　　兩個斷腰的填銅盲孔處其切片再放大成三圖

7-6-6 馬六高速板材很怕鹼以致出現過度溶膠

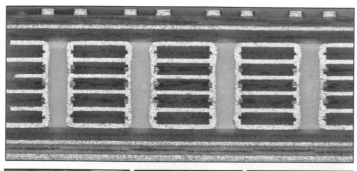

日商松下的Megtron 6是目前厚大板高速長途傳輸損耗甚低（D$_f$ 0.007）的優良板材，業界俗稱為馬六。上圖所列光模塊十層板其內6L經機鑽通孔後，再做乾式電漿與七價錳槽液兩道除膠渣，由於產線槽溫太高（經常在80℃以上）竟然造成樹脂被過度溶掉。從孔壁玻纖的過度滲銅（Wicking）可知事後將成為CAF的溫床。自動線無法縮短單槽時間只能把Mn^{+7}降到70℃才能遠離災難。

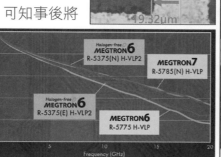

7-6-7 再從水平切片觀察密集盲孔的過度溶膠

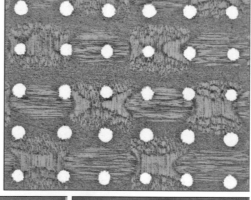

由前節通孔過度除膠渣後孔壁過度溶膠與玻纖過度滲銅可知，高速長途傳輸中損耗（Loss）甚低的高檔馬六板材，多槽連線處理的產線在自動化連動之下，只能降低七價錳槽溫做為因應，至於ICD多半是少銅或化銅而非膠渣，良好FA級切片已可清楚分辨。當孔距尚遠者還不至於過分擔心。然而眾多盲孔卻相距更近，一旦處於不良環境又長期工作中，出現CAF災難的機率就小了。從不同取像不同顏色的下三圖中可見到，盲壁的外緣確已出現向外侵犯而擴散的畫面。

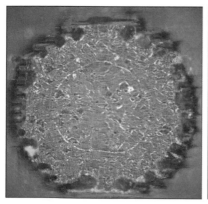

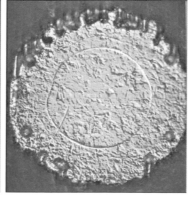

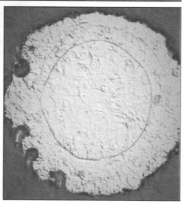

7-6-8 趨膚效應Skin Effect與銅箔稜線及銅瘤的關係

高速電子訊號長途傳輸的能量損耗，是來自銅導體與周圍介質兩方面的效應。多層
板兩外層微帶線其訊號線所面
對回歸層的內緣，與內層帶狀
線中央訊號線的上下兩緣，才
是電流集中的Skin。當傳輸速
度越快時其等皮膚就越薄。長
期工作的粗皮膚將造成過度的
電阻發熱以致能量損耗增加，
這就是Skin Effect。於是銅箔就
越來越重視兩面的粗糙度了。

由下而上的四圖片可見到
銅箔兩面粗糙度越來越小而單
價也越來越貴了。

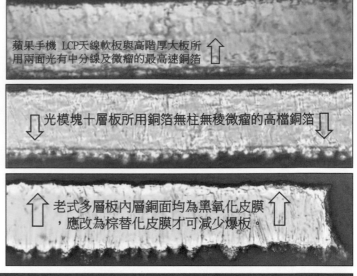

蘋果手機 LCP天線軟板與高階厚大板所用兩面光有中分線及微瘤的最高速銅箔

光模塊十層板所用銅箔無柱無稜微瘤的高檔銅箔

老式多層板內層銅面均為黑氧化皮膜，應改為棕替化皮膜才可減少爆板。

在黑氧化皮膜反映下板材呈現暗色

傳統銅箔具柱狀結晶與起伏很大的稜面與粗大的銅瘤

橘色銅瘤反映下板材呈現棕色

7-6-9 高速光模塊PCB採類載板做法且需塞通孔與蓋銅

從1000倍中圖core板起步兩面的超薄銅板與增層用2000倍的下二圖可知，此等
高檔光模塊的PCB已採用了最新高檔手機板所用的類載板
（Subetrate-Like PCB；SLP）工法，其板材價格當然不
會便宜，相對而言加工費也水漲船高了。不過以Cisco的
400G光模塊的網路單價$700看來，PCB的小錢就不算什麼
了。右大圖為8L內層通孔經小心塞滿堅硬的樹脂後，還要
用陶瓷刷輪小心全面削平，才再回到PTH
濕流程而讓樹塞表面
沉積上黑鈀與化銅，
之後才能鍍上蓋銅與
後續增層的填銅盲
孔。而此蓋銅處正是
可靠度的軟弱關鍵，
多次焊接
強熱後可
能會被拉
裂拉離。

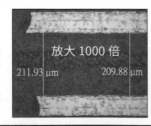

放大 1000 倍
211.93 µm   209.88 µm

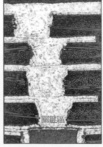

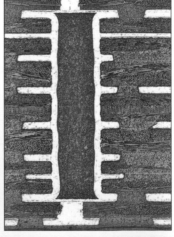

5.25 µm   4.91 µm

5.02 µm   5.14 µm

7-6-10 內層通孔樹塞後的電鍍蓋銅與可靠度

　　通孔盲孔並存的多層板正是早期HDI的典型結構，為了加強內層板的剛性起見，內層板的眾多通孔幾乎都做到特用樹脂的塞滿，稱為樹塞。常用的樹脂以日商山榮的產品為例，其中加了很多SiO$_2$粉料，因而收縮性也較小。但固化後卻變得很硬，須用陶瓷刷輪才能削平。右①圖孔口並未蓋銅者可清楚見到樹塞與膠片兩者的界面；圖②是削平樹塞後再經PTH與電銅的典型畫面；圖③還可放大數倍仔細觀察可從顏色清楚分辨出電銅、化銅、沙銅三者的區別；圖④⑤刻意用工具顯微鏡把電銅偏光成藍色，界面紅色的不良化銅就明顯可見了，這也正是可靠度試驗附著力不牢的真因。

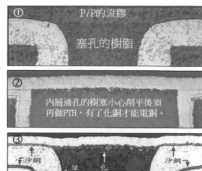

① P/P的流膠　塞孔的樹脂

② 內層通孔的樹塞小心削平後須再做PTH，有了化銅才能電銅。

③ 沙銅　化銅　沙銅　化銅　垃圾銅　化銅　垃圾銅　樹塞與孔銅有間隙研磨中捲入垃圾銅

④ 盲底全面殘鈀引入化銅而強度不足

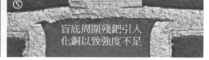

⑤ 盲底周圍殘鈀引入化銅以致強度不足

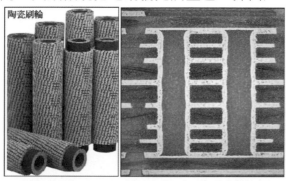

陶瓷刷輪

7-6-11 高速光模塊其PCB採ENEPIG既打線又可焊的皮膜

　　頗多高速光模塊客戶要求板面須做ENEPIG皮膜，既可執行IC模塊的打線，又可進行其他零組件的焊接。事實上要完美達成兩種目的並不容易，加上各種品牌的槽液都十分敏感，很難控管。所列五圖即為ENEPIG銲點切片的詳圖，可見到化鎳層表面出現雜亂的白色IMC，應為Au、Pd、Sn三元素在高溫中擴散所形成的多樣共化物，其中大塊者以AuSn$_4$居多。這些Au與Pd的IMC必須遠離化鎳表面，化鎳層才能長出Ni$_3$Sn$_4$真正具有焊接強度的IMC。換句話說就是Au層太厚（可能為了打線）才出現這種分崩離析的怪異場景，然而金層較薄時焊接雖較好但對打線強度又可能不足，如何拿捏確實棘手。

圖1-2

圖1 此圖右下角ENEPIG上方白色IMC向外擴散的畫面特再放大於右上子圖　至於左端IMC的擴散則另放大於三列左圖

圖2

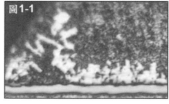

圖1-1

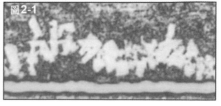

圖2-1

7-6-12 矽光子高速光模塊板面所承載積體光路模塊的凸塊與銲球

從上圖可見到Silicon Photonics晶片封裝完工的集體光路四層載板的BGA模塊，其晶片與四層載板互連的小銲球稱為Bump凸塊（點），而載板下側與PCB焊接的較大銲球稱為Ball，是用以貼焊在PCB與訊號互連的球腳。從高倍切片圖可見到Bump銲料為 SnCu合金，而大號BGA球腳所呈現的Eutectic合金卻可能是SAC305，這種小心抛光與微蝕而呈現的共熔或共固（並非共晶）畫面，其黑白相間的條紋堪稱十分罕見。

7-6-13 已塞銅塊的多層板由於脹縮不均而容易爆板

高階光模塊PCBA各種主動晶片，在光電互換效率不佳下（一般LED發光效率只有30%）將會不斷發熱。為了避免因升溫而更加劣化效率起見，均須事先在板內置入銅塊。通常高Tg板材其α2的Z膨脹約在200-250 ppm左右，而所有銅材的Z膨脹均為16.5ppm。如此巨大的落差在X、Y方向有了玻纖布保護下問題還不大，倘若Z方向尚有全通孔的抓緊扣牢亦可減少爆板，否則強熱中全部板材將出現同步Z脹問題還不大，可多次強熱後冷卻縮回時卻有可能會分離而形成爆板。下列連接大圖可清楚見到可靠度試驗後的爆板。有時板材吸水也較易爆板，是故可靠度試驗前必須將樣板在121℃烤6小時才是正確的做法。

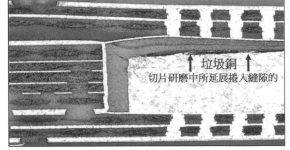

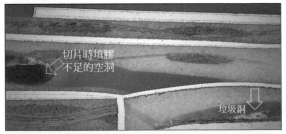

第八章 5G與宏基站天線模組的碳氫板

8-1 前言

　　2018年4G還在增建中全球宏基站（Macro Base Station）即已達500萬座（中國大陸占340萬座），據估計2025年全球完成5G時該宏基站將達1000萬座。每座宏站鐵塔三面天線大盒中，射頻前端組裝板若以Rogers4000系列板材為例，將有功率放大器（PA）的四六層大板，濾波器板及LNA功放板等三片碳氫樹脂的特殊板材。至於對微波或毫米波收發用或其他點對點通信之PCB，也就是還需損耗更小的天線板材時，則更需用到碳氫樹脂另加空心玻璃球使D_f更低的4730硬材，以代替PTFE較貴的軟材。

　　業界前所少見Tg高達280℃的碳氫樹脂，在5G廣泛推動中這種宏站鐵塔上射頻板材的用量必然大增（這還不包括汽車或其他微波領域）。對業界而言此種超硬碳氫板的鑽孔與切外形以及壓合等，都將成為不小的挑戰。本文首先對此碳氫板的鑽孔與增強型鍍膜針，兩者的交互作用進行深入探討，並附加多張精彩切片圖做為佐證與說明。至於鍍膜鑽針對4350板材實做的DOE研究，則出自台灣尖點公司的報告。所攝取多幅清晰立體放大的鑽針圖像係出自Olympus DSX1000新型立體顯微鏡，如此清晰高倍的真實圖像是業界前所未見的。筆者在此特別感謝尖點公司與Olympus代理商元利公司的無私分享，無此則無以因圖成文，而只淪為抽象文字性的新聞報導而已。

8-2 傳統白針與鍍膜針的鑽孔原理

8-2-1 鑽針各部位立體圖像的說明

　　本節上四圖為金屬加工常用的高速鋼鑽針，其成型是把高速鋼桿材首先挖出排屑溝（Flute）而出現了餘地（Land日文稱為巾），再把餘地大部份又向下掏深一些成為較窄突起的脈筋（Margin）與較寬的掏陷區，最後磨出鑽尖角即告完工。下兩圖為ＰＣＢ常用的碳化鎢合金硬針，其外形與針尖結構與機械用鋼針不大相同。由於要切斷ＰＣＢ的玻纖布而採用碳化鎢的各種白針早已成為業界的主流。

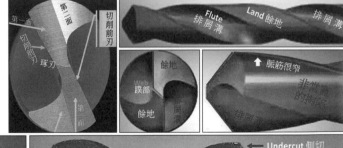

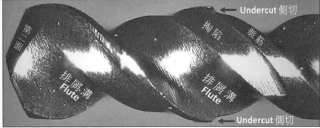

8-2-2 電路板專用碳化鎢Tungsten Carbide鑽針

從前節即可知PCB鑽孔中遭遇到摩氏硬度7度的玻纖布，因而只能採用硬度8度的碳化鎢桿材利用鑽石刀具去製做鑽針。右上圖為具有四個面（Facet）的針尖俯視圖，兩個第一面如同斧頭刃緣的刀面，兩個第二面則為支撐刀部的粗厚釜背。從針尖起向外兩條歪紅線即為首先定位與磨碎材料的長刃，

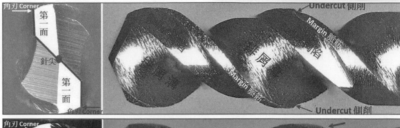

向外延續兩條水平紅線正是切割材料的刀刃（切削前刃），到達孔徑最後整修孔壁者卻是兩個角刃（Corner）。鑽針磨損是從最外緣的角刃開始崩斷而漸縮成弧形，此時已無切削功能而只能推擠孔壁出現銅箔孔環的釘頭了。

8-2-3 各種硬板所用UC小鑽針只能重磨三次

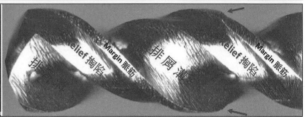

從前兩節可知PCB鑽針材料是超硬合金的碳化鎢，因而從本節右上可見到UC白針尖結構與各部位專業術語。快速旋轉切削中尖部會自外緣角刃向磨碎用長刃處逐漸崩壞，成為前節已彎曲的虛線畫面。此時應按原始針尖角去執行Resharpping重磨工作，使其再次取得銳利的角刃與切削前緣的刃口，否則就很容易擠壓孔壁使孔環成為釘頭而品質不佳了。目前在鑽針製作技術進步下。常用10mil（0.25mm）的小針當對1.6mm厚度的常規板疊高5片下。已可鑽到1500Hits（即7500Holes）才需重磨。然而對Tg280超硬6片0.51mm雙面碳氫板類，卻只能鑽到200Hits就需重磨了，如此將使得鑽孔成本至少30%的上升。

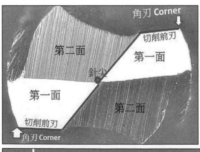

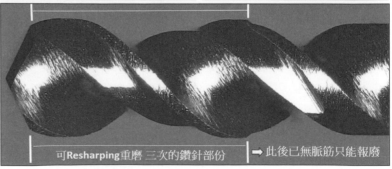

8-2-4 碳氫板採鍍膜針鑽孔可降低成本改善品質

本節最下圖為金屬工件鑽孔用的耐磨鍍膜針，黃色部分即為塗佈氮化鈦（Titanium Nitride）的薄膜。一般鍍膜加工採Physical Vapor Deposition物理氣相沉積法，而此ＰＶＤ又可分為：蒸鍍、離子鍍與濺鍍等三種工法。一般鍍膜鑽針具有四種優點(1)降低摩擦系數而更為滑潤(2)避免纏繞鑽屑（見兩上圖）(3)增加耐磨性(4)增長壽命；當然鑽針成本也將上升，但總體來看仍較白針的性價比更高。

已鍍膜

未鍍膜

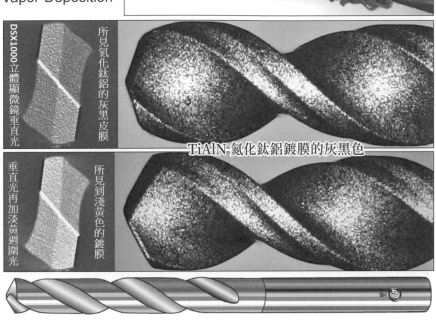

DSX1000立體顯微鏡垂直光

所見氮化鈦鋁的灰黑皮膜

TiAlN-氮化鈦鋁鍍膜的灰黑色

垂直光再加淡黃週圍光

所見到淺黃色的鍍膜

8-2-5 鍍膜針的實際鑽孔與重磨

本節四個立體像圖亦均為Olympus的DSX1000立體顯微鏡所取像(約500X)，上兩圖為Standard標準鑽針的針尖俯視圖與針體側視圖，從左針尖圖可見到兩個第一面的紅線前刃與白箭角刃，四面共點的針尖與兩白線長刃均為鑽孔最先定位與磨碎板材之用，真正切削板材者則是兩個切削前刃與最外緣的角刃。通常標準型白針專用於軟板者也應鍍膜以減少纏屑。下兩圖是用於所有硬板的UC針當然需要鍍膜以改善孔壁品質。

重磨時四個尖面雖已被磨除，但第一面切削刀刃的另外溝面仍保有堅硬的鍍膜，因而仍可執行銳利的切削。一般硬板採UC針者出現膠渣較少且小針尤其明顯。

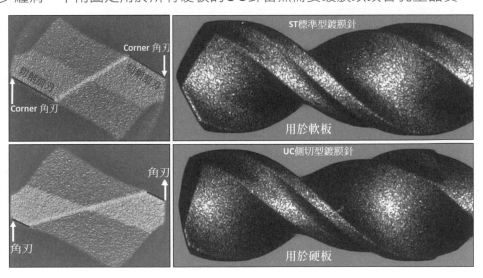

Corner 角刃

切削前刃

切削前刃

Corner 角刃

ST標準型鍍膜針

用於軟板

角刃

角刃

UC側切型鍍膜針

用於硬板

8-2-6 碳氫板鑽孔的DOE與結論

　　尖點公司採0.25mm（10mil）灰黑色TiAlN 氮化鈦鋁鍍膜的TL鍍膜針與常規ST白針兩者，對Rogers4350雙面碳氫板（0.51mm,18μm/18μm銅箔）6片疊高者，進行1000Hits的兩階段DOE研究，下四圖是兩種針在不同參數下針對孔壁粗糙度於1000倍顯微畫面進行對比的圖例。現將研究所取得的良好參數與成果分享業界於下：

　　1.最佳轉數為160-180KPPM（每分鐘16萬轉），計算的平面轉速為126-180m/mm。

　　2.Chipload進刀量（退屑量）為16-17μm/Rev，以17μm者孔位精度較佳。

　　3.回刀速16-25m/min，其間差異對兩種針型的損耗事實上影響不大。

　　4.結論：鍍膜鑽針成本將上升20-25%，但整體鑽孔成本與效益卻可上升25-50%。

　　至於不能重磨的銑刀其成本雖上升約20%，然而總體效益卻上升到60-70%之多。

白針　轉速120KRPM　進刀速1.92m/min　進刀量16μm/min　退刀速15m/min　粗糙度17.23μm

鍍膜針　轉速120KRPM　進刀速1.92m/min　進刀量16μm/min　退刀速15m/min　粗糙度12.22μm

白針　轉速180KRPM　進刀速2.16m/min　進刀量12μm/min　退刀速15m/min　粗糙度10.50μm

鍍膜針　轉速180KRPM　進刀速2.16m/min　進刀量12μm/min　退刀速15m/min　粗糙度7.85μm

8-3 宏基站射頻訊號專用的碳氫板類

8-3-1 碳氫樹脂板類的鑽孔與金屬化

　　先前為數不多的射頻板類常用到PTFE的軟材（Tg只有19℃），不但成本很貴而且加工困難。5G以來電性良好的碳氫板將逐漸取代PTFE板材了。本節左下圖1與右圖3均為新針所鑽碳氫板（L1與L2之間白色板材）尚無釘頭的切片，圖2則為鑽針磨損致使12個內層孔環全部出現了釘頭。從放大2000倍的圖4看來，白色碳氫樹脂區對濕流程鈀活化與化學銅金屬化的接納還算良好，局部孔破的原因從單一畫面還很難判讀。從圖4可見到白色碳氫樹脂中已刻意摻加了很多大顆粒的陶瓷粉料，據文獻指出碳氫樹脂是由60%體積比的液態乙烯樹脂與40%的固態苯乙烯樹脂，兩者經二甲苯溶劑調勻後於高溫高壓中兩小時聚合而成。過程中容易出現沾黏的問題，加入大顆粗糙粉料後才有所改善，但如此一來卻使得硬度又更增大，對鑽孔與切外形都造成困難。

圖1　新針鑽孔尚無釘頭

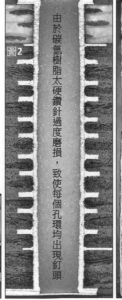

圖2　由於碳氫樹脂太硬鑽針過度磨損，致使每個孔環均出現釘頭

圖3　RO 4350　孔破　新針鑽孔尚無釘頭

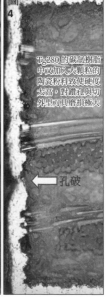

圖4　Tg280的碳氫樹脂中又加入大顆粒的陶瓷粉料致使硬度太高，對鑽孔與切外型刀具磨損極大　孔破

8-3-2 碳氫樹脂多層板的加工

由於Roger4000系列碳氫樹脂的Tg高達280℃，是故全碳氫多層板的壓合也必須超過280℃才能加工，這對PCB業者們既有180℃的壓機將造成困難。幸好目前此等特殊板材只用為C-Stage的外層板，很少用到B-Stage碳氫膠片去進行全板壓合。

圖2
這層P/P在劇烈Z膨脹中很容易被拉裂

圖4
被Z膨脹拉斷P/P的大裂口

從圖1與圖2即可見到外層才是碳氫雙面板，是故仍可採用一般P/P去與另一片完工四層板再混壓成的6L板。從圖3與圖4可見到剛性極強的碳氫板與密集通孔的四層板焊接後的開裂，須知該四層板孔銅本身的Z-CTE只有17ppm/℃，

圖3
被Z脹拉開底銅面的大裂口
塞孔樹脂剛性極強　塞孔樹脂剛性極強

而且又都塞滿了剛性極強的樹脂，兩強間的弱材多次強熱難免不出現爆板。

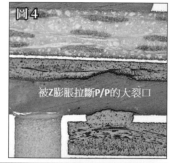
圖1
塞孔樹脂剛性極強　塞孔樹脂剛性極強　塞孔樹脂剛性極強

8-3-3 碳氫樹脂混壓板的案例

從下圖可見到白色碳氫樹脂的雙面板材，與另外三片高速雙面板混壓成8層板的畫面。注意白色碳氫樹脂的孔銅區域竟然連續出現了頗多銅瘤，為了仔細深入正確判讀起見，乃刻意小心將其等放大以窺詳情。從右上3000倍清晰畫面可知，大銅瘤右半部是碳氫樹脂被鑽針挖破的PTH與填銅，但左下部則是PTH酸性膠體鈀黑色粗大膠粒被附著後，才出現化銅與後來再鍍的電銅大瘤。問題是出自膠體酸性鈀槽管理不當所致，與碳氫樹脂板材無關。

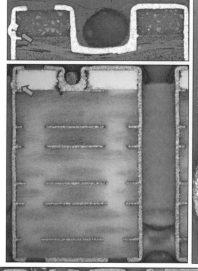

放大三千倍以上的畫面
黑色為活化鈀淺紅為化銅

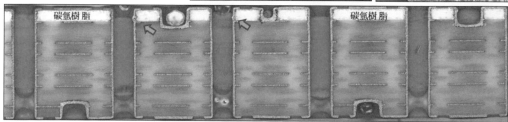
碳氫樹脂　碳氫樹脂

8-3-4 Tg180的碳氫膠片仍可用以壓合同材的多層板

由於Rogers4000系列的Tg高達280℃，是故PCB業現有壓合機已無法生產全為碳氫樹脂的同材多層板，而只能用到外層C-Stage的雙面碳氫板。台灣南亞基材板公司卻出品一種Tg180碳氫樹

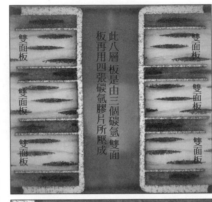

脂的C-Stage雙面板與B-Stage膠片，因而可用之壓合成為全為碳氫的多層板而方便很多。從其型錄可知D_k3.5，D_f0.003，吸水率（浸泡24小時）0.01%；與知名Rogers4000系列十分接近。從南亞所提供8層板的最右3000倍畫面看來，其對PTH濕流程的適應性堪稱良好，由於其內層是採用黑氧化皮膜，因而出現了左上全圖的黑白畫面。

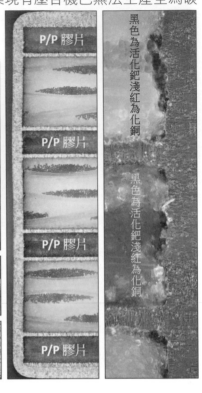

8-3-5 用於天線模組具有空心玻璃球的碳氫板

本節四圖均為Rogers4730特殊天線用板材（USP9,258,892B2,2006.2.9），且已出現在5G宏站鐵塔多個大型天線盒體中。其中材功率放大器（PA）的雙面板，濾波器與LNA放大器等均採Rogers4350外，至於收發用天線板則須採碳氫樹脂中特別摻入空心玻璃球的4730。由於球內為空氣或氮氣其D_k只有1而已，還能進一步降低板材的D_k/D_f，以減少原本能量極弱微波訊號的損失。從右大圖八層板看到一個大號通孔，已將玻璃球弄破出現了鍍銅或填銅的奇怪畫面。經與天線模組製造商請益後，才知道這些孔壁內陷的銅瘤還不至負面影響。注意下兩圖兩面光滑高檔銅箔其微瘤面中抓地用的白色耦聯劑皮膜。

8-3-6 其他碳氫樹脂商品也有空心玻璃球的案例

　　業者有幸取得大陸生益覆銅板公司也有空心玻璃球的幾個板樣，圖1即為其碳氫樹脂中所見到的陶瓷大顆粒填料與特殊的空心玻璃球。與前節Rogers4730者有明顯的不同，兩者相同處即Tg均為280℃。圖2為生益板材所製做多層板通孔的一景，可見到孔壁處有三個空心球已被填銅或鍍銅。該圖2還可見到兩面平滑並有中分線的高檔銅箔孔環。圖3圖4為雙面板其孔壁沉積黑鈀十分良好

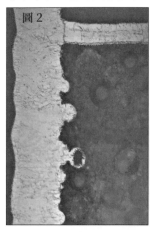

圖1

的畫面，圖4切片係經重微蝕後卻出現了兩次電銅間的重氧化圓點，此乃PCB廠的管理問題與碳氫板材無關。

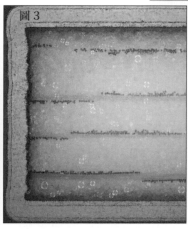
圖2

圖3　圖4

8-3-7 高速方波與射頻弦波兩種板類鑽孔的不同

　　資訊用高速方波訊號板類的結構十分複雜，下圖34層板即為Data Center用於交換機（Switch）的厚大板，各通孔縱橫比都在10:1以上，其中8個訊號孔為了避免多餘孔銅壁會出現天線效應起見，還要再做背鑽（Back Drill）除去無用的孔銅。強熱中為免於Z膨脹爆板或孔銅拉離起見，還要加設許多大孔環卻無傳輸用途的保護孔。如此眾多深孔其前後鑽孔與鍍孔的本領當然十分了得。一般簡單鑽孔鍍孔用於5G宏基站的射頻板類都不到四層板，右列8層的雷達板已經算是十分高檔了，此板是用兩張高速雙面板與上下兩張銅箔，以及3張P/P去先行壓合或6層板，然後再用較厚P/P與碳氫雙面板續壓成8層的混材板。

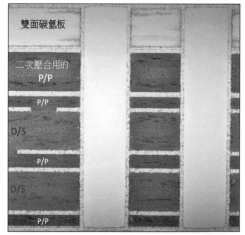

雙面碳氫板

二次壓合用的 P/P

P/P

D/S

P/P

D/S

P/P

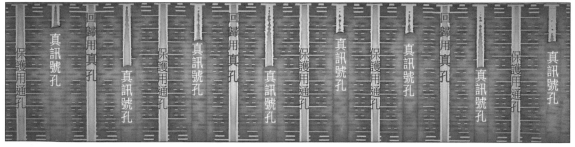

保護用通孔　真訊號孔　回歸用真孔　真訊號孔　保護用通孔　真訊號孔　回歸用真孔　真訊號孔　保護用通孔　真訊號孔　真訊號孔　保護用通孔　真訊號孔　回歸用真孔　真訊號孔　保護用避孔　真訊號孔

第九章 5G無線通訊的PAM4與PIM

9-1 前言

　　5G起步後全球超大資料中心（Hyper-scale Data Center）會從2018年的350座擴增到2025年的700座，且行動通訊的宏基站（Macro B.S.）也將由500萬台放量到1000萬台以上，其中各種高速傳輸的大小網路只要其互連超過3m就必須改電傳為光傳，以降低成本改善品質。電傳中必然會出現的各種電磁負面效應與損耗，改為光傳則可徹底免疫。由於光傳材料成本低，重量輕，無火花、工安資安都更好，是故5G中光電互換用的光模塊（Optical Transceiver）與其封裝用的特殊載板市場已經大起。在光傳速度已加快到乙太網的400GbE之際迫使電傳也必須同步加快。然而在硬體無法因應之下只好把用之已久的二階編碼（PAM2，或NRZ，見後文的說明），改為振幅減半的PAM4四階編碼了。如此一來電傳雖可立即提速但各種硬體中額外產生的雜訊卻也為之倍增，使得各種大小PCB的工程難度也就更高了。

　　PIM（Passive Inter-Modulation）譯為被動（金屬元件間）互調或無源（元件間）互調；是指各種大小基站所用到多種金屬器件一旦出現"非線性連接"的劣化時，就將會造成基站多訊道同時發訊之間出現雜訊干擾以致收訊品質下降。由於基站各種金屬器件（含PCB）的非線性不良釀成PIM，當然就必須小心加以改善了。

9-2 四階編碼的PAM（Pulse Amplitude Modulation）

9-2-1 二階NRZ（Non-Return to Zero）不歸零編碼

　　右上圖說編碼器把數字碼編成方波碼，右中圖說明最常用單極不歸零NRZ的碼型，與另兩種不常用編碼。右下圖說明時域方波的總能量是由直流電與交流電兩者所共同組成，左兩圖說明時域方波可通過傅立葉轉換為頻域的頻譜，其中0次諧波者就是直流電。

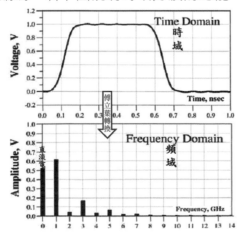

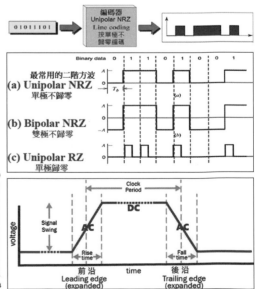

9-2-2 傅立葉轉換與直流電促成單極訊號

右上圖說明時域中紅色的發訊方波,與已有雜訊的藍色收訊方波,兩者經傅立葉轉換成右中圖各次諧波分量的紅藍振幅對比。此頻譜圖可見到9,11,13等藍色高頻雜訊,其中亦可見到0次諧波的直流電。最下三圖說明雙極性(有正有負)的正弦波經直流電的抬升後,即成為單極性(只有正極)的正弦波了。而下圖4之時域與頻域立體示意圖可清楚了解到方波的組成。

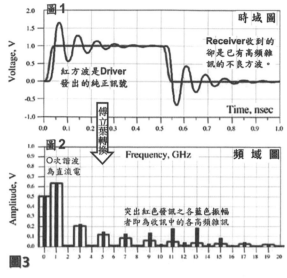

圖1 時域圖 Receiver收到的卻是已有高頻雜訊的不良方波。紅方波是Driver發出的純正訊號

圖2 頻域圖 0次諧波為直流電 突出紅色發訊之各藍色振幅者即為收訊中的各高頻雜訊

圖3

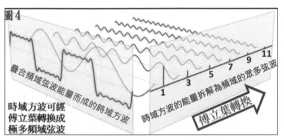

圖4 疊合頻域弦波能量而成的時域方波 時域方波的能量拆解為頻域的眾多弦波 時域方波可經傅立葉轉換成極多頻域弦波 傅立葉轉換

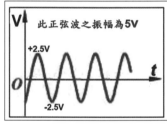

此正弦波之振幅為5V +2.5V -2.5V

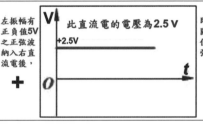

左振幅有正負值5V之正弦波納入右直流電後, 此直流電的電壓為2.5V +2.5V +

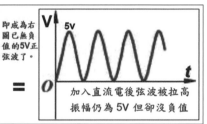

即成為右圖已無負值的5V正弦波了 5V = 加入直流電後弦波被拉高振幅仍為5V但卻沒負值

9-2-3 脈衝振幅調製Pulse Amplitude Modulation 4(PAM4)將可更快

每個週期的兩碼可降低其振幅而變為四碼的PAM4,於是訊號速度即可加多加快一倍,但對於各種微小雜訊而言也就更加難以處理了。其實就是把原本單極的兩碼降低其振幅變成雙極的四碼,至於眼圖也由單眼變成三眼了。目前此等PAM4超高速訊號已在400GbE高速乙太網(厚大板)與各種光通路中逐漸使用了。電路板的品質必須更好才能搭配。

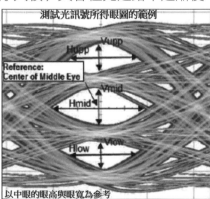

測試光訊號所得眼圖的範例 Hupp Vupp Reference: Center of Middle Eye Vmid Hmid Hlow Vlow 以中眼的眼高與眼寬為參考

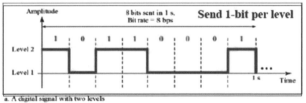

Amplitude 8 bits sent in 1 s. Bit rate = 8 bps Send 1-bit per level 1 0 1 1 1 0 0 0 1 Level 2 Level 1 1 s Time
a. A digital signal with two levels

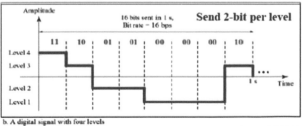

Amplitude 16 bits sent in 1 s. Bit rate = 16 bps Send 2-bit per level 11 10 01 01 00 00 10 Level 4 Level 3 Level 2 Level 1 1 s Time
b. A digital signal with four levels

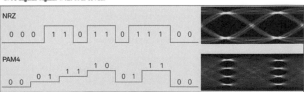

NRZ 0 0 0 1 1 0 1 1 0 1 1 1 0 0
PAM4 0 0 0 1 1 1 1 0 0 1 1 1 0 0

9-2-4 各級電傳訊號互連的演進

右上為單板所貼焊的常規
BGA與新式FOWLP小型CSP
在板內的互連；右中為大型機
櫃內多片PCBA一併插接到背
板上而完成系統功能；右下為
5G時代光電互連不斷成長的
示意圖，此圖之右側粗藍框即
為光電互換用的光模塊，亦即
下圖十層光模塊載板與其完工
可插拔的光模塊成品。

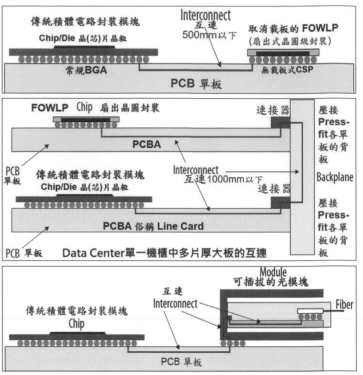

Optical Transceiver 光電轉換模組

9-2-5 長途光纜光纖的整合通信

右上圖為超大Data Center內外的網路傳輸示意圖，最下圖為機櫃之內不足3m的

短途互連則仍以傳統銅線為主。然而到
了Tier1眾多機櫃之間超過3m互連時，
為了節省成本減少散熱減少電磁負面效
應的損耗起見，已全部改為光路傳輸。
於是光電之間的轉換就必須用到"光模
塊"了。當再擴大到Tier2超大DC廠棚內
各機櫃間當然也只能採用光傳了，當又
擴大到DC以外Tier3的都會區骨幹網，
甚至更遠到1000公里以外的其他都市間
也都採用光傳輸。此時原本NRZ兩個電
平的方波訊號，為了加快速度起見就必
須改用PAM4的四電平方波訊號了。

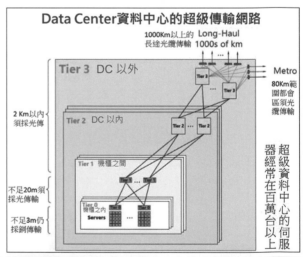

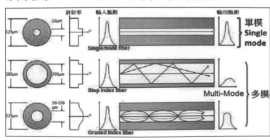

	1λ		
100m MMF 多模光纖	25G NRZ x16 Fibers		
500m SMF 單模光纖	2λ 50G NRZ PSM-4		1λ 100G PAM-4 PSM-4
2km SMF 單模光纖	8λ x 50G NRZ x1 Fiber	8λ x 50G PAM-4 x1 Fiber	4λ x 100G PAM-4 x1 Fiber
10km SMF 單模光纖	8λ x 50G NRZ x1 Fiber	8λ 50G PAM-4 x1 Fiber	4λ x 100G DMT x1 Fiber

9-2-6 PAM4四碼方波用量最多者就是光模塊

　　5G各級PCB都將逐漸出現PAM4的傳輸線，而此種四碼方波訊號用量最多者就是光電互換（O←→E）用的光模塊高精密PCB（見中二圖）。右下即為400GbE光模塊的工作原理圖；此圖分為上半光發訊與下半光收訊兩部份。從最左OSI網路第二層MAC進行傳統PAM2的PCS二階傳統編碼，然後經PMA進入光模塊區再改編成單一信道PAM4四階編碼的50GbE，於是8信道即成為400GbE的光訊號而從光纜向外發出。下半為光收訊的返回路徑。右上圖為光模塊原理的另一種表達方式；從左側的專用積體電路ASIC先編成PAM2二階碼，再經DSP改編為PAM4的四階碼，然後才被激光芯片把E訊號改為O訊號而經TOSA向外發訊。下半側則為光收訊以及改為電收訊的過程。

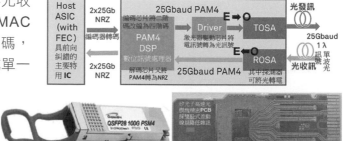

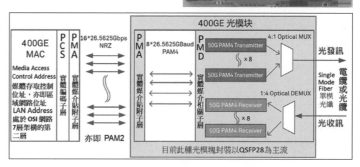

9-2-7 資料（數據）中心各種厚大板會用到大量的PAM4

　　全球超大資料中心（Hyper-scale Data Center）2018年約350座，據估計2025年會擴增到700座之多，原因是海量的高清視訊、物聯網與車聯網等龐大數據流量，使得5G時代必須改用更高速400GbE的乙太接入網，其單一信道需用到50GbE的四碼PAM4。於是大量的光模塊與厚大板都要從PAM2改編成PAM4的四階訊號。然而當每個bit比特之振幅（能量）降低時，各種大小PCB的雜訊管控將更加嚴格與困難了。

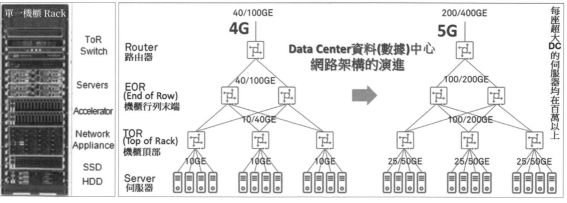

9-2-8 Data Center高速長途傳輸須用到光纜與高速光模塊

　　5G的霧計算與邊緣計算或行動上網都需要資料中心DC雲端的支援，而DC的超大機房場棚常可達500m x 200m有如農場 之巨。為了減少DC中電傳的損耗,延遲,與雜訊等不良效應起見,凡距離3m以上一律改為光纖的高速光傳,5G時代的高速光模塊目前已達400Gbps。為了光電能夠匹配起見,於是電子的方波訊號亦須改成四碼 PAM4 而得以更快一倍的傳輸。

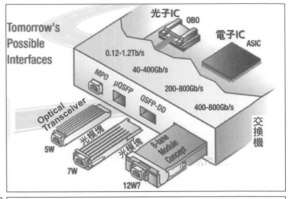

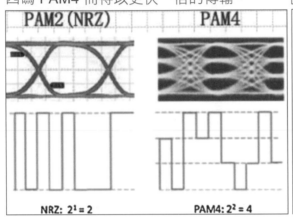

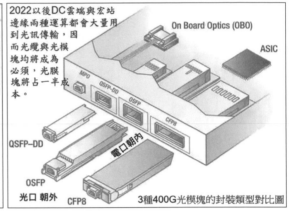

9-2-9 5G時代各級雲端網路也須改採PAM4以加速傳輸速度

　　左下圖為DC以外其他4G（LTE）到5G行動通訊各種需加快的網路,也都改採四階編碼PAM4的400GbE乙太網與骨幹網,於是各種PCB雜訊與插損的管控也就更加嚴格與困難了。右上圖可見到四枚式磷化銦矽光子模塊與處理器電子模塊的俯視示意圖,此圖右半為電子處理器模塊及光子模塊兩者共用載板的畫面;右下圖為二階編碼與四階編碼由單眼變三眼其兩者的對比。

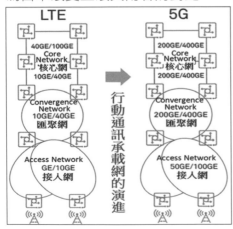

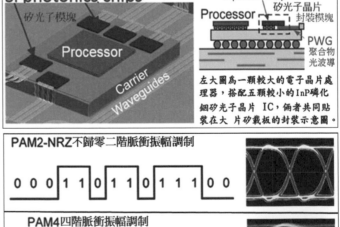

9-2-10 手機無線通訊其發射與接收兩大系統之架構

　　下列系統方塊圖為手機發訊與收訊的詳細路徑與原理。除灰色基頻區為數碼方波外，其他架構均為類比弦波的領域。由此可知手機要比電腦複雜及精密很多了。當發射端基站天線區出現 PIM被動（無源）交互調變時，將造成接收端靈敏度不佳甚至掉話的困擾。

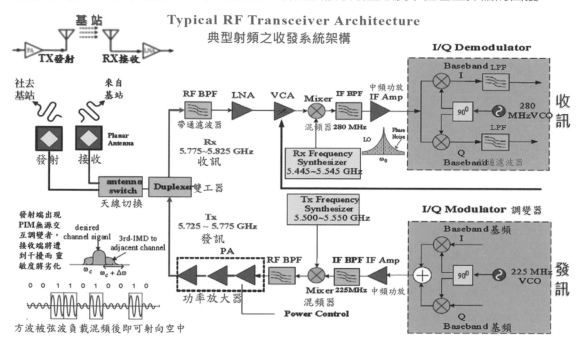

9-2-11 手機收發訊原理說明

　　右二方塊圖即為手機無線通訊的原理說明，兩圖上側部分均為發訊（Transmitter；Tx）路徑，而下側均為收訊（Receiver；Rx）路徑。上圖基頻區（Base-Band）的發話屬類比訊號（Analog），先經中頻區數據機（Modem）調變器把A轉變為D（Digital），亦即下圖的ADC（A轉變為D的Converter），然後下圖再把D轉變為A（DAC）的電磁波；也就是上圖混頻器（Mixer）將所刻意產生的高頻正弦波（如飛機），用以承載數字方波（如汽車），再經濾波與放大才得以射入空中。兩圖下側即為反其道的收訊路徑。下表為手機射頻前端中各種重要微波元件數量（萬件）快速的成長趨勢。

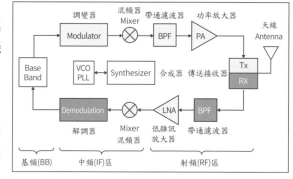

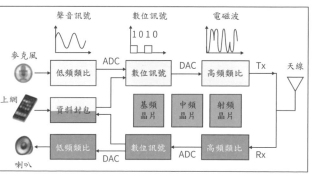

射頻前端	2017年	2023年	CAGR
濾波器	80	225	18.81%
LNA	2.46	6.02	16.09%
射頻開關	10	30	20.09%
天線調諧器	4.63	10	13.69%
PA功率放大器	50	70	5.77%

9-2-12 智慧型手機兼具電腦與無線通訊兩種功能

手機基頻區的Modulator調變器（數據機）可先把語音類比訊號調變成數碼方波訊號（見下圖），然後經中頻晶片轉為更高速的方波，又經功率放大器與濾波器的整理後，才將該高速方波先被混頻器產生的高頻正弦波所承載（見右上圖）。之後又經濾波與多道功率放大器處裡後，才再通過雙工器與天線而上傳到基站去。注意：一旦基站的機組存在非線性瑕疵或PCB不良者，收訊端將會出現PIM的干擾。

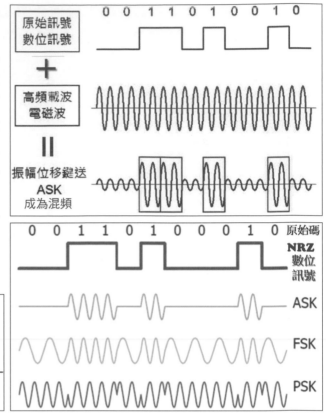

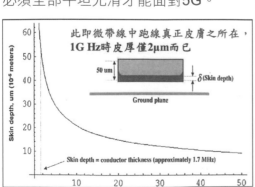

9-2-13 高速傳輸與板材的關係（訊號能量在導體中的損耗）

大板面長途跑線其傳輸能量的損耗，首先遭受到跑線銅導體集膚效應的掣肘。若就高速Microstrip中之跑線而言，其瞬間電流通過的表皮者並非其外緣之全部，而僅指面對回歸層跑線的下緣而已。為了減少傳輸線真正皮膚的電阻起見，目前尚可採單價稍貴的低稜線RTF反瘤反轉銅箔製做內外層訊號線。至於更高速者其內外層的帶狀線與微帶線等，其所有銅面都必須全部平坦光滑才能面對5G。

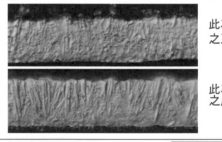

此為 VLP 毛面之正大瘤銅箔

此為 VLP 光面之反小瘤銅箔

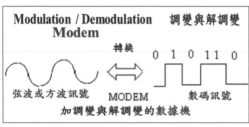

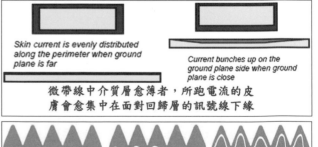

微帶線中介質層愈薄者，所跑電流的皮膚會愈集中在面對回歸層的訊號線下緣

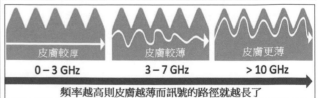

頻率越高則皮膚越薄而訊號的路徑就越長了

9-2-14 最近十年網路資訊（IP）流量的爆增

　　右圖説明近十年中全球各種網路資訊（Internet Protocol；IP）流量的十倍爆增，當數字大到只能用2的指數來表達時就很不容易令人進入情況。右圖的Tera事實上就是萬億，而Peta是1千個萬億，Exa成了一百個億億，Zetta卻為10萬個億億。對一般人而言此等天文數字已很難有概念了。右下圖取材自Cisco，説明5G時代全球6年中資訊總流量的逐年成長趨勢。而左下圖是專對影音視訊成長的整理，發現5G全球視訊流量的成長竟佔了總流量的80%，此視訊的成長又以超高清影片的成長最驚人（2017月成長3%，2020月達22%）。

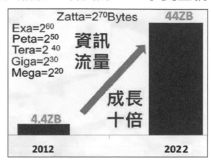

9-2-15 5G全球各地區的流量成長與各種電子產品的榮枯

　　本節三圖均取材自Cisco，下圖説明全球資訊流量以亞太地區的成長最為迅猛，2020年每月成長竟達100Exabyte（一萬個億億）之巨，甚至領先北美近1.6倍，這當然是人口數量龐大上網人口眾多之故。從右上圖可看出各種電子產品中以雲端厚大板（HLC）與板面貼焊的超大CPU與記憶體所用超大載板最為炙熱，其他終端產品只是換機換代而並未大幅開疆拓土。右下説明超大DC將從2016年的328座成長到2021的628座，若以2021年的DC為例，其龐大用量的伺服器事實上並未全部裝滿多半只佔了總容量的53%而已。

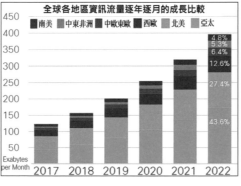

9-2-16 5G光通訊流量的爆增與其光模塊成長

　　　　右上説明2014已出現25GbE（E是指接入的乙太網）仍採GaAs雷射晶片所封裝的傳統光模塊，到2018年才改採50GbE超高速Silicon Photonics（SiP）矽光子（採磷化銦InP晶片）所封裝的全新光模塊。自2020起這種超高速的200GbE、400GbE將逐步增

量，其原因當然是為了濃縮眾多小模塊而拼湊成大模塊以節省成本，於是就必須用到400GbE了。但若仍採傳統光模塊25GbE時則只能用NZR的16信道組成的400GbE。改用PAM4的50GbE者則只需8信道密集單顆光模塊即可。不管其單價如何只要四顆變一顆那就十分划算了。右下為各種流量光模塊的市場榮枯情形。本節左下圖

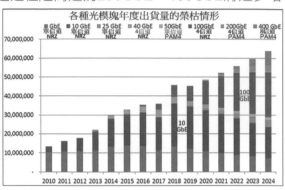

與右列二圖均為一家Light Counting公司所發表光模塊逐年成長的趨勢。

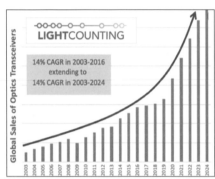

9-2-17 超大資料中心Hyper-Scale Data Center與光網傳送

　　　　由前兩節可知5G時代超大資料中心年成長（2016-2021）將達13%，而且後續還將會更為迅猛。由本節右二圖可見到超大DC外觀的雄偉壯觀，事實上內部硬體機櫃之成行成列，而每個機櫃中又採厚大的背板插裝各種用途伺服器（Server,16-22層厚大板），

每個DC中用途最多上百萬片的Server組裝板外，其他更高檔的路由器與交換機用的厚大板數量上也多得驚人。每片厚大板上都裝有2-4顆大型CPU與極多記憶體模，由此可知5G僅雲端所需的厚大板與IC模塊與所用的大型載板，其成長力道也就可想而知了。下圖為"國際通訊聯盟"（ITU-T）所展示5G雲端各種遠近網路間的互連，不但採用OTN光傳網而且還須用到400G的OTU光傳單元，

換句話說400GbE的PAM4編碼也就成為必須必備了。

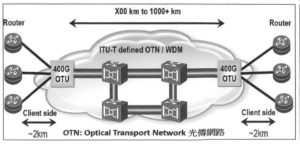

9-3 被動元件的交互調變PIM

9-3-1 何謂無源（被動）交換調變PIM（Passive Inter-Modulation）

凡當基站多支載波同時工作而其多種器件出現互連不良者，就會彼此干擾而產生額外微弱的雜訊。並將此等雜訊連同正確訊號一併下傳到行動接收機中，造成接受訊號品質的變劣，特稱之為"無源交互調變"。到了5G時代這種PIM雜訊對收訊品質就更加重要了。右上圖上半為宏站容易發生PIM的金屬被動器件（如雙工器、電纜連接器、天線等）。圖右中以兩支同時工作的載波為例說明已發生的PIM雜訊會隨著下傳而進入接收機中。右下圖的PIM最先會在左低頻區與右高頻區出現三階式雜訊，若與宏站原本紅色載頻比較時，其振幅差距（dBc）雖很大但仍會影響收訊品質。而且除了三階PIM以外還會產生五階與七階等PIM，左下圖說明接受機的雜訊是來自宏基站。

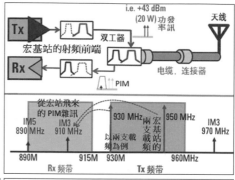

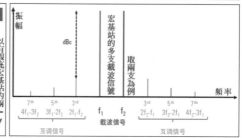

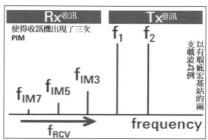

9-3-2 基站無源器件的瑕疵所引發的PIM

本節右上圖說明當宏基站某器件的焊接互連十分牢固者，於是當其工作電壓增大時其響應電流也就隨之呈直線性上升，特稱之為線性連接。一旦其間焊接鬆動或生鏽時則響應電流會呈現非線性上升，而此種被稱為"非線性"的瑕疵，就會使得宏站多支同時工作的載頻彼此交互干擾而產生PIM了。右下圖說當宏基站中出現了「非線性」瑕疵時，此瑕疵就會對兩支上傳來的訊號（935.954）產生彼此間相互調變而成為三階的IM3了，亦即對935來訊會被調變成916的PIM，對954來訊就會被調變成973的PIM，進而分別下傳落入到不同的接收機中。其他還可能出現IM5，IM7，與IM9等較小的PIM雜訊。下圖下側共列出4個階層共產生8種互相調變的雜訊頻率。

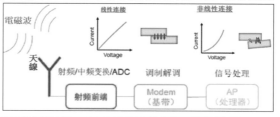

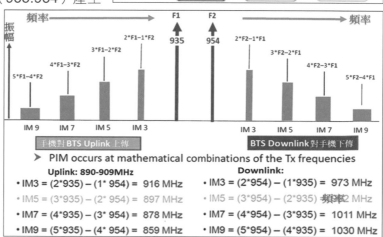

9-3-3 蜂窩式基站台或通訊用天線板發生PIM干擾造成收訊不良

PIM是指Passive Inter-Modulation被動（無源）元件的交互調變失真而言，是指宏站高功率發射機組中存在著非線性瑕疵，當其同時出現兩個或多個載波時就會彼此互調，造成收訊端遭到干擾以致收訊不良謂之PIM。此處的被動元件係指發射天線附近存在某些金屬鏽渣，連接器或纜線鬆動等非線性不良者產生PIM。4G LTE時代有時甚至連PTFE天線板也會有PIM的麻煩。這應與PCB的銅面粗糙，面銅太厚，磁滯效應等有關。下圖從已有PIM的不良基站所Tx射出兩個功能載波1940/1980 MHz，經不良交調後產生兩個諧波，並有一個已落入Rx了。

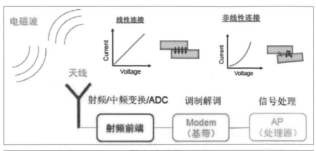

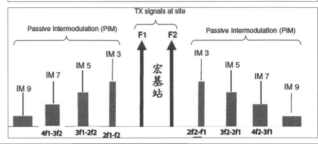

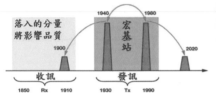

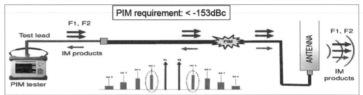

9-3-4 行動通信如何出現無源交互調變的PIM

PIM是指基站中各種無源（被動）器件中，一旦存在非線性異常時，則在基站高功率多個載波的刺激下，其彼此間將產生PIM式雜訊，進而造成收訊端的降敏甚至掉話。右列上兩圖即說明當基站天線板或其附近設備已存在非線性瑕疵者，於是多組行動通話的收訊端將出現PIM式的混雜訊號。右下圖為4G手機甲的發訊，經其1940MHz的載波先上傳到基站，然後由基站相同頻率的載波再下傳到甲對方的接受手機。若同時另有乙的1980也到達基站時，則兩訊號在非線性作怪下就會產生交調的PIM了。此等基站同時出現多頻道通信的PIM干擾，到了5G時代將更為麻煩。天線板的PCB為了避免PIM起見其板材應達到：
①2GHz時D須小於0.0025 ②吸水率須小於0.02%
③耐熱性須大於Tg 280℃

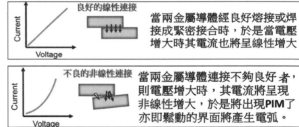

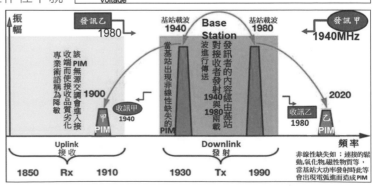

9-3-5 各種射頻板類為防止PIM的措施

　　本節圖1是早年射頻板對所用銅箔光面銅瘤的經驗性要求；一般要求不太嚴格的RF板尚可使用一般常規銅箔，其毛面銅瘤得粗糙度須在5-12μm之間，較嚴格者則需採用粗度為3-4μm的反瘤銅箔。圖2為反瘤銅箔所取得電鏡照片。圖3說明常規銅箔蝕刻成線時若底面外緣尚有殘銅屑者將成為PIM的根源，圖4為線底外緣殘銅屑的側視圖，當銅層太厚時則應改採一面抽一面噴的"真空蝕刻機"才會有較好的蝕刻品質。

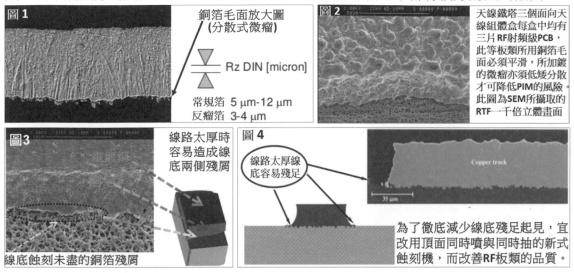

圖1　銅箔毛面放大圖 (分散式微瘤)　Rz DIN [micron]　常規箔 5 μm-12 μm　反瘤箔 3-4 μm

圖2　天線鐵塔三個面向天線組體盒每盒中均有三片RF射頻級PCB，此等板類所用銅箔毛面必須平滑，所加鍍的微瘤亦須低矮分散才可降低PIM的風險。此圖為SEM所攝取的RTF一千倍立體畫面

圖3　電鍍銅　銅箔　線底蝕刻未盡的銅箔殘屑

線路太厚時容易造成線底兩側殘屑

圖4　線路太厚線底容易殘足　Copper track　35 μm　為了徹底減少線底殘足起見，宜改用頂面同時噴與同時抽的新式蝕刻機，而改善RF板類的品質。

9-3-6 射頻用的氟樹脂板與其銅件表面處理對PIM的關係

　　右上圖為射頻板所用到全氟樹脂的雙面板，由於PTFE的Tg只有19℃，因而常溫中會呈現軟板現象，通常是把此種雙面另與硬質環氧樹脂板一併壓合成多層板後才能方便下游的組裝。下中圖說明無極性（附著力很差）的氟樹脂與銅箔毛面間，經過高溫高濕200小時後竟然造成線底出現變色的氧化物，如此將會促成PIM的發生。右下說明可用良好的綠漆加以保護以減少PIM的麻煩。左下表為射頻板類五種表面處理皮膜對PIM的影響，注意其負值愈大者愈好。

早年射頻板類多採Tg只有19℃的PTFE聚四氟乙烯，不但常溫變軟而且很貴，現多已被Tg 280的碳氫樹脂所取代。

銅箔　PTFE改質膠片

此全PTFE雙面板有三張罕見的玻纖氟樹脂膠片，及上下兩張黑色改質無玻纖的PTFE膠片與銅箔所組成，是衛星通信用的特殊板類

Surface Protection 銅面護膜	皮膜厚度	無源交調 (PIM) [dBm]			
		Max (fwd)	Min (fwd)	Max (bwd)	Min (bwd)
Immersion Tin 浸鍍錫	1.0 micron	-114	-126.5	-113.5	-124.5
OSP 有機保焊膜	0.3 micron	-92.2	-96.5	-99.5	-112.6
Immersion Silver 浸鍍銀	0.2 - 0.8 micron	-81.5	-92.5	-94.5	-108.6
ENIG 化鎳浸金	0.05 - 0.1 micron Au/ 3-5 micron Ni	-50.5	-53.5	-58.5	-61.5
HASL 噴錫	3-25 micron	-103.9	-123	-112.3	-123.8

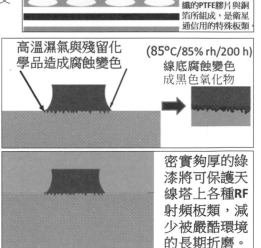

高溫濕氣與殘留化學品造成腐蝕變色

(85°C/85% rh/200 h) 線底腐蝕變色成黑色氧化物

密實夠厚的綠漆將可保護天線塔上各種RF射頻板類，減少被嚴酷環境的長期折磨。

第十章 5G行動通訊新術語的說明

10-1 前言

　　5G全球展開之際無論是終端的手機、電腦、與企業用車用等；或是雲端資料中心的Cloud Computing雲運算，或周圍的Fog Computing霧運算，以及更外圍Mobile Edge Computing（MEC）行動邊緣運算等;均將呈現全面成長的火熱局面。由於全球5G電子產品新增太多，以致對於各式PCB的需求必然大幅增加。尤其是雲計算方面不管何種組網（接入網，匯集網，骨幹網與全球性的Internet網際網路等）；無論何種蜂窩式大小基站（宏站，微站，皮站或飛站等），對於各種PCB的需求都將是翻倍式的渴求。然而5G終端與雲端所用到的各種大小PCB，無論難度或是品質或材料均將迥異於前。而雲端厚大板所貼焊的超大型BGA甚至是精密的SIP模組，其等封裝所用的新型載板已出現空前超大與超厚（單件外型在60X60mm以上，層數自18層起跳）的境界。至於全新出現且需求量龐大十層以上的光模塊精密封裝小板，其難度與精度更是前所少見。從系統產品到單一產品全新術語也如雨後春筍般大量出現，想要逐一看得懂弄清楚真是談何容易。筆者在本章中，特以PCB為主而選用部份5G術語為之深入詮釋。由於跨領域太遠參考文獻又不多，對此斗膽扛鼎之舉確實吃力不討好。其中謬誤之處也必然不在少數，尚盼高手們指正。

10-2 Access Network/Radio Access Network（RAN）接入網/無線接入網

　　本節先從4G行動通訊接入網（存取網）的圖示說起，右上圖從用戶設備（UE指手機，電腦等）到網際網路雲端（DC資料中心）的往返高速流動路徑，當上網查詢時即以無線方式先到接入網通過匯聚網（承載網）再到骨干核心網；取得資料後半秒內回傳到用戶。但若資料甚為深入冷僻者則還需再到雲端龐大資料庫取出回傳。右下圖為手機通話流程，亦需經由接入網或核心網去搜尋到附近或遠距的收話者。左下圖為4G無線接入網的三種主要構件。

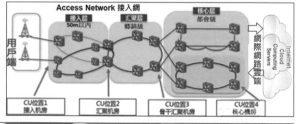

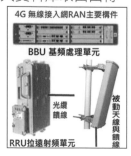

4G 無線接入網RAN主要構件

BBU 基頻處理單元

光纜饋線

被動天線與饋線

RRU拉遠射頻單元

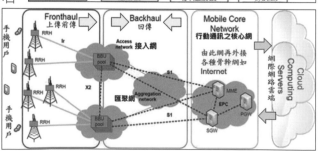

10-2-1 C-RAN（C指Centralized）集中式無線接入網

　　從左上圖可見到4.5G時代即已出現C-RAN集中式無線接入網，如此一來可將數十公里內多個RAN都集中到一處機房以節省成本，如此一路上傳到4G EPC（Evolved Packet Core）核心網。至於5G的C-RAN已納入了RU、DU與CU在內，且其RAN已從早先分散式D-RAN到現行的C-RAN，未來還會更發展到開放式的O-RAN，將為業界創造更多的商機。左下圖說明RAN從4G到5G的變化；右大圖說明4G到5G兩者接入網與核心網的變化細節，即已將4G機房的BBU拆成5G的CU與DU而更快了15倍，至於其天線也從被動式改為主動式ＡＡＵ。

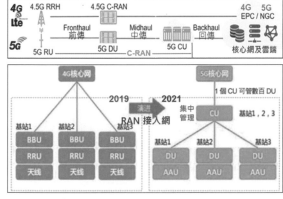

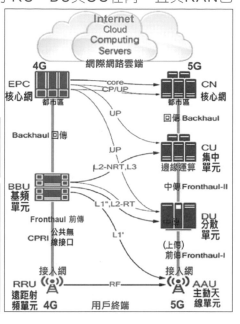

10-2-2 5G無線接入網RAN的改變

　　5G已將原本的RAN大幅擴增其功能，並在手機行動通話的每個蜂窩中增加極多各種小站的佈局，以彌補高頻弱訊號的折損與加強5G高頻訊號的覆蓋率。右上兩圖說明人口集中都會區其數字撥號的手機通話，可經由AAU主動天線與RAN至核心網間快速搜尋到收話的對方，甚至無需進入核心網而就地解決。但若到了鄉村或山區全無基站覆蓋全無訊號之地區時則無法通話。右下大圖說明手機除了可彼此通話外尚可執行電腦上網的工作，亦即通過5G下世代核心網NGC再進入資料中心（ＤＣ）查詢萬事萬物的答案。

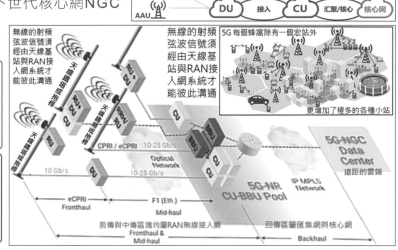

10-3 Antenna天線

10-3-1 Antenna天線的原理

Antenna一詞出於昆蟲的兩隻觸鬚，於是無線通訊的天線就用了此詞。圖1說明最常見的偶極天線與訊號波長的關係。圖1右側偶極天線的上下兩直臂稱為天線振子（Antenna Elements），兩者合為波長的一半。圖2說明交變電流（AC）在兩振子間快速反覆振盪而向空間輻射出電磁波的示意圖；圖3是當AC左右振盪中所激發電波（場）與磁波（場）的動畫；圖4圖5均為偶極天線輻射出電磁波的過程。天線現已成為大學問，目前銘傳大學已設立天線系了。

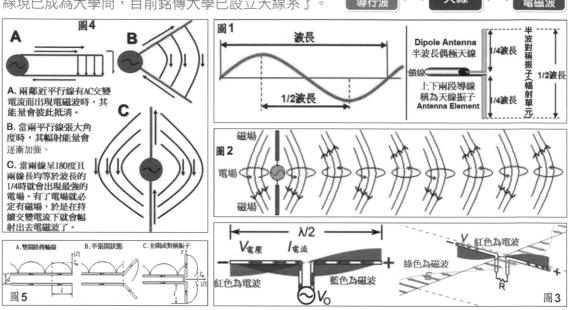

圖1說明發射端天線針對收訊端天線所連續輻射出的移動性電場磁場，進而成為了電磁波的示意圖；圖2說明單一線臂在交變電流所感應出的電場磁場進而成為了電磁波，圖3圖4則為偶極天線其兩個振子在交變電流激盪中，所射出的連續電場磁場而成為電磁波的畫面。圖5左為電磁場組成電磁波的想像圖，中圖為兩組振子所組成輻射單元並射出電磁波的彩圖，右圖是刻意旋轉了45度的5G陣列天線中由交叉兩振子所組成幅射單元的電磁波畫面。

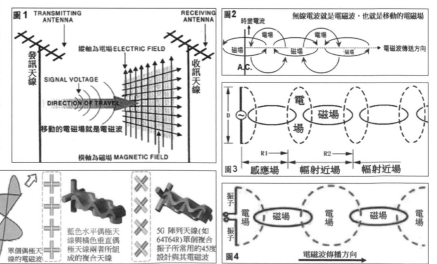

10-3-2 Active Antenna Unit（AAU）式Phased Array相位陣列天線

　　從圖1與圖3可見到傳統2G 3G行動通訊基站的天線均為被動天線（Passive大陸稱無源），到了4GLTE與5GNR（新無線）時已紛紛改為主動天線AAU了。也就是每個幅射單元都已加入主動式的IC模塊，使得基站天線眾多振子得以射出極多立體分散的電磁波束（Beam）稱為MIMO式多進多出波束（Multi-In Multiple–Out）。4G時此種MIMO波束最多可達64T64R（收發皆為64組交叉型的幅射單元）。由於每個單元均由兩個交叉振子所構成，因而總共發出波束應為128T128R故稱之為巨量MIMO（見圖3中的套圖）。再從圖2亦可見到巨量MIMO已出現在4G與5G，於是機房中更重要的邊緣運算（Edge Computing）將大展威風了。

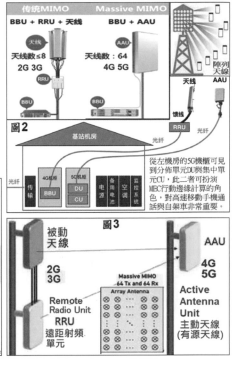

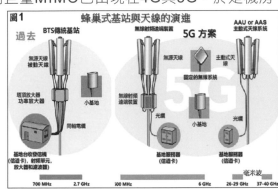

　　圖1最外圍最淺藍色的大範圍即為4GLTE基站與天線的函蓋區域，函蓋面積雖大但訊號死角太多以致高頻毫米波弱訊號收訊品質不良；圖1中間較小藍區為5GNR（Sub-6Hz）即所謂的小5G，可用於手機與電腦的高速行動通話通訊；中央深藍色圓面區即為極多小站所得以良好覆蓋的5GNR（mmWave）毫米波區域，注意此圖1下端所列正弦波頻率由低到高但振幅卻不變的頻譜圖，此種調幅式上圖雖為極多文獻所引用但卻不很正確。最下圖才是正確的電磁波頻譜圖，係筆者委請清大物理系林登松教授所繪。圖2為4G主動天線到5GAAU的變化，圖3為4G與5G兩者相位陣列MIMO天線的示意圖。

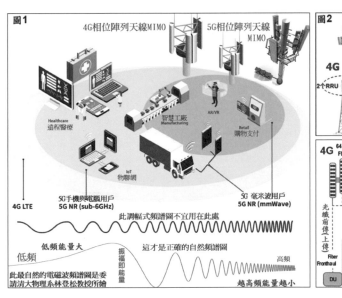

10-3-3 AAU主動天線其MIMO幅射單元之增多與管控

　　圖1為5G全新獨立架站組網的APAA先進陣列天線，呈現海量多進多出（Massive MIMO）電磁波束的畫面;圖2為4G與5G其相位陣列天線中幅射單元（每個單元由兩個交叉振子組成）數目增多的對比畫面，須知每個輻射單元都要備有GaN射頻級的IC模塊才能進行波束的管控其成本必然增加很多。圖3為終端手機板所貼焊射頻模塊中呈現64T64R的MIMO式微小幅射單元，因而可以全方位掃描各種基站所射出立體鏈路完成彼此對接；圖4為4G後期宏站單一扇面天線模組所射出128支電磁波束（每單元有兩組振子，64X2=128）的示意圖，圖5為5G宏站AAU天線模組中的64T64R幅射單元大型PCBA的實體產品畫面。

圖5 此件重達47公斤耗電1000瓦特

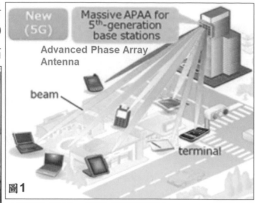

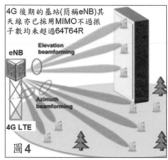

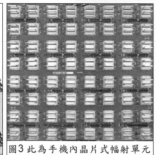

圖3此為手機內晶片式幅射單元

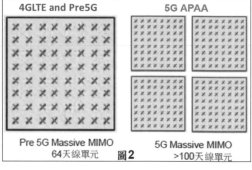

　　右圖1為行動通訊終端手機三組天線中微型晶片陣列天線MIMO所射出多束電磁波的示意圖，圖2為雲端宏站陣列天線所射的多束電磁波。只要彼此互有一支波束經掃描接通時，則彼此均可在射頻IC操控下，而將其他單元的能量集中到已接通的波束，加強其能量提高通訊品質。圖3說明各幅射單元（簡稱振子）的平面跨距若小心控制為訊號波長一半時，則其集成波束中的不良旁瓣即可減少。圖4為台灣大學所設計AIM陣列天線的示意圖，說明其36個單獨振子已被5顆射頻晶片所操控的畫面。圖5說明陣列天線可通過載板而將其眾多射頻單元與射頻晶片經由通孔緊密結合成AiM的封裝產品畫面。

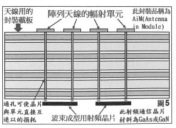

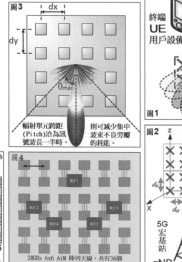

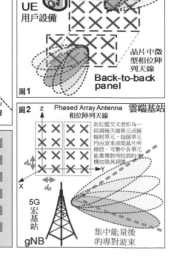

圖2為4G與5G兩代在宏站架構的比較，尤其是天線部份已出現極大的改變。首先是把4G機房內的RRU（原為減少室外容易損壞而著想），又改放到室外的AAU中（拉近距離可減少傳輸損耗）。至於5G的MIMO幅射振子大幅增多（128或256）之下，造成大型陣列模組在重量、耗電與成本都超出4G兩倍以上（見3.5節圖5），因而使得機房的冷氣成為最大耗電的負擔了。圖1為5G手機至少有三處MIMO式天線的畫面。圖3為兩代行動通訊內容的對比，即使在6GHz以下手機的領域，其頻（帶）寬也比擁擠的4G加大了10倍。其他三項數字的落差比就更明顯了。圖4為兩代宏站天線的對比，圖5為室外塔頂大型天線模組的結構，其中有三片碳氫樹脂的大型PCB。

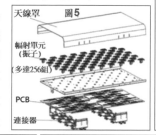

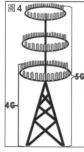

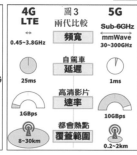

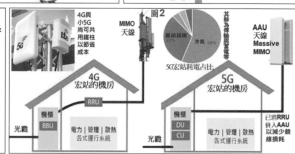

10-3-4 車用雷達的微帶線天線板 Microstrip Antenna

　　圖6為車用雷達6層式真實天線板的兩面外層線路，右圖外層雙面板即為Rogers 3003 鐵弗龍板材的陣列天線，上側四串者為Tx發訊天線，下側12串者為Rx收訊天線。注意此種雷達微帶陣列天線各單元的內外直角與長寬尺寸都極其講究。圖1即為一個單獨微帶式天線的結構。圖2說明其輻射片與鎖線採一般性卸接互連；圖3對於兩者卻另採凹入式互連，如此將可使陣列天線主波束兩側無用的旁瓣變得更小而訊號品質也更好（見3.6節圖3）。圖4為測試用的金屬微帶天線的實物。圖5為圖3的俯視尺寸。

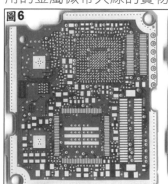

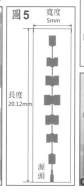

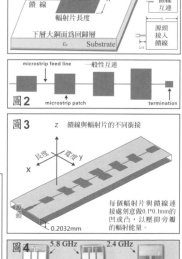

10-3-5 車用雷達微帶式天線板實例的切片

　　所列圖1為車用雷達模組中8層天線板的切片，其結構是由上側Teflon板（Rogers 3003）的弦波雙面板，與下側高速板材的6層方波板所壓合組成。從圖2頂部可清楚見到白色的3003鐵氟龍樹脂，與其中摻加多量大顆粒的陶瓷粉料做為支撐。請注意Teflon樹脂的Tg只有19℃ ，常溫中呈軟板狀態因而必須要靠6層硬板材做為支撐。由

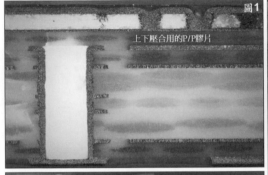

於3003的D_k為3.5更關鍵的是D_f只有0.001，這才是微波弱訊號減少損耗的重要參數。加入粗粒狀陶瓷粉後D_k雖上升但D_f卻仍然很低。目前車用天線板的板材只有Rogers 3000鐵氟龍系列的板材進入量產。圖3為Teflon板材中所製做的盲孔，可清楚見到盲孔外緣的黑色鈀層，說明鐵氟龍極性雖然很低卻尚可吸附鈀層而不致孔破。

圖1　圖2　圖3

上下壓合用的P/P膠片

10-3-6 5G用射頻板類銅箔微瘤面的耦聯劑

　　業界用的耦聯劑（Silane矽烷類）最常見者為玻纖布的表面皮膜。原始玻璃絲需噴塗澱粉稱為上漿，可減少捻紗與纖布時彼此的磨損，完成纖布後須做兩次高溫燒漿使成氣體而逸走。之後潔淨的玻布表面就要做上Silane皮膜以加強後來與樹脂的結合力。圖1為明場偏光所見玻纖絲外圍的黑色耦聯劑皮膜，圖2為暗場所見Silane的白色皮膜。圖3為LCP軟板兩面光滑銅箔其微瘤面的耦聯劑皮膜，圖4為壓延銅箔微瘤面的Silane，圖5兩端白色板材即為Rogers4730基站天線板所用的碳氫樹脂，注意由於其極性已經很低，因而在PTH過程活化黑鈀的吸附，要比中間區高速板材變少變薄了

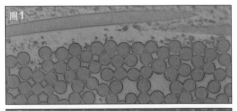
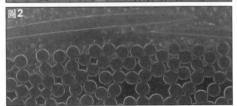

許多，幸好鈀層變薄仍然有良好的化銅與電銅。

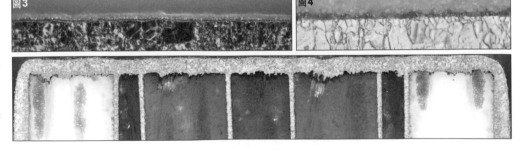

圖1　圖2　圖3　圖4

10-4 Base Station基站

10-4-1 Base Station基站

　　行動通訊的基站多年來已有很大變化，圖1在1G時即稱為BS基站，但2G時卻把原稱的基站改稱為BTS基地收發站，3G時改稱為NB（Node B）那只是業界老大Intel的說法並無什麼道理。4G時又改稱為先進的eNB，到了5G時更莫名其妙的稱為gNB（大陸網友戲稱為哥牛逼）。由於此無聊的簡稱已在全球通用讀者們也只好隨俗了。圖2說明5G的AAU其陣列天線常規可射出上百束的電磁波，只要與手機多束訊號波中的一束接通時，彼此即可將其他無用波束的能量集中並增益到單一波束上，稱為"波束成型"（Beamforming），圖3為各種大小基站的名稱與轄區圖4為飛站的實例。

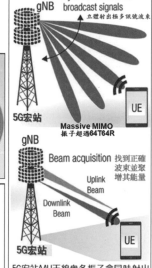

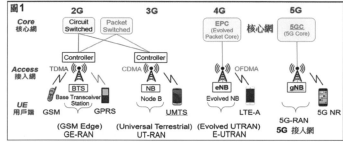

　　圖1為5G宏站（簡稱gNB）對眾多用戶（Multi-Users;MU）通話中所扮演的居中角色。都會區資訊流量極大的熱點，必須在母雞（宏站）帶領極多小雞（小站）才能覆蓋海量用戶（每平方公里100萬流量），是故gNB必須備有海量（Massive）MIMO與快速波束成型（Beamforming）的功能才不致塞車或掉話。從圖2可見到5G宏站的天線已將4G的RRU納入本身的AAU中成為智慧型天線。圖3說明5G行動通訊的往返邏輯，亦即從天線來的訊號先到DU再到CU甚至去到更遠的雲端。圖4說明兩代系統的BBU、RRU、DU與CU等工作內容，其中DU有如大城市的警察分局或派出所，而CU則是警察總局，再往上5G的核心網（Core）就如同行政院的警政署了。

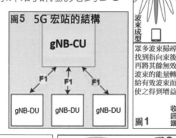

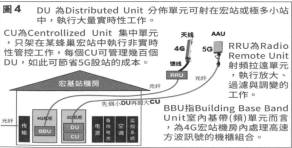

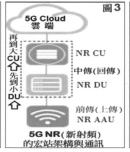

10-5 Edge Computing邊緣運算/Fog Computing霧運算
10-5-1 Edge Computing邊緣運算與Fog Computing霧運算

5G最先是Sub-6GHz頻率較低的手機通話通訊，5G後期mmWave毫米波無限威風的2022-2025年間，將出現萬物互連IoT與自駕車，遠距教學，遠距醫療，AI人工智慧等全新生活，於是Edge的實時服務將不再依賴耗時的雲計算了。著名市調公司Gartner甚至預料2025年時Cloud將萎縮掉80%反之Edge將更為龐大，其中各種厚大PCB與各種超大Carrier載板將成為渴求的PCB了。圖1簡述邊緣計算的地位與工作內容，圖2說明5G公共新基建的三大領域與邊緣計算的多種工作內容，其中自駕車IoT，IIoT（工業互連網）等發展潛力最大。圖3說明Edge角色在5G通信中的重要性。

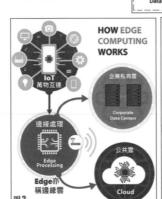

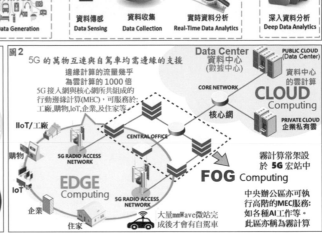

圖1為4G以前時代網通的兩層式架構（Cloud與Edge），彼時邊緣計算的需求與計算能力都不大，很多資料還要去到真正的DC資料中心才能完成任務。圖2的5G時代不但資訊流量極大而且流速很快，因而不但Edge本身規模必須增大甚至又增加了一層Fog運算，以減少往返Cloud的流量與延遲。甚至5G自駕車、無人機等急需實時（Real Time）反應者還只能在眾多就近的Edge解決，因而Edge後續擴建的商機將更為龐大。圖3說明Edge的重要性將更甚於Fog。圖4也說明5G時代的Edge還更成為龐大流量的IoT萬物互聯與Cloud計算之間的橋梁。各種多接入式的Edge其需求PCB極多尤以厚大板為甚。

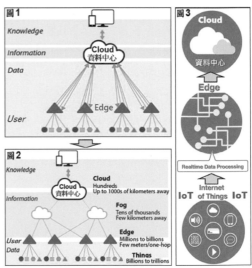

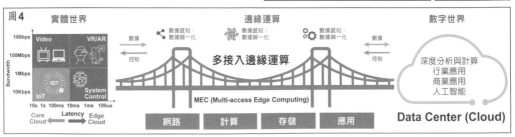

10-6 毫米波Millimeter Wave（mmWave）的興起

10-6-1 mmWave 毫米波的領域

所謂毫米波是指波長為1-10mm微波區的一段電磁波訊號而言；下簡表為3GPP所發佈5G的兩個頻段，其中FR1即為5G手機所使用的Sub-6GHz頻段。台灣將自2020年底在各大都會區展開5G手機通訊。至於毫米波FR-2的行動通訊則還要等時機成熟才會展開（估計要到2022以後）。從右圖1可見到5G毫米波的資料流速要比手機用的Sub-6GHz快了5倍，至於5G手機的通訊速率則又比4G快4倍左右。圖2為5G天線（指各種基站或手機內的天線模塊）其128X128振子（每個振子由兩個偶極天線組成）的實圖。只有在眾多振子激發並集中成指向性的波束成型後其通訊品質才會更好。圖3為5G後續將要興起毫米波通訊的波段。

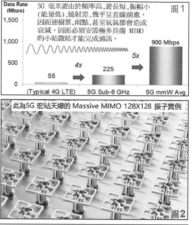

圖1

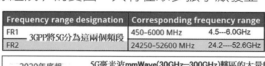

Frequency range designation	Corresponding frequency range
FR1	450–6000 MHz 　 4.5---6.0GHz
FR2	24250–52600 MHz 　 24.2---52.6GHz

3GPP將5G分為這兩個頻段

圖2

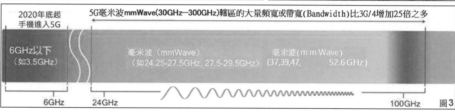

圖3

10-6-2 5G手機通訊正式展用

圖1為2020.6台灣四家電訊業者所付高額標金取得5G手機通訊Sub-6GHz頻段的示意圖。其中以中華電信頻段最好當然也最貴到477.55億台幣之昂。中華電信預計2020年底將在4G原站增架5G天線或另建獨立5G站共約3000站（大陸年底約建80萬站）。圖2說明行動通訊30年間的巨大變化，前10年只是語音通話，中10年已進步到多媒體通訊，後10年的4G/5G已成為網通工具。尤其5G後期的毫米波時代，則更將大幅度翻轉人類物質文明成為歷史性突破的格局，圖3說明5G所伴隨萬物互聯網IoT展開的盛況。

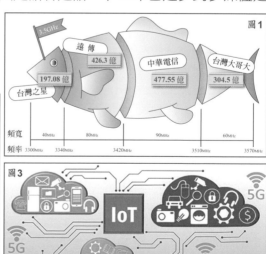

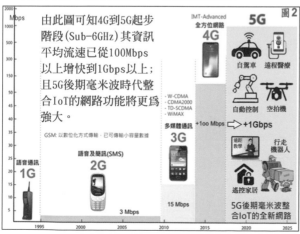

第十一章 iPhone7拆解及 切片細說

11-1 前言

　　筆者曾於季刊第60及61兩期，首度以拆解TPCA所專購的i5手機為主題，詳述從微切片中發現日商Ibiden所提供ELIC式十層主板的各種特點。共用了180圖撰文35頁做為台灣PCB業界提供在技術方面的參考與改善。之後筆者又於2015.4二度拆解專購的i6手機，發現該ELIC之十層主機板係港商OPC所生產（當時已被美商TTM所併購，但PCB的UL Logo並未改變，仍延用原始申請的OPC），並在68期用了116個彩圖撰文20頁，說明為了拆解全新手機所做近千張微切片畫面之多種發現，當時已見到類比式（Analog）小型模塊RF Modules幾乎全都採用無需載板的"晶圓級封裝WLP"，也就目前所流行時髦語言的FIWLP了。

11-2 為何又要切i7？

　　2016年第3季智慧型手機掀起了大革命，放棄了Application Processor（AP，指手機的CPU）所安身立命6L載板的i7大量上市，蘋果與台積電居然把全世界出貨量最大的電子產品中，將其AP最困難的載板Carrier徹底排除，改用FOWLP式的InFO革命技術，取代了原先PoP底件AP根據地6L載板（2+2+2，並設有埋容在內）所提供的RDL再佈線功能，大幅加快操作與減少長時間玩手遊看電影的發熱，而令其他競爭品牌的智慧型手機，只能遠遠的瞪乎其後望塵莫及！

　　為了深入瞭解全新Fan-Out WLP，與先前類比訊號的小型WLP（當時名稱尚未出現FI字樣）到底有何差異起見，筆者仍潛心細讀各種近代的封裝文獻，特別在季刊74期中為文24頁共用110圖細說FOWLP在i7量產上如何出現革命性的突破，又如何消滅了手機中最重要主動元件AP所用的高難度6層載板，而使得PoP在提升功效與減少發熱方面達20%之多！此種飛躍進步的種種技術細節當然是重重保密難以得知。於是TPCA又於2017年初再以2.45萬台幣買了一台全新i7提供高齡79歲的筆者三度拆解最新技術的手機。此三度拆解手機的微切片將以PoP底件AP（蘋果編號A10）芯片四次鍍銅層的RDL為主軸，從多張精美畫面中細說其創新技術的內容以分享有心的讀者。

　　當然，筆者此文中落筆的各種說法是否猜對或說錯，當事者也只能暗地裡驚訝或笑笑罷了。業界的各種逆向工程（Back Engineering）人人在做，但多半是為了商業目的而很少公開發表。筆者多年工作從未涉及半導體製造，不敢奢言對半導體技術懂了多少。此番微切片畫面的亮相也只是為了爬格子寫文章，滿足自我的好奇心而已。

由於前兩次TPCA與工研院不同單位的合作拆解i5與i6，所有切樣都是別人先行操刀，而接手的筆者只能拾人牙慧，以致對微切片研究並不是很到位。此次對i7拆解就決定自己動手全包各種細節。如此高檔的i7拆解當然需要極其專業的手法，經過多方探索終於找到在桃園的一家手機維修業者"i-Station"著手拆解。原本講妥全部拆散1個多小時的工資為台幣1000元，過程中歐毅賢老闆得知2萬多元i7全新手機的拆解，竟然只是在下為了微切片研究與季刊文章而做，並無任何其他商業目的。於是二話不說不收任何費用，大隱於市者歐先生其古道熱腸與俠義情懷令人感佩。

圖1.左為手機高手歐先生的拆解，右為全部拆解後支離破碎的畫面，長方黑色者為電池。

11-3 PoP頂底綑綁球改成了上球下銅柱的新工法

11-3-1 從PoP綑綁球的進化說起

　　i5時代的PoP其頂件DRAM與底件AP兩者間的上下綑綁，是採用外圍上下兩圈銲球彼此熔合而抓牢兩者的。下球是在底件EMC封膜後，故意用雷射燒出外圍的兩圈盲孔稱為Through Mold Via（TMV），然後把下球逐一焊在Via的底銅面處。至於上球則是直接植球於DRAM三層打線載板腹底外圍的銅墊上，之後再把上下錫球對準焊熔而成為綑綁球。到了i6時代的PoP仍然採相同綑綁球做法，只是把外圍的兩圈刻意改為三圈，使於高低溫熱脹冷縮或摔落中，減少其PoP開裂而強度更好之改善也。

　　這種綑綁球對上下兩重要器件除了強化其綑牢之機械強度外，還另具通電傳輸訊號的重要功能。到了i7時代卻將底件AP外圍（FO封模EMC區）的錫球改為焊溫中不致熔化或軟化的銅柱，至於頂件DRAM所用三層式載板的腹底則仍維持原有的銲球，而得以上銲球下銅柱兩者焊牢而完成綑綁。由於銅柱在強度方面已大幅改善，於是在不損及強度下，即可排除單純做為綑綁用途的"錫球銅柱組合"，但仍保留雙功能者以減輕其重量。下列切片圖即為三種綑綁球與時俱進的証據。

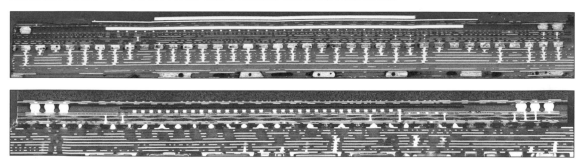

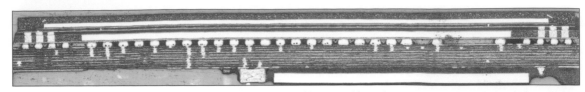

圖2.(1)前頁上圖左右兩端較大型扁球者即為i5機PoP所用的兩圈緄綁球,由於當年TPCA諸公對在下的切片技術信心不足,乃與工研院電子所合作共同拆解。沒想到電子所的專家們竟然把3.6萬高價購買手機之主板試樣硬是切破了,上圖可見到右端的兩圈緄綁球尚稱良好,但左端外圈球已遭切破而只剩下內圈球了。

(2)前頁下圖為i6拆解是與工研院材料所合作,事前經過多次討論,幸好PoP三圈緄綁球左右均未遭切破。由於其主板原本四個重要切樣並非筆者操刀,不但焦距不佳而且也無可挽回的犧牲了許多珍貴的鏡頭。

(3)上圖為i7 PoP外圈的三圈缺員式的緄綁組合,已將打線式DRAM頂件與InFO式AP底件兩者,改以上銲球與下銅柱革命式組合的焊牢而構成PoP。再利用PoP腹底AP芯片RDL的UBM先行植球,即可貼焊於主板正面而厚度更薄效率更高。

圖3.(1)最上為i5其PoP外圍兩圈緄綁球的連接圖,由於電子所專家先拆先切過程中居然把正面兩圈緄綁球全數粗心磨掉,直接深入到達AP芯片的不當位置,以致出現了芯片與載板間破碎凸塊的畫面,至於正面排列整齊的緄綁球只有靠想像了。

(2)二列者為i6 PoP外圍所有三圈緄綁球之第一圈,有幸被筆者小心磨切到位而見到正面整齊排列之甕狀緄綁球,全員展開37個上下合球而將頂件與底件焊牢。

(3)第3列為i7 PoP第一圈正面缺員緄綁組合之參差排列,明顯可見到47組中被取消了只有緄綁沒有導電的8組。於是畫面上只剩下39組兼具緄綁與導電雙功能的組合。注意:緄綁組合與RDL之下排32扁球,即為PoP貼焊主板所用的BGA球腳。

(4)第4列為i7 PoP正面第二圈緄綁組合缺員之參差排列,居然只剩下12組兼具緄綁與導電的單薄陣容,被取消者達35組之多。

(5)前頁第5列為i7 PoP正面第三圈綑綁組合之缺員弱勢畫面，也僅留下12組雙重用途的綑綁組合。相同情形i7對其他無傳輸功能的BGA銲球也都予以取消。

11-3-2 i7切片前主板正反兩面重要零組件說明

i7新機拆解的主板及其雙面所貼焊零組件的微切片研究，即為本文之範疇。由下列PCBA組裝板的正面（上圖）與反面（下圖）兩者對應位置可見到，該ELIC式十層主板之正反兩面都已擠滿了各式主動元件的模塊，與極多微小的被動零件。從上主板正面可見到黑色最大模塊者，即為蘋果A10 Fusion處理器（Application Processor; AP），這正是i7零組件最重要的PoP（頂件為DRAM底件為A10處

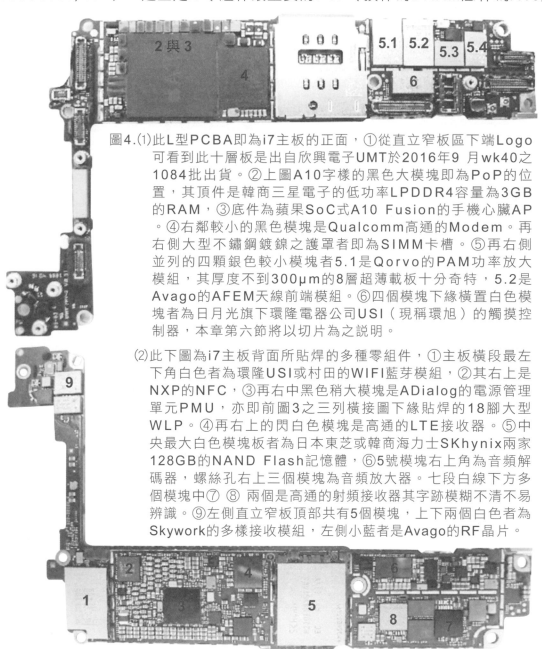

圖4.(1)此L型PCBA即為i7主板的正面，①從直立窄板區下端Logo可看到此十層板是出自欣興電子UMT於2016年9月wk40之1084批出貨。②上圖A10字樣的黑色大模塊即為PoP的位置，其頂件是韓商三星電子的低功率LPDDR4容量為3GB的RAM，③底件為蘋果SoC式A10 Fusion的手機心臟AP。④右鄰較小的黑色模塊是Qualcomm高通的Modem。再右側大型不鏽鋼鍍鎳之護罩者即為SIMM卡槽。⑤再右側並列的四顆銀色較小模塊者5.1是Qorvo的PAM功率放大模組，其厚度不到300μm的8層超薄載板十分奇特，5.2是Avago的AFEM天線前端模組。⑥四個模塊下緣橫置白色模塊者為日月光旗下環隆電器公司USI（現稱環旭）的觸摸控制器，本章第六節將以切片為之說明。

(2)此下圖為i7主板背面所貼焊的多種零組件，①主板橫段最左下角白色者為環隆USI或村田的WIFI藍芽模組，②其右上是NXP的NFC，③再右中黑色稍大模塊是ADialog的電源管理單元PMU，亦即前圖3之三列橫接圖下緣貼焊的18腳大型WLP。④再右上的閃白色模塊是高通的LTE接收器。⑤中央最大白色模塊板者為日本東芝或韓商海力士SKhynix兩家128GB的NAND Flash記憶體，⑥5號模塊右上角為音頻解碼器，螺絲孔右上三個模塊為音頻放大器。七段白線下方多個模塊中⑦ ⑧ 兩個是高通的射頻接收器其字跡模糊不清不易辨識。⑨左側直立窄板頂部共有5個模塊，上下兩個白色者為Skywork的多樣接收模組，左側小藍者是Avago的RF晶片。

理器）所在的位置，也就是InFO工法於A10芯片朝上芯臉所製作的RDL，成為i7時代最大的革命，成功的取代了原本做為RDL功用並承載芯片的6層載板。i7第二大革命就是把外圍原本3圈滿員的綑綁球，改為三圈缺員的銲球與銅柱的綑綁組合了。

11-3-3 i7 PoP綑綁球的革命

由上節可知，i7之PoP綑綁已改進為上銲球下銅柱的組合了。從下列圖5切片之上圖（係從後段工程封裝與組裝的立場來看）與中圖（則是從前段製造銅柱的立場來看），可見到銅柱錫球兩者搭配成的綑綁，其三圈綑綁是位於白色A10芯片外圍EMC封模料（Epoxy Molding Compound）的Fan-Out區。且由前各圖可知其外圍三圈綑綁方式已與前i5/i6三圈滿員綑綁球有所不同，也就是說i7 PoP上下三圈的綑綁已改寫缺員方式的排列，其目的應該是在不影響強度下盡量減輕手機的成本與重量。

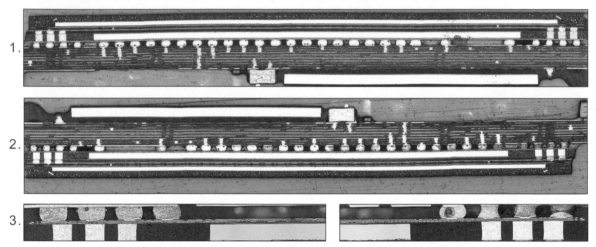

圖5.(1)上列50倍PoP橫接圖之頂件與底件經錫球銅柱綑綁體焊合的畫面，是從封裝組裝後段角度去觀看FO區的左右三圈綑綁。

(2)二列50倍橫接圖則是從銅柱製造的前段工程立場去觀看FO區銅柱錫球的綑綁畫面。

(3)三列左右兩圖也是從前段立場的400倍畫面（左圖四扁球與右圖剖面不到位外型不完整等球，均為PoP的BGA雙功能球腳，無傳輸功能者均遭取消）。可看出InFO流程是重新配置後從外圍銅柱最先起步，之後才續做困難的全面RDL流程。

11-3-4 InFO流程起步的銅柱-----先做銅柱後澆EMC

從小心切片並仔細判讀看來，整個RDL的複雜流程是從外圍FO區電鍍銅柱首先起步的。從放大1000倍所列各圖中，不但可清楚見到FO區外圍三圈的缺員銅柱，其頂部續做多層RDL工序的假設亦並非信口開河。該複雜的RDL是由四次鍍銅μm微米級的銅線（若含上下互連用的鍍銅盲孔則應有六個銅層），與其間隔中逐次塗佈四層可感光的PSPI介質Dielectric層（指可感光成像的Photosensetive Polyimide，供應商現有旭化成、日立化成及Toray等）。此處先假設銅柱的製程如下：

1. 取12吋平坦圓形的玻璃板或不鏽鋼板做為暫用載具，於其頂面先均勻塗佈可"熱分解撕離"的膠膜。然後於可撕膠膜上再塗佈永久性的PSPI介質層。

2. 將原始品管及格的KGD良好芯片，以芯背朝下芯臉朝上（Die Up）方式將各芯片重新配置（Reconfiguration or Reconstitutuon）在12吋玻璃圓板上。

3. 然後對各芯片FI與FO的高低兩區採Spin Coating方式滿塗一層PSPI層，並以CMP化學機械研磨法，將內外厚薄不同的PSPI精確削平成同一平面。

4. 之後全面施加240μm的超厚乾膜，並針對FO區三圈銅柱區進行精密解像，即可得出待電鍍填銅的柱形空洞。隨即在全表面與空洞內進行鈦銅Ti/Cu濺射約0.4μm的金屬化皮膜。此種乾式鈦銅皮膜與PCB濕式化學銅的原理並無不同。

5. 之後在陰陽極超短距離的鍍銅機具中以精密電流方式（從其細膩結晶看來，猜想DC需1小時）填滿三圈空洞成為銅柱，隨即全面去掉乾膜光阻與徹底乾式電漿清潔，並對芯臉區另加保護以便FO區進行高溫澆模。

6. 最後對FO區進行260℃的EMC澆模，待其冷固後即對模面進CMP削平並將底部玻璃板撕離，然後對FI的芯臉與FO的銅柱全面進行RDL工程。

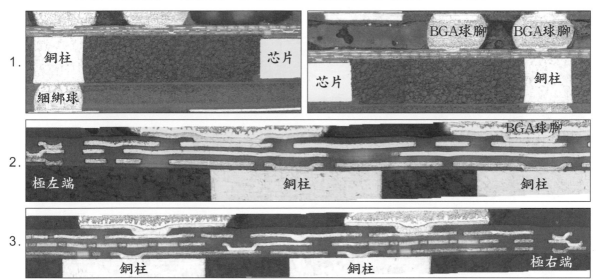

圖6.(1)上列左右二圖為左右FO區放大400倍的連接圖，可見到芯臉區底部的兩層PSPI已與EMC澆膜區頂部的一層PSPI，均被CMP削成同一平面了。

(2)二三列兩圖為左右銅柱區放大1000倍的連圖，可見到銅柱頂部製作RDL前其外圍EMC已被CMP精密削平。一旦澆模造成12吋圓彎曲不平者將成為良率的大殺手。

11-4 FI芯臉與FO銅柱對內外兩區互連的RDL製程

從下列各芯片與EMC交界之2000倍接圖可看見，朝上芯臉本身nm級線路頂面已出現一層較厚的PSPI層。芯臉第2次PSPI層與澆膜區的PSPI係屬同次塗佈，經CMP精密削平FI的PI與FO的EMC兩者後，才執行第3次PSPI塗佈而開啟了RDL工程。

以下即採看圖說故事的方式斗膽剖析全面RDL工程，其細節如下：

1. FI區芯片朝上的芯臉原本就已塗佈了1次PSPI，並已完成向上的感光盲孔。之後即進行濺射Ti/Cu與盲孔鍍銅而完成上下互連。

2. 再用CMP精密削平內外兩區成為同一平面隨後重新塗佈第2層PSPI，並感光成盲孔向下與芯臉的兩個窗口銅墊完成鍍銅互連（見圖7二列圖之下緣）。

3. 當內外兩區都被CMP削平後即可塗佈屬於RDL的第一層PI並內外同時做出感光盲孔。之後於PI表面與盲底銅面全部進行Ti/Cu濺射，隨後就是千層派式的首次奇特電鍍銅。猜想是為了12吋圓面內鍍銅厚度的盡可能均勻。

4. 內外全面RDL完成首次千層派鍍銅以及蝕刻成線後，隨即進行第2次PI塗佈與感光成孔與Ti/Cu濺射及全面鍍銅，再用乾膜成像與蝕刻而得到第2次鍍銅的微米線路。注意：成線後還要把介質表面的Ti/Cu剝除以減少漏電短路。

5. 重複進行PI塗佈，感光成孔，濺鍍Ti/Cu，與鍍銅等工序完成總共4次鍍銅與6個銅層的RDL工程。成線後去除Ti/Cu與載板SAP製程的除Pd原理相同。

6. 從本文多張清晰切片圖可見到，RDL只有首次千層派鍍銅確可達到內外全面平坦與均厚外，其他各次PI層由於底面出現Cu與PI兩者高低起伏的差異，造成後來各次增層微米線路出現波浪狀的奇怪畫面。

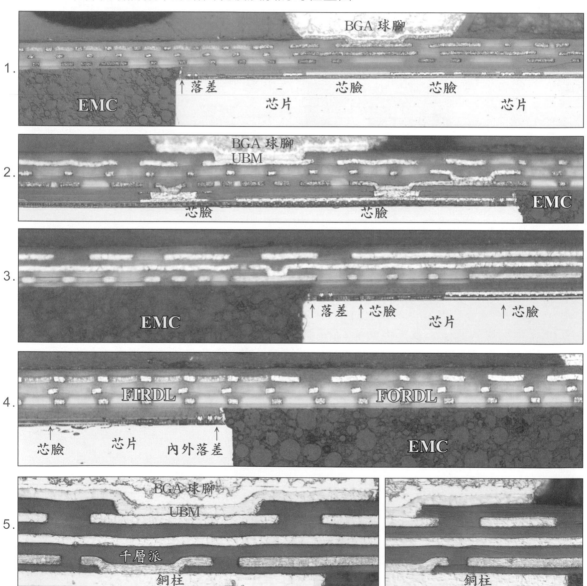

圖7.(1)前頁最上圖是位於芯片左端與EMC交界區的1000倍放大圖,可見到芯臉上緣原有的PI,與左EMC同被削平後又加一層PI才成為RDL的起步介質層。

(2)前頁二列者為芯片右端與EMC交界處之2000倍放大圖,可見到芯臉兩個銅墊窗口處,被CMP削到與EMC同一平面後才進行RDL工程。一旦12吋玻璃載圓由於澆模彎翹以致CMP過頭削破了某些芯臉銅墊窗口,無法向上與後續RDL互連時,就將形成功虧一簣的報廢。是故12吋載圓澆模中如何降低彎翹將成為良率的關鍵。

(3)前頁三列四列兩圖亦為芯片左右兩端與EMC交界的3000倍畫面,可見到芯臉上原本就塗佈一層較厚的PI,完成EMC澆模又經CMP將兩者削成為同一平面後,才全面另加一層PI而內外同時起步RDL工程。

(4)前頁五列兩高倍圖均可見到RDL第1次鍍銅所呈現千層派結構(含7層常規電流與6層斷電零電流)的奇怪銅層,猜想是為了①全面厚度均勻②減少銅層缺陷,③降低內應力④減緩銅層老化現象等。此千層派說明TSMC確已紮根基礎原理了。

　　半導體逐次增層常用的感光介質(Photo-Imagible Dielectric;PID)有PI及PBO兩種樹脂,與FO區所用高溫澆模的EMC等均屬絕緣材料。因而電鍍銅之前必須先使其完成金屬化(Metallization)才能啟動後續製程。正如同PCB的通孔壁或盲孔壁也需事先進行PTH,利用鈀活化首先長出化學銅的導電皮膜,之後才能進行電鍍銅。半導體業一向採用乾式濺射0.4μm的Ti/Cu做為金屬化處裡。無塵室中完成Ti/Cu皮膜到進入鍍銅槽執行鍍銅的過門時間,均需嚴加管制以防鍍銅皮膜自底銅上浮離脫落。好在半導體業的無塵室及真空環境均已妥善管理,且其禁止作業員碰觸產品的精密的自動化,更可保證品質水準。而這方面的昂貴設備永遠是PCB業望塵莫及的。

4.

圖8.⑴前頁上橫圖可見到左側大部分為FI朝上的芯臉,與右側小部分FO的黑色EMC,
　　此圖已達6000倍(係將原始STM7物鏡3000倍取像者再放大1倍),芯臉上奈米
　　級線路與右端FI/FO交界的落差均清楚可見。其全面RDL是先在FI區塗佈PI並經
　　CMP削到內外同一平面後,再內外全面塗佈PI層也就是RDL的第1次介質層。

⑵前頁二列兩圖可見到芯臉奈米線路上方最先塗佈PI並感光成孔與孔內鍍銅,隨即
　　經CMP削平到內外同高後,才再塗佈PI與形成盲孔與盲孔鍍銅,才成為RDL的第
　　1次千層派銅層。二列右圖可見到1、2、3次鍍銅的微米線寬線厚。

⑶前頁三列1000倍放大圖可見到左側FI芯臉上的RDL要比右側FO區RDL還要厚,
　　原因是芯臉上原本在做全面RDL之前,就已先加了1層PI與1層鍍銅。

⑷本頁四列左6000倍圖可見到RDL的總厚度與FI/FO兩者的落差約17μm。

⑸上右可見到芯臉正上方的RDL厚度(46.42μm),與芯臉本身奈米級多層線路的
　　總厚度6.87μm。注意:以上RDL各圖中所有銅線底部與盲孔底銅與鍍銅之間,都
　　有著0.4μm的Ti/Cu皮膜,完成線路後介質表面還須去除Ti/Cu以避免短路。

11-5 PoP本身的上下綑綁互連

11-5-1 i7的PoP設計

　　難度極高的AP芯片完成其內外全面RDL後,即可於外圍銅柱之柱頂加做ENIG可
焊皮膜,而得與頂件RAM三層載板腹底銅墊之電鍍Ni/Au皮膜,利用RDL上的UBM先
行植球與後來覆焊於銅柱ENIG的錫膏上,完成上下均為鎳基地的焊接。三層載板腹底
銅墊之所以採用電鍍Ni/Au植球與焊接的原因,是由於RAM簡單載板係採"打線"式
封裝,是故其正面必須要做電鍍Ni/Au皮膜。為了減少麻煩三層板腹底的焊接也就只好
採用電鍍Ni/Au不良於焊接的皮膜了。事實上PCB業界極少採用昂貴又強度不足的電鍍
Ni/Au做為可焊處理。打線載板只能選擇差勁的電鍍Ni/Au去做腹底焊接了。

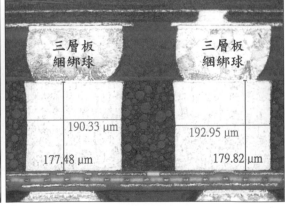

 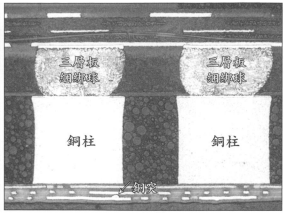

圖9.(1)前頁左圖是從銅柱與RDL製造的前段立場去看後來PoP被綑綁的畫面,前頁右圖
則是從PoP完成體外綑綁後去看銅柱的角色。從其削平後仍厚達190μm的銅柱高
度看來,其電鍍銅柱前玻璃板所加貼超厚乾膜光阻(常規厚度約240μm)與其精
密曝光良好解像,以及後續深洞的精彩填銅有多麼困難了。

(2)本頁左上圖亦為從銅柱製造之前段觀點所見到PoP完封後的畫面,注意該右柱左
上角RDL第3次鍍銅與第2次鍍銅之間,由於其PSPI局部過度解像以致介質層太薄
,幾乎造成第3銅朝向第2銅短路的銅突畫面。

(3)上右圖與左圖是完全相同的切片取像,但卻故意把右圖打亮並翻轉180°倒置,使
成為封裝立場PoP的綑綁,也就是底件AP與頂件RAM已完成外圍綑綁後的畫面。
此時那個RDL中幾乎造成短路的3銅銅突出已轉移到左柱的右下角了。

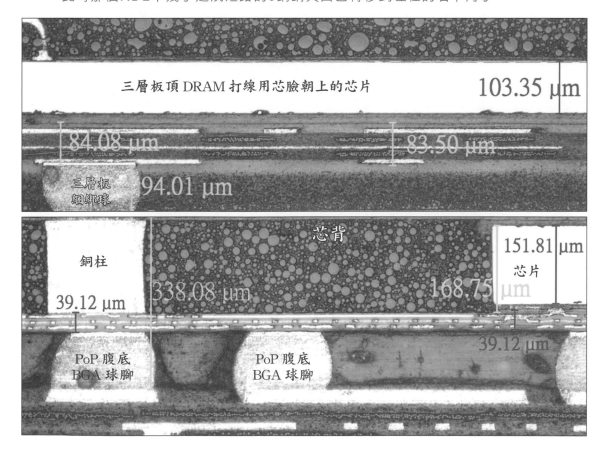

圖10.前頁整體大圖所示i7 PoP的左FO區，可見到頂件RAM之三層載板厚度僅84μm左右，是由兩張1027的超薄PP所構成，其芯片厚度約為103μm。至於全無載板的底件為了強度更好起見，其AP芯片厚度尚維持到150μm以上。至於FO區RDL的厚度僅約40μm，比起i5/i6原先6L載板之300μm厚度，不但已大幅降低總厚度而且還更能加快傳輸與減少發熱。甚至為了減輕重量還將很多單功能的綑綁組合與單功能BGA銲球都予以取消，使得整機功能加強品質更好而重量反而減輕。

11-5-2 其他智慧型手機的PoP設計

以大陸暢銷的OPPO手機為例，其PoP的設計竟然比i7更為複雜，從所取得的多張精美切片圖，可判讀出其繁複的工程如下：

(1) PoP記憶體頂件又再分為A與B兩個上下獨立模塊，最上面A記憶模塊為雙芯片雙打線而被三層板所承載的封裝體。至於A模塊與B模塊兩者體外上下的綑綁則是採單圈綑綁銲球為之。

(2) 頂件B模塊也是雙芯片雙打線方式，其載板係採雷射X通孔互連的雙面板。

(3) PoP底件AP雖然也採Flip Chip封裝，但卻是利用上下兩個微銅柱之錫焊以代替常見的Bump突塊。從其簡單三層板的RDL來看，其芯片功能並不很強大。

(4) PoP頂件與底件兩者之缺員綑綁，卻是另採ENIG所包覆的奇特銅球，代替原本兩圈或三圈的滿員銲球，不但強度更好而且整體重量也得以減輕。

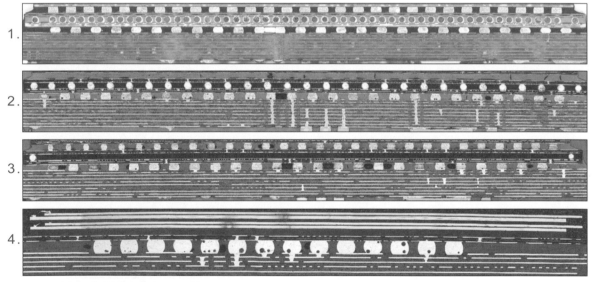

1.

2.

3.

4.

圖11.(1)最上圖為OPPO手機PoP切片50倍明場偏光之接圖，最上列滿員扁形銲球者，為PoP所屬頂件A與頂件B兩者單圈綑綁球之正面全員整齊陣容。

(2)最上圖第二列可見到單圈於左右呈現缺員之銅球，做為PoP兩頂件與底件AP更強固的55個綑綁銅球，第三列滿員銲球是完工PoP貼焊在十層主板的BGA球腳。

(3)第二列為其他類似機種50倍明場DIC之取像，但卻是全員29銅球之展開畫面。

(4)第三列PoP連圖最上層者為頂件A與B之綑綁球，由於已數次對試樣再深入的切磨，故其綑綁只能看到左右兩端的單圈銅球了。其下層是BGA球腳。

(5)第四列是PoP焊在主板後其腹底內部的BGA某排球腳，可見到兩側缺員頗多，應該是那些只具支撐單功能的BGA球腳，為了減重而遭到裁員之故。

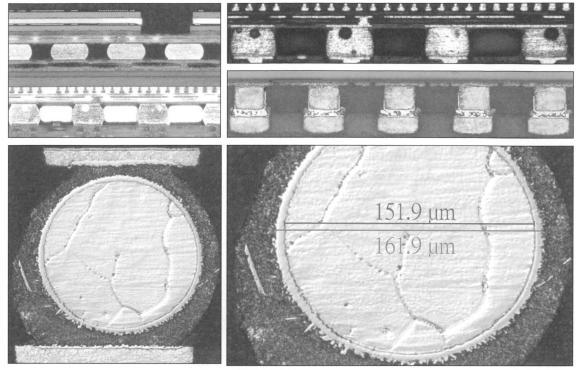

151.9 μm
161.9 μm

圖12.(1)上左偏光透視圖可見到AB兩頂件的四個綑綁球，及底件AP芯片焊在載板的微銅
柱。上右上圖是AP芯片利用銅柱焊在三層載板承墊的放大圖，下側四個焊球則
是PoP腹底的BGA球腳。上右之下圖是AP芯片採銅柱覆焊的1000倍銲點詳圖。

(2)下左圖為綑綁銅球放大2000倍的畫面，明顯見到PoP頂件與底件兩者所用之綑
綁銅球，已被銲錫包圍才得以焊牢的高倍畫面。

(3)下右圖為已焊妥銅球於3000倍下，所量測的銅球直徑與ENIG皮膜厚度之精確數
據，注意：其外緣化鎳表面小草般Ni_3Sn_4亦清晰可見。

事實上各種知名的智慧型手機，其等PoP幾乎都採用兩圈滿員綑綁銲球穩穩將頂
件與底件強力綁牢。不幸的是主板經過正反兩次回焊後，PoP區仍然出現不可抗拒的
彎翹現象。下列各圖為5年前三星銀河手機所呈現的整體彎翹，可做為本文的佐證。

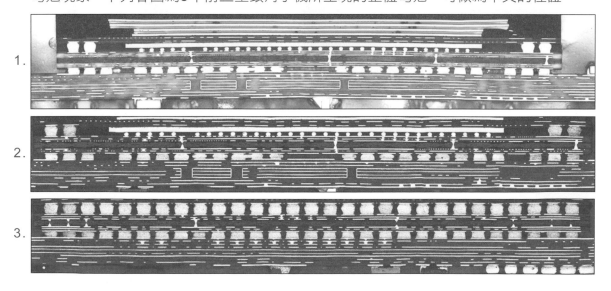

1.

2.

3.

4.

PoP 腹底球 BGA 腳連錫短路

圖13.(1)前頁上圖為銀河手機PoP區的50倍連接圖，可見到頂件是四個堆疊芯片採用雙面載板之打線式DRAM。底件AP厚芯片仍採6層載板的Flip Chip封裝，外圍有兩圈綑綁銲球。該PoP上下5個芯再加上EMC，如此強勁的組合仍敵不過主板兩次回焊的折磨，以致PoP腹底BGA球腳之10與11兩球遭到擠壓而連錫短路。

(2)前頁二列圖為相同PoP區放大100倍的清晰圖像，可清楚見到PoP腹底裁員後整列BGA球腳的展開，發現中間區被擠壓而呈現扁球，至於兩端卻在拉扯下呈現了高球，看樣子是十層主板兩次強熱哭臉影響全局而造成的弓彎。

(3)前頁三列圖上排29個滿球者，即為PoP頂件底件兩圈甕狀綑綁球的正面展開，幾乎看不到些許彎翹。且從第一列之全圖看到PoP本身不但強硬，而且PoP總厚度還超過主板頗多，故知十層主板才應是造成弓彎的弱者。

(4)本頁500倍左圖即為前頁1列與2列中，被擠壓下其10球與11球跨過綠漆阻隄發生連錫的畫面。上右為同一切樣持續往內研磨所見到其他球腳間的連錫畫面。

11-6 PoP完成上下綑綁後續對主板的貼焊

當i7 PoP的DRAM頂件與AP底件兩者被"錫球銅柱組合"綑綁成單一元件後，即可於AP芯臉微米級RDL最（外）下層鍍銅盲孔的UBM處進行助焊膏植球，完成植球的PoP對主板而言就等於是一般性BGA了。為了PoP貼焊強度更好起見，主板銲墊的可焊皮膜早已從ENIG改為OSP了，原因是Cu_6Sn_5的強度確實比Ni_3Sn還要更好。可焊皮膜的改變從i5時就已經落實，說明蘋果在很多基礎研究上還是相當高明的。

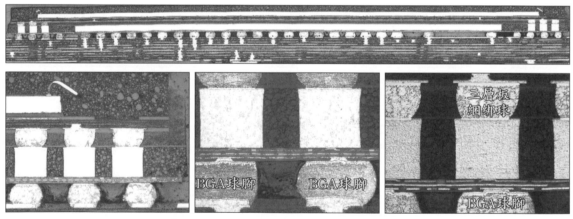

圖14.(1)上圖是i7從PoP利用其腹底RDL的UBM完成植球後，即如同常規BGA般以其球腳貼焊在主板已印錫膏的OSP銲墊上。請註意組裝者所用錫膏並非全屬新開罐者，也就是說多半摻和了鋼板上刮回已吸潮的二手錫膏，強熱中難免造成頗多氣體小洞的小瑕疵。小瑕疵雖不至影響強度，但卻可成為退貨的藉口。

(2)下左圖為PoP最右側下端三球腳已貼焊在主板放大400倍的畫面，此圖可清楚認知DRAM，AP與其RDL，以及綑綁後貼焊在主板的多重關係。

(3)下中亦為PoP球腳貼焊在主板的1000倍畫面，從下兩BGA球頂UBM處白色的Cu_6Sn_5比球底OSP的IMC更厚可知，上端已焊兩次而下端卻只焊一次。須知首焊所形成齒列狀Cu_6Sn_5的強度才最好，多次回焊IMC變厚時強度反倒減弱。

(4)前頁下右圖是完成封裝組裝後去看RDL的畫面，見到是綑綁頂部三層板腹底電鍍Ni/Au皮膜的植球在先，而銅柱頂ENIG的錫膏貼焊在後；如此才完成全部綑綁的PoP。在大號銅柱的強固下，前述因彎翹而連錫現象幾乎都消失了。

由於PoP早已成為手機最重要的元件，是故對主板銅墊的貼焊早已不敢再用強度不佳的ENIG鎳基地了。由下列四圖可知RDL盲銅的UBM與平面銅墊，兩者植球前的可焊處理應該都是OSP，當然主板PoP承焊區的銅墊也都全部採用OSP了。

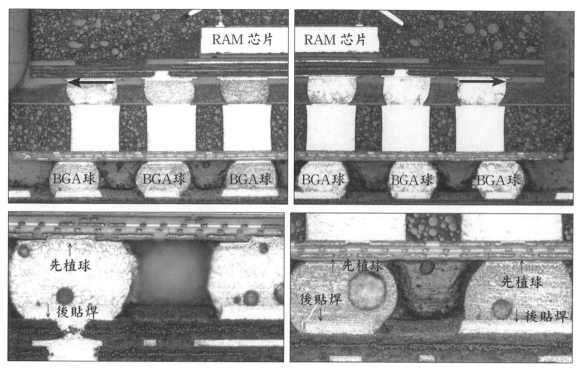

圖15.(1)上左為PoP焊在主板最左端的下三個BGA球腳，上右為PoP焊在主板最右端的下三BGA球腳，由於RAM頂件還保有三層載板而底件AP則全無載板，故知頂件三層板XY脹縮的15 ppm/℃早已超過底件芯片4 ppm/℃很多，是故完成綑綁又再次貼焊於主板時，不免造成外圍綑綁球上側產生向外脹拉的現象（藍箭處）。

(2)由下左圖可知FI區係於RDL最下層鍍銅盲孔的UBM處先行植球，但下右圖FO區RDL最下層卻是一般平面銅墊去植球。從兩圖IMC看來不管UBM或一般平面銅墊，其等表面處理應該都是OSP皮膜了。

i7 PoP的綑綁組合雖經銅柱強化而得以大幅減少BGA球腳的連錫短路，但仍無法改善到最後成品的完全平整。幸好此等瑕疵還不至於損害產品的使用功能。

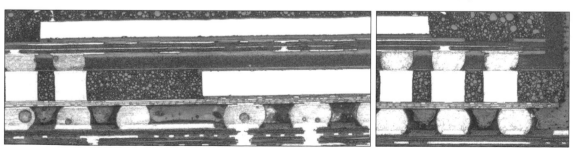

圖16.(1)左圖為PoP以其BGA球腳貼焊於主板的最左端畫面，這是從主板立場去觀察整體

　　彎曲的畫面，取像時故意把土板儘量弄到水平才看到PoP往左端下垂的鏡頭。事實上PoP與主板兩者都各有彎翹，由於PoP遠比主板更為堅固應較少彎曲才對。

　　(2)前頁右圖為PoP完成主板回焊後的最右端，但卻出現較少彎翹的畫面。

11-7 其他零組件對主板的貼焊組裝

11-7-1 觸摸控制器

　　業界習慣上將任何PCB下游零組件的通孔插焊或板面貼焊者，一律稱為PCBA（Assembly組裝），而與各類半導體後段的封裝（Package）有所區別。不過近年來各種綜合型模組（Modules）產品的大量出現，未來小型高難度採MSAP工法大量出貨的SiP模組，不但雙板面都要貼焊上主動與被動元件，連板體中還要內埋一些主動被動元件。如此高難度的PCBA，必然無法再沿用當年簡單產品的思維去提升良率了。當年的工程師早已成為現行的經理或廠長，種種考量也必須要不斷翻新才行！

　　以下為PoP以外對i7其他類比式模塊的切片研究；下列圖17是前圖4上列主板正面右區5個白色模塊下端USI（Universal Scientific Industrial）環旭電子公司（併入日月光前原為位在南投的環隆電氣），所提供6號位置的觸摸控制器。

圖17.(1)最上為Olympus STM6工具顯微鏡所拍"觸摸控制器"長邊剖面400倍的連接圖，可清楚見到該控制器是由平置3個小模塊經過雙面載板所共同組成的大模組。共用了14個QFN銲點把上下銅面焊妥，但卻用綠漆把雙面載板底銅分割成14個ENIG的單獨銲墊。不過主板銅卻未分割而將14個銅墊連在一起回焊。

　　(2)2列兩圖及3列左圖即為三個小模塊的放大單圖，三個單獨元件是由同片雙面板所承載，並將整個封體模塊採QFN手法，以錫膏直接焊接在主板連墊上。

　　(3)第3列右圖為放大2000倍的QFN銲點連接圖，上側為ENIG經植球與貼焊兩次強熱所生長的Ni_3Sn_4，下側為雙面板OSP只經1次焊接而長出的Cu_6Sn_5。

　　(4)第4列為雙面載板在其底面未分割的大銅面上，刻意用綠漆Define出每排14個ENIG圓形銲墊（前後共有7排），於是在腹底植球與錫膏回焊兩次高溫之總熱量被98個ENIG銲墊平均分配下，使得Ni$_3$Sn$_4$的品質變好而強度更佳。

(5)前頁第5列為主板正面98個獨立OSP銲墊，雖只經過單次錫膏回焊，但由於熱量未能分散，致使其Cu$_6$Sn$_5$不但長厚且還連成一片的"過度銲接"不良畫面。

11-7-2 電源管理單元PMU

位於主板PoP正後方背板面的PMU（見前圖4下圖中左的3號模塊），此即為全無載板的大型WLP。從切片看到單排共有18球腳，若其腹底仍為全員排列者則方陣中應共有324個球腳。而其簡單的RDL就直接做在芯臉上，也就是目前所稱的FIWLP了。

1.
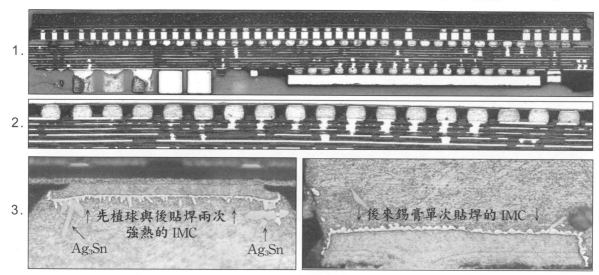

2.

3.

圖18.(1)上連圖右下側大模塊是從主板PoP角度，去看主板背面所貼焊單芯片大號WLP的中型PMU，其單排展開已達18腳的組裝畫面。

(2)反轉180°後的中圖係從PMU本身立場去看貼焊於主板的組裝畫面，可明顯看出中央與右側各球較高，而左側各球卻較矮的不規則彎曲畫面。説明主板與WLP兩者都分別出現了彎翹，看來主板的弓彎還更大。

(3)下左為芯片UBM銅墊經兩次強熱所長出白色較厚的Cu$_6$Sn$_5$與紫色的Ag$_3$Sn。

(4)下右為主板背面堆疊填銅盲孔之頂部銲墊，由於只經過單次錫膏回焊因而出現了標準齒列狀良好的Cu$_6$Sn$_5$。這種齒列狀的IMC是銅基地最強銲點的切片畫面。

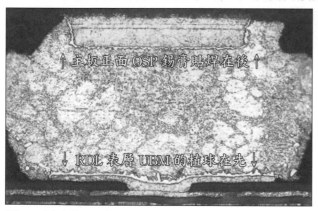

圖19.(1)左圖是完工PoP最後以其腹底BGA球腳貼焊在主板銅墊OSP皮膜之錫膏而形成良好銲點的畫面。但卻故意將之倒置成為當初RDL表層UBM植球時的狀態，由於該PoP後來又覆焊於主板上，以致UBM處焊了兩次而IMC變得較厚，上端主

板銅墊OSP由於只做了1次錫膏貼焊，因而IMC較薄。

(2)前頁右圖為PoP貼焊在主板的最後組裝，可見到兩次焊接的UBM又顛倒回到完工狀態的頂面了。此圖還可見到上端InFO的RDL共出現了四次鍍銅的畫面。

11-7-3 超小型WLP的剖析

筆者在i5與i6的拆解與分析中，雖曾以切片圖說明某些WLP已無需載板，而是利用其RDL所植球腳直接踩在主板承墊的錫膏上完成回焊，但並未深入探討WLP的RDL。此次在拆解i7幸運找到了只有9腳RF模組的超小型WLP，於是就利用解析度達300萬畫素的STM7小心取像而見到了較簡單的RDL。本文前述方波A10處理器（1300腳），其RDL多層μm級線路與芯臉內部14nm線路者，與此處9隻腳超小型WLP對比之下，簡直像螞蟻遇到了大象般不成比例。以下即為其簡單RDL切片的發現。

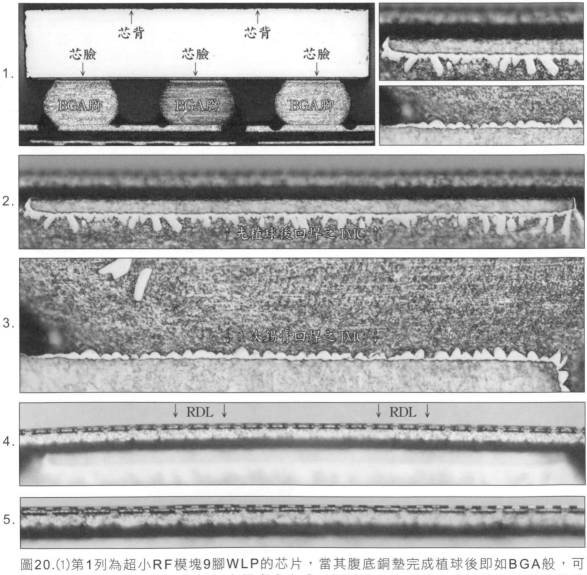

圖20.(1)第1列為超小RF模塊9腳WLP的芯片，當其腹底銅墊完成植球後即如BGA般，可直接踩在主板銅墊OSP之錫膏中完成回焊貼裝。右上圖為頂面的植球與貼焊兩次強熱所長出既厚又連成一片不良的Cu_6Sn_5。而右上之下圖則為主板銅墊OSP

皮膜，只經錫膏單次貼焊所長出強有力的齒列狀Cu_6Sn_5。

(2)前頁第2列為WLP腹底銅墊經助焊膏植球與錫膏貼焊兩次強熱後的全圖，刻意把焦距鎖定在IMC處所見到"過度焊接"白色Cu_6Sn_5的全面接圖。其頂端紫色者即為其芯片，夾於其間模糊不清者即為其簡單的RDL。

(3)前頁第3列為WLP球腳在主板銅墊OSP處，經錫膏單次回焊所長出強有力齒列狀的健康Cu_6Sn_5。左上方兩白色IMC者即四處游走的Ag_3Sn。

(4)前頁第4列為WLP芯片正下方所見到的RDL，此圖是刻意將3000倍焦距鎖定在RDL處，因而銅墊與IMC就全模糊了。此與2列之IMC者則都是各取所要的畫面。

(5)前頁第5列亦為該WLP另一處簡單RDL的3000倍清楚畫面。

11-7-4 海力士SKhynix的128GB快閃記憶體

從前圖4下圖主板背面5號白色最大模塊，為韓商海力士所提供128GB的NAND Flash快閃記憶體，早先i5/i6的兩次切片研究所見者，均為日商Toshiba東芝的商品。此次i7卻出現日商與韓商的兩種版本。

此主板背面大型模塊一向採用QFN扁大銲點之錫膏單次回焊，從切片一看就懂原來QFN的優點是銲點高度最矮，而且還可節省掉BGA球腳的成本。由於銲點上下銅墊的面積都很大，又因銲點頂面三層載板係為打線封裝，故其可焊皮膜只能使用電鍍Ni/Au。至於主板對應銅墊則另為ENIG，在大面積強度尚可下於是就無需改用OSP了。

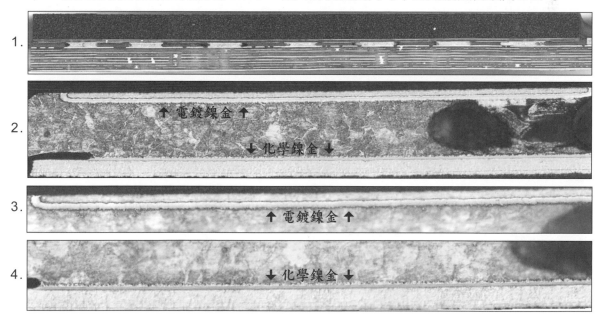

圖21.(1)上列者為128GB快閃記憶體超大模塊貼焊在主板背面的7個大號QFN銲點，但由於主板整體厚度不足，其多次強熱焊接後的彎翹幾乎無可避免。

(2)二列者為上圖右端QFN銲點的2000倍接圖，可見到頂面電Ni/Au與底面ENIG兩者雖都長出Ni_3Sn_4，不過其等微觀IMC外形卻大異其趣，右端空洞正是QFN銲點的宿命缺陷，而並非哪家PCB或PCBA業者的缺點，是氣體無法逸出所造成。

(3)三列者為QFN錫膏銲點頂部2000倍之圖，其電鍍Ni/Au單次強熱所長出短刺狀強度不足的Ni_3Sn_4。原因是Au較厚需較長時間逸走以致Ni長IMC的時間不夠。

(4)四列者為相同熱量中底面ENIG所長出標準小草狀的Ni_3Sn_4，此連圖尚可再放大數次而更能清楚見到介面紫色的富磷層（組成為Ni₃P）。

11-7-5 高通Qualcomm的Modem

　　位於前圖4上列主板正面之4號模塊，即為高通的 "編碼與解碼器" （Modulator and Demodulator），是將天空通訊飛來弦波的類比資料轉變為方波的數碼資料，或反其道而行將方波轉變為弦波又從手機天線發射出去的模塊。此Modem排名為主板的第3大數碼模塊，其貼焊在主板正面的BGA球腳達625腳之多（切片可見到每排有25球）。此模塊初切畫面判讀可能是上打線與下覆晶的雙芯片封裝，第1刀所見為71.52μm的薄型FC芯片。所用載板為板厚191.79μm（含雙面綠漆）的4層板。

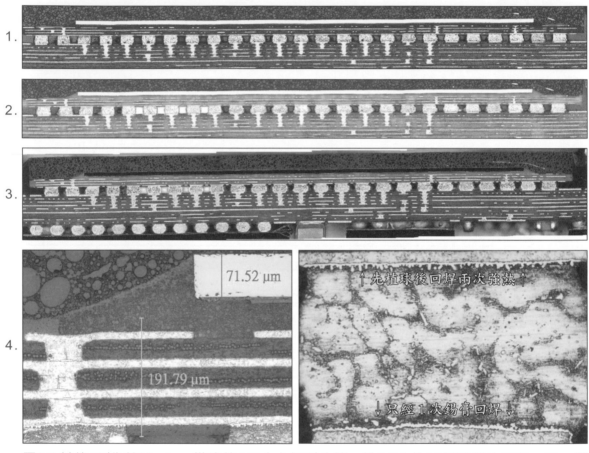

圖22.(1)第1列為該Modem模塊第1刀小心切到的第一排BGA共25個球腳的畫面，單一模塊右側上端已出現局部金線的打線証據。

　　(2)第2列為第1刀明場偏光透視100倍的連接圖，注意右端打線並未落實到芯片上。

　　(3)第3列為第1刀100倍暗場偏光連接圖畫，由於4L載板所載者可能是上下雙芯片，再加上堅硬的模料，故知其剛性比主板更強。因而可判斷此連接圖所呈現的右端翹起，應是主板在兩次強熱中變形所造成。

　　(4)第4列左圖可見到191.79μm的4層載板，右上角可能是Flip Chip芯片其厚度71.52μm。此4層板是由3張1027膠片所壓合而成。右圖銲球為四層板腹底的BGA球腳，頂面是腹底銅墊的植球與後來覆焊兩次強熱造成較厚的Cu₆Sn₅。而底部卻是主板OSP銅面只經錫膏1次焊接而較薄的Cu₆Sn₅。至於焊料晶界中游走細碎的白色IMC也都是Cu₆Sn₅。

筆者在說明圖22打線芯片時就覺得怪怪的，①為何所打的金線並未落實到芯片上而卻是飄浮在半空中？②為何打線芯片的下緣卻又出現窄窄的RDL？當時就大膽假設此Modem模塊內一定藏有雙芯片，而且應該是：①底芯片以其朝下芯臉與四層載板採Flip Chip式貼焊互連②頂芯片以朝上芯臉與四層板進行打線互連。於是就步步為營對切樣續往內部小心邊切邊看，終於水落石出見到了圖23上下雙芯片不同的互連。

1.

2.

3.

4.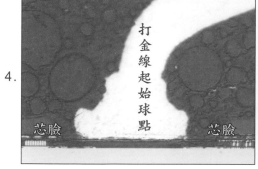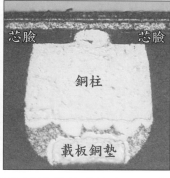

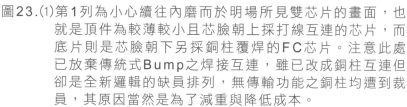

圖23.(1)第1列為小心續往內磨而於明場所見雙芯片的畫面，也就是頂件為較薄較小且芯臉朝上採打線互連的芯片，而底片則是芯臉朝下另採銅柱覆焊的FC芯片。注意此處已放棄傳統式Bump之焊接互連，雖已改成銅柱互連但卻是全新邏輯的缺員排列，無傳輸功能之銅柱均遭到裁員，其原因當然是為了減重與降低成本。

(2)第2列為明場DIC取像的上下芯片的連圖，由於底芯片的CTE為4ppm/℃，而四層載板之CTE為15ppm/℃，兩者落差下造成腹底銅柱銲點不規則的偏移。

(3)第3列即為底芯片腹底銅柱的不規則移位，與多次熱量IMC變厚的2000倍畫面。

(4)第4列左圖為頂芯片落實打線第一球點的3000倍畫面（注意其朝上芯臉），中圖為底芯片以其銅柱覆焊於四層載板的圖像（注意其芯臉朝下）。

(5)第4列右圖為打線的頂芯片與銅柱覆焊的底芯片，兩者的上下連接圖。

11-7-6 電子羅盤與陀螺儀

　　智慧型手機都已具備指南針指北針搭配Google地圖用的電子羅盤，與感測水平傾角的陀螺儀以利3D遊戲的臨場感。本次拆解i7的電子羅盤模塊，是位於圖4上圖之左直立窄板區的下末端，亦即位在主板UL Logo左側的黑色小模塊，由於面積太小無法加註元件的字碼資料。此電子羅盤功能可否發揮與10層主板的層間對準度有關。

1.

2.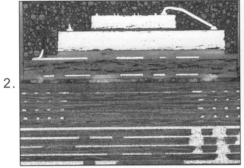

3.

圖24.⑴上左為前圖4上半圖左直立窄板最下端的放大畫面，左中區有1個無標記黑色小方塊者，就是電子羅盤其芯片模塊之所在位置。

　　　⑵上右空板圖可見到電子羅盤的貼焊位置，注意該位置共出現了14個OSP的超小銲墊。按常規應有16個QFN銲點才對，此處的兩個缺員當然也是為了減重（見二列右圖只有3個QFN銲點）。i7真正做到了能省則省錙銖必較的地步！

　　　⑶二列左圖可見到電子羅盤模塊是被雙面板所承載的打線雙芯片，完成封裝後利用雙面板腹底的14個QFN銲點貼焊到主板上。模塊正下方10層主板出現四個內層板中間空空左右每層四圈短銅線者，即為羅盤所需磁場的16個方型線圈。

　　　⑷二列右透視圖可見到主板內層線圈中心無銅的空白區，而方型線圈的正上方可見到只有3個扁型QFN銲點，說明有一個銲點已遭到裁員了。

　　　⑸三列局部內層之放大圖可想像是16圈方形線圈，通入直流電即可形成磁場。一旦層間對不準時則彼此磁場可能抵消而有損強度，將無法展現羅盤的功能。

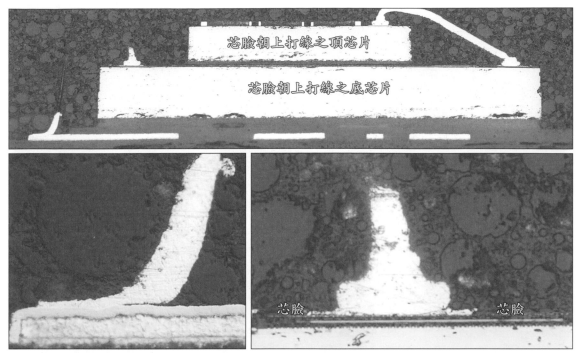

圖25.(1)上圖可見到電子羅盤模塊中打線式兩芯片的細節，①頂芯片對底芯片兩者間係採
Ball Bond對Ball Bond的互連②底芯片對雙面載板打線之第1點係採Ball Bond
，而雙面板之第2點係另採Wedge Bond之互連。

(2)下左圖為雙面載板電鍍Ni/Au皮膜經打扁點Wedge Bond金線的3000倍詳圖，
下右圖為底芯片朝上芯臉對載板打線第1點Ball Bond的3000倍詳圖。

11-7-7 SIMM Card的不鏽鋼外殼

　　每個手機一定會有"用戶識別記憶模組"卡（Subscriber Identify Memory
Module）Card，也就是手機電話識別卡的卡座位置。為了保護此模組在多次插拔中減
少其受損起見，刻意加焊金屬外殼做為保護與強固作用。一般不銹鋼材是無法進行焊
接的，從下列切片可知其不銹鋼素材是先做了電鍍鎳的皮膜才得以焊牢 。

　　這種立體成型護罩之不銹鋼薄材，共用了23個不同形狀的銲腳去對主板銅墊進
行焊接（見後頁3列圖黑區內23個白色銲點），三面外圍共有10個勉強安排的條形銲
點，係採薄材直立於錫膏的插焊。一旦手機多次摔落此種銲點根部難免遭到震裂，若
能小心對其窄窄銲點加以熔錫應可部份復原。

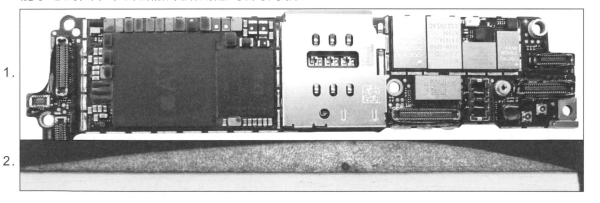

3.

4.

5.

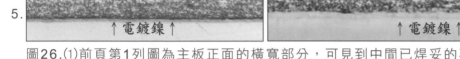

↑電鍍鎳↑   ↑電鍍鎳↑

圖26.⑴前頁第1列圖為主板正面的橫寬部分，可見到中間已焊妥的不銹鋼保護罩與內部 SIMM卡插槽。2列圖是是鍍鎳不銹鋼護罩之某一錦點，經熱熔移走後切片所見不銹鋼表面鎳層的焊點全圖。

⑵本頁3列之大圖即為移走不銹鋼護罩所見到的SIMM插槽位置，該區內共有23個錦點，其中13個屬面積較大的貼錦點，另外10個在外圍無地可容下只能採插焊。四列兩錦點開裂圖即為多次摔落試驗後插焊處的失效畫面。

⑶第5列即為不銹鋼素材電鍍Ni後又經焊接所見到的IMC畫面。

11-8 結論

此次拆解i7所發現的重大工程改變遠比當年的i5、i6多了很多，其關鍵者有：

1.台積電以4層PSPI介質與4次電鍍銅（含上下感光盲孔共有6個銅層），在擴大地盤（含FI與FO）的"增肥芯片"頂面直接製做RDL，完全取代掉原先2+2+2的6層FC載板，開啟了半導體封裝業的第4次大革命。

2.i7最大最重要元件PoP，其頂件RAM與底件AP兩者的綑綁，改以上錦球下銅柱的兩圈組合體，取代了先前3圈甕狀的綑綁錦球。且此種銅柱錦球組合還是缺員的，只做綑綁沒有傳輸功用者均已遭到裁撤，而得以降成本與減重。

3.連帶使得其他各種貼焊用的BGA球腳與FC凸塊，也都只保留機械支撐與導電傳輸之雙用途者，先前縱橫滿員的整齊陣容將從業界逐漸消失。

4.RDL的第1次鍍銅，採"7次常規電流與6次斷電"特殊脈衝法的千層派銅層，可使得12吋二次晶圓的全面鍍銅厚度更為均勻。

高科技競爭劇烈的智慧型手機，其繁多功能與複雜結構引領著電子工業快速前進。在重重保密下即使現役的業者們也多丈二金剛摸不著頭緒。筆者年事已近八旬有幸對 i7 拆解與判讀，其動力乃源自興趣與使命感。1個多月與顯微鏡的辛苦交道終於可暫獲得喘息。此刻正是重擔初卸身心頓輕，文中謬誤處尚盼高明指正。

第十二章 劃時代的iPhone7與 InFO（Integrated Fan-Out）

從i7拆解切片看見台積電的InFO

12-1 前言

　　世界各種大型學術活動都會留下歷史性的論文集Proceedings以及隨後轉載的各式技術期刊等，一向都以正式行文搭配圖表所組成的全文方式發行。也就是以標準的文字文章為主，段落中插入各式圖表為輔，所組成的文主圖輔式的全文。電路板季刊發行至今已近20年接近80期，從古到今均採標準全文格式編集而成的『文章』。然而對讀者來說卻要跟著行文一路讀來十分耗時。對初學者尚好，對資深者可謂相當浪費。自從Power Point簡報式快速進入狀況以來，採圖主文輔方式易於找到重點的『格式』暢行後，許多經典論的正式文章反而被細細品味者不多，而現場宣讀早已一律採用易懂及快速吸收的PPT簡報，對學術交流與新知傳播確有極大的幫助，雖說PPT檔是一種速食文化，但對聽者尤其是資深者而言也的確節省極多的寶貴時間。

　　電路板季刊中曾介紹的iPhone7與台積電的InFO，其內容不但極新而且也極其複雜，為了讀者快速吸收起見，本章特嘗試以去蕪存菁的PPT檔方式刊出。後續筆者還會將更多的珍貴技術資料以PPT檔方式發表，尚望高明多多指教，先在此致上最真誠的感謝。

12-2 封裝科技的四次革命

12-2-1 封裝科技的首次成型與第一次革命

1. 利用KOVAR（鐵鎳合金；CTE接近EMC）做為模塊的腳架（Lead Frame）進而完成封裝，之後再與PCB完成通孔插焊的組裝。此工法是從1969年以USP3,436,801而開始各種IC模塊的首次形貌與規格。

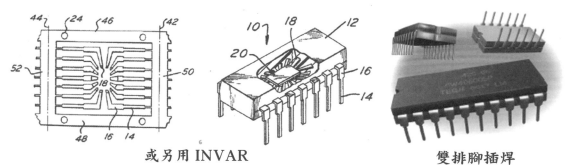

或另用 INVAR　　　　　　　　　　　　　雙排腳插焊

2.80年代組裝出現可自動化的表面貼焊SMT方式，取代了大部份通孔插焊使得PCBA更方便更有效率，Dr. J Lau稱為第一次革命。甚至還擴充到四邊接腳去貼焊而更讓產品得以縮小體積與增強功能。

雙排腳貼焊　　　　雙排腳貼焊　　　　四邊排腳貼焊

3.為了強化功能增多I/O腳數（如CPU、GPU）於是又出現了大型模塊腹底全面格列式（Area Array）安植Pin針腳的PGA插座，以方便如針腳CPU等關鍵元件的更換或升級。此即為成為下一代腹底全面性球腳BGA的啟蒙。

通孔插焊

12-2-2 PTH通孔插腳波焊因SMT的興起而式微

　　早先PCBA組裝板一律採通孔插腳波焊Wave Soldering方式，將各式零組件以其引腳伸入PCB板體內完成插裝Assembly。此種方式的缺點很多如：①不易自動化插件②零組件很難縮小也很難增加接腳而強化功能　③PCB板體受損且板面未能充分利用④波焊機錫池容易遭銅汙染經常造成連錫。SMT對電子產品的大產量與降價居功厥偉。

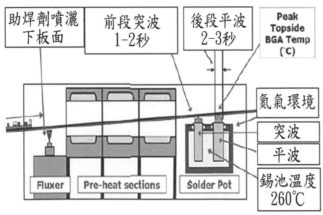 

　　但PTH通孔插焊的後續強度，即使出現銲洞者也要比SMT板面貼焊者平均好上10倍。因而講究可靠度的軍用板與汽車板目前仍繼續使用波焊插裝，而不考慮輕薄短小與容易加工且又方便自動化的SMT。

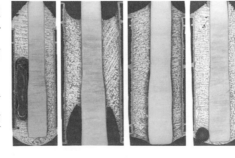

12-2-3 SMT促成上下游的多功能與密集化與微小化

　　板面銲墊採用錫膏貼焊的SMT技術優點很多：①可自動化與高速化並可增多零組件的佈局②可微小化與密集化組裝，手機板即為代表作③充分利用PCB兩外層面積，甚至還可內埋貼焊④縮小板面壓縮互連距離大幅加快處理速度。

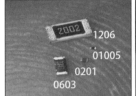 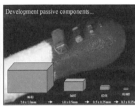  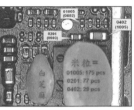

　　SMT熱風錫膏回焊CV Reflow（早就不是IR Reflow了！）不但可貼焊各式外露接腳(含QFN的腹底無腳)甚至可焊妥腹底眾多球腳，而令電子產品快速普及化與創造商機。

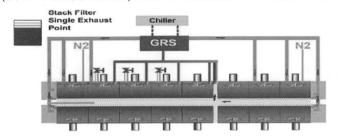 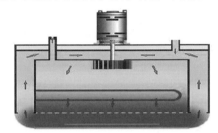

12-2-4 封裝科技的第二次革命

　　1993.6 Motorola以U.S. Pat 5,216,278球腳格列Ball Grid Array的BGA專利，採有機載板腹底全面焊接更多球腳而出現Dr. J Lau所說的第二次革命，成為各種IC模塊的最佳選擇，並使得電子產品的功能為之大幅提升。

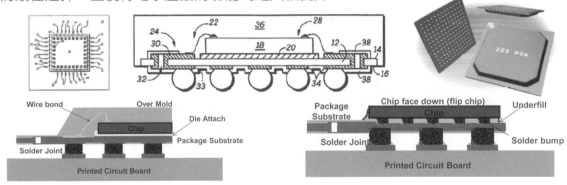

　　BGA的出現逐漸創造了載板Carrier製造與下游封裝兩大行業；從有鉛到無鉛，從數十腳到一萬多腳，從打線到覆晶，使得電子產品的硬體工業得以快速發展。

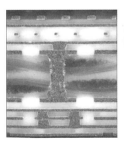   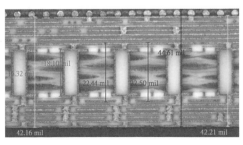

此16層載板共有13K個凸塊

12-2-5 封裝科技的第三次革命

2001年一家美商小公司以U.S.Pat 6,287,893B1的專利展開了晶圓直接封裝的WLP做法，這種完全無需載板的小型模塊成為封裝的第三次革命。事實上手機板雙面貼焊共約40顆大小模塊中，這種球腳不多Analog類比式小型微波通訊用WLP模塊卻占了一大半。故知WLP對各式手執電子品的小巧精密與極其廣用具有莫大的功勞。

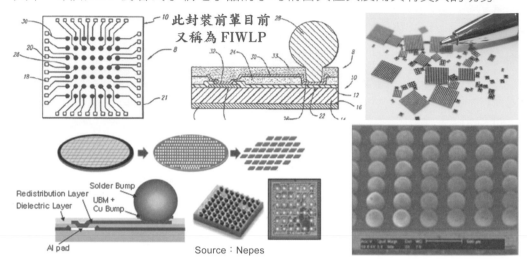

Source：Nepes

12-2-6 封裝科技的第四次革命

德商Infineon英飛凌於2004年取得U.S.Pat.6,727,576B2 的FOWLP專利，將KGD四周空地用環氧樹脂模料EMC向外擴張地盤（Fan Out），增大RDL佈線面積與加多球腳，並放棄載板與其封裝而以其RDL直接植球直接貼焊在PCB上。如此一來不但節省成本降低厚度且更能減少發熱加快運算速度而成就了第四次革命。

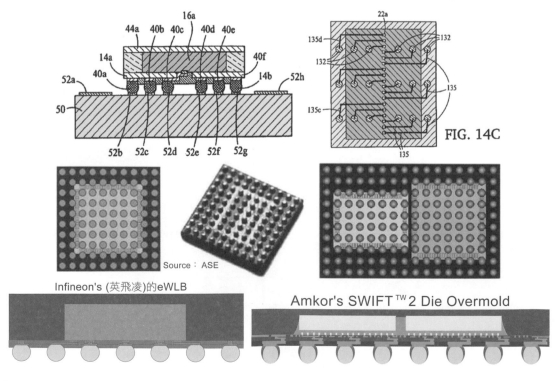

Source：ASE

Infineon's (英飛凌)的eWLB

Amkor's SWIFT™ 2 Die Overmold

12-3 i-7主板雙面零組件的佈局

12-3-1 手機板正面貼焊的零組件與大型 PoP

下圖中紅字2與3之大模塊為蘋果A10處理器者正是密集組裝的PoP，而其底件AP原本覆晶用的6L載板如今已被TSMC專利InFO製做的6銅式RDL所取代了。

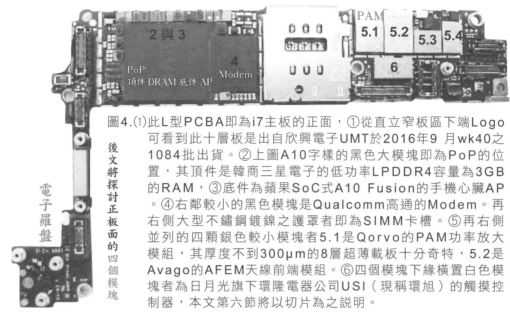

圖4.(1)此L型PCBA即為i7主板的正面，①從直立窄板區下端Logo可看到此十層板是出自欣興電子UMT於2016年9 月wk40之1084批出貨。②上圖A10字樣的黑色大模塊即為PoP的位置，其頂件是韓商三星電子的低功率LPDDR4容量為3GB的RAM，③底件為蘋果SoC式A10 Fusion的手機心臟AP。④右鄰較小的黑色模塊是Qualcomm高通的Modem。再右側大型不鏽鋼鍍鎳之護罩者即為SIMM卡槽。⑤再右側並列的四顆銀色較小模塊者5.1是Qorvo的PAM功率放大模組，其厚度不到300μm的8層超薄載板十分奇特，5.2是Avago的AFEM天線前端模組。⑥四個模塊下緣橫置白色模塊者為日月光旗下環隆電器公司USI（現稱環旭）的觸摸控制器，本文第六節將以切片為之說明。

12-3-2 Package on Package（PoP）與捆綁腳的演進

PoP是手機中最大最重要的立體組件，一樓為CPU（手機稱AP）二樓為DRAM，利用外圍捆綁體將上下焊成一整體以節省用地與加快速度。i5有兩圈i6改為三圈。但 i7卻將下半截TMV中的錫膏改為銅柱，在剛性增強下即可抽掉一些只做捆綁而不通電之單一用途者，以降低成本減輕重量。此種全新外圍三圈銅柱即為台積電製程之第一步。

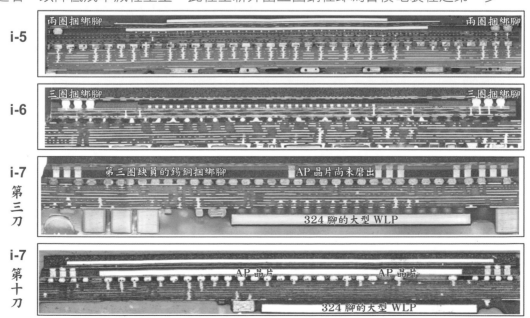

12-3-3 下銅柱上錫球所組成I7的PoP捆綁體

　　i5/i6時代PoP所用的捆綁體是由下錫膏與上錫球所焊成，為減少PoP在後續強熱的哭笑彎翹而拉裂起見，i6雖已增加到三圈滿員捆腳但仍難免於彎翹的發生。於是i7乃改用剛性更強由下銅柱與上錫球所組成三圈缺員式的捆綁體(見下列第一刀圖)，此舉具降低彎翹、節省成本與減輕重量的三贏。

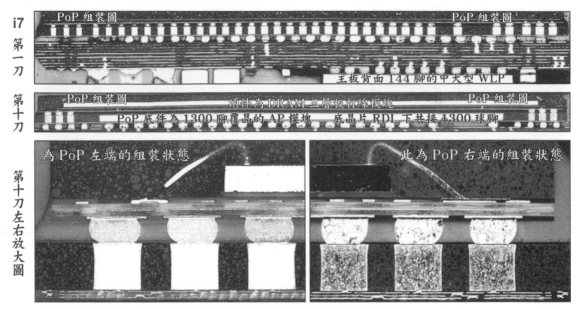

12-3-4 i7手機板反面所貼焊的其他零組件

　　此10L任意層ELIC手機薄板反面最大貼件就是5號的NAND Flash記憶體，主板採ENIG銲墊對QFN式元件進行無腳錫膏貼焊。另3號模塊者為324腳的大型WLP。

(2)此下圖為i7主板背面所貼焊的多種零組件，①主板橫段最左下角白色者為環隆USI或村田的WIFI藍芽模組，②其右上是NXP的NFC，③再右中黑色稍大模塊是ADialog的電源管理單元PMU，亦即前圖3之三列橫接圖下緣貼焊的18腳大型WLP。④再右上的閃白色模塊是高通的LTE接收器。⑤中央最大白色模塊板者為日本東芝或韓商海力士SKhynix兩家128GB的NAND Flash記憶體，⑥5號模塊右上角為音頻解碼器，螺絲孔右上三個模塊為音頻放大器。七段白線下方多個模塊中⑦ ⑧ 兩個是高通的射頻接收器其字跡模糊不清不易辨識。⑨左側直立窄板頂部共有5個模塊，上下兩個白色者為Skywork的多樣接收模組，左側小藍者是Avago的RF晶片。

12-4 台積電InFO流程的說明

12-4-1 何謂InFO（Integrated Fan-Out）

InFO屬FOWLP工法之一但卻是最先大量產難度頗高的中腳數（1300ea）模塊，而且又被名氣與產量都最大的iPhone7所青睞。此次RDL搶占他人地盤之舉，造成蘋果手機AP原用之6層載板與其封裝兩種產線的出局，對電子工業造成極大的衝擊。InFO 特色仍很多，如：(1)以FO三圈外銅柱代替捆綁體下半TMV中的錫膏而將PoP綁得更牢，剛性變好下可裁掉三圈中無通電功能的捆綁體，而得以減輕重量與節省成本(2)i7其他貼焊於主板的BGA球腳中無通電者也遭裁除(3)以40μm厚的直接RDL取代原本300μm厚的AP用六層載板，不但總厚降低減少發熱而且作業速度更加快了20%。

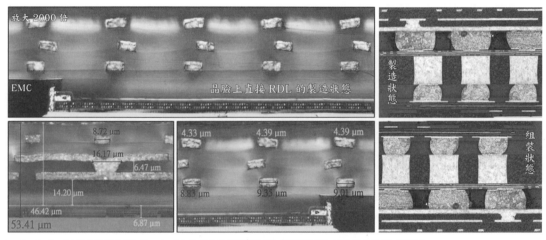

12-4-2 InFO流程最先在外圍FO區製做捆綁用的三圈外銅柱

InFO流程：(1)取KGD以其晶背逐一重貼在有膠膜的12吋圓形厚玻璃載具的設定位置，各晶片的間距即為FO區。此膠膜事後可透過玻璃板的雷射光予以裂解撕離(2)然後對各KGD與各FO區全面旋塗法施加頗厚的光阻，待FO區解像後即全面濺射Ti/Cu乾式金屬化皮膜，再剝除各FI光阻上的Ti/Cu(3)電鍍銅填滿FO區的解像空洞，去除全面光阻即可得到外銅柱(4)全面進行EMC高溫封模(注意：此時可能會造成12吋玻璃板的彎翹)，冷固後採CMP法全面削平露出內銅柱時，即可進行後續全面的RDL工程。

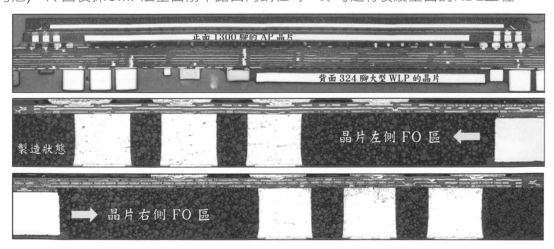

12-4-3 首做三圈缺員外銅柱時另對晶片及光阻的猜臆

1. 前頁對流程的猜想是先把各KGD以晶背貼在玻璃板各FI區再全面施加乾膜光阻，之後僅對FO區解像與全面濺射Ti/Cu，此時再加二次光阻以剝掉FI區的Ti/Cu之後才對FO區進行電鍍外銅柱之工程。然後去光阻以及EMC澆模與內外CMP削平以待RDL工程。經閱讀台積電於2013 07-14取得的美國專利也如此説法。

2. 第二種猜想是先在有膠的玻璃板面濺射鈦銅，在暫不貼晶片下全面施加很厚的乾膜，並首先在各FO區進行解像與電鍍銅柱。隨即去掉全面乾膜與咬掉FI區的鈦銅露出膠面後，再將各KGD以晶臉朝下逐一反貼，待全面高溫澆模後即成為強固的圓板，之後雷射撕掉玻璃板後再對晶臉面進行全面削平。如此不傷晶臉下良率才能提高。

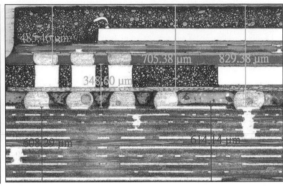

12-4-4 研讀 InFO 專利後對其內容的整理

1. InFO的US Pat.公佈編號為US 2013/0168848 A1大量文字都在説明晶臉上的內銅柱(1-35µm)與鋁墊，主要訴求在各種界面處的兩種保護層Protective layer；(1) 是50nm-2µm的無機絕緣膜（SiN ,SiC,SiCN,SiCO,TEOS,SiO$_2$等），可防止內銅柱與PI間因CTE與研磨或濺射出氣等分離；或晶材與EMC，或外銅柱與EMC間因研磨扭力的分離。(2)是特殊金屬膜（Ta,TaN,Ti,TiN,Co,Mn等）可防止Cu的向外擴散。

2. 多處圖文説明各KGD均以晶背貼在玻璃板上而朝上的晶臉已被PI層所保護，突出的眾多內銅柱則可做為後續全面削平的end-point指標（見下6000倍之單圖）。但該專利對最重要捆綁用三圈粗大的外銅柱卻隻字未提，令人十分不解。

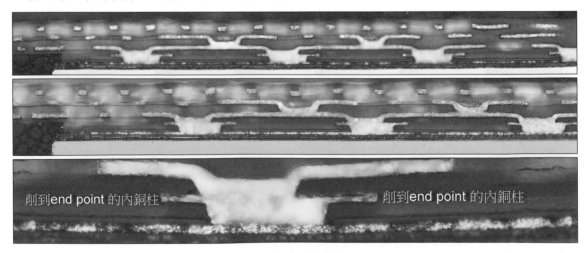

削到end point 的內銅柱　　　　削到end point 的內銅柱

12-4-5 三圈缺員外銅柱的製造過程

　　當各KGD以晶背規律性貼在玻璃圓板面時其各處間距即為FO區，於是全面旋塗負型乾膜光阻並使FO區厚度維持在240µm左右。待FO區解像成圓洞後即可濺射Ti/Cu與電鍍銅約40分鐘使銅柱高度達210µm左右，剝除光阻即完成外銅柱工程。然後再於全區進行高溫澆滿EMC模料，待冷固與CMP削出內外銅柱後即可進行RDL工程 。

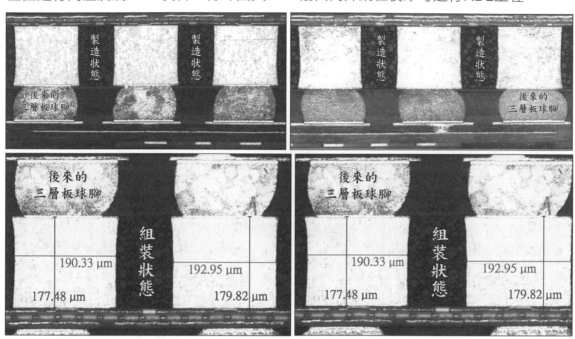

12-4-6 晶臉奈米級多層線路I/O點上的內銅柱

　　為了RDL必須從內外同一平面上製作起見，乃刻意在KGD晶臉各I/O銅墊上事先加鍍較矮小的內銅柱，而得與後來的外銅柱一併扮演極其重要的削平指標。此等精密內銅柱是在上游晶圓Wafer流程最後步驟所完成的，之後才規律性將各KGD背貼在玻璃板上。下列各圖可見到晶臉上已削薄的內銅柱其直徑約68µm 跨距約160µm。

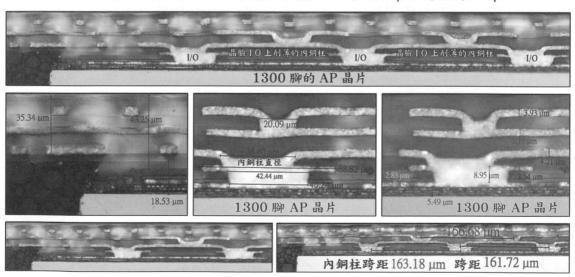

12-4-7 CMP削平內外銅柱後RDL首次電鍍銅的特色

　　當RDL前流程之KGD背貼玻璃板，加工外銅柱，EMC澆模，與CMP削平內外銅柱後；隨即進行RDL本工程之旋塗PSPI，感光成像，濺射Ti/Cu與千層派（七斷電八鍍銅）首次平坦均厚的鍍銅層。之後重覆PI與鍍銅完成其他三次增銅的RDL工程。

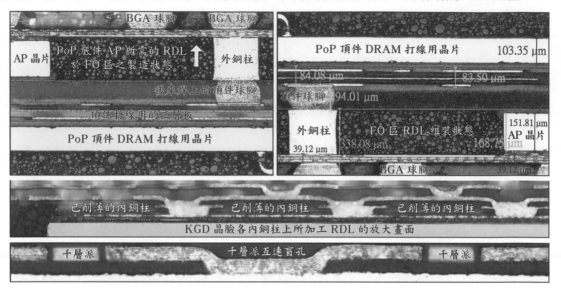

12-5 RDL的原理與製程

12-5-1 何謂再佈線層Redistribution Layer（RDL）？

　　小面積的IC內部對Byte式數碼訊號採極快的併行傳輸，到了大面積Carrier/PCB之外頻時只能用較慢的串行傳輸。目事實上早從1991年起內外就已脫鉤而各自發展，RDL即扮演奈米的內頻外與微米的外頻間的轉換角色。

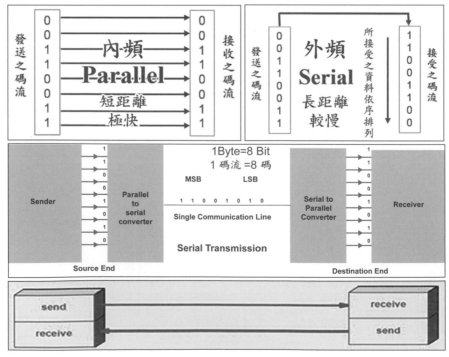

12-5-2 RDL的功用及與載板的關係

　　簡單說載板就是執行RDL的硬體載具，RDL的功用有：(1)內頻外頻的搭橋(2)調適內外電壓(3)單一模塊中多晶片間的互連(4)單一晶片上多核心間的溝通等。

　　自1993年BGA球腳模塊問世後即興起製造Carrier載板的新行業，並從PCB主流中分出。載板除了線細孔小佈局緊縮而密度更高外，以化銅代替銅箔的SAP半加成法，與採超薄銅皮的mSAP法，以及為減少彎翹所用BT的高Tg板材，且無須UL阻燃之認可等，均與傳統PCB有所不同。常見載板之Tg雖已高達250℃，但大型BGA仍然在多次強熱中仍然出現彎翹與應力，是目前頗為棘手的問題。

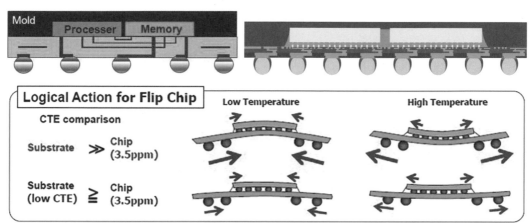

12-5-3 晶臉區與FO區內外全面製做RDL的流程

　　從切片推測台積電RDL的流程為：(1)當FO區完成外銅柱與EMC澆模後 即進行CMP全面削平讓內外銅柱一併露出 (2)以旋塗法均佈一層棕色的PSPI介質層，再感光成盲孔使露出內外銅柱以待RDL的首次鍍銅 (3)全面濺射Ti/Cu金屬化皮膜與採千層派鍍法完成RDL首次的平坦銅層，隨後加貼乾膜並蝕刻成線(4)續加PSPI介質層，濺射Ti/Cu與電鍍銅，完成其他RDL以及最後BGA植球用的UBM。注意：後各次稀薄PSPI介質層實施Spin Coat旋塗與乾燥後難免出現波浪，以致後來各次鍍銅層也為之波浪。

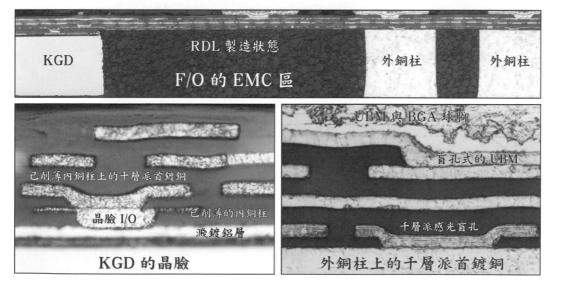

12-5-4 RDL流程中瑕不掩瑜的品質案例

此次對i7的拆解總共做了4000多張照片以PoP為主，筆者小心對該PoP先後連續性（Insitu）共做了14刀微切片，取像約2000張對底件InFO式RDL做了深入性探索。在第5刀時發現RDL的三鍍銅時出現了幾乎與二鍍銅短路的銅瘤，從下右另貼的放大銅瘤圖，與研磨過頭的小盲孔長相不同看來，筆者對該瑕疵並未誤判。

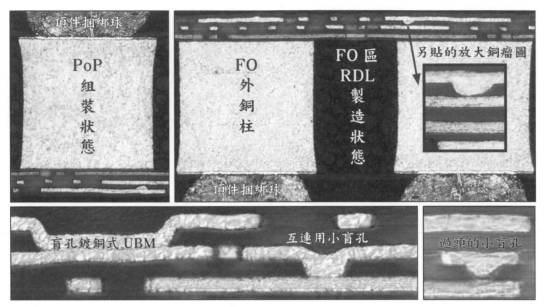

12-6 i7主板雙面貼焊的五種元件

12-6-1 i7手機十層ELIC主板背面採QFN貼焊的快閃記憶體

i7組裝板背面5號大型模塊者，即為韓商SK海力士提供的Flash記憶體。此模塊係採打線封裝，因而頂部只能用電鍍Ni/Au皮膜但底部主板皮膜卻是ENIG，兩者雖都反應成Ni_3Sn_4的良性IMC但微觀外型卻大異其趣。至於QFN式銲點空洞則依然存在。

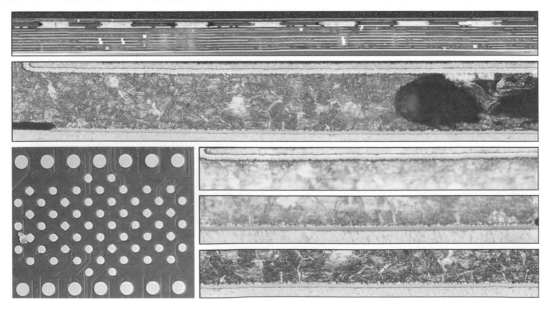

12-6-2 鎳基地銲點強度不如銅基地

化鎳電鎳兩種鎳基地焊後雖都生成Ni_3Sn_4之IMC但微觀外形卻不同，鎳基地IMC生長速度不但比銅基地慢了很多（0.05μin/sec；4.1μin/sec）而且還出現對強度有損的三元IMC，如$(Ni,Cu)_3Sn_4$或$(Ni,Cu)_6Sn_5$，致使鎳基地銲點強度不如銅基地。

12-6-3 324腳大型WLP晶圓級封裝模塊的球腳貼焊

由前i7主板PoP背面所見之3號模塊，其切片畫面即落在本節之上圖，是一種數碼式的電源管理器PMU。此全無載板之大型模塊係採WLP直接封裝者，共有BGA式球腳324腳其銲料為SAC305。注意此晶片比1300腳的AP晶片更厚因而板彎翹也較少。

最下三圖為球腳2000倍的放大圖。注意頂部因錫球焊了兩次致使白色Cu_6Sn_5要比底部只焊一次的錫膏來得厚大些，三圖均出現劍狀IMC者為慢冷的Ag_3Sn但在3D球體中卻應是片狀。左下圖點狀的Cu_6Sn_5在3D球體中應為棒狀。

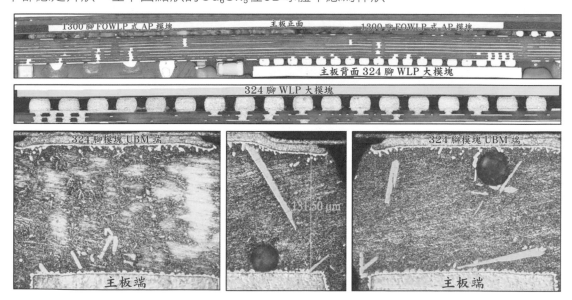

12-6-4 i7主板正面RF用SIP系統封裝之8L載板模塊

從前i7組裝板正面可見到的5.1模塊,那是美商Qorvo所提供的功率放大器模組PAM。係由多枚RF晶片與多個被動元件所封裝的系統模塊,其8L載板厚度僅300μm。從切片可見到其金屬化製程是顛覆傳統改用半導體濺射Ti/Cu的乾式法所做的。

乾式金屬化對孔壁清潔改採電漿法可排除Desmear對孔壁的傷害,且對超小孔的潤濕也放棄濕法整孔而改用氧氣電漿的親水處理,如此將可解決盲孔的孔破與脫墊。

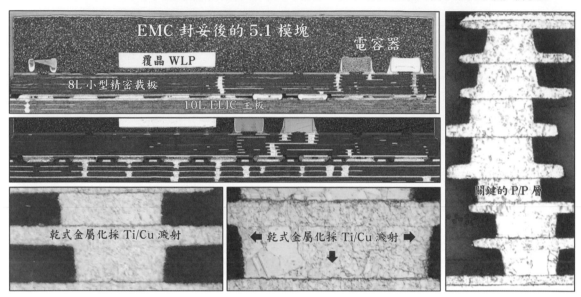

此切片所見RF功放模塊的8L載板,其板材是FR-4其P/P為1027,而雷鑽後孔壁金屬化卻改採Ti/Cu濺射,在放棄Desmer下孔壁呈現平直全無滲銅當然也就全無CAF了。不過這種真空乾製程卻無法進行連續自走式的大批量生產,成本必然大幅上升。

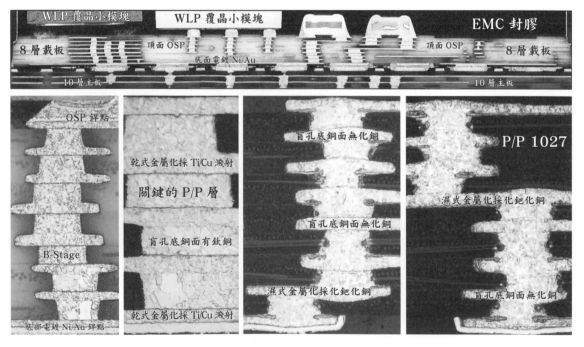

12-6-5 i7主板正面貼焊的4號 Modem 模塊

　　主板正面的4號者是高通Qualcom提供的Modem數碼模塊，是由WB頂件利用銅柱互連的FC底件，之後以四層載板將兩晶片封裝成的模塊。從最下左二圖可見到由於FC晶片與載板CTE落差太大造成銅柱銲點的偏斜，殘餘應力將埋下開裂的後患。

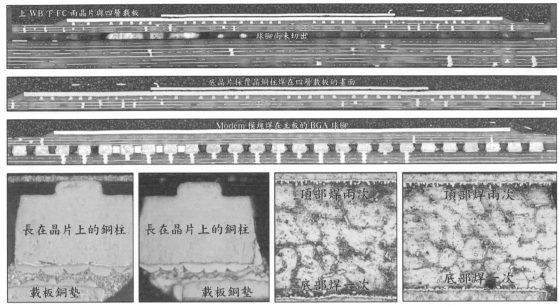

此二圖為底件覆晶用銅柱銲點的歪斜　　　　此二圖為模塊之 BGA 銲球

12-6-6 利用主板四個內層線圈形成磁場所構裝的電子羅盤

　　組裝主板正面最左下角落所見PCB製造商的Logo處，有一個14腳小號BGA者就是電子羅盤的小模塊。從本頁下列可見到該羅盤的結構；是由雙面載板所封裝的雙打線雙晶片的RF模塊，再與主板2-5層的方形線圈兩者共同組構的羅盤。而該模塊是以14個QFN焊在主板上。主板內層四方圈的上下對準度將影響磁場的大小，21in×24in大排薄板的層間對準度竟只有75μm而已，高科技領頭羊的辛苦由此可知。

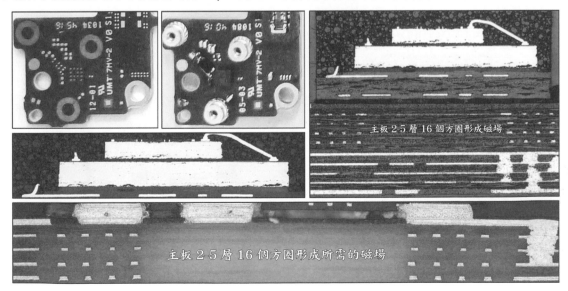

12-7 FO市場變化與SLB的興起

12-7-1 FOWLP的過去市場變化與未來預測走勢

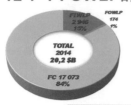

FO的快速成長將擠壓到傳統FC的發展，目前三大FO業者中以陸商江蘇長江電子JECT居首，而TSMC居次。據Yole預估2020時FO約占整體封裝業的8%或2.4B美元。

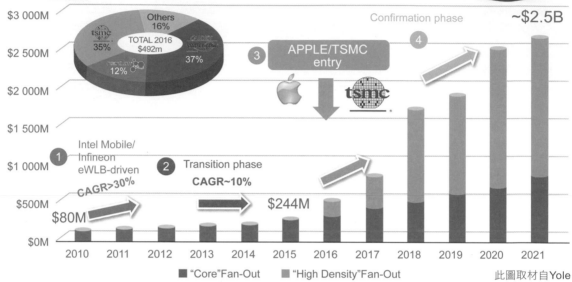

此圖取材自Yole

12-7-2 類載板SLB的竄起與PCB量產技術的演進

1. 2016年水果對i7以後產品的板材另採載板mSAP所用者但卻將UL管不到的BT樹脂換成可阻燃的Epoxy樹脂，仍利用其2-3μm的超薄銅皮去生產20-30μm細線手機板之做法，某些水果人稱之為類載板Substrate-like Board。此種SLB對板材要求吸水率特低到0.07%以增強抗CAF能力，猜想是為了避免隨身吸水而引發起火的危險。

2. 板材的抗CAF係採雙85與DC50之1000小時的考驗，考試板眾多12mil通孔其經緯防火牆厚僅8mil下，1000小時後所測絕緣電阻IR仍須10^8歐姆而不墜，堪稱十分困難。

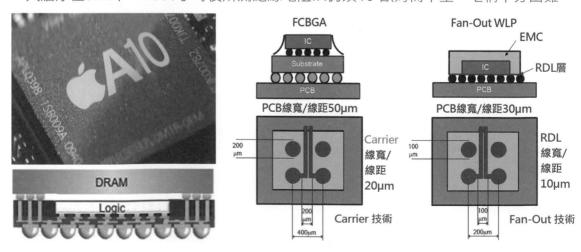

208

第十三章 iPhone 12的拆解與細說

13-1 前言

手機一哥的iPhone自從i7起即成為台積電晶片製造與封裝的囊中物，也就是用RDL取代了原有的6層載板並獲得極大的成功。從第十代手機的iX起又將原來的十層主板折半並焊合成為較厚的二十層板，目的當然是為節省空間給加大電池而得以延長續航時間。這種二十層主板是由三片單板所疊焊組成，其精巧佈局與複雜程度確是前所未見。TPCA以2.7萬元購得四種款項的iPhone12標準機型，拆解後從主板標示的Logo『AM』可知是港商OPC美維在廣州廠所出貨的十層與八層板，美維在2010年曾被賣給美商TTM，2020年又被TTM轉賣給日商Asahi Kasei Microdevices，目前美維在UL登記的AM全名是AKM MEADVILLE，下列即為本章的大綱。

13-2 iPhone12的整體外觀與切樣

13-2-1 iPhone12的整機與主板

左圖為iPhone12整機的全內觀，其餘四圖均為L型三合一複雜主板正反兩面各角度的像。請注意三側的金面切樣1積電5nm晶片所在。呈像。注右圖面黃表與樣1台電在。

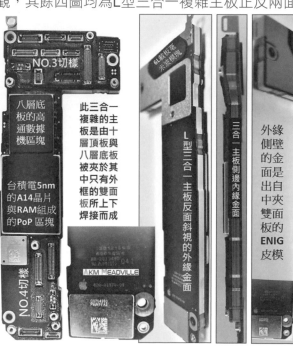

13-2-2 iPhone12主板取樣切片的位置說明

　　iPhone12二十層主板是由三片單板所焊成，即①類載板SLP的十層頂板，其朝內面貼焊了心臟A14的PoP，朝外面即此處第三圖二十層板的頂面②夾在中間只有外框做為上下焊接的雙面板③底部八層板亦為SLP工法且與十層板為同一供應商。首切兩樣的第三圖即為複雜二十層板的俯視外觀。不過兩切樣的元件均已被保護兼散熱用的黑色鐵殼所覆蓋；之後尚有NO.3與NO.4兩切樣。本文將對十層板與八層板與其四面零組件選擇說明，其中以NO.1十層板朝內所焊貼的A14模塊最為關鍵。實際上該A14大模塊仍為PoP（Package on Package）結構；是由AP與DRAM組成的二樓式大模塊。上圖紅框即為該PoP所在位置；此切樣多次切入的畫面將展現頗多新技術。至於NO.2切樣也同樣採In-Situ手法多次切入與多次取像，希能找出更多新發現與新技術分享讀者。

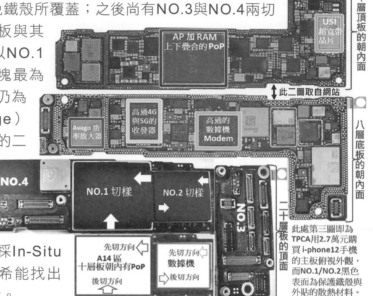

13-3 主板首選的兩切樣

13-3-1 NO.1切樣的概說

　　NO.1切樣就是心臟A14的位置（A14是指蘋果第14代應用處理器）；NO.2切樣主件為數據機。兩切樣均從右側逐次切入取像，亦即逆向工程常用的In Situ（原位持續深入觀察）手法。之後NO.1還要轉正面續切與再取像。從右側先動刀的原因是希望及早見到主板周圍側壁金面的由來。NO.1第一刀立即見到三合一20L主板是十層頂板與八層底板而被只有外框的雙面板所上下焊接而成者。雙面板係扮演互連體（Interposer）的角色。三圖二刀見到A14外圍FO區所期盼的三圈銅柱；四圖三刀更見到PoP一樓5nm的A14晶片與二樓雙晶打線的DRAM模塊。

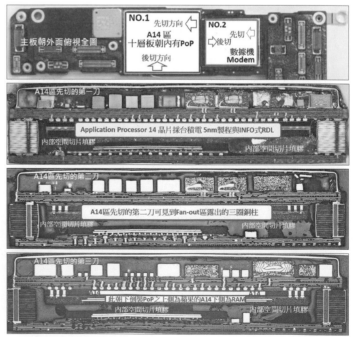

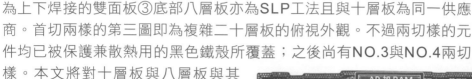

13-3-2 NO.1切樣右一刀與右二刀的呈現

　　從下列第一刀大圖可見到十層板朝外白色保護及散熱用鐵殼內的十多顆被動元件，十層板朝內L1與RDL之間共出現39顆銲球，那就是A14模塊右側FO區最外圈的銲球，上左圖即為其放大畫面。最下第二刀圖續見到

A14外圍FO區的三圈銅柱及雙面板的樹脂填塞通孔，上中為銅柱的放大圖，上右為InFO最先製作銅柱的流程。

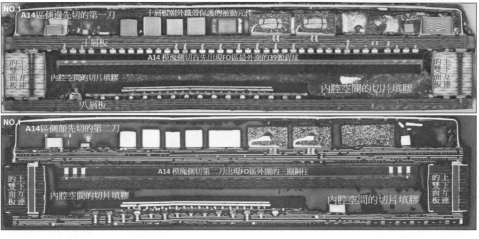

13-3-3 N0.1切樣右側第三刀的說明

　　下列第三刀大圖對A14而言，已可清楚見到5nm主晶片上側的24顆銲球與兩端FO區各4顆銲球。再往下兩大圖則為第三刀FO區左右兩端的詳情。右上圖說明兩FO區其RDL上下互連的細節，亦即已在FO區先完工銅柱頂部與FI的晶臉表面，內外同時做出RDL的四銅層與PSPI絕緣層的實像（本書第十一章11-3-4小節）。

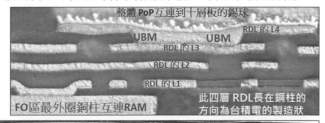

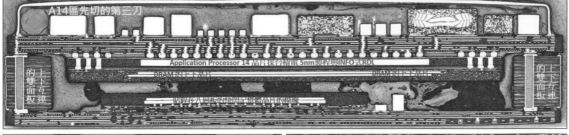

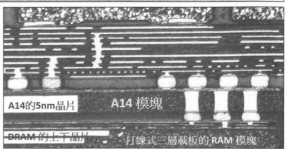

前13-3-2節第二刀已簡述另外在12吋玻璃圓板載具上事先鍍出的銅柱，以及隨後在FO銅柱與FI晶臉上同時內外製作四層RDL的過程。本節第三刀又進一步呈現FI（Fan-In）區晶片的晶臉與FO（Fan Out）區三圈銅柱的頂面，亦即下三圖同時出現的RDL清楚畫面。上左為A14用外圍銅柱及SAC305錫球先去綑綁二樓的DRAM模塊完成兩層樓的PoP，上右為RDL將已綑綁的PoP與十層板做最後的錫球焊接完成系統。

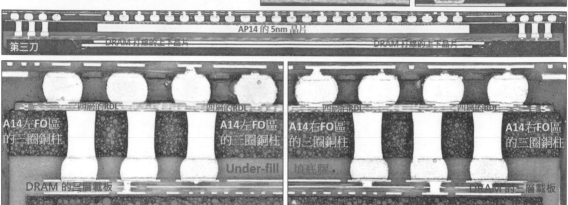

本節三圖均為PoP利用其已植球的RDL覆焊到十層板的上下方向。須知電子產品的流程多次翻轉文字說明中很難釐清方向。事實上RDL流程是從FI晶臉與FO銅柱面內外同時發動的四次增層，但自從i7時代起其L1即採千層派的鍍銅法非常令人好奇，而下兩圖A14/RDL的L1依然是千層派，筆者至今仍未悟出其道理何在？右圖為外圍RDL於其L4/UBM處的植球（Bump），最後才翻轉而與十層板完成整機組裝。RDL流程是①塗佈液態感光介質PSPI並固化②對PSPI進行成線與盲孔，然後再全面及孔內濺射鈦銅（即PCB的PTH）③電鍍銅得到面銅與困難的孔銅。

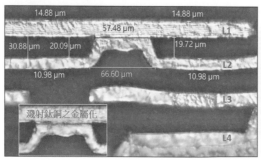

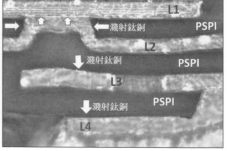

前節右上圖説明已植Bump的RDL又翻轉貼焊到十層板的當時狀態，但當再把十層板、雙面板及八層板又進一步焊接組成二十層板時，卻又成為雙面零件後的十層板朝下朝內而顛倒回二十層板方向的三圖了。注意RDL四層銅線都呈現不規則的波浪形狀，其原因是出自液態絕緣材料PSPI固化後表面起伏不平之故，但尚不致過度影響高速訊號的傳輸，否則如何能大量出貨與用戶們的長期順利使用。（註：InFO是台積電Integrated Fan-Out專利的縮寫，亦即InFOWLP的簡稱；而PSPI是指Photo-Sensitive Polyimide的感光樹脂絕緣材料）。

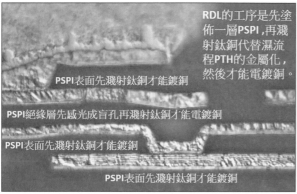

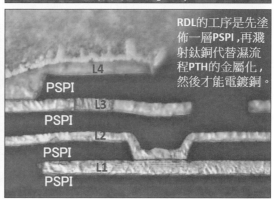

13-3-4 台積電A14模塊FO外圍區銅柱的製造

台積電自從iPhone7起持續獨家供應蘋果『應用處理器AP』所需的晶片外，而且還包辦下游的載板與封裝（目前台積電已有5座封裝廠），也就是用InFO流程中的RDL取代了6L載板與其後續封裝。如此一來不但總厚度減薄、成本降低、流程縮短、而且佈線變短傳輸也更為加快。於是i7到i12歷經5年6代海量產品相繼問世以來，台積電一直是主要供應商。本節之中右兩大圖即為其銅柱流程的簡述。還可從暗場的左圖看出InFO的封模膠料要比下端PoP所用者更為細緻。

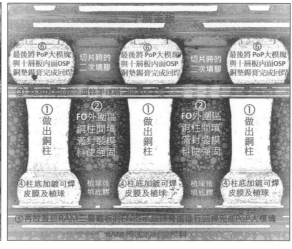

13-3-5 常規CSP與晶圓級CSP兩者封裝的不同

　　所謂CSP係指完封後的模塊俯視面積，大於內部晶片面積尚未超過1.2倍者，稱之為CSP晶片級封裝。右圖上半即為常規CSP的簡單步驟，亦即切割晶圓選取KGD後再去對小晶粒Die或小晶片Chip逐一封裝成品。右圖下半則為晶圓級CSP的封裝步驟。係將KGD重貼排成新的矽晶圓，待新面完成封裝後再切單粒。下五圖即為WLCSP的流程①在選出良好晶粒KGD上加塗BCB絕緣材料②製作RDL③製作UBM④再加BCB⑤植球。

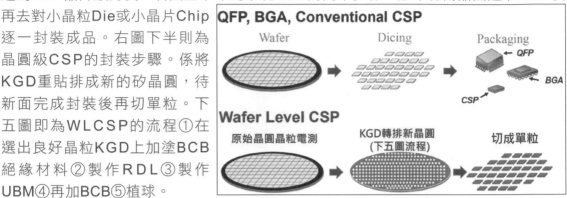

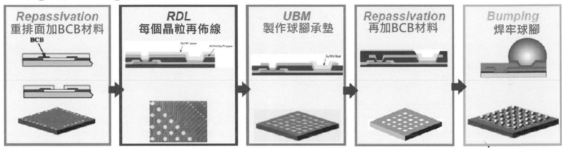

13-3-6 常規扇出式晶圓級封裝（FOWLP）的流程

　　一般性無銅柱的常規FOWLP，多用於500個I/O以下的中小模塊（以射頻模組RF Module較多），如電源管理器、收發器、基頻處理器與記憶體等。至於FO區另加銅柱者就會變成為台積電InFO式的大型模塊了。這種i12/A14具有三晶片的大模塊，不但對外I/O超過1300腳而且還利用外圍銅柱與錫球把二樓的DRAM再綑綁成堆疊模塊式的PoP，並成為智慧型手機的強勁心臟。上右及下列兩大圖中前後連續9個步驟就是常規WLCSP的標準流程。

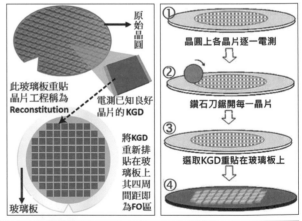

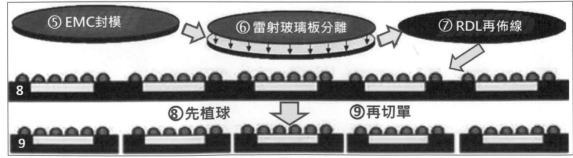

13-3-7 完整性扇出（Integrated Fan-Out/InFO）的銅柱流程

①旋塗黑色LTHC離型膜與橘色的PBO緩衝用的接著膜

在12吋（300mm）圓型厚玻璃板上首先旋轉塗一層黑色液態的LTHC（Light to Heat Conversion）離型膜，此亞克力基質的薄膜可經玻璃板底面向上透過雷射光予以分解而脫離。之後再塗佈一層橘色緩衝脹縮用的PI/PBO複合樹脂皮膜，此橘色膜可緩衝掉EMC澆膜時強熱的脹縮應力與後續切單片的機械應力。

②全面旋塗液態光阻並在FO區解像出深盲孔，再濺射鈦銅與電鍍銅成柱後，去掉光阻即為本圖

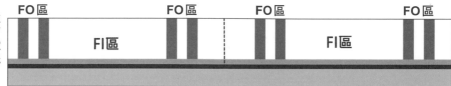

於PI/PBO橘色皮膜上再旋塗上較厚的光阻，並於各KGD間距的FO區做出銅柱所需的感光深盲洞，然後再濺射鈦銅之金屬化與電鍍銅而成為銅柱（實際上是三圈，此處只畫了兩圈）。去除光阻後即得出FI區的空間而成上列的示意圖。

③於各精密FI內晶區小心準確放置KGD成為12吋的排晶玻璃板(見最上方之右圓圖)，此處貼放KGD的極端精準度與後續製作內外互連RDL的良率有關

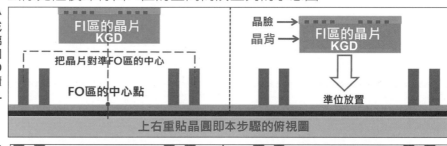

④12吋玻璃圓板各FI區逐一貼著KGD的動作特稱為：Reconstitution，Reconfiguration重新排組成新晶圓

⑤180℃的液態模封料需30秒才能固化，固化的EMC其常溫CTE約20ppm

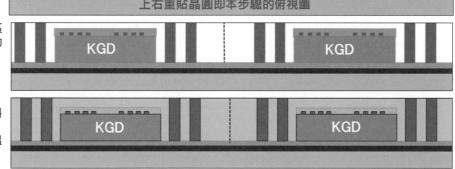

EMC的常溫CTE約20ppm高溫達70ppm與晶片的3.5ppm/℃相差很遠，熱脹冷縮時容易出現CTE差異的應力拉扯而出現彎翹問題。

⑥將封膠並固化的12吋重組玻璃晶圓全面仔細削平以待後段工程的RDL

⑦後段製程：
(1)晶臉面內外全面製作互連用的RDL
(2)非RDL面銅柱植球
(3)DRAM模塊錫焊在銅柱球上完成PoP
(4)RDL全面植球成為BGA繼續組裝焊接

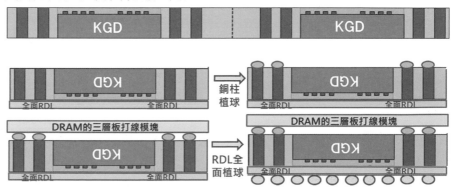

13-3-8 晶圓級封裝 Wafer Level Packaging（WLP）的不斷進步

WLP超小型封裝模塊（凡模塊尚未大於內部晶片面積在1.2倍以下者將稱為CSP）原本只為手機或小型電子產品之用，然而台積電為了配合蘋果使出全力之下，竟然把1300球腳大型PoP手機關鍵模塊中的處理器，從2016年的i7起居然淘汰載板與封裝而改用了特殊FOWLP的InFO，其工藝難度之高可想而知。右三圖即為三種WLP的比較。下兩圖取自台積電官網的InFO產品示意圖，經筆者另加文字與套色後而較易看懂;上小圖應為i6/A9的單晶模塊所組成的PoP，下大圖應為iXR/A12以後

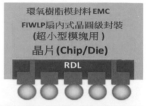

三晶片的模塊與DRAM綑綁成的PoP。最下大橫圖即為iXR/A12模塊中最早出現的三晶片畫面。其實是因i9賣不好才將i9只好改稱為iXR加入i10的陣容而繼續熱賣而已。

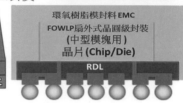

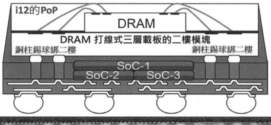

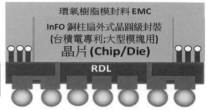

13-3-9 三種晶圓級封裝 WLP/FOWLP/InFO 示意圖的比較

本節上圖為最常見無載板之小型或超小型WLP模塊的結構，常用於手機或平板電腦。中圖為常規FOWLP封裝模塊的組成及名稱；左下圖為FOWLP的另一種畫面。右下圖即為台積電專利InFO用在2016年i7/A10以後各代的PoP圖示，此種另具FO區銅柱的FOWLP已成為蘋果手機從i7/A10到i12/A14連續了6年5代的PoP成員並得到極大的成功。

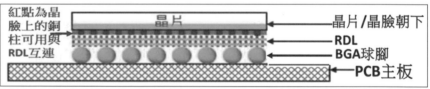

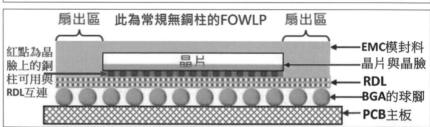

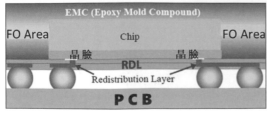

13-3-10 A14模塊RDL面採錫球貼焊十層板的圖示

　　右上圖為一般性FOWLP或InFO其等FI區對外互連的錫球結構示意圖,此示意圖取代了載板的RDL只畫了兩層,實際上前後五代AP的RDL均為四層佈線(見下右2000倍圖)。左下圖為一般性FOWLP的UBM植球或InFO全面RDL/UBM焊植錫球後的結構圖,此圖中刻意將晶臉對外I/O窗口的低矮銅柱畫出;下右2000X切片圖卻是晶臉I/O低矮的真實畫面,此切片圖中還可見到逐次增層RDL的四層線路、棕色PSPI絕緣材料、與層間互連的感光盲孔。

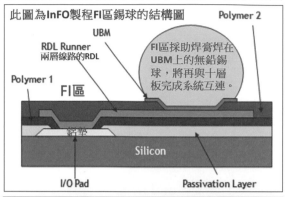

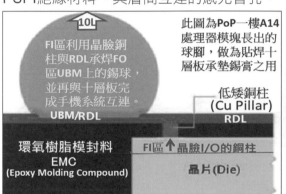

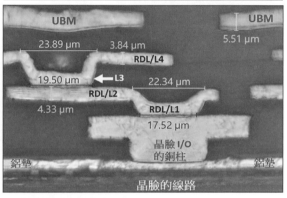

13-3-11 晶圓級散出式封裝其FOWLP與FOPLP兩者的比較

　　右上圖為著名市調公司Yole對Fanout市場的整理,自從2016年蘋果i7上市(亦即台積電用RDL與外圍銅柱徹底改變PoP的面貌)以來,FOWLP(即台積電的InFO)封裝即大幅增長。若再加上一般性FO來看,2016年總產值的4.92億美元一路飆升到2021年的25億美元,而這僅是手機市場而已,將來5G的物聯網、車聯網與AI等領域還會大量用到FOWLP的產品。右下圖為台積電主導的FOWLP與三星主導的FOPLP兩者的比較,方型的FOPLP雖有面積與成本的優勢;但卻因良率不高精密度較差而只能生產小型低階產品。右上圖Yole從兩者之設備與原物料市調數據間接看來,6年5代中FOWLP的成長亦遠遠超過FOPLP。

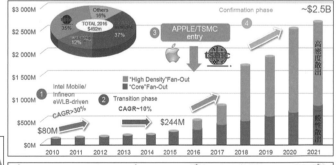

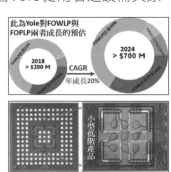

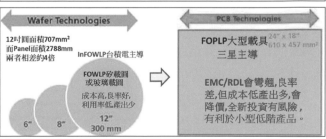

13-3-12 FOWLP未來將用於2.5D/3D密集封裝的案例

　　右上為兩種WLP的規模對比,事實上早年只有WLP的術語,是因為後來進步到了FOWLP才將既有的WLP術語補上FI而已。FOWLP的好處是I/O增多功能強大,且對球腳的跨距(pitch)卻不再緊縮。單就手機市場而言,FOWLP的年成長率已達32%,預估2023年將達年銷售55億美金之巨,目前WLP已占全部封裝市場的20%。由於FOWLP具有體

積小功能多的優點,將來還會再往毫米波、汽車自駕、AI、AR/VR與IoT等新興市場進展,因而2.5D/3D的封裝產品中FOWLP必然成為主角。此處大圖為三星記憶體2.5D封裝模塊樣品的俯視與側視之示意圖。至於右側四片記憶體晶片中額外加入的套圖,就是矽載圓上KGD重排的畫面。

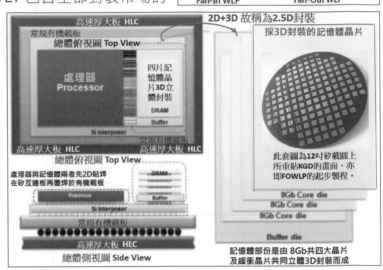

13-3-13 i12/A14的銅柱較i-7/A10明顯變細變長

　　本節左下兩圖為i7/A10其FI區RDL的線寬線厚呈像,與右上i12/A14六年後者相差不多。然而六年後第六代的i12/A14其在FO區的銅柱卻明顯變細變高了很多。這說明A14這一代在銅柱製造技術方面要比六年前A10的難度更高,也就是採用特殊光阻膜先給銅柱做出更細更深的盲洞,如此深沉的盲洞如何在槽液中完美的鍍銅填銅當然不簡單了。

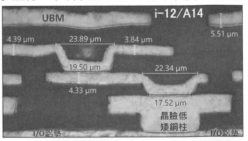

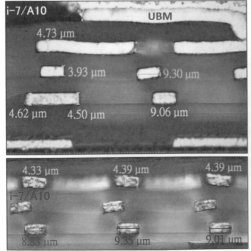

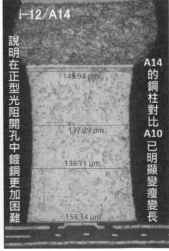

13-3-14 外圍FO區銅柱所扮演的角色

由前P.212頁可知NO.1切樣右側所切的第三刀,不但已將正面FO區的四顆銲球切掉,而且也把正面FI區右端的1-2顆銲球與銅柱也為之一併切除,再從下列大圖還能見到甚至連十層板朝外的右端元件也被切成了半顆。下列三小圖即為InFO簡單流程:①先有銅柱,②隨後才有RDL,③然後植球去綁焊DRAM三層板,④最後用RDL的植球再把PoP貼焊在十層板的系統切片過程圖。右上圖說明銅柱最先與二樓的DRAM載板互連成為PoP的綑綁焊接圖示。

③銅柱球焊DRAM完成PoP的綑綁
銅柱
DRAM模塊三層載板的ENIG焊墊

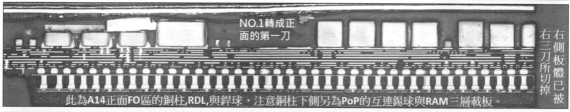

NO.1轉成正面的第一刀
此為A14正面FO區的銅柱,RDL,與銲球,注意銅柱下側另為PoP的互連錫球與RAM三層載板。
右側板體已被右三刀所切掉

⑤十層板L1/OSP的銲墊與錫膏
RDL/UBM的助焊膏與植球
RDL
銅柱

⑤十層板L1/OSP的銲墊與錫膏
RDL/UBM的助焊膏與植球
RDL
銅柱

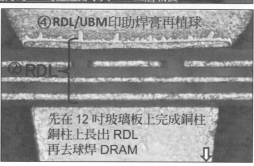

④RDL/UBM印助焊膏再植球
②RDL
先在12吋玻璃板上完成銅柱
銅柱上長出RDL
再去球焊DRAM

13-3-15 五年來RDL的變化

台積電在2016年首度量產i7/A10的RDL,並成功取代了原有的6L載板與其下游封裝。說明TSMC不但執半導體晶圓製造前段工程的牛耳,並還跨足半導體後段的載板與封測工程,成為一條龍式的強勁客製業者。本節四圖即為2016的i7與2021的i12兩代RDL的對比。從3000X的兩大圖可見到①第6代i12/AP14其RDL比第1代i7/A10在線厚已經減薄少許,再從下兩小圖的數據可知約減薄了1.5μm。不過線寬卻並未再縮細②i12/A14長在PSPI上的RDL各層銅線,其底部材料中卻明顯出現許多毛刺,如此應可使得附著力更好。

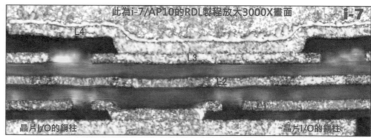

此為i-7/AP10的RDL製程放大3000X畫面　i-7
L4
L3
晶片I/O的銅柱　　晶片I/O的銅柱

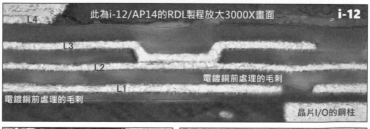

此為i-12/AP14的RDL製程放大3000X畫面　i-12
L4
L3
L2
電鍍銅前處理的毛刺
L1
電鍍銅前處理的毛刺
晶片I/O的銅柱

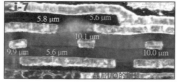

i-7
5.8 μm　5.6 μm
10.1 μm
9.9 μm　5.6 μm　　10.0 μm
晶片I/OSP柱

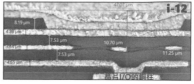

i-12
47.01 μm
8.19 μm
4.88 μm
7.53 μm　10.70 μm
4.41 μm　　　　11.25 μm
7.53 μm
4.65 μm
晶片I/OSP柱

13-3-16 i12/A14FI扇內區晶臉I/O與RDL的互連

中列者為A14扇內區晶臉與RDL互連的大圖,從下兩圖及右上圖可見到,A14晶臉的內頻線寬雖已縮細到5nm而領先全球業界之際;但RDL的外頻線寬卻只能細到10μm的地步。正型光阻搭配EUV光刻機的內頻線寬,竟然只有負型光阻外頻線寬的1/2000而已。

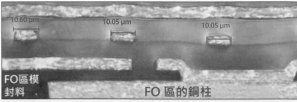

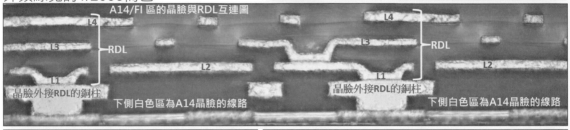

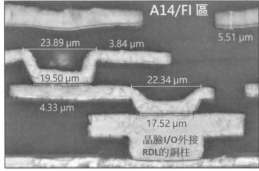

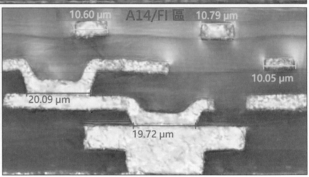

13-3-17 PoP一樓處理器模塊中的RDL與十層板的最後焊接

上大圖為5nm級A14三晶片大模塊的切片畫面,利用了RDL互連了左右兩個小晶片,此與13-3-8節台積電官網所繪三顆SoC晶片示意圖相同。不過下四圖卻見到RDL各PSPI中居然出現了頗多未能癒合的裂縫,這在當年i7/A10中並未出現。該四圖為RDL與L4/UBM利用錫球與朝上十層板完成最後組裝的銲點圖。

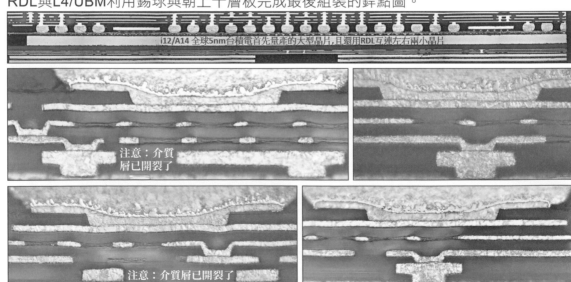

13-4 NO.2切樣各刀次的說明
13-4-1 NO.2切樣右側第一刀說明

下大圖為NO.2切樣右側第一刀可見到所中夾的雙面板,是以單通孔的頂墊先焊十層板再用底墊去焊八層板。不過十層板頂層所貼焊白色外觀的大模塊,卻無法從網站中查出是何種器件。從右三圖可見到雙面板縱橫比7/1的通孔均已填塞樹脂與削平及化銅後的電銅加蓋與20層板的上下銲點。此狹窄外框式的雙面板是由15張較粗的玻纖布所組成,深通孔與樹脂塞孔當然是為增強剛性減少強熱中的彎翹而設想。

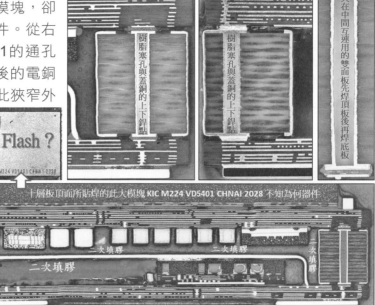

由本節雙面板的單通孔為了高溫中剛性更好起見,不但要滿塞與削平樹脂而且還要上下化銅與蓋銅才能成為焊墊。從右400倍放大接圖可見到樹脂塞孔品質良好,兩次強熱上下蓋銅處均未出現浮離堪稱技術到位。放大3000X的下兩圖可做為ENIG焊接品質的評比;①中夾雙面板孔頂銲墊兩次強熱後IMC(Ni_3Sn_4)生長良好,至於孔底只焊一次處亦有少許IMC,故知雙面板ENIG成績最好。②底部八層板承墊雖只焊一次卻也生長少許IMC排名居次③至於十層板雖經兩次強熱竟然都長不出IMC來,說明其品質最差。

13-4-2 深通孔塞樹脂又蓋銅者經多次強熱之失效

右圖1與圖2即為某種樹脂塞孔又蓋銅的板類，遭多次強熱拉扯後出現鬆散沙銅與化銅被拉裂的畫面。各內環開裂的沙銅或化銅式ICD，由於切片技術不到位以致經常被業者們長期誤判為膠渣。圖3可清楚分辨較紅的沙銅與偏黑的化銅（先有活化黑鈀後有紅化銅重疊所致）兩者呈現的差異。圖4為放大3000倍明場偏光加微分干涉所取得藍色電鍍銅的清楚畫面。由於塞孔樹脂必須先做除膠渣與PTH金屬化才能電鍍銅，一旦銅面清洗不足留有殘鈀者，則必然會沉積上鬆散的化銅，考試板或多次強熱者難逃拉裂。

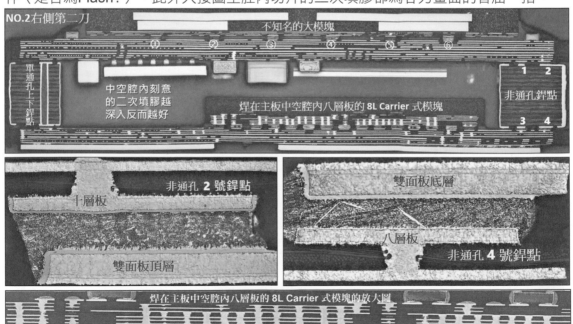

13-4-3 NO.2右側第二刀的說明

從上列大圖可見到左端中夾雙面板為單孔上下焊接，但右端卻出現無孔的四個銲點（中二圖即為其放大圖）的互連。不過大接圖頂部6個QFN銲點的模塊卻查不出是何器件（是否為Flash?）。此外大接圖空腔內切片的二次填膠卻為各刀畫面的首屈一指。

13-4-4 三片單板針對ENIG可焊品質的比較

　　右圖為NO.2切樣右側第二刀雙面板無孔的四個銲點，左下兩圖即為其2號與4號銲點的400X畫面對比情形。從IMC生長程度與熱量成正比的原理來看，三片板ENIG的銲點強度顯然以中夾雙面板排名第一，八層板排二，十層板居末。由原理可知ENIG長不出良性IMC(Ni_3Sn_4)的根本原因有二：①熱量不足②金層太厚或金面太髒。從下圖兩次強熱雙面板的IMC雖甚良好，但十層板卻幾乎無反應IMC極少，故知十層板的金層不是太厚就是太髒所造成。

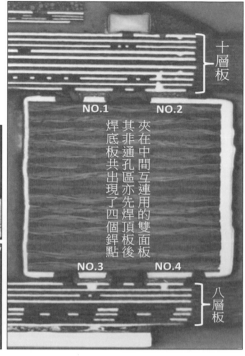

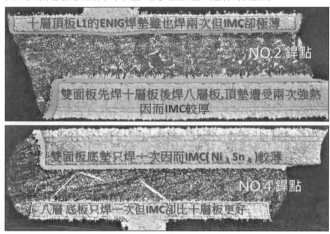

　　ENIG焊接強熱中黃金會最快最先溶入液態銲料形成$AuSn_4$，此種有害無益的IMC還會自動遠走而有利於底鎳與銲料的反應。金走完後EN界面才會出現三種不同卻混成一團的IMC；①具有強度小草狀埋藏在內的Ni_3Sn_4 ②距EN較近的三元IMC/$(Ni,Cu)_3Sn_4$ ③距EN較遠的三元IMC/$(Cu,Ni)_6Sn_5$。通常拋光所看到的多半是三種IMC的混合物。

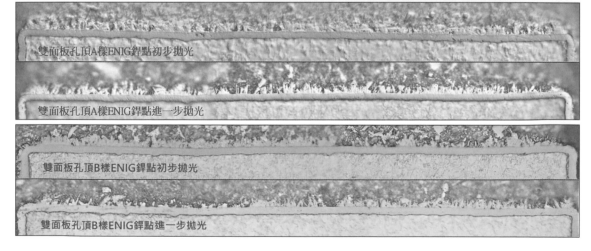

　　為了徹底看清ENIG銲點中混成一團的IMC起見，刻意把排名第一的雙面板與排名居次的八層板，將兩者組成的大銲點小心多次拋光進行對比；終於可見到圖3刻意放大到3000X的圖中雙面板出現了小草狀Ni_3Sn_4與殘金層的畫面，由於期刊排版面積的限制，不然此圖3電子檔在數次加倍放大下對兩者的IMC還會看得更清楚。

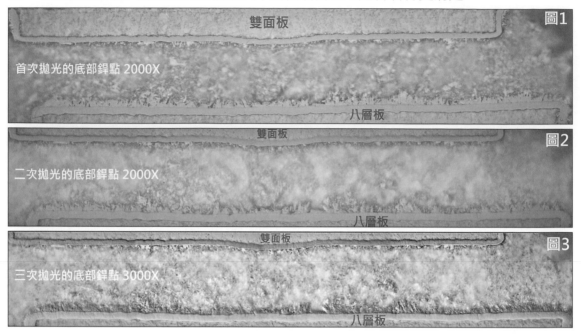

　　從右上銲點圖可知雙面板ENIG的可銲性與銲點強度兩者品質均遠勝於十層板，通常出貨板銲點強度的好壞不一定在下游焊接時看得出來，換句話不太好也算好了。然而只要是推球拉球等考試板關頭則優劣立判無所遁形。下三圖說明ENIG所長出的IMC很複雜：①有強度小草狀的Ni_3Sn_4；②距EN較近強度不足的三元$(Ni,Cu)_3Sn_4$；③距EN較遠強度不足的三元$(Cu,Ni)_6Sn_5$。通常切片不管是光鏡或是電鏡都看不清各種IMC的原因就是拋光不到位所致。

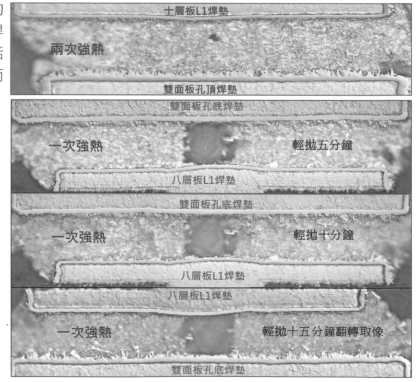

13-4-5 QFN焊點多半有洞與模料的高低不平

本節上圖為NO.2十層板外所貼焊之未知大模塊（Flash?），可見到是利用6個 QFN貼焊在十層板上。從中列兩圖可見到②號銲點與③號銲點的四層載板竟然產生波浪狀變形。還可從下左圖見到②號銲點的翹起畫面與焊洞，下右圖居然出現兩個大洞。讀者請注意兩張軟錫畫面中三個空洞邊緣的清晰不糊，那正是FA切片師的功力所在 。

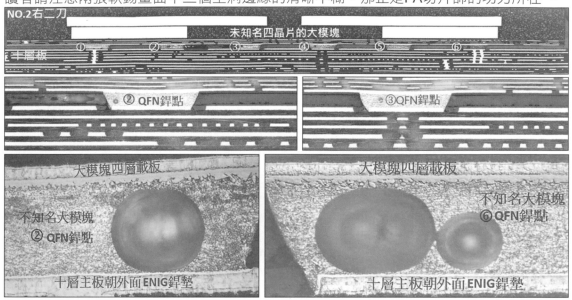

繼續探討NO.2右側二刀十層板朝外不知名大模塊的6個QFN銲點，與大模塊四層載板的波浪變形，須知QFN無腳貼焊不但可省掉引腳的成本，而且還可降低組裝的高度，唯一缺點是容易出現銲點空洞。本節6個銲點中已有5個出現空洞（另一個可能尚未磨出或已磨掉了）。空洞應出自助焊劑裂解的氣體尚未逸出之故，幸好還不致影響互連強度。再從400X下兩圖的②與③銲點還看到四層載板的波浪變形。仔細觀察才知道問題是出自不知名大模塊對EMC削平的不到位所造成。

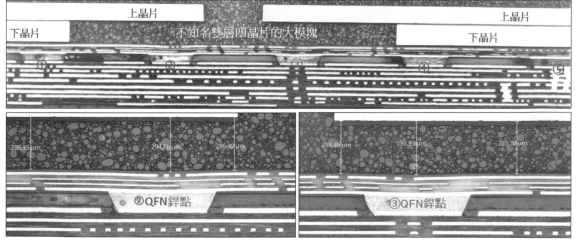

13-4-6 雙面板的互連角色與三合一的空腔尺寸

從本節上大圖可見到居中雙面板左側出現的單通孔上下兩銲點,而右側卻採雙通孔上下的四銲點,以及12-4-3/12-4-4節右側所出現非通孔的四焊點;如此變化應與訊號傳輸有關。簡言之有通孔互連者可傳輸訊號,無孔銲點純為三合一的強度而設置。從中圖可量測到空腔最寬為1778.46μm(44.46mil)最窄處為368.34μm(9.2mil),中圖還見到十層板所貼焊7球腳的小模塊居然出現浮翹歪斜的畫面。

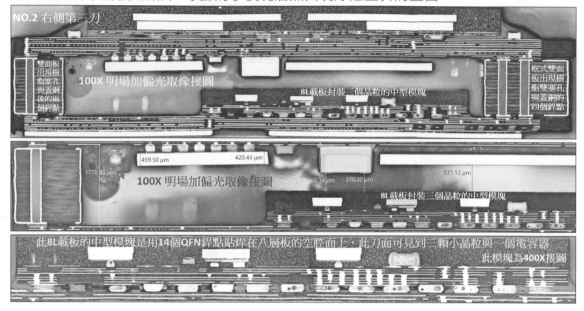

13-4-7 三合一主板的板厚與中間空腔的多種元件

此NO.2第四刀大圖可見到剖面進一步的變化有:①雙面板左右兩側的孔位已出現『接近失孔』狀態②十層板朝內板面貼焊元件已有所不同③八層板朝內左側增加了兩個小模塊。再由下兩圖可見到三合一總板厚平均為2711μm(108mil),雙面板厚約1682μm(67mil),十層板厚551μm(22mil),八層板厚414μm(16.5mil)。

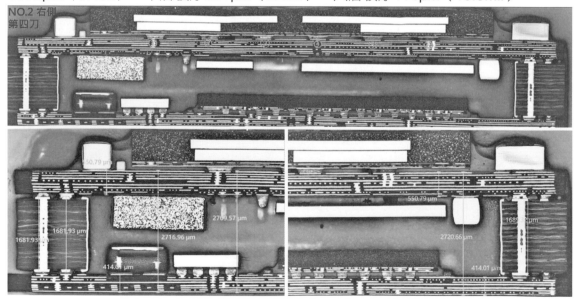

13-4-8 iPhone12主板的細線領先業界

　　本節6圖均取自十層板L8的最細排線，從平均寬度看來堪稱已達1mil（25μm）之境界，這對負型光阻與大排板已經不容易了。然而A14晶片的內頻細線卻僅僅5nm而已，內頻線寬比外頻竟然細了5000倍。據報導台積電2021年底時將進入3nm的量產，領先三星與Intel至少一年以上。所謂類載板（SLP）是指高檔手機板是從UTC超薄銅皮（3.0μm以上）做為起步，此與常見mSAP載板流程類同故稱類載板。

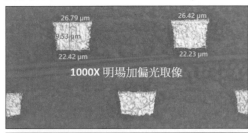

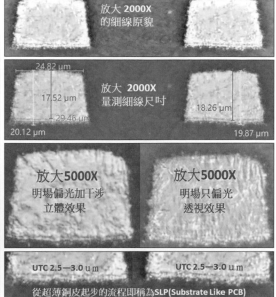

13-5 NO.3切樣的部分內容
13-5-1 NO.3切樣第一刀的說明

　　本節右三圖即為No.3切樣其外觀分分與合合的畫面，首先從右側淺淺切入的第一刀，立刻可見到本節上列的33個通孔與其上下銲點。注意其中12、22與33號通孔的頂部銲點中，居然還塞進一塊圓形金屬墊片作為強熱中厚度的支撐，如此將可減少總厚度因銲點塌陷的變薄，進而減少了空腔內的『撞車』（見13-5-3與13-5-4節）。

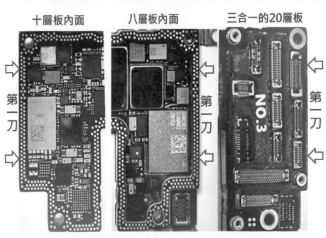

窄框雙面板上下共 719 個圓形銲點

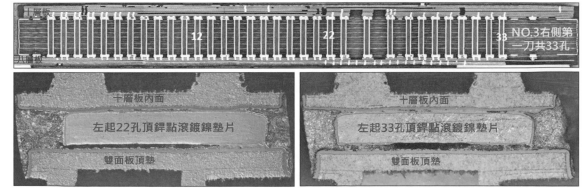

　　此第一刀33個單通孔上下共66個銲點中，只有12，22，33通孔頂部銲墊才出現滾鍍鎳的圓形支撐墊片。下中兩圖即為22孔與33孔頂部銲點外加墊片的放大圖，右三圖是根據邏輯說明頂部銲點的流程。注意這三圖的上下方向都是當時的流程狀態，至於各銲點空洞成因則應為錫膏的助焊劑在強熱中裂解成氣體未能逸出所造成。

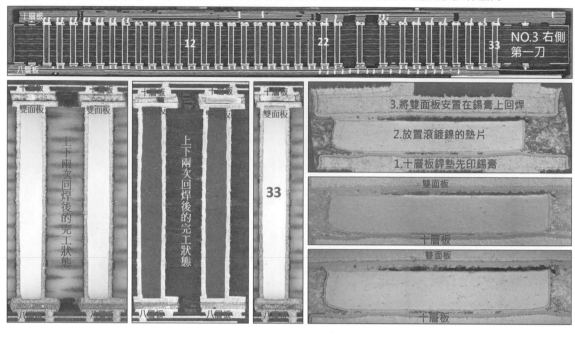

13-5-2 NO.3切樣第二刀說明

　　將最下圖中左側雙面板頂部銲點刻意將之放大1000倍排列在上圖，為了使ENIG銲點的不良殘金更清楚起見，乃刻意採用1μm的鑽石膏小心拋光，於是從1000X圖即可見到十層板的ENIG即使兩次回焊強熱，其金面仍未走光，以致長不出Ni_3Sn_4的IMC。昂貴的鑽石膏拋光較易見到十層板ENIG的殘金層。下圖還可見到八層板所貼焊的十球模塊，中圖刻意將該十球模塊翻轉成植球的方向，並找出4球與8球出現『Eutectic共熔或共固』的珍貴畫面，那是兩次焊接條件恰巧到位與切片技術良好的配合才得的難得畫面。

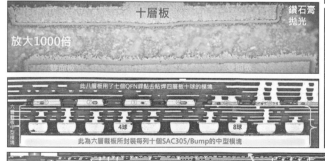

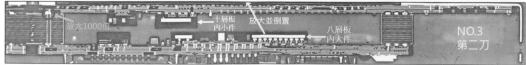

13-5-3 NO.3切樣第三刀說明

首先指出最下大圖空腔中上下兩元件幾乎『撞車』的畫面，從放大的上大圖可見到兩模塊之間距只有8mil而已。須知人類頭髮的直徑即已3mil了，如此間不容髮的精密控制當然是出自雙面板與其上下銲點厚度的嚴格把關。右列俯視外觀三圖說明NO.3切樣的二十層板，是由三片單板經兩次所焊成。

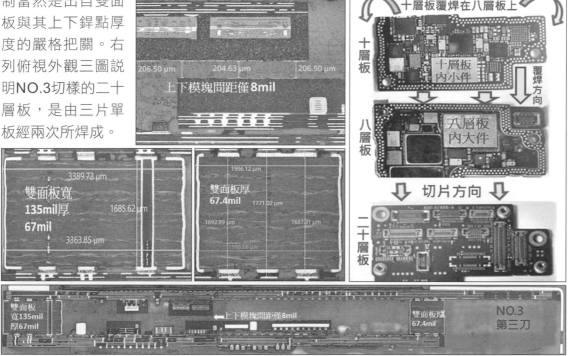

13-5-4 NO.4切樣第二刀說明

下列50倍全圖為NO.4切樣第二刀畫面，可見到空腔中三大一小四個模塊的組列。中圖即為其放大200倍所量測的數據，最窄處僅187μm（7.5mil），比前節的8mil更為緊張。這種幾乎撞車剃刀邊緣的安排不得不佩服設計者的苦心。然而對窄框式雙面板變形的掌握與各模塊厚度的管制又是何等重要。下圖紅圈處雙面板頂部銲點，經小心用鑽石膏拋光後放大2000倍的上圖，可清楚看到雙面板ENIG混成一團的IMC與細細的富磷層，以及十層板ENIG金層太厚或金面太髒以致兩次強熱都長不出IMC甚至其殘金層尚清晰可見。

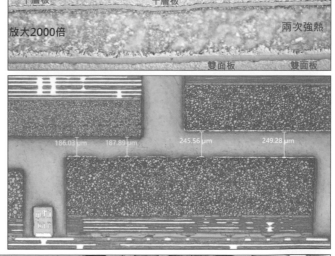

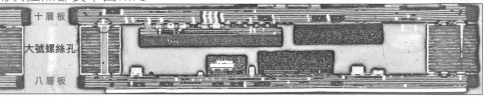

13-6 FOWLP與FOPLP的市場

13-6-1 兩種散出式封裝FOWLP與FOPLP的比較

右上圖為Yole從FO所需的設備與原物料對散出式封裝成長的預估。說明2018年兩類FO封裝用設備與物料的2億美元將成長到2024年的7億美元,間接說明了FO市場的盛況可期。中列兩大圖說明12吋晶圓式封裝(FOWLP)可利用既有設備與物料與熟練技術下可量產高階產品。至於FOPLP大面積方型載具者,由於精密度不足又容易變形下只能生產低階品。此即3.15節中Yole預估FOPLP成長不足的原因。下圖再次呈現i7年代蘋果用RDL與銅柱創造出更薄PoP的歷史故事。

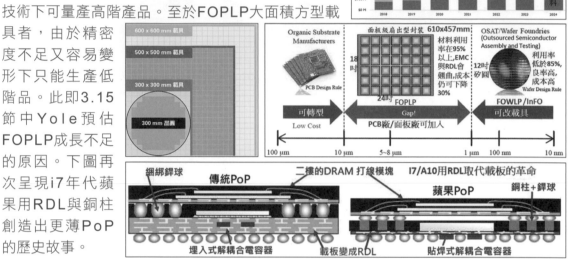

13-6-2 FOWLP市場發展的過去與未來

右上為Yole對過去10年中FOWLP爆發式成長的簡圖,從2016年起『蘋果+台積電』在InFOWLP製程發起衝鋒下其年成長率CAGR達55%之多,自六年前7億美元的產值大幅增長到2020年的23億美元,甚至到2021年的25億美元。右下圖取材自財訊網站的台積電產品夥伴,更點出了台積電最新開發的全新產品『3DIC』,將走進『異質整合』的新領域,對於5G未來毫米波(mmWave)等級的IoT物聯網與車聯網等大數據市場,FOWLP更將成為晶片與模塊的主角。在台積電領軍下載板與PCB業者也必然商機滾滾。下小圖指出了5G時代i12上網約快了近10倍外,其他6GHz以上的龐大商機更都是後五年中PCB再打拼的戰場。

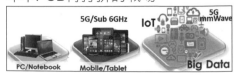

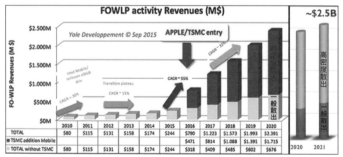

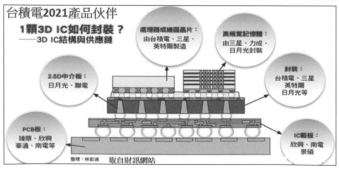

第十四章 iPhone13的拆解與細說

14-1 前言

　　筆者2021年初剖切iPhone12所屬5nm的A14處理器時，網路上就有很多傳言說2021年底的iPhone13/A15生產者台積電會進入3nm製程，而且A15在軟體方面會加入頗多人工智慧AI的額外功能。於是完成iPhone12的實做文章後，又激起筆者對3nm全新A15再做剖析的興趣。

　　沒想到A15卻仍然是5nm技術，由於加入AI大量功能後迫使A15的主晶片面積加大，更迫使全無支撐軟弱的RDL也必須隨之加大。經過上下游六七道焊接強熱劇烈脹縮的折磨後，從切片上終於見到RDL絕緣板材PSPI的開裂與四層銅線的扭曲變形。想必是功能方面還堪使用，於是從市購所得品質不良可靠度有問題的產品也被判為良品出貨了。如此之功能大增不但RDL變大，而且用RDL去互連A14主晶片原來所加掛的兩小晶片也變四枚小晶片了。此外Fan-Out區的三圈銅柱也被擠成更為細長而令電鍍銅進入更困難的境界，於是筆者又對如此不可思議的深盲孔鍍銅填銅，從邏輯原理上著墨了四節圖文試加詮釋，不妥處尚盼高明不吝指正。

14-2 iPhone13的外觀與NO-1切樣

14-2-1 iPhone13的整體外觀

iphone13 為了增加AI人工智慧的功能而擴充了CPU工作量15%與GPU16%，因而A15晶片面積也為之加大，致使互連用卻無玻纖布支撐的RDL也隨之變大。多次強熱劇烈脹縮中軟弱的RDL，其銅線與PSPI樹脂竟因面積超過極限而出現扭曲變形 與層間開裂。從精確高倍的微切片畫面看來i7時代並未出現這種缺失。

右圖中台積電5nm的A15晶片功能增加15%售價為美金45元，較十年前增加3倍約占總成本的10%

主機板的面積只占全手機的15%而已

相機功能大幅增強且可在黑暗中拍照及2cm近照，但成本也增加了十倍，像素達1200萬。

此為蘋果專用高價橫向線性馬達，觸感超良好。外型只有i7的1/3

招牌 TAPTIC 出自 HAPTIC 觸覺的

i13的電池已較i12續航力增加10%約280mAh至 3095mAh。

i13的電池已較i12續航力大幅增加，由2815mAh增加到3095mAh。主要是為了5G的與全新高價抗碎屏幕(105美元，為元件中最貴者)。此電池由陸商欣達旺所生產。

i13响應環保盡量使用回收材料元件總成本較前增2.5倍

14-2-2 10L主板正面的組裝

　　iPhone13的主板是由上10L板，中雙面框板，與下8L板所先後疊焊而成。上下兩SLP類載板其內外共四面都密集貼焊了眾多主動被動大小零件，而中夾雙面框板的頂面即出現兩圈共724個圓銲墊。注意，該16張2116玻纖布的雙面厚框板規格很嚴，必

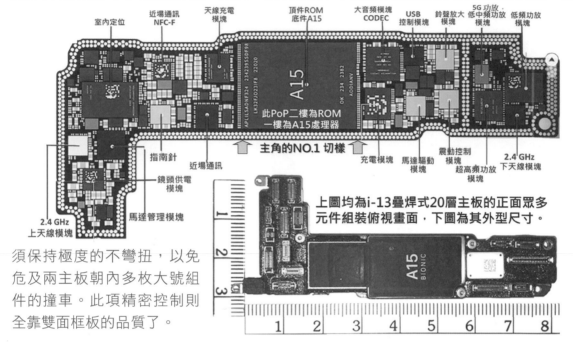

上圖均為i-13疊焊式20層主板的正面眾多元件組裝俯視畫面，下圖為其外型尺寸。

須保持極度的不彎扭，以免危及兩主板朝內多枚大號組件的撞車。此項精密控制則全靠雙面框板的品質了。

14-2-3 NO-1切樣的起步

　　iPhone13其PoP心臟的A15即著落在20層三合一之十層主頂板朝內的L1板面處，後續將從NO.1切樣連續看到台積電專利InFO的佈局，也就是銅柱與RDL互連的各種細節與其他多樣的全新發現。

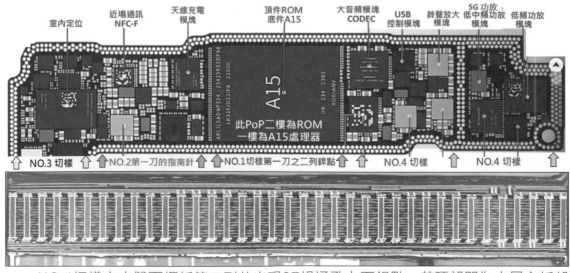

　　NO.1切樣中夾雙面框板第二列共出現37組通孔上下銲點，其頂部即為十層主板朝內L1面兩圈共有724個ENIG銲墊。

14-2-4 三合一20層板的上下焊接

從右圖1可見到夾中的雙面框板，其角色是把上10L板與下8L板先後兩次焊成20L板的互連體。圖2為10L板與雙面框板先焊724顆錫膏焊點的1000倍與2000倍放大圖，可清楚看見上下兩ENIG銲點三種混合IMC中的Ni_3Sn_4，與離EN近的$(Ni,Cu)_3Sn_4$，及距EN遠的$(Cu,Ni)_6Sn_5$。注意：這三種IMC中只有Ni_3Sn_4才有強度。圖3為雙面板與8L板後來只焊一次的畫面，可見到兩次強熱的IMC確比一次強熱要更厚一些。此等精密切片全靠徒手拋光而非機器。

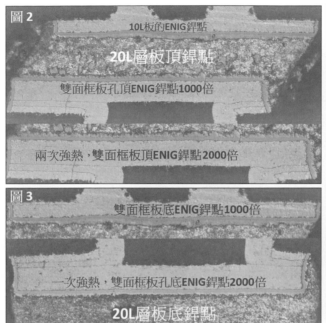

圖2
10L板的ENIG銲點
20L層板頂銲點
雙面框板孔頂ENIG銲點1000倍
兩次強熱，雙面框板頂ENIG銲點2000倍

圖3
雙面框板底ENIG銲點1000倍
一次強熱，雙面框板孔底ENIG銲點2000倍
20L層板底銲點
銅面OSP銲點

圖1　上接10L板
中間為十六層玻纖布的厚強雙面框板
上下互連通孔滿塞樹脂增加剛性與強度
下接8L板

14-2-5 NO.1切樣第二刀焊墊的截面畫面

本節最上50倍接圖中可見到正面最外圈的55個銅柱，這就是每個A15晶片四面散出Fan-Out三圈約660個銅柱的四分之一；其做法是先在外圍光阻中開洞與高速填銅而成的。圖2為400倍的完工板接圖，圖3的1000倍大接圖即為台積電專利InFO的精髓所在。

圖2
L7
L6
L5
L4
L3
10L主板
L2
L1
L1
內外互連的RDL
內外互連的RDL
內外互連的RDL
ROM的三層載板

圖3
10L主板
錫銀銅銲球與焊接十層主板
三做RDL
三做RDL
二填滿封膠
首鍍外圍銅柱
二填滿封膠
五填底膠
錫銀銲球與焊接ROM載板
五填底膠
ROM三層載板

14-2-6 台積電Integrated Fan-Out（InFO）的亮點

　　右圖1即為台積電InFO六道工序的簡述，筆者已在第十三章3.10與3.11兩節共用了8個示意圖，試將台積電InFO從原理與邏輯去猜想其極度保密的流程。首先是在晶片的外圈區（Fan-Out）先塗佈頗厚的光阻，之後感光成為660個深盲孔，於是進行濺射鈦銅與高難度的深盲孔填鍍銅成為銅柱與隨後的澆填EMC。第三步是做內外互連的四層RDL。第四步就是印SnAg錫膏與焊ROM的三層板。第五步為填底膠。第六步於RDL的UBM處利用錫銀銅銲球焊到10L板的L1即完成PoP與主板互連的大工程。如此上下游多次焊接強熱將造成大號RDL的變形。

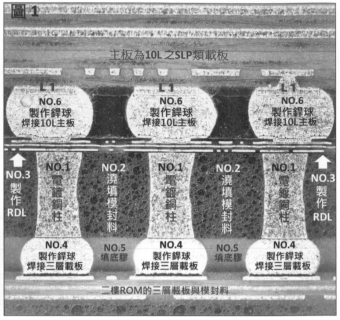

圖1 主板為10L之SLP類載板

L1 NO.6 製作銲球 焊接10L主板

NO.3 製作 RDL
NO.1 電鍍銅柱
NO.2 澆填模封料
NO.4 製作銲球 焊接三層載板
NO.5 填底膠

二樓ROM的三層載板與模封料

圖2 先鍍外圍銅柱後作內外RDL此即台積電的專利InFO

14-2-7 電鍍銅柱的困難與進步

　　將電測良好的晶片（Known Good Die；KGD）重新寬鬆排列在另外12吋玻璃板上（見右崁對照圖），以便在玻璃板的外圍藍色空地（Fan-Out）每個KGD外做上三圈銅柱，然後再於晶片內部與外圍共做上四層RDL完成Fan-in與Fan-Out的互連。下左圖1為i7年代的粗矮銅柱，圖2為i12的高銅柱，而圖3圖4則為i13更為細長瘦高的困難銅柱，也就是說電鍍銅柱的難度與技術，也因外圍面積變小與深度增加雙重擠壓下變得愈來愈瘦長了。

圖4 220.18 μm　220.18 μm　101.30 μm　99.91 μm

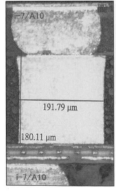

圖1 i-7/A10 191.79 μm 180.11 μm i-7/A10

圖2 i-12/A14 說明在正型光阻開孔中鍍銅更加困難 149.94 μm 137.29 μm 139.71 μm 155.34 μm A14的銅柱對比A10已明顯變瘦變長

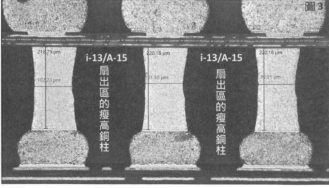

圖3 218.79 μm 220.18 μm i-13/A-15 扇出區的瘦高銅柱 102.23 μm 101.30 μm i-13/A-15 扇出區的瘦高銅柱 99.91 μm

14-2-8 晶片外圍鍍銅柱的攪拌工程

由前節右套圖的藍色Fan-Out外圍即InFO電鍍銅柱的領域，從前節圖3可知其深盲孔縱橫比已超過2/1，就PCB而言幾乎是不可能的填銅工程。本節圖1即為晶圓鍍銅高價專用機的結構示意圖，是為每片晶圓鍍銅而設計者。其中往復攪拌的速度非常快（400-600RPM），如此可逼薄陰極膜加速Cu++往盲孔內擴散與鍍液交換的雙重效果。其高純度鍍液每次鍍後即不再使用，由於陰陽極距離很近因而可用到25ASD（1ASD=9.1ASF）的快速填銅。圖2的套圖為陰極外表槽液的結構。

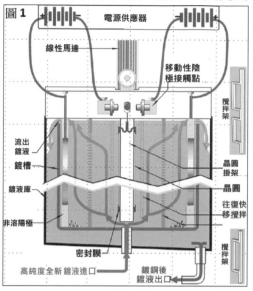

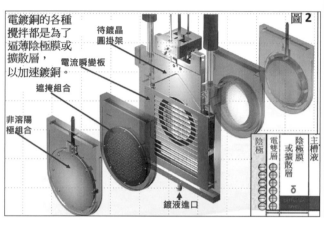

14-2-9 利用柏努力原理與文式管效應加強鍍液的攪拌

圖1為根據柏努力原理使飛機上升的實例，也就是衝刺中頂面路徑長因而密度小流速快壓力小，但底面卻是路徑短流速慢壓力大而抬起飛機。圖2、圖4、圖5均說明流速慢處壓力大，流速快者壓力小的其他案例。圖3為電鍍槽加速攪拌的噴流器（Eductor）也是柏努力原理的應用，右側幫浦打入一支高速流體當其穿過內部小噴嘴時，即因更加快流速而壓力變小。於是周圍壓力較大的鍍液即可壓入到噴嘴外圍而一併向左5倍噴出。圖6為投手變化球下墜的原理，於是『流速慢壓力大，流速快壓力小』的原理還可用在空氣流動而不僅是液體的流動了。

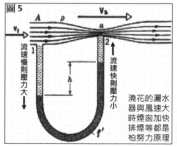

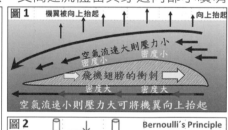

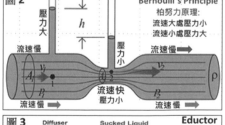

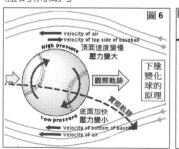

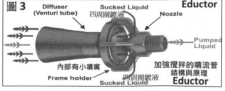

14-2-10 電鍍銅有機添加劑的種類與原理

　　以硫酸銅及稀硫酸為主的鍍銅液還需加入三種有機助劑；圖1為SPS的Brightener
光澤劑，其功能是幫助鍍銅有如汽車之油門，由於分子量很小故容易進入死角助鍍。
圖2為大分子量的載運劑Carrier又稱潤濕劑，但卻扮演壓抑面銅增厚的角色如同手剎
車。圖3為帶強烈正電的Leveler整平劑，有如腳剎車一般可阻止鍍銅。圖4說明Cu^{++}在
槽液中並非單純離子，而是靠凡德瓦爾力彼此正負相吸多
種官能基的銅游子配位體。由於銅游子個頭大且工作電壓
又只有2-3V，因而所沉積的銅全是出自擴散層而非主槽液
的銅量。

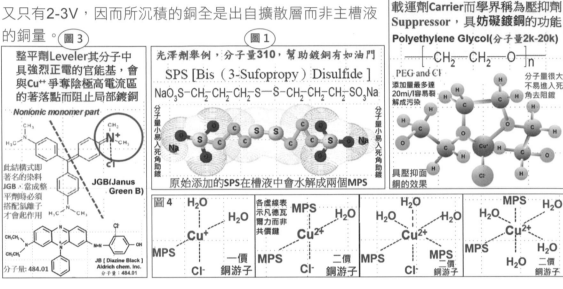

14-2-11 水液中有機物的分子自我組合膜SAM

　　水溶液中的有機物會自我組合成為短鏈狀的薄膜(Self-Assembled Monolayer)，最
容易產生此種反應者就是光澤劑分子其硫醇頭(-SH)對底銅面的吸著。圖2說明光澤劑帶
著銅離子吸附底銅死角並不斷帶入的
示意圖。圖1說明肥皂水分子在吹泡泡
內外吸著的短鏈SAM畫面。圖3說明
水中潤濕劑的自我組合並可包覆污物
完成清潔工作的原理。圖4是水中碎
小的有機物完成其鏈狀SAM的過程。

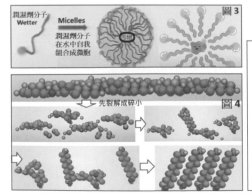

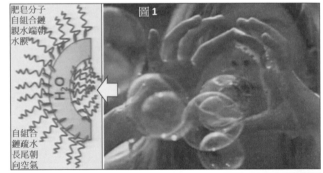

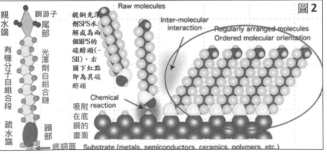

14-2-12 外圍先做的銅柱與後來RDL的互連接點

　　台積電InFO專利的做法,是先在各晶片外圍的光阻深盲孔中高速填鍍銅而成銅柱,以每晶片外三圈銅柱來計算,則共約有660個銅柱與RDL的互連接點。從圖1與圖3兩3000倍電鍍銅清楚畫面看來,RDL千層派的L1與晶臉銅柱間,只見到紅色的濺鍍銅而看不到先濺射的白色鈦層。圖2與圖3均為銅柱與RDL互連其3000倍的全圖,可見得到RDL各層線路於多次焊接高溫中所出現被擠壓變形的畫面。

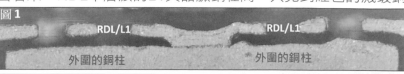

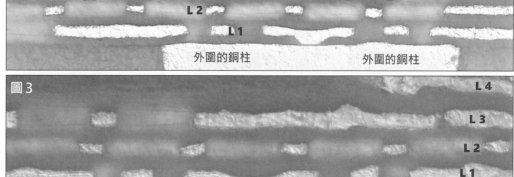

14-2-13 iPhone13/A15的三枚SoC大小晶片與互連的ROM

　　從圖3與圖4可見到A15是由一大兩小三枚System on Chip(SoC)晶片所組成,從圖2可見到A14也是由一大兩小SoC晶片所組成。另從圖2可見到iPhone12其PoP的ROM是由兩個模塊於2D平面貼焊而成,不過圖3圖4卻見到iPhone13的ROM是由三個大模塊所組成。說明是為了增加AI人工智慧而擴大了記憶體容量了。

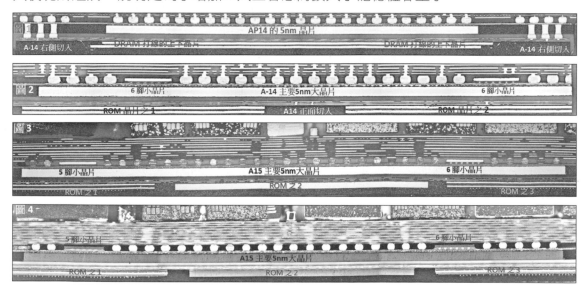

14-2-14 iPhone13的A15處理器其主晶片所加帶小晶片已從兩片增到四片

　　圖1的上下兩個大接圖為NO.1切樣第2刀的明場與暗場取像,所見到A15處理器利用RDL所加帶的左5腳小晶片與右6腳小晶片。而A15主晶片又焊接三層載板的RAM模塊完成其三片晶片的2D封裝體。圖2為NO.1第4刀兩個明場的大接圖,可清楚見到A15主晶片所另帶的兩小晶片已與圖1的兩小晶片完全不同。換句話說A15互連的RDL/L4面上共加帶了四個小晶片,而第4刀所見兩小晶片卻比第2刀的兩小晶片大了很多。也就是說i13的A15比i12的A14多了兩個小晶片功能自然更多了。

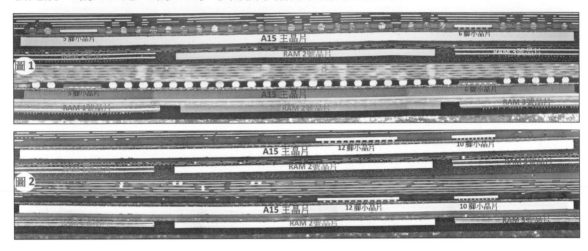

14-2-15 A15 應用處理器其大小晶片的組合

　　下圖1為第三刀所見到A15主晶片所加帶四個小晶片中最大的一顆,可清楚見該12腳晶片與RDL的焊接互連;圖2即為其第12腳互連RDL再與主晶片的2000倍接圖。圖3為第8腳的2000倍接圖。圖4的3000倍接圖說明小晶片利用其銅柱與RDL/L4的銲點詳情,由於多次上下游強熱對已有常規IMC(Cu_6Sn_5)

已進一步反應成為灰色不良的Cu_3Sn。圖5也是3000倍接圖,晶臉上的變形細線清晰可見。

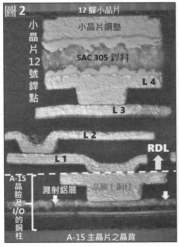

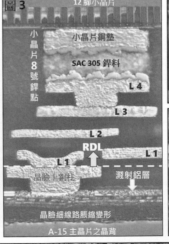

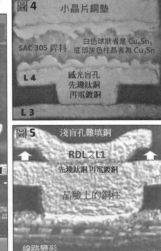

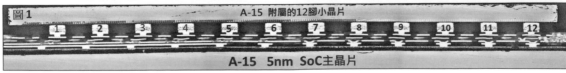

14-2-16 主晶片加大後互連用RDL脹縮的變形

本節圖1為放大2000倍的接圖是出自前節14-2-14的圖1,本節圖3與圖4及其A15的5腳小晶片,由於A15軟體已加入人工智慧的功能,如此不但迫使主晶片的佈線大幅增多,當然也就不得不加大晶片與RDL的面積。於是在上下游多次焊接強熱的折磨(Fan-Out的EMC封膠,RDL承銲四個小晶片,RDL承銲ROM,RDL焊接10L主板的L1,10L主板L10的背面焊接,10L板與雙面框板以及8L板的前後兩焊,共7次強熱),如此多次的熱脹冷縮終於造成RDL線路與晶臉超細線路兩者的變形,也許大部份功能還算正常因而也只好上市賣出了。故知產品的品質標準是隨生意好壞而可變動的。

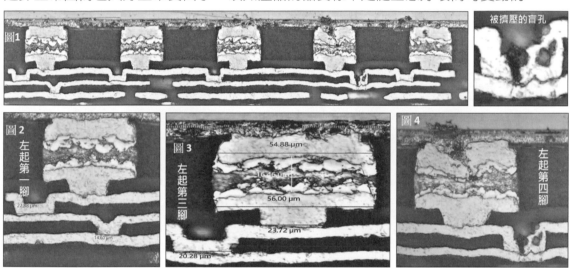

圖1綠色虛線之上為RDL的4層銅線,由於A15線寬仍為5nm且又多了人工智慧,因而必須增加極多佈線而迫使晶片變大當然RDL也跟著變大,多次強熱中軟弱的RDL必然會出現銅線與PSPI樹脂的脹縮變形,因而出現了細薄銅線的扭曲走樣以及PSPI樹脂的層間開裂。筆者在第十三章iPhone12拆解文章的13-3-17節,即已展現了多處PSPI的開裂。然而回顧2016年的iPhone7,當其主晶片與RDL均較小時卻從未出現銅線變形與層間開裂。本節圖2、3、4中不但RDL扭曲變形,甚至連晶臉上的細線也為之扭曲不堪。

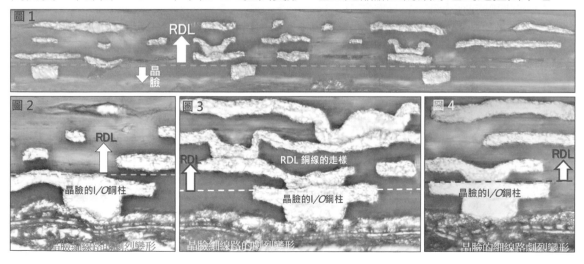

右上圖即為iPhone12其A14內外互連RDL中PSPI樹脂變形開裂的畫面，幸好該4層銅線及其下緣晶臉的I/O銅柱尚未變形。下圖為iPhone13其A15互連RDL銅線的扭曲變形與PSPI的層間開裂，甚至連晶臉上細線的波浪變形也變得十分明顯。載板業界曾擔憂一旦RDL如此好用又便宜，將來勢必會影響到載板的生存。沒想到當RDL大到某種程度時就玩不下去了。如今尺寸60X60mm以上，板厚超過16層的5G用厚大載板又成了新的挑戰。載板面積太大下游組裝時必然會造成四角上翹的枕頭效應以致可靠度不足的麻煩。

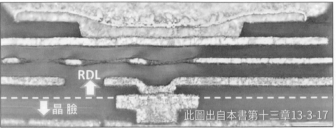

此圖出自本書第十三章13-3-17

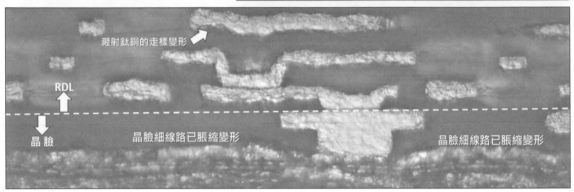

14-2-17 NO.1切樣第三刀竟然見到兩顆零件從8L板L1銲墊處脫焊

從圖1可見到20L板上下焊接的全圖，而粉紅色箭頭所指處卻見到零件從底部8層板的L1脫焊，也許只是局部脫焊因而並未完全失去功能僅僅是堪用而已。從蘋果對所有供應鏈的嚴格管理而言，似乎不應該出現如此離譜的Case才對。由於本節版面不足只好把圖2與圖3的高度剪掉一些而未見全部失效的畫面。

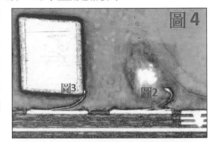

14-2-18 NO.1切樣第四刀8層板L1鐵殼內敏感元件與10層板L1所焊模塊內6層覆晶載板之焊球

　　圖1為NO.1第4刀50倍取像的全畫面接圖，　圖2為8層板L1所焊鐵殼及其內部敏感大模塊的400倍接圖，圖3為10層板L1所焊大模塊6層載板內部9球覆晶Filp Chip模塊其中三個球腳的1000倍單圖，可清楚見到Eutectic的畫面。圖4與圖5為SAC305銲料冷卻稍慢所呈現劍狀的IMC（Ag_3Sn），事實上3D中卻另為片狀才對。

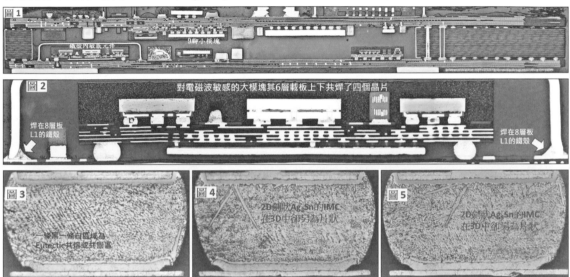

14-3 NO.2切樣的觀察

14-3-1 NO.2切樣第一刀的畫面

　　圖1即為前節所標示NO.2切樣第一刀的50倍接全圖畫面，可見到10L頂板頂面所承焊的大小元件與外表滿塗的黑色石墨散熱膏，中間22個通孔的雙面框板正是上焊10L板與下焊8L板的中置互連板。圖2為框板頂部與10L板互連的首銲點，圖3為雙面框板與底8L板互連的二銲點。而雙面ENIG其兩次強熱的IMC確比一次者要厚一些。

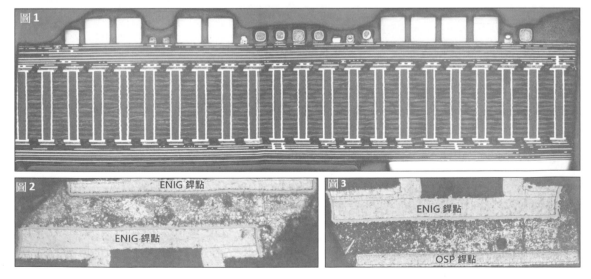

　　圖2為NO.2切樣第二刀100倍9腳模塊接圖的全畫面，可見到10L頂板朝內L1所承銲9個球腳的小模塊（全面應為81腳），此圖2下側為8L底板朝內L1所承銲的6個被動元件。最下圖1為9球腳模塊的400倍接圖，右圖3為其第2球腳的不正常畫面，怪異的是該枚覆晶錫球的右側竟然不知從何處貼來了額外的一塊多餘銲料。須知Flip Chip晶片覆焊Bump動作中尚未填底膠，筆者懷疑可能是Underfill流動中所帶來的東西。

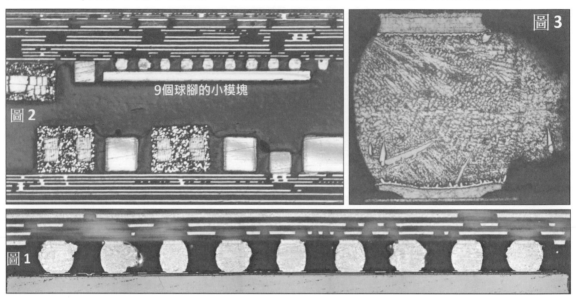

14-3-2 NO.2切樣的負面教材

　　從前節第一刀可見到9個球腳的小模塊，再切第三刀時整排銲球時竟因手法不良而出現左側磨入太深，造成下列400倍接圖第二排9球的左二球竟然掉落不見，右上兩圖為磨斜了兩球大小的對比（本應同大小）。由此可知失效分析（Failure Analysis；FA）切片的手法要比QC/QA級要嚴格多了。一般FA級良好切片是2000倍移動觀察中畫面不可模糊。當然逆向工程（Back Engineering）切片又比FA級還要更小心才對，一旦失手就無法挽回了。

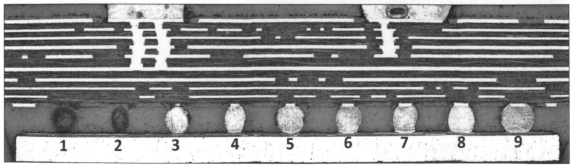

14-3-3 NO.2第三刀所見各種不同銲點的詮釋

　　圖1為A15主晶片利用RDL與12腳小晶片完成焊接互連的3000倍放大畫面，從下側可見到A15主晶片的晶臉利用其I/O銅柱與RDL的L1採鍍銅方式互連，但上側12腳小晶片則用其I/O銅墊先行植球，再去覆焊到RDL/L4的T型銅墊上而完成互連。圖2為NO.2切樣第三刀所見10層主板的L10與所承焊大模塊四層載板的1000倍放大接圖，可見到頂面ENIG的複雜IMC與底面OSP的簡單結構。圖3為主板L10的OSP與載板ENIG共10個QFN銲點所選2點的2000倍接圖，其ENIG銲點複雜的IMC結構均可清楚分辨。

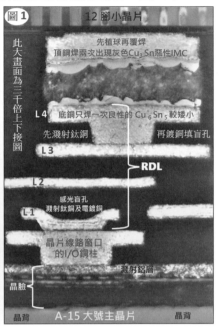

圖1　12腳小晶片

此大畫面為三千倍上下接圖

先植球再覆焊
頂銅焊兩次出現灰色Cu_3Sn惡性IMC

L4　底銅只焊一次良性的 Cu_6Sn_5 較矮小

先濺射鈦銅　　再鍍銅填盲孔

L3

RDL

L2

L1　感光盲孔
濺射鈦銅及電鍍銅

晶片線路窗口
的I/O銅柱

濺射鋁層

晶臉

晶背　　A-15 大號主晶片　　晶背

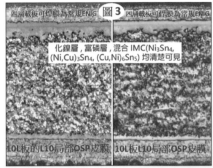

圖3　四層載板可焊膜為常規ENIG

化鎳層, 富磷層, 混合 IMC(Ni_3Sn_4,
($Ni,Cu)_3Sn_4$, $(Cu,Ni)_6Sn_5$) 均清楚可見

四層載板之焊膜為常規ENIG

10L板的L10局部OSP皮膜　　10L板L10局部OSP皮膜

圖2　10L十板L10承焊大模塊其四層載板表面處理為ENIG

化鎳層, 富磷層, 混合 IMC(Ni_3Sn_4, $(Ni,Cu)_3Sn_4$, $(Cu,Ni)_6Sn_5$) 均清楚可見

多次受熱後的 Cu_6Sn_5

10L氧化主板其L10局部OSP皮膜之銲點

14-3-4 NO.4切樣左側切入第一刀

　　下圖1為NO.4切樣左側第一刀全景，可見到下側8層板L1所焊的不銹鋼外殼與內部18腳敏感模塊，筆者關注的是外殼底框對PCB垂直立焊的銲點強度。2000倍的圖2與圖3可清楚見到踩入錫膏所完成銲點其小草狀Ni_3Sn_4的IMC非常健康，而與8層板L1的OSP皮膜的IMC(Cu_6Sn_5)形成鮮明的對比，且小心調度光影的圖3更可見到滾鍍鎳的皮膜，此等變化光影與彩色的取像在高價SEM電鏡是做不到的。

圖2　左銲點
看不到鍍鎳層

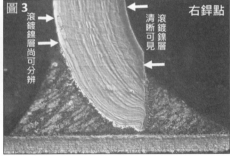

圖3　右銲點
滾鍍鎳層
清晰可見
滾鍍鎳層尚可分辨

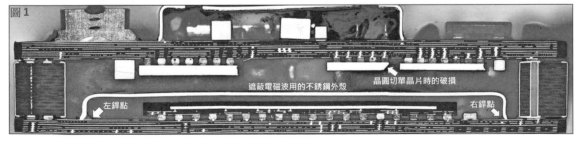

圖1
遮蔽電磁波用的不銹鋼外殼　　晶圓切單晶片時的破損
左銲點　　右銲點

14-3-5 NO.4切樣的第2刀與第3刀

從前節見到10層板L1貼焊了一個被鋸破的5腳小晶片，本節圖1為該破晶片400倍接圖的深入探討。上下圖1均見到小晶片的晶臉（Top Metals）竟然出現了許多刺入晶背（Psub）的雙長針，好奇心下又再磨入第四刀，終於見到第二球左下方晶背中果然出現了怪事。1000放大的圖2可見到由兩條細針在晶背中掛了一個三層波浪銅線鞦韆狀的N阱（Nwell），圖3為2000倍接圖，圖4為3000倍的單圖雖更清楚但仍然不知所云，多次上網才大概知道此細針是過孔（Via），孔內不敢填入容易擴散的銅而另採鎢或聚矽類做為互連用。

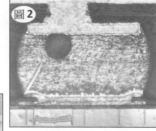

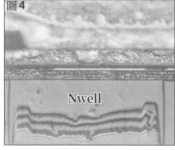

14-3-6 NO.4切樣第3刀

從14-3-4節50倍接圖1的全畫面可見到，其下側8層板L1所承焊大鐵殼與內部對電磁波敏感的18球腳模塊，而此模塊的畫面只能看見3層載板頂面與晶片互連的8個小型銅柱。本節圖1即其中段4個小銅柱放大400倍的接圖，可見到銅柱上下銲點結構不同，也就是頂部為ENIG銲點結構底部為OSP銲點。下三圖放大1000倍的畫面中銅柱上下銲點的不同結構均清晰可見。至於上下銲點外緣銅面的凹陷則為賈凡尼效應。原因是切片經仔細拋光後還要小心微蝕銲料與銅兩者才能看清立體結構，此時銅柱與銅面兩者均扮演陽極，而EN與IMC卻扮演陰極所出現的賈凡尼效應。

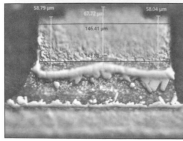

14-4 iPhone13機頂前置之雙攝像鏡頭

14-4-1 特殊板材的十層板與黃銅內罩的焊接

　　從14章最開始的14-2-1節可見到中上方刻意放置前相機雙攝影鏡頭的畫面，本節下大圖即其互連軟板所銜接機械鏡頭組合的介面。此圖下側即為三層軟板朝紙面垂直伸出的斷層畫面，該軟板是為了鏡頭組合與控制主機板兩者間訊號互連之用途。圖2為圖1左藍圈處的特殊十層板與金屬外殼的銲點剖面，注意該外殼並非最外大框的不銹鋼材料，而是用黃銅框再去鍍鎳所形成的強固銲點，圖2的右二圖即為焊點兩側的放大圖。注意該特殊十層板全無玻纖布，樹脂為暗紫色並加入許多球狀的細小粉料，而互連盲孔又看似銅膏，不知何方神聖筆者確實前所未見。

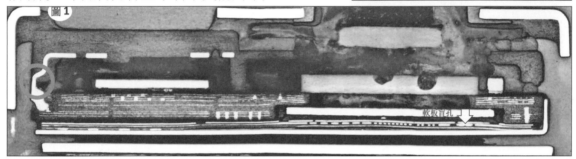

14-4-2 軟盲孔填銅的困難

　　下圖1為前節下側的放大畫面用紅字所指明處即為三層軟板盲孔的位置，圖2為該盲孔的立體全圖，圖3為該軟板的全部縱橫尺寸，可見到盲孔內已鍍到44.28μm，板面平均鍍了13.5μm左右，而盲孔深度只有25.4μm，但卻未能如硬板深盲孔般全滿填銅甚至還會向上凸出的場面，填不滿主要原因是盲孔縱橫比太低太淺了反而不易填滿。其原理正如14-2-10節所言，光澤劑助鍍與載運劑反鍍兩者功能在淺盲孔時反而不如深盲孔容易展現。至於軟板的孔環比硬板大很多的原因，是為了減少彎折時銅環自PI板材浮離而設計。

第十五章 5G電路板與載板失效分析之1

15-1 前言

　　自2020年中開始全球電子業已正式進入5G時代，雲端與終端所需各種電路板不但數量大增而且難度也都大增。於是各種上游板材品質與自身量產技術也為之不斷改善。本章不但採用多張精緻彩圖並在圖內加註文字方式就近説明，以協助看官們讀懂失效的關鍵與板材進步的詳細內容。內文的第二節共用了27個段落100張彩色切片圖説明填銅盲孔強熱拉扯後脫墊的來龍去脈，並提出可行的改善方法，期盼業者們均能早日擺脫脫墊之苦順利出貨，並減少日後的客訴。筆者馬齒徒增已達83歲之高，但仍然每日小心製作切樣攝取精彩的高倍圖像並整理成文，純乃興趣使然耳。本章之綱要如下：

15-2、不良沙銅與不良化銅的盲孔脫墊　　15-3、樹塞通孔蓋銅再增層的挑戰

15-4、厚大板背鑽的失效　　15-5、5G高速傳輸時代銅箔的進步

15-2 不良沙銅與不良化銅的盲孔脫墊

15-2-1 填銅盲孔脫墊的兩大兇手：沙銅與化銅

　　鬆散的沙銅是出自銅前浸酸中的銅離子；而堅固電鍍銅卻來自電鍍銅槽『有機助劑＋Cu^{++}』的銅游子，兩者結晶完全不同。利用工具顯微鏡STM-7明場的『偏光＋微分干涉』同步調動下可將電鍍銅變成藍色，但沙銅與化銅卻仍為紅色而得以區別。從圖1可見到藍色的孔銅與面銅與孔環間所呈現紅色的沙銅，以及板材的黑色活化鈀與暗紅色化銅。圖2亦可分辨出電流尚不到位碎石狀紅色分界線的起步銅（到位的電鍍銅則為岩石般結晶），以及三次鍍銅前的不良沙銅。圖3更可從顏色上分辨一次銅前的紅色不良沙銅，與二次銅前的淺紅色起步銅。

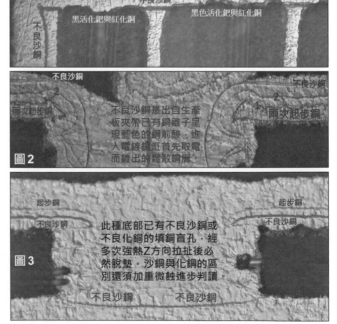

圖1：不良沙銅／黑活化鈀與紅化銅／黑色活化鈀與紅化銅／不良沙銅

圖2：不良沙銅／兩次起步銅／不良沙銅是出自生產板夾帶已有銅離子呈現藍色的銅前酸；進入電鍍鍍缸首先取電而鍍出的鬆散銅層；兩次起步銅

圖3：起步銅／不良沙銅／此種底部已有不良沙銅或不良化銅的填銅盲孔，經多次強熱Z方向拉扯後必然脫墊。沙銅與化銅的區別還須加重微蝕進步判讀。／不良沙銅／起步銅／不良沙銅

15-2-2 銅前酸的沙銅與PTH的化銅兩者的分辨

下大圖為通孔經加重微蝕後的畫面；可見到橫列孔銅下緣板材的化銅與孔環處的

沙銅。重微蝕後凡全為紅溝者即為沙銅，而紅溝中或附近還有黑鈀者即為化銅。讀者須知PTH過程中任何銅面都不會沉積化學銅，原因是整孔槽須將孔壁調整為正電才可吸附帶負電的酸性活化鈀，有了鈀才會降低Cu^{++}的還原能障而沉積出Cu^0。為了免於鈀的浪費及後續化銅的浮離起見，整孔後即隨進行微蝕而將所有銅面的正電性皮膜全部剝除，於是帶負電的鈀膜就只能吸附在通孔絕緣板材上而無法吸附在任何銅面上了。

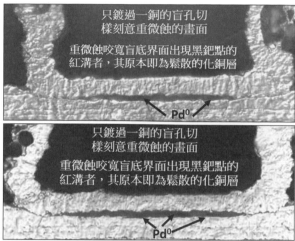

只鍍過一銅的盲孔切樣刻意重微蝕的畫面

重微蝕咬寬盲底界面出現黑鈀點的紅溝者，其原本即為鬆散的化銅層

Pd^0

只鍍過一銅的盲孔切樣刻意重微蝕的畫面

重微蝕咬寬盲底界面出現黑鈀點的紅溝者，其原本即為鬆散的化銅層

Pd^0

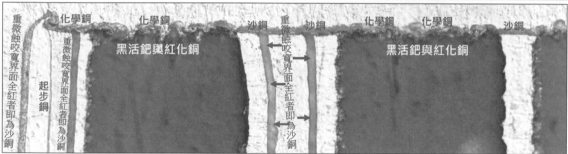

15-2-3 ELIC盲孔填銅脫墊的案例

1. 任意層ELIC填銅盲孔各介面處，是強熱Z膨脹最容易拉脫的脆弱部位。主因有殘鈀帶來鬆散的化銅層，與電鍍銅前浸酸槽變藍而先行鍍出鬆散的沙銅。

2. 盲底出現鬆散化銅層的原因有①不管垂直或水平眾多深盲孔底部採用錯誤的純水清洗進而造成殘鈀②尤以水平鹼性鈀頂面盲孔或垂直線鹼性鈀大排板下緣為甚。

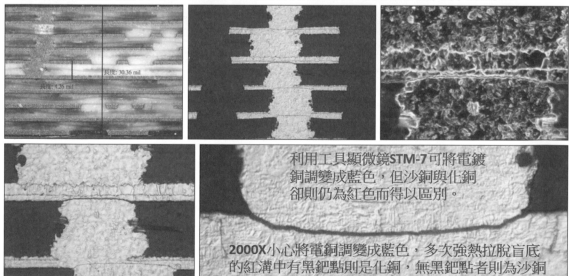

利用工具顯微鏡STM-7可將電鍍銅調變成藍色，但沙銅與化銅卻則仍為紅色而得以區別。

2000X小心將電銅調變成藍色，多次強熱拉脫盲底的紅溝中有黑鈀點則是化銅，無黑鈀點者則為沙銅

15-2-3-1 ELIC盲孔填銅脫墊的案例-外層脫墊

1. ELIC板類多次回焊中各層次最容易發生上下鍍盲或填盲間的分離位置，就是在兩外層盲孔容易自次外層盲銅上分離，以及最內雙面核心板首次增層之兩介面處，且疊孔愈多者愈易拉脱。此外其他HDI也有類似情形。

2. 回焊中兩外層直接面對多次強熱，本來就是受熱最嚴重Z膨脹最大的位置。若其介質層又是CTE超大且非常落伍的RCC背膠銅箔，或清洗困難或縱橫比達0.6以上深盲孔者，想要不脫墊就很難了。

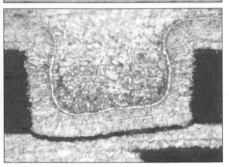

15-2-3-2 ELIC盲孔填銅脫墊的案例-Core層脫墊

1. ELIC上下填銅盲孔其回焊中①最容易脫墊為外層與次外層之間②其次容易脫墊者為內核板的上下盲孔底部之交界處，此處曾經歷多次增層壓合中的強熱拉扯。

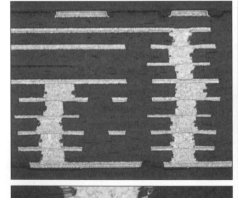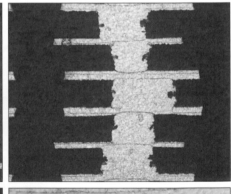

2. 首先增層為四層板其脫墊首推PTH殘鈀的化銅，且甚多出現在水平線清洗困難的頂面，其次可能是銅前酸帶來的沙銅。

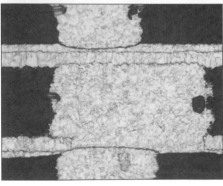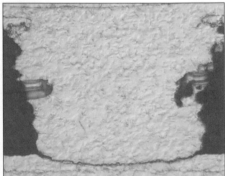

15-2-4 化銅、沙銅與起步銅三者的不同

1. 常溫槽液中化學銅只會沉積在黑色活化鈀的表面，由於金屬化流程中所有銅面的整孔劑均已被微蝕剝除，因而所有銅面上無法吸附上活化鈀當然也就不會有化銅了。右二圖可清楚分辨沙銅與化銅。

2. 鍍銅分界線是碎石狀但卻是堅固的起步銅；出自預浸稀硫酸者則為鬆散的沙銅；深通孔深盲孔清洗不足的殘鈀所帶來者應為鬆散化銅。

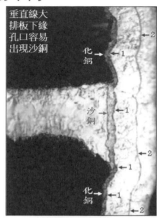

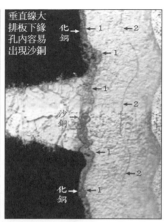

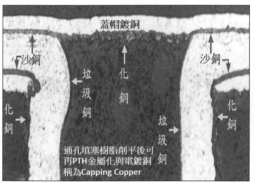

通孔填塞樹脂削平後可再PTH金屬化與電鍍銅稱為Capping Copper

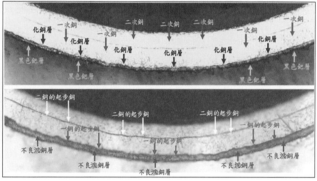

15-2-5 高溫槽液的厚化銅可在銅面上直接沉積出化銅

早年（1990-1995）年間業界曾興起一股厚化銅的風潮，也就是把PTH的傳統化銅槽改變配方，並加溫至50℃且延長反應至40分鐘以上，使孔內及板面基銅同時沉積一層較厚的化學銅稱為Heavy Copper，可用以代替一次銅而得以直接貼合乾膜光阻與鍍二銅。如此可節省一次銅的成本與簡化流程加速產出。然而在孔破問題無法解決下已全遭淘汰。圖3說明Pd⁰與加熱槽液兩者均可降低化銅還原能障的原理圖。

圖1 由本圖可見到通孔孔壁經常規鈀活化的厚化銅，與板外銅面經加熱槽液降低能障的厚化銅

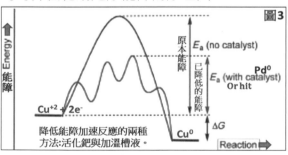

圖2 由本圖可見到通孔孔壁經常規鈀活化的厚化銅，與板外銅面經加熱槽液降低能障的厚化銅

15-2-6 銅面上的厚化銅有時要比鈀面上的常規化銅還要厚

1. 板材的金屬化（Metallization）是先在絕緣材表面沉積上活化（Activation）用的黑色金屬鈀層，用以降低化銅還原反應的能障（Energy Barrier），絕緣板材有了化學銅才會有後續的電鍍銅。

2. 然而溶液中金屬銅表面會出現價電子所形成負電性的電子雲（Cu^{29}最外軌道的電子），因而高溫槽液降低能障的銅面當然就會吸附帶正電的Cu^+/Cu^{+2}，而且還會提供電子使其成為另類的"厚化銅"。一旦化銅槽液長期使用過度老化螯合力不足甚至槽液超溫時，大銅面將不斷沉積上厚化銅有時要比鈀面上的常規化銅還要來得更厚。

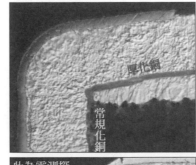

15-2-7 填銅盲孔強熱後脫墊主凶的化銅

造成盲銅脫墊的兩大兇手；其一的沙銅只要每天更換銅前酸即可完全免疫；然而其二的化銅卻不易根除。圖1為深通孔內環與孔銅間出現ICD的黑點，一般判讀都誤認為是膠渣，其實那只是清洗未盡殘餘的酸性鈀膜點而已。再從圖2暗場即可看清楚該黑點與上下板材均為黑鈀而並非板材膠渣的灰白色，誤判的原因就是切片品質不佳所致。圖3為多次強熱後盲底化銅被扯裂的脫墊，其紅色化銅中還有黑鈀點存在。圖4刻意把電銅調變成藍色而盲底化銅卻仍為紅色且裂口中也存在黑鈀。此等清晰畫面絕非昂貴的電鏡所能呈現。

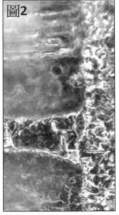
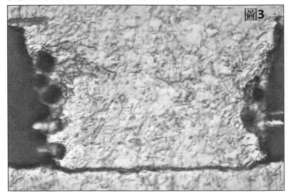

15-2-8 用精采切片的光鏡顏色來區別沙銅與化銅

圖1為當年著名美商Sanmina的14層厚大板,從其良好鑽孔與孔銅的品質看來確為高手產品。然而最大敗筆卻是沙銅,由此可知其對基本原理還不夠瞭解。該14L板經強熱拉扯後400X的圖2竟然出現各ICD的沙銅。圖3為暗場偏光2000X取像,可見到板材區的活化鈀層與化銅層,此與ICD處的沙銅大大不同。圖4為明場2000倍畫面不但清楚區別化銅與沙銅且化銅前鹼性的黑色活化鈀層也都清晰呈現。

圖1

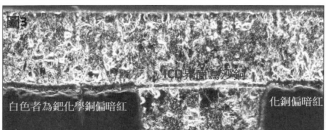
圖3
ICD果顏為沙銅
白色者為鈀化學銅偏暗紅
化銅偏暗紅

圖2
沙銅
沙銅
沙銅
沙銅

圖4
沙銅偏黃
沙銅偏黃
化銅偏紅
化銅偏紅色
化銅偏紅

15-2-9 垂直與水平各種電鍍銅的銅前酸必須每天更換

各種電鍍銅槽液均採10%硫酸所配製,由於銅原子第四層電子軌道只有1個電子,此不受拘束的價電子極容易出走致使Cu^0易於氧化成Cu^+。由於價電子四處亂竄形成電子海因而導電良好,但也造成槽液中銅面本身的負電性而易於吸附Cu^+/Cu^{++},使得浸酸後垂直線大排板下緣孔口特別容易附著銅前酸,在直接進入銅槽通電瞬間就立即鍍上鬆散的沙銅,成為通孔ICD與盲孔脫墊的根源。

圖1
銅前酸鍍出太厚的沙銅
沙銅
黑鈀與化銅
利用工具顯微鏡STM-7可將切樣的電銅調變成藍色,即可見到微蝕後寬溝狀紅色的沙銅,本樣的銅前酸估計至少兩週未執行更槽。

圖4
銅前酸必須每天更換不可變成藍色

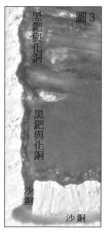
圖3
黑鈀與化銅
黑鈀與化銅
沙銅
沙銅

圖2
沙銅
沙銅
化學銅

15-2-10 殘鈀帶來的鬆散化銅與銅前酸變藍的沙銅

1. 週期表中的銅（電子軌道$3d^{10}$，$4S^1$）與銀（$4d^{10}$，$5S^1$）與金（$5d^{10}$，$6S^1$）等，其最外層均只有1個孤獨的價電子，此電子不受單獨原子的拘束而為全部原子所共用，因而此三種金屬表面都有"電子海"（或電子雲）的存在，使得其等表面在液體中的負電度（Electronegativity）都很強（見後表）。

2. 一旦電鍍銅前"6%稀硫酸"之預浸槽液變成藍色時，則其藍色Cu^{++}容易被各處銅面的電子海所吸附，進而通電中即首先被還原成為鬆散的"沙銅"，而並非結晶扎實的電鍍銅。此"沙銅"即為脫墊主因之一。另一主因則為殘鈀引來的化學銅層。

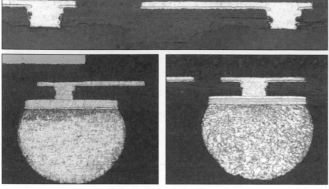
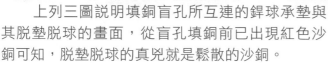

盲孔填銅其面銅所出現的紅色沙銅會延伸到孔底而脫墊

盲底出現沙銅

盲底界面鬆散沙銅經強熱拉扯造成的脫墊

上列三圖説明填銅盲孔所互連的銲球承墊與其脫墊脫球的畫面，從盲孔填銅前已出現紅色沙銅可知，脫墊脫球的真兇就是鬆散的沙銅。

15-2-11 週期表中各種元素於溶液中所呈現負電度的列表

H 2.1	2A											3A	4A	5A	6A	7A
Li 1.0	Be 1.5											B 2.0	C 2.5	N 3.0	O 3.5	F 4.0
Na 0.9	Mg 1.2	3B	4B	5B	6B	7B	8B	8B	8B	1B	2B	Al 1.5	Si 1.8	P 2.1	S 2.5	Cl 3.0
K 0.8	Ca 1.0	Sc 1.3	Ti 1.5	V 1.6	Cr 1.6	Mn 1.5	Fe 1.8	Co 1.8	Ni 1.8	Cu 1.9	Zn 1.6	Ga 1.6	Ge 1.8	As 2.0	Se 2.4	Br 2.8
Rb 0.8	Sr 1.0	Y 1.2	Zr 1.4	Nb 1.6	Mo 1.8	Tc 1.9	Ru 2.2	Rh 2.2	Pd 2.2	Ag 1.9	Cd 1.7	In 1.7	Sn 1.8	Sb 1.9	Te 2.1	I 2.5
Cs 0.8	Ba 0.9	La* 1.1	Hf 1.3	Ta 1.5	W 2.4	Re 1.9	Os 2.2	Ir 2.2	Pt 2.2	Au 2.4	Hg 1.9	Tl 1.8	Pb 1.8	Bi 1.9	Po 2.0	At 2.2
Fr 0.7	Ra 0.9	Ac° 1.1														

☐ 低於 1   ☐ 2.0~2.4
☐ 1.0~1.4   ☐ 2.5~2.9
☐ 1.5~1.9   ☐ 3.0~4.0

金與鎢的負電度達 2.4 居所有金屬之冠，但鎢卻從未出現在表面處理領域 。

* 鑭系：1.1~1.3
° 錒系：1.3~1.5

由於金的負電度太強，因而會搶固體鄰居的電子強迫鄰居氧化。若於槽液中時，則會吸負正性金屬離子於表面。

15-2-12 淺盲孔填銅與深盲孔填銅

右上圖為5G手機16層天線模塊所用載板的一部份，其外層各淺盲孔縱橫比約為0.45（下左圖），通常淺盲孔於水平線都較容易徹底清洗，因而右下圖8個填銅盲孔底部均毫無不良化銅的痕跡。須知水平PTH的活化鈀屬強鹼性槽液，而一般水平線的鈀後水洗又均採清洗能力極差的純水，一旦盲底尚存在清洗不足的殘鈀時，則必定會出現鬆散化銅的沉積，多次強熱後將成為脫墊的致命傷。

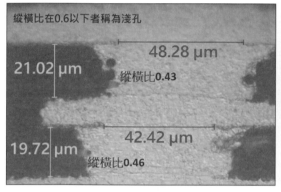

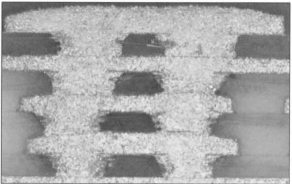

下左圖即為前節16L天線載板內層深盲孔的填銅，其等縱橫比已高達0.8，因而造成鹼性鈀槽處理後純水清洗的困難（尤其是水平線的頂面），致使其盲底已出現很薄的紅色化銅層。下中與下右刻意將電銅調變成藍色後，其盲底紅色的化銅則更為清晰呈現。上右圖為暗場所見盲底白色的化銅。此等盲底存在的化銅經多次強熱拉扯後必然會脫墊。

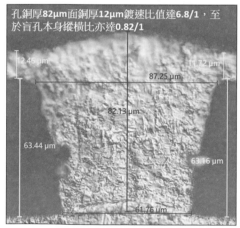

15-2-13 深盲孔鹼鈀後清洗不足的危機

本節上三圖均為3000X不同光影的取像，左下為STM-7『明場偏光+微分干涉』將電鍍銅變成藍色，可清楚見到盲底紅色的化銅。下右為明場單純偏光的畫面，也可見到左右孔壁與盲底紅色的化銅。上右為暗場呈像其孔壁化銅與盲底化銅與主體電銅顏色完全不同。多次強熱的Z膨脹拉扯後必然會出現盲底的脫墊。

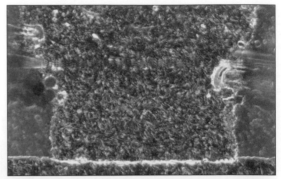

左下兩圖均為深盲孔底部出現化學銅的2000X畫面，右上兩填銅盲孔經焊接強力拉扯後出現脫墊失效的拉裂情形，右下兩圖則為藍色電銅與暗紅色化銅的明顯對比。解決之道唯有將鹼鈀後的沖洗改為市水先洗，然後再用純水把市水帶走才是正確的做法。

15-2-14 強熱後盲底鬆散化銅的脫墊

圖1為強熱拉扯的盲底脫墊，圖2藍色的電銅與盲底裂口的黑色活鈀紅色化銅形成強烈的對比。圖3為加重微蝕裂口所見到黑鈀的畫面。圖4為強熱前所見到盲底鬆散的紅化銅，原因當然是縱橫比較高，致使水平線頂面純水清洗未盡留下的殘鈀進而造成化銅的沉積。解決之道還是先用市水再用純水兩次沖洗。

圖1 盲底鬆散的化銅經強熱拉開的裂口

圖2 將上圖調變成藍色所見的黑鈀與紅化銅

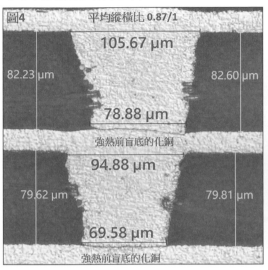
圖4 平均縱橫比 0.87/1
105.67 μm
82.23 μm　　82.60 μm
78.88 μm
強熱前盲底的化銅
94.88 μm
79.62 μm　　79.81 μm
69.58 μm
強熱前盲底的化銅

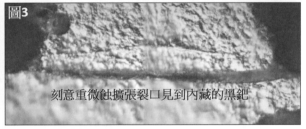
圖3 刻意重微蝕擴張裂口見到內藏的黑鈀

15-2-15 盲底出現沙銅與化銅的重微蝕判讀

盲孔縱橫比一旦超過0.6以上者即屬深盲孔，不管是水平線或垂直線，深盲孔經各種處理後的清洗都非常困難。原因是各種處理槽液都加有潤濕劑，在降低表面張力下而得以進入深盲孔。但其後水洗的表面張力卻高達73dyne/cm而不易進入清洗。再加上各種產線鈀後的水洗又均採純水而更加不易洗淨。右上為明場偏光透視效果的圖像，可清楚見到盲孔周圍黑色的化鈀與淺紅色的化銅。右下是將電銅調變成藍色而得與紅色化銅清楚分辨。左下是將強熱後懷疑脫墊之切樣先做氨水（25%氨水+雙氧水）的常規微蝕，再做重鉻酸的重微蝕（10%H_2SO_4+$K_2Cr_2O_7$）後的畫面，如此已咬寬的盲底界面中其黑化鈀與紅化銅將更為清晰可見。

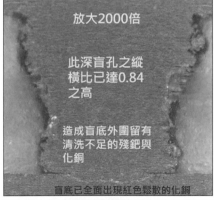
放大2000倍
此深盲孔之縱橫比已達0.84之高
造成盲底外圍留有清洗不足的殘鈀與化銅
盲底已全面出現紅色鬆散的化銅

放大3000倍
焊接強熱盲底化銅脫墊的紅溝中黑鈀點清晰可見

放大2000倍
0.84的深盲孔造成盲底外圍留有清洗不足的殘鈀與化銅
強熱中多次Z膨脹拉扯後必然會脫墊
盲底已全面出現紅色鬆散的化銅

15-2-16 電鍍銅於明場微調成藍色的判讀

　　右圖1為縱橫比已深（0.6/1）的填銅盲孔，處於水平線底面較易沖洗使得盲底既無沙銅也無化銅下當然不會出現脫墊。但圖2的縱橫比卻高達0.9/1且又處於水平線的頂面，其沖洗不但困難而且無知的設備供應商又全用純水，請問如何能徹底洗掉深盲底的鹼性鈀？如此深盲底部化銅的脫墊幾乎是遲早的事。圖3可見到內層孔環銅箔所鍍一銅與二銅時確有沙銅，但三銅四銅就沒沙銅了，注意斜向刮痕所呈現的藍色。

圖1

盲底無沙銅無化銅

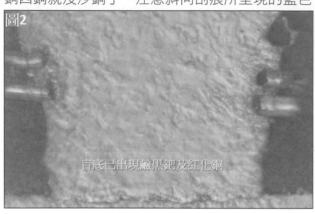

圖2

盲底已出現鹼黑鈀及紅化銅

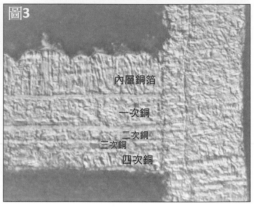

圖3

內層銅箔

一次銅

二次銅

三次銅

四次銅

15-2-17 盲孔口徑太小槽液處理後沖洗困難

　　右上圖為雙面軟板的超小盲孔（不到3mil縱橫比達0.72）的PTH與電鍍銅填盲的畫面，隱約可見到盲孔底部與兩側銅箔與填銅之間均存在較寬的黑線。再從下左3000倍常規的彩圖，與下右刻意將電鍍銅調變成藍色的畫面，兩圖均可清楚見到該盲孔周圍與底部於PTH過程中均已存在著黑色殘鈀與紅色化銅，於是盲底就當然留有鬆散的化銅皮膜了。多次強熱後必然會出現脫墊而互連失效的苦果，原因當然是表面張力較低的槽液可以進入超小盲孔，而其事後的水洗卻難以進入了。

紅色碎石狀起步銅　　　　紅色碎石狀起步銅

黑鈀與化銅

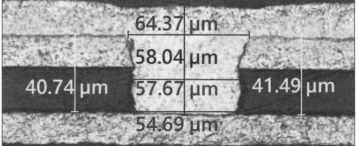

64.37 µm

58.04 µm

40.74 µm　　57.67 µm　　41.49 µm

54.69 µm

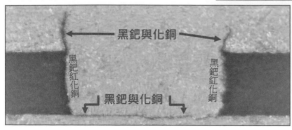

黑鈀與化銅

黑鈀紅化銅　　　　黑鈀紅化銅

黑鈀與化銅

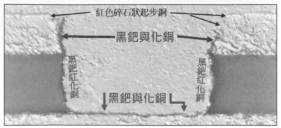

紅色碎石狀起步銅

黑鈀與化銅

黑鈀紅化銅　　　　黑鈀紅化銅

黑鈀與化銅

15-2-18 鍍銅或填銅凡盲底界面無沙銅化銅者絕不脫墊

　　右圖1為ELIC十層手機大排板邊20條菊鍊試樣中單條十層堆疊盲孔的半條，刻意經過15次回焊（注意外層銅已出現再結晶）脹縮拉扯後各盲底界面均未拉鬆的畫面。圖2為盲底無沙銅無化銅而底銅與鍍銅間所呈現遺傳性結晶（Epitaxy）的精彩畫面。圖3經多次強熱拉扯後雖未鬆脫但卻全無遺傳性的對比。

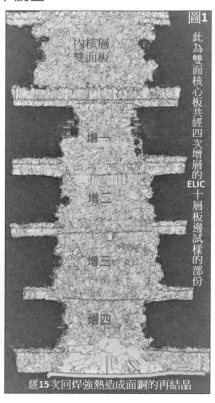

圖1 此為雙面核心板共經四次增層的ELIC十層板邊試樣的部份

內核層雙面板

增一

增二

增三

增四

經15次回焊強熱造成面銅的再結晶

圖2 底銅鍍盲一時既無沙又無化銅者，則其遺傳性必然良好，打死都不會脫墊

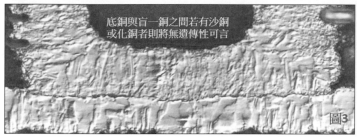

圖3 底銅與盲一銅之間若有沙銅或化銅者則將無遺傳性可言

15-2-19 盲孔填銅過程其後段加速填銅的機理說明

　　圖1上鍍下填兩盲孔均已三次鍍銅的過程，下孔內填銅的增厚約面銅的5倍。圖2為化銅後即採一次填滿的盲孔。圖3可見到盲孔二次鍍銅填滿之增厚約4倍於面銅；右圖說明二次銅過程中先對盲孔周圍與盲底常規性鍍了一段時間；當其到達某一時間點（75分）時面銅仍維持原步調增厚，但孔內卻從底部神奇的加速上衝（取材自何政恩教授）而填滿甚至向表面鼓出。

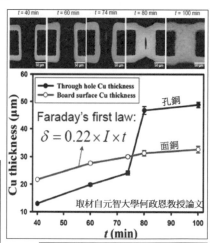

$t = 40\ min$　$t = 60\ min$　$t = 74\ min$　$t = 80\ min$　$t = 100\ min$

Faraday's first law:
$$\delta = 0.22 \times I \times t$$

孔銅　　面銅

取材自元智大學何政恩教授論文

Through hole Cu thickness
Board surface Cu thickness

Cu thickness (μm)

t (min)

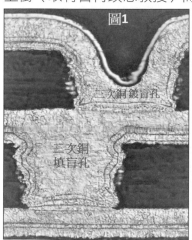

圖1　二次銅鍍盲孔　三次銅填盲孔

圖2 化學銅後一次鍍銅即已填滿填平

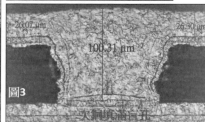

圖3　100.31 μm　二次銅填滿盲孔

圖4 深盲底的殘鈀與化銅造成焊接脹拉的脫墊

近年來在盲孔填銅領域有重大貢獻的Dr. Moffat，曾在2005.1於IBM內部期刊（IBM J. Res ＆Dev vol 49）發表論文稱為CEAC（Curvature Enhanced Accelerator Coverage）曲面光澤劑加速覆蓋加速填銅的理論，說明當被鍍區的曲率愈大小分子光劑越多時底部向上發起衝鋒（Bottom-up）的勁頭也越大，這對於半導體填充盲溝（Trench）的速率（左9圖）也就越快，此一理論已引導了目前填盲技術的最新發展。

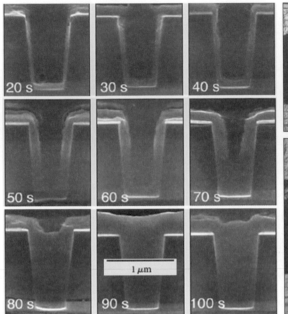

當二次銅的曲面率增大時，可加速其底部上衝的填銅。

當二次銅的曲面率增大時，可加速其底部上衝的填銅。

15-2-20 既無沙銅又無化銅打死都不脫墊的案例

由最下已全體破裂的四層板接圖可知，此四層組裝板經長時間多次旋轉摔落試驗後，不但外層與零組件均已崩離無蹤，且連內層也都四分五裂，甚至填銅盲孔也遭攔腰折斷。然而原本最弱的盲底界面，在既無沙銅又無化銅下即使天崩地裂的巨變後，卻仍然強固如初，絲毫不為所動，證據之強烈已非言語所能表達。

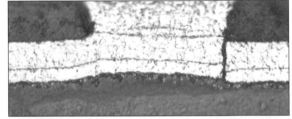

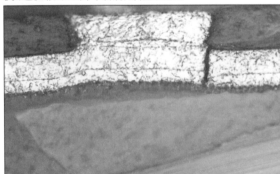

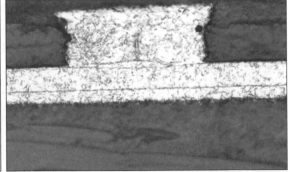

圖1/圖2為某大載板所封裝大型BGA經多次熱循環劇烈脹縮下，造成載板最左端球腳互連的填銅盲孔被拉斷，由圖2可清楚見到盲底全無沙銅的纖細起步銅分界線，其互連之牢固甚至遠超過填銅的強度。圖3/圖4為該大型BGA載板最右端填銅盲孔遭拉斷相同情況的另一畫面。本節四圖再次印證前節『既無沙銅又無化銅』時『打死都不

脫墊』的説
法。目前有
的業者甚至
每天換了兩
次銅前酸而
得以徹底免
於沙銅脫墊
的威脅，然
而鹼鈀與酸
鈀清洗不足
所帶來的鬆
散化銅卻仍
然在危害業
界。

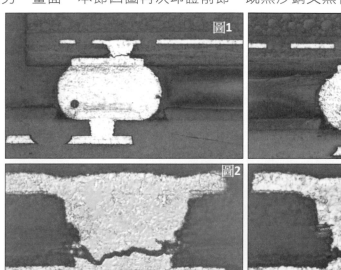

圖1　圖3

圖2　盲底全無沙銅

圖4　盲底全無沙銅

15-2-21 水平PTH與水平電鍍銅上下兩面的差異

　　右大圖為ELIC的14層考試板（每天換兩次銅前酸故已無沙銅存在）。該板是從雙
面核板上下總共6次增層
才完工的14層板。由於盲
孔口徑只有60μm，因而
槽液處理後的上下水洗效
果當然不同。從原理上來
看大排板底面眾多盲孔的
沖洗效果應比頂面更好，
從A孔頂面較寬較紅的分
界線看來應為沖洗未盡殘
鈀帶來的鬆散化銅。於是
後續各次增層的頂面與底
面即可從其分界線的是否
寬　與
紅　而
得　以
判　讀
了。

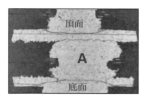

頂面
A
底面

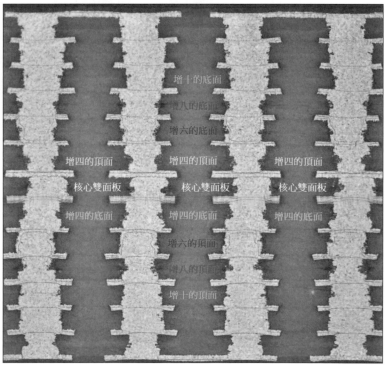

增十的底面
增八的底面
增六的底面
增四的頂面　　增四的頂面　　增四的頂面
核心雙面板　　核心雙面板　　核心雙面板
增四的底面　　　　　　　　　增四的底面
增六的頂面
增八的頂面
增十的頂面

15-3 樹塞通孔蓋銅後再增層的挑戰

15-3-1 蓋銅頂面與後續增層盲孔其互連的可靠度

圖1為外層碳氫樹脂的填銅盲孔，再與4L內層樹脂塞孔蓋銅面密接的HDI板；樹塞是為了加強內部四層板的剛性，經削平及PTH化鈀化銅與蓋銅後，才再壓合外層與盲孔填銅。注意外盲與蓋銅互連處多次強熱中容易拉脫，其現象有①樹塞面的化鈀化銅被拉離②盲底脫墊。其原因當然是Z膨脹差異所造成。須知外層碳氫樹脂Tg高達280℃再加上樹塞區剛性增大而脹縮變少，但其他區域的脹縮卻很大，在CTE不均下盲底一旦存在沙銅或化銅時則必然開裂。

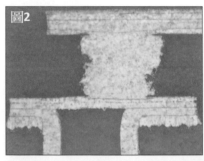

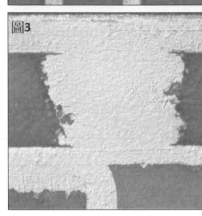

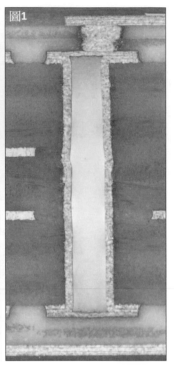

15-3-2 樹塞蓋銅與增層盲孔互連的考試板

圖1為雙面板經樹塞與四次增層到十層板的四條全互連模型，此種困難考試板頭尾共有48條全互連的模型，而48條全互連模型又分為①上下全對準②增層盲孔逐層向右傾斜③增層盲孔逐層向左傾斜等三種造型。此考試板之考試過程為①260℃共6次漂錫前後電測的電阻值落差需小於5%②1000次溫度循環（-55℃到170℃；各15分鐘）後電阻值落差需小於5%。圖1為小心拋光後（尚未微蝕）微小拉裂處都被掩蓋的畫面，圖2圖3係微蝕後頂部互連的拉裂，圖4圖5為底部的拉裂。

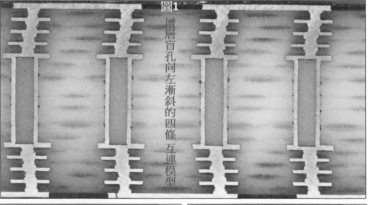

增層盲孔向左漸斜的四條互連模型

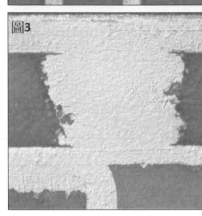
盲底周圍的沙銅拉裂

盲底全面的沙銅拉裂

盲底周圍的沙銅拉裂

盲底幾乎全面沙銅拉裂

右圖1為上下全對準的模型，圖2為盲孔逐層向左傾斜的模型。圖3與圖4均為考試後盲銅與蓋銅被拉裂的說明，注意此二圖除盲底沙銅的拉裂外，還更出現了不良化銅的拉裂。須知沙銅是出自銅前酸而化銅卻是出自清洗不足的殘鈀，兩者完全不同。此等5G困難的考試板目前正被許多客戶所常用，對業界當然帶來了更多的挑戰，事實上想要全數及格過關幾乎是不可能，是故客戶也只用以對供應的比較而已。

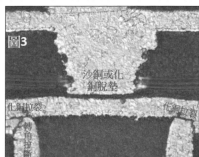

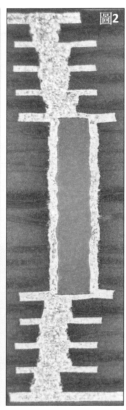

15-3-3 樹塞蓋銅與再增層的細部說明

放大400倍的右上圖為核心雙面板經樹脂塞孔與PTH後蓋銅後兩次增層的切片，注意該圖係經小心拋光卻並未微蝕，但卻可看到通孔鍍銅的銅前酸槽變藍進而出現了沙銅，已令微蝕前的分界線變寬而窺見的畫面。放大2000倍微蝕並調變藍色的下兩圖，更可清楚見到通孔鍍銅的銅前酸變藍出現變寬變紅的分界線（起步銅＋沙銅）。幸好後來蓋銅前的浸酸槽並未變藍而呈現纖細良好的起步銅。此二圖還可見到塞孔樹脂先做PTH金屬化的黑鈀與紅化銅，以及原本頗厚的孔銅伴隨樹塞被削平削薄成了的面銅。

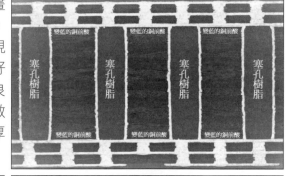

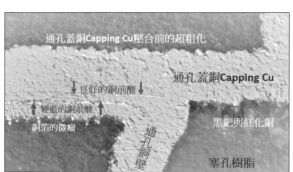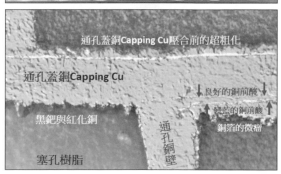

15-3-4 厚大板樹塞通孔經多次強熱之失效

右圖1與圖2為某厚大板經多次強熱拉扯後，其切樣微蝕後呈現的鬆散沙銅與化銅兩者被拉裂的畫面，以及各內環ICD可能是沙銅或化銅。注意此關鍵處經常被業者們誤判為膠渣，原因是FA級切片不到位所致。圖3可清楚分辨出較紅的沙銅與偏黑的化銅（先有活化黑鈀才會有紅化銅）兩者的差異。下圖4為放大3000倍明場

偏光加微分干涉所取得藍色電鍍銅的清楚畫面。由於塞孔樹脂必須先做除膠渣與PTH金屬化才能去電鍍蓋銅，一旦銅面清洗不足留有殘鈀者，則必然會局部沉積上鬆散的化銅，多次強熱難逃被拉裂的失效。

15-4 厚大板背鑽的失效

15-4-1 厚大板背鑽訊號孔的孔環容易出現ICD

由於厚大板深通孔在鈀活化後的清洗困難（鹼性鈀則更困難），經常會在各內環側銅面上留有殘鈀而沉積上鬆散的化銅。一旦訊號孔背鑽功能環出現殘鈀與化銅者，多次強熱難免造成頂斜鬆脫而難逃電測了。下圖1為某厚大板各種通孔的大畫面；圖2為22層板L1到L13的訊號孔與旁邊為減少Z膨脹的

大環保護孔，圖3圖4即為背鑽孔環遭到頂斜拉鬆ICD的紅色化銅。

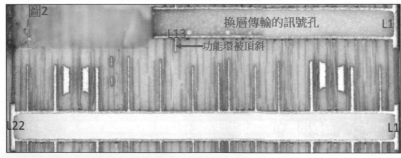

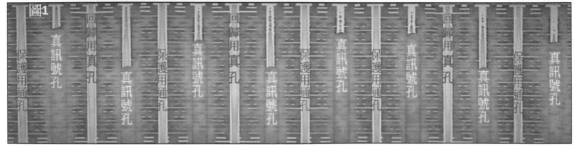

15-4-2 深孔的殘鈀化銅造成背鑽功能環與孔壁的分離

雙併圖1為深通孔背鑽功能環與孔銅被強熱對上下不均的板材所頂斜開裂的左右切樣，根本原因仍然是深孔清除未盡的殘鈀所引發鬆散化銅所致，一般不良切片者經常將此種失效誤判為是膠渣。圖2可見到兩面平滑且有兩條中分線全新銅箔的厚大板，在每天更換銅前酸良好的管理下幾乎看不到一銅與二銅較寬較紅的分界線，但卻出現深孔黑殘鈀與紅化銅被強熱所拉鬆的紅溝，此種ICD一旦位於背鑽功能環者則必然造成測試電阻增大的失效。圖3為單一中分線全新銅箔的厚大板，由於兩次通孔鍍銅的銅前酸已出現藍色Cu^{++}，因而在調變成淺藍下呈現了暗棕色的沙銅，這種管理問題很容易解決。

酸性鈀清洗不足頂斜而化銅開裂

大部份化銅被拉裂

圖1

酸性鈀清洗不足

化銅全被拉裂

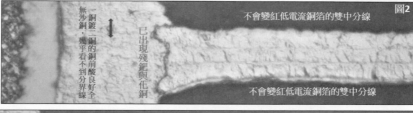

一銅鍍二銅的銅前酸良好全無沙銅，幾乎看不到分界線

已出現殘鈀與化銅

不會變紅低電流銅箔的雙中分線

不會變紅低電流銅箔的雙中分線

圖2

較少的沙銅

較多的沙銅

紅色的化學銅

不會變紅色低電流銅箔的中分線

此種高階高速銅箔的成本比常規銅箔至少貴80%以上

圖3

15-4-3 背鑽功能孔環出現鬆散化銅的互連失效ICD

下圖1為相鄰兩個訊號背鑽孔其等孔環已出現『互連缺失』的Interconnection Defect（ICD）的案例。圖2圖3即為下圖1左孔放大2000X的畫面。從右圖4背鑽孔全局看來，多次強熱後功能環上部大量板材與下末端少量板材，彼此脹縮落差下造成ICD化銅被頂斜鬆脫而被電測所攔下。再從已頂鬆ICD的圖2圖3看來，其鬆脫原因仍是深孔清洗困難而在孔環側銅面留有殘鈀與鬆散化銅所致。

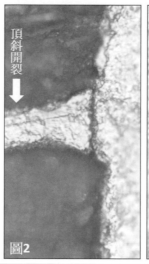

頂斜開裂

圖2

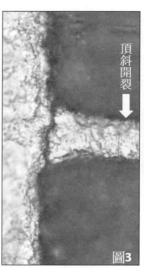

頂斜開裂

圖3

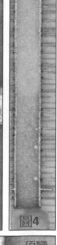

圖4

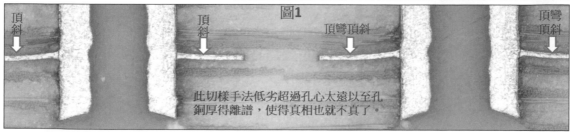

頂斜

頂斜

圖1

頂彎頂斜

頂彎頂斜

此切樣手法低劣超過孔心太遠以至孔銅厚得離譜，使得真相也就不真了。

圖1即為前節下圖1差動線雙過孔的水平切片,其孔環與孔銅之間的紅色分界線(Demarcation)已十分明顯。圖2為圖1左孔的放大,可見到孔環與一次銅之間的紅色界線(已存在了黑鈀與化銅)過度明顯,但一銅與二銅的界線(起步銅)卻在普通微蝕下出現正常的不清楚。圖3與圖4已可從孔環與一銅間見到紅化銅與黑鈀的清楚畫面;說明了PTH鈀後純水清洗不足而留有殘鈀,以致後來沉積了鬆散的化銅。

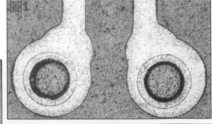

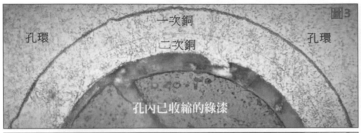

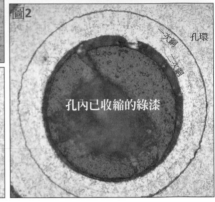

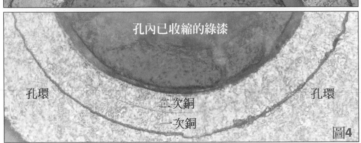

15-4-4 超高速(100Gbps)厚大板的案例

高速厚大板(HLC)為了避免長途傳輸的損耗起見,跑訊號的功能孔早已將只做為抓地用的眾多協力孔環全部取消,以減少寄生電容所造成的雜訊。然而一旦PTH鈀後清洗不足時,其深孔孔壁與孔環的互連點仍經常會出現紅色化銅,也必然會發生被強熱頂斜拉裂的ICD。通常高速板材的$D_k D_f$都刻意降低以致極性不足,於是功能孔無環的孔銅壁強熱後還會與板材出現與Pull Away式的分離。

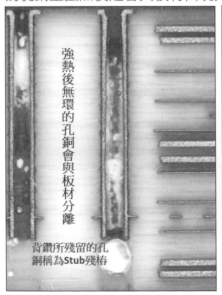

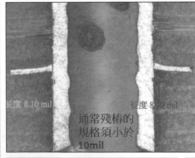

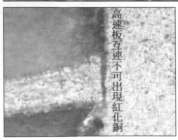

15-4-5 水平切片觀察深通孔內部的ICD與化鈀化銅

圖1為通孔100X水平切片到達有ICD的內環處，可見到外部孔銅環與內圍孔銅壁之間，已出現了清洗不足的黑色殘鈀，有了殘鈀當然就會沉積上鬆散的化學銅。圖2為圖1左下環處的1000X放大畫面，黑色活鈀與紅色化銅均清晰可見。圖3與圖4為玻纖布先經PTH的黑色活鈀與紅化銅金屬化後再做電鍍銅的1000X水平切片，注意玻纖中眾多葡萄狀的化學銅均清晰可見。

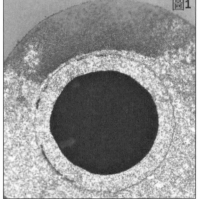
圖1

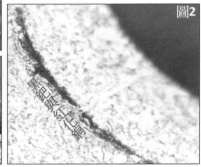
圖2
黑色活鈀與紅色化銅

圖3
化學銅呈葡萄狀

化學銅呈葡萄狀

15-4-6 某14層板組焊後爆板之判讀

下圖3為某14層板焊後外層三連通孔區頂部出現爆板，圖1為外層所貼焊的電容器，圖2為該電容器的左右兩銲點的放大圖，可清楚見到其Cu$_6$Sn$_5$牙狀IMC並未太厚，說明並未過度焊接。圖4為外層某單孔頂部的1000X接圖，雖未爆板但已可見到面銅與孔銅間不良化銅性的輕微分離。

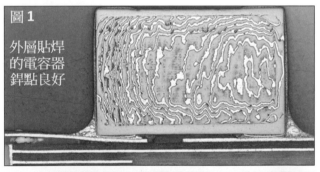
圖1
外層貼焊的電容器銲點良好

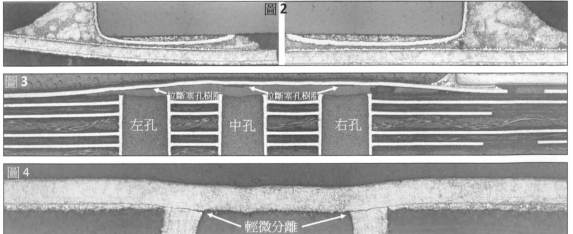
圖2

圖3
位斷塞孔樹脂　　位斷塞孔樹脂
左孔　　中孔　　右孔

圖4
輕微分離

圖2為三連孔的400X接圖,可清楚見到三孔頂部的化鈀化銅抓地良好甚至將塞孔樹脂都已拉斷。圖1為明場偏光1000X單圖可見到被化鈀化銅所拉斷的樹塞;圖3圖4為右孔其左右兩側板材1000X的大圖,可見到板面銅箔已被過度刷磨而無箔的畫面。

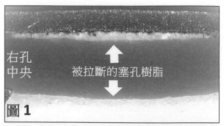

右孔
中央　被拉斷的塞孔樹脂

圖1

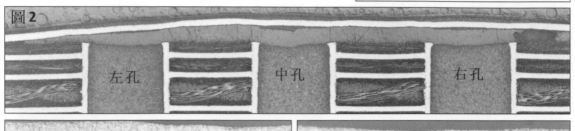

圖2　左孔　中孔　右孔

圖3　過度刷磨的銅箔　已無銅箔抓地之區段　右孔的左側

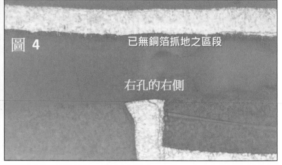

圖4　已無銅箔抓地之區段　右孔的右側

從400X放大的圖1可見到過度刷磨造成四個全無銅箔的無力點,再加上三個通孔的銅壁與高Tg樹塞兩者於Z方向的膨脹都較小,Z膨脹的落差造成區域性蓋銅的爆板。圖2為最左無力點的1000X放大圖,圖2圖3均為無力點斷裂的細部觀察證據。最下兩圖所呈現的良好IMC說明下游並未過度焊接。

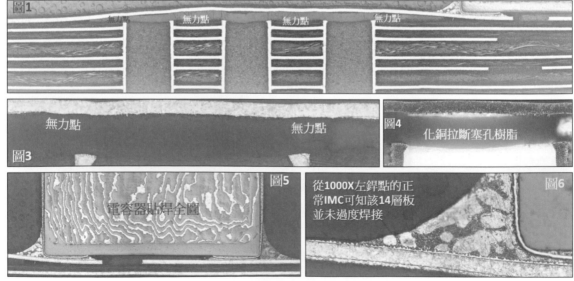

圖2　{全無抓地區段}成為起爆點

圖1　無力點　無力點　無力點　無力點

圖3　無力點　無力點

圖4　化銅拉斷塞孔樹脂

圖5　電容器點焊全圖

圖6　從1000X左銲點的正常IMC可知該14層板並未過度焊接

15-4-7 內核板連續通孔處多次強熱也容易造成增層的爆板

　　圖1為6L內核板三連通孔的頂部出現了完工板的爆板開裂,圖2圖3為A/B兩處PP開裂的400X接圖。由於樹塞密孔區的脹縮較小再加上孔銅本身XYZ的CTE只有16.5ppm,但增層PP高溫中的膨脹卻高達250ppm以上,於是就擴大了與增層PP的脹縮落差而爆板。除了CTE的落差外壓合前AB兩處銅面棕替化皮膜抓地力不足則是爆板的第二原因。第三原因是膠片吸水所致。圖4為四連孔的單邊開裂,圖5為三連孔雙邊開裂的接圖畫面。

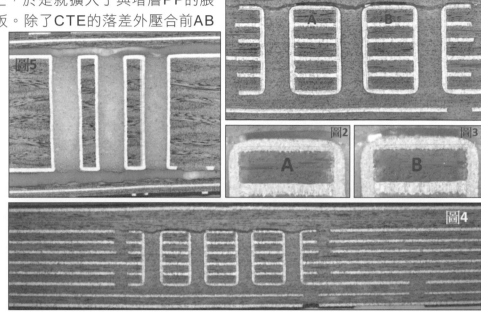

15-4-8 多層板多次回焊爆板的另外案例

　　下圖3為某8L板刻意經6次回焊後其L3與L4之間出現大面積的爆板,而圖4為另一片6L板也發生多次回焊的爆板,但卻刻意於開裂最大的起爆點取像。兩者相同處都在增層的B-stage與剛性較強雙面板的C-stage處逐漸擴散裂口。圖1為8L板開裂末端1000X取像見到的板材開裂,圖2為8L板1000X接圖開裂的兩種原因判讀①P/P板材開裂最可能的原因是完工板的吸濕。是故試驗前必須先行足夠烘烤以減少此項誤導②銅面所做棕替化Bondfilm皮膜不良抓不牢樹脂進而開裂;後文將再深入討論。

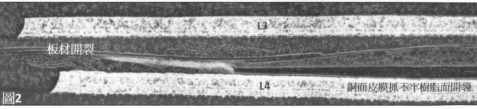

為了驗證內層壓合前銅面皮膜的品質，刻意取雙面板在不同產線進行Bondfilm皮膜的加工。圖1是兩種BF皮膜在明場相同偏光取像參數下的對比畫面。圖2的畫面是明場立體效果（偏光+干涉）的取像比較。從各比較可清楚見到A產線的皮膜遠比B產線更好。注意壓合後的BF皮膜將埋入P/P而不易出現較明顯的對比。圖3是利用暗場測取BF皮膜厚度的比較，顯然A產線較厚較好。

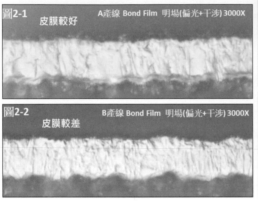

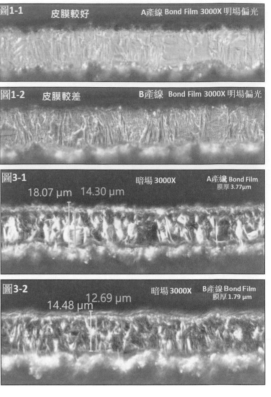

最下圖3為L3與L4之間PP開裂的併接全圖，亦即①板材開裂②與銅面BF開裂兩者同台演出的畫面；圖1為多次回焊爆板的1000X畫面，可見到三處壓合後BF的粗度。

圖4為A產線BF的良好示範與不良BF皮膜比較之下，可見到圖1所呈現B產線BF的粗度的不足。圖2為圖1中間銅箔的3000X再放大圖，如此高倍清晰下仍然看不到B產線BF的良好粗度。圖4為A產線所生產的多層板，可見到內層雙面板銅箔表面BF膜的粗度要比另兩層增層的電鍍銅更為粗糙，原因是銅箔結晶本就粗糙。

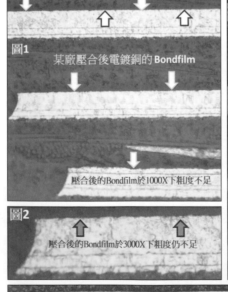

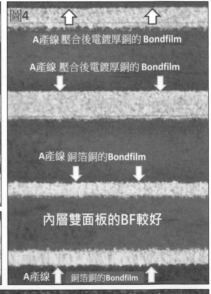

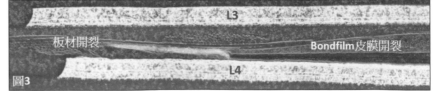

15-4-9 工具顯微鏡STM-7的四種取像方式

  下列第1圖明場的『偏光與干涉』兩者互調到銅面所呈現立體結構;第2圖是偏光與微分干涉兩者小心把電鍍銅交互調變成藍色;第3圖是將明場的偏光偏到最暗然後再將曝光時間拉到最長,如此可令基材呈現透視的效果;第4圖則是暗場的效果。

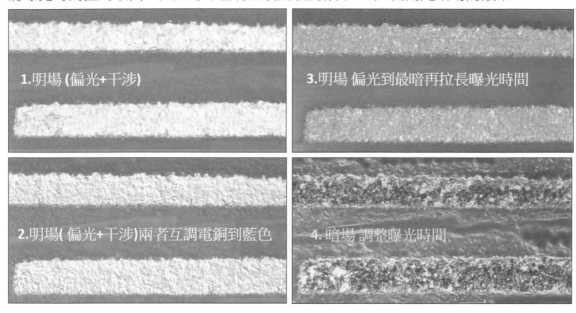

1.明場 (偏光+干涉)

3.明場 偏光到最暗再拉長曝光時間

2.明場(偏光+干涉)兩者互調電銅到藍色

4.暗場 調整曝光時間

15-4-10 壓合前內層銅面棕替化皮膜的品質

  壓合前內層銅面早先是採黑氧化或棕氧化皮膜,自從2006.7起全球展開無鉛焊接容易爆板以來,說明氧化法皮膜的抓地力已明顯不足。後起的替代化皮膜其粗糙度與強固性均優於氧化法皮膜,使得業界內層銅面已逐漸改用棕替化皮膜了。須知氧化法皮膜不但粗糙度不足抓地力不牢,且於強大壓合壓力下其膠片流膠中還會帶走黑氧化的顆粒造成絕緣不良的後果,氧化法確已走入歷史了。

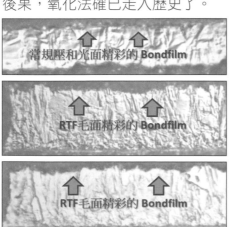

常規壓和光面精彩的 Bondfilm

RTF毛面精彩的 Bondfilm

RTF毛面精彩的 Bondfilm

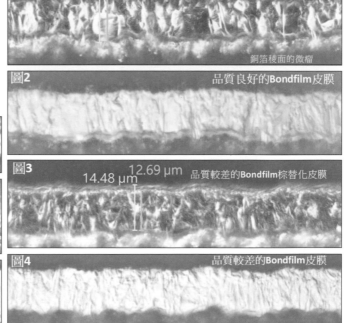

圖1　18.07 μm　14.30 μm　品質良好的Bondfilm 棕替化皮膜面

銅箔稜面的微瘤

圖2　品質良好的Bondfilm皮膜

圖3　14.48 μm　12.69 μm　品質較差的Bondfilm棕替化皮膜

圖4　品質較差的Bondfilm皮膜

15-5 5G高速傳輸時代銅箔的進步

15-5-1 多層板內部各種銅箔的畫面

上二圖為板內部1oz標準銅箔的放大圖，經多次強熱後此種傳統銅箔已出現柱狀結晶消失的畫面。中二圖為2oz用於高速厚大板的反瘤銅箔，經多次回焊後由於棕替化抓地力不足而爆板的切片圖，可見到棕替化皮膜附著力的強弱首先是取決於皮膜的IGE微蝕的粗牙，然而替代化皮膜除了粗糙的微牙外還另備有機絡合皮膜的抓地力。下二圖為2oz的反瘤銅箔被壓合成多層板的內層線路，強熱中局部再結晶的畫面清楚可見。

柱狀消失

柱狀仍在

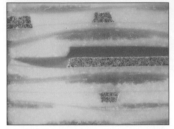

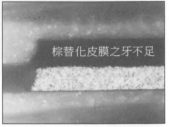
棕替化皮膜之牙不足

光面棕替化皮膜
常規壓合法
毛面的粗稜大瘤

粗稜面棕替化皮膜
高速訊號用的RTF反轉壓合法
光面的微瘤

15-5-2 高速厚大板的RTF便宜解決方案

高速厚大板為了訊號線底部粗糙銅面集膚效應Skin Effect的消除而成本又不致增加太多起見，刻意將銅箔具有微瘤的光面朝下朝內，使粗糙的棕替稜化朝上朝外，此即所謂RTF反瘤反轉銅箔的過渡期作法，圖2圖3即為其細部組成。然而現行高速板銅箔均已採無稜無柱兩面平滑，且改用全新配方槽液低電流所鍍者為主流，但成本至少上升80%。

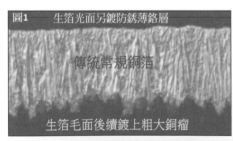
圖1　生箔光面另鍍防銹薄鉻層
傳統常規銅箔
生箔毛面後續鍍上粗大銅瘤

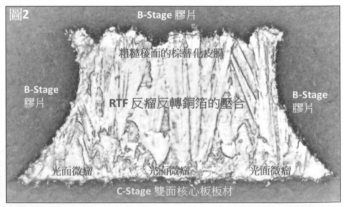
圖2　B-Stage 膠片
粗糙稜面的棕替化皮膜
B-Stage 膠片
RTF 反瘤反轉銅箔的壓合
B-Stage 膠片
光面微瘤　光面微瘤　光面微瘤
C-Stage 雙面核心板板材

圖3
壓合前內層板兩面的棕替化皮膜
RTF(Reverse Treated Copper Foil) 反瘤反轉銅箔的微瘤面

15-5-3 傳統1oz E.D.Foil的高倍切片圖示

按IPC-4562（已取代IPC-CF-150）銅箔規範，下列為1oz之Grade 1之三種標準銅箔，及另一種1oz VLP反瘤銅箔；共四種銅箔之清楚切片圖像。

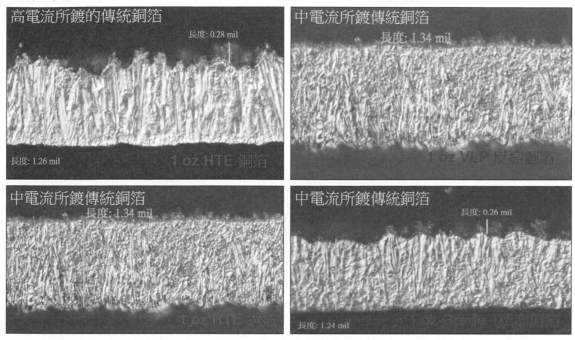

15-5-4 傳統1/2及1/3oz E.D.Foil的高倍切片圖示

下列1/3oz及1/2oz等E.D.Foil的高倍圖示，新一代智慧型手機板不管是Core層或後續的增層，所有銅箔幾乎都已採1/3oz者。由於銅箔技術進步，現行1/3oz者其價格已便宜很多，且已成為2mil線寬線距密線板的主流了。

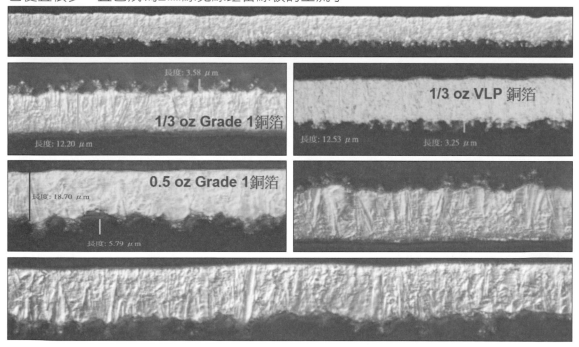

15-5-5 特殊銅箔的舉例

①上二圖為無助劑高電流所增鍍兩次的自製厚銅箔（共5oz），專用於汽車的厚銅板。中下為日商Panasonic專利ALIVH銅膏塞盲孔所用的雙面瘤特殊銅箔。

②下二圖為細晶的超低稜線銅箔（Very Low Profile；VLP），為高速板所用低電流所鍍的銅箔，幾乎已無柱狀結晶的稜線；此箔常用於射頻RF或高速電路板並已成為5G PCB的寵兒了。

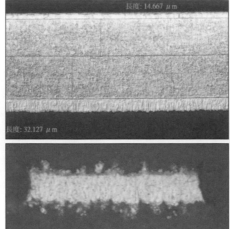

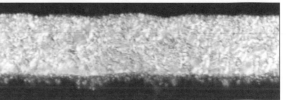

15-5-6 高速傳輸用低電流所鍍無稜微瘤的全新銅箔

全新銅箔槽液的助劑已捨棄了早年只用Gelatin液態明膠，而改用一般鍍銅光澤劑的MPS（SPS水解電解後的產物），以及聚乙二醇式載運劑（也就是潤濕劑Wetter）。此等雙面光滑的新箔雖然可降低Skin Effect而有利於高速傳輸，但卻因抓地力不足而經常出現銅箔浮離的麻煩。為了加強抓地力起見銅箔供應商們也都競相在微瘤面塗佈耦聯劑（Silane），以額外增加化學附著力方面努力。

鍍箔機陽極條形高濃高速噴口，會對陰極表面吸附的助劑造成瞬間脫附，而在銅箔半厚處出現分界線

此圖取材自李長榮

噴液開口處濃度最大增厚最快處才會有分界線

常規後處理有：長銅瘤、鍍黃銅、鍍鉻

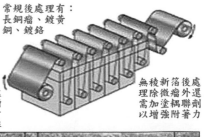

無稜新箔後處理除微瘤外還需加塗耦聯劑以增強附著力

雙中分線
15.93 μm　　15.73 μm
14.72 μm　　14.33 μm

單中分線
14.43 μm

42.24 μm
24.55 μm　16.29 μm
111.36 μm　　111.60 μm
42.59 μm

15-5-7 兩面平滑且有中分線全新銅箔的製造

為了減少高速傳輸的不良趨膚效應（Skin Effect）起見，兩面平滑且有中分線全新銅箔的做法首先是降低電流到1/10的100ASF左右，其次是改變槽液配方為一般鍍銅的光澤劑、載運劑與平整劑，如此將不再出現柱狀結晶與稜面。從下二圖可知鍍箔機的槽液寬度僅2-5cm，槽底長條狀進液口強力噴入高濃度銅液以補充陰極的消耗。如此將瞬間沖掉正下方陰極膜（Cathodic Film）中的光澤劑，瞬間降

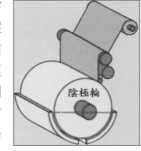
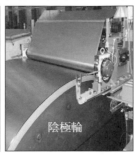

陰極輪

低少許銅箔厚度而形成中分線，良好切片應可將分界線清楚分辨。這種"藍色中分線"正如輕微刮痕般在電銅調變藍色中並不會呈現紅色分界線。

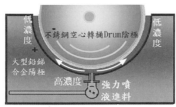

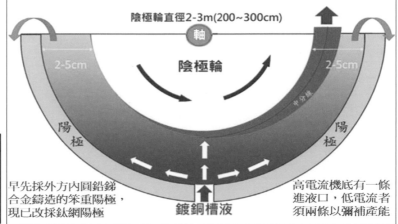

陰極輪直徑2-3m(200~300cm)

軸

陰極輪

2-5cm　　　2-5cm

中分線

陽極　　　　陽極

鍍銅槽液

不鏽鋼空心轉桶Drum陰極
大型鉛銻合金陽極
低濃度　低濃度
高濃度　強力噴液進料

早先採外方內圓鉛銻合金鑄造的笨重陽極，現已改採鈦網陽極

高電流機底有一條進液口，低電流者須兩條以彌補產能

15-5-8 兩面平滑全新銅箔其中分線的判讀

下列圖1、圖3與圖4切樣為3000X電鍍銅在明場偏光的清楚畫面，於是紅色的起步分界線與全新銅箔藍色的中分線就不會混淆了。且圖3中二銅過程中不連續供電的纖細中分線也隱約可見。至於常規彩色圖2的中分線與分界線也仍然可加分辨。

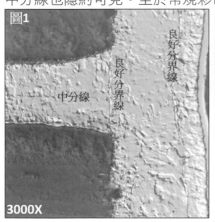

圖1　良好分界線　良好分界線　中分線　3000X

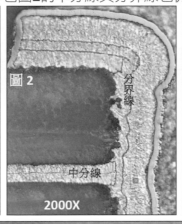

圖2　分界線　中分線　2000X

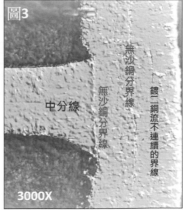

圖3　無沙銅分界線　無沙銅分界線　中分線　鍍二銅流不連續的界線　3000X

圖4　3000X　較少的沙銅　較多的沙銅　紅色的化學銅　不會變紅色低電流銅箔的中分線

第十六章 5G電路板與載板失效分析之2

16-1 前言

　　5G已到來了多年，雲端厚大PCB與厚大Carrier的需求更甚於終端手機與電腦的薄小板類，兩者量產中所發生的失效問題並不完全相同。筆者有幸每日均有機會接觸到來自不同領域的案例，更有意思者筆者還可使用全新到廠Olympus的工具顯微鏡STM7，在其光路未遭濕氣與細菌汙染下，其取像畫面也更加清晰更為精采，本文共整理出280幀彩圖編輯成文分享讀者，大綱如下：

　　16-2、電鍍銅、起步銅（分界線）、化學銅、沙銅與中分線之分辨
　　16-3、5G高速訊號與銅箔的快速進步
　　16-4、5G載板與電路板的細線工程與失效分析
　　16-5、電化遷移ECM與陽極性玻纖漏電CAF的分析
　　16-6、上下游焊接失效的判讀與IMC
　　16-7、其他失效的判讀與改善

16-2 電鍍銅、起步銅（分界線）、化銅、沙銅與中分線之分辨

16-2-1 分界線與中分線的區別

　　分界線（Demarcation）是指每次電銅啟鍍時因電流來不及到位的碎石狀起步銅，若又有銅前酸的沙銅時則紅色將變寬。至於中分線則是電鍍銅箔過程中被鍍箔機底條狀進水口猛沖，致使陰極膜所吸附的光澤劑被瞬間沖失而鍍厚瞬薄的剖面細線，中分線並非供電不連續的瞬低線亦非重新啟鍍的分界線。最下全藍色電銅可清楚見到中分

線與刮痕均為藍色，至於常規彩色圖2亦可區分出中分線與分界線兩者的不同。

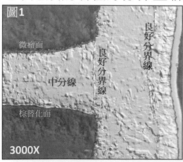
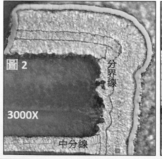

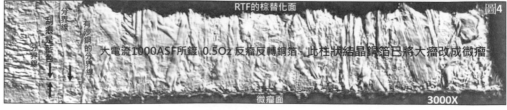

16-2-2 具有中分現兩面平滑的全新銅箔與處理皮膜

　　本節圖3即類似前節圖3淡藍色的畫面,此處刻意將電鍍銅調成全藍色畫面(焦距與平坦度必須良好才會出現均勻藍色),於是紅色鬆散的化銅就更為明顯了。圖1為採用單中分線與雙中分線的5G新式厚大板,讓人費解的是PCB卻採用老舊的黑氧化皮膜做為內層銅面的處理。圖2為無中分線便宜RTF銅箔的做法,可見到稜面的阿托科技Bondfilm棕替化皮膜與黑氧化皮膜(三井銅箔稱晶線)不同之處。注意3000X的圖3是三張單圖的小心拚接圖而非原始單圖。

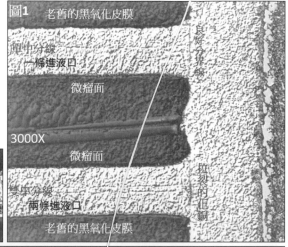

16-2-3 鬆散化銅的真相

　　圖1圖2均為6000X的彩色大圖,紅色葡萄狀鬆散結晶的化銅均清晰可見,圖3為盲孔填銅前被樹脂屑塞入,又被黑鈀與紅化銅所披覆以及電銅蓋牢後的畫面,葡萄狀的化銅粒粒可見。圖4為通孔銅壁2000X的水平切片,亦可見到黑鈀與紅葡萄狀的化銅,故知化銅並非想像中的薄膜。必須先有可導電的化銅才能鍍上電銅。

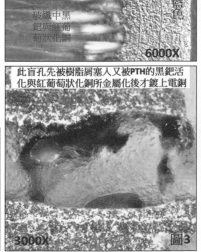

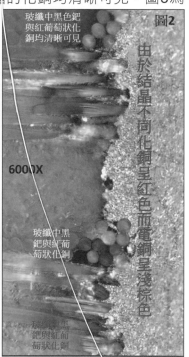

16-2-4 氣泡型孔破造成吹孔的後果

圖1為200X暗場具透視效果的取像,從邏輯上可判讀大排板直立掛鍍銅過程中,過濾機回水進入鍍槽所夾帶的半真空泡(Cavitation)會沿著板面上升並滑入通孔腔體,進而妨礙電鍍銅造成孔破。可在過濾機管路的最高點設置洩氣孔,或定時摔震鍍銅掛架的辦法可趕走附著的半真空泡。半真空泡形成的原因是泵浦扇葉快速趕水所形成。圖1、圖2、圖3、均為氣泡型環狀孔破的說明,圖4從破口底部尚能見到黑鈀可知氣泡不是出自PTH的化鈀化銅。

圖1　暗場取像呈透視效果

造成環狀孔破

過濾機回水夾帶半真空泡滑入通孔的孔破

半真空泡　半真空泡

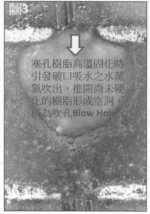

圖2　明場 偏光＋微分干涉 常規彩色的立體取像

有吹氣破洞的通孔稱為吹孔 Blow Hole

圖4　塞孔樹脂高溫固化時引發破口吸水之水蒸氣吹出,推開尚未硬化的樹脂形成空洞,稱為吹孔 Blow Hole。

破底有黑鈀

圖3　塞孔樹脂高溫固化時引發破口吸水之水蒸氣吹出,推開尚未硬化的樹脂形成空洞,稱為吹孔 Blow Hole

16-2-5 氫氣泡大量堆積的化銅與空氣泡的孔破

本節AR比9:1的深孔孔破是出自水平PTH過程,吹空氣化銅槽反應中也還有多量氫氣泡的聚集,出現了孔壁有黑鈀無化銅也就無電銅的空氣泡孔破。由於H$_2$是強還原劑因而造成附近堆積多量葡萄狀的化銅,從圖4圖5的2000X接圖可看到紅色化銅與藍色電銅的區別。此不夠精彩的切樣是來自產線而非FA級精品。

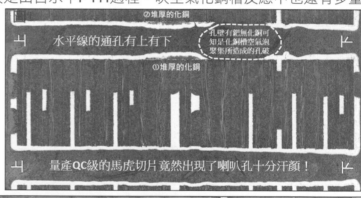

圖1　水平線的通孔有上有下　②堆厚的化銅　孔壁有鈀無化銅可知是化銅槽空氣泡聚集所造成的孔破　①堆厚的化銅

量產QC級的馬虎切片竟然出現了喇叭孔十分汗顏!

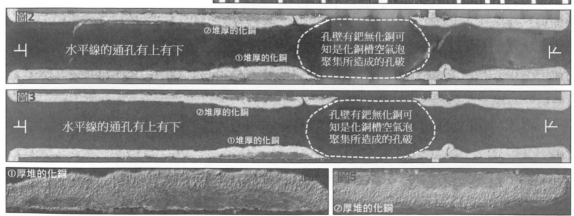

圖2　②堆厚的化銅　水平線的通孔有上有下　孔壁有鈀無化銅可知是化銅槽空氣泡聚集所造成的孔破　①堆厚的化銅

圖3　②堆厚的化銅　水平線的通孔有上有下　孔壁有鈀無化銅可知是化銅槽空氣泡聚集所造成的孔破　①堆厚的化銅

①厚堆的化銅　圖4

圖5　②厚堆的化銅

此節與前節孔破的原因相同，都是出自化銅槽的氫氣聚集在9:1的深孔中，造成超大氣泡堵死處無法沈積出化銅皮膜，於是就無法電鍍銅而造成的特大孔破。判讀的證據就如圖1所示兩深孔的活化鈀完全相同，但右孔卻因有鈀無化銅而孔破了。本節各圖像是刻意取材於原電測孔破的報廢板，但卻認真遵守『精準切到孔心，且不可出現喇叭孔』的FA切片守則，小心取像所呈現的精采畫面。此等FA級切片平均要2小時才能展現此種畫面成績。生產線大批量切樣當然無法如此講究了。

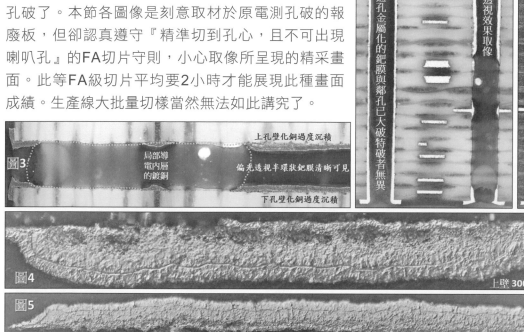

圖3
局部導電內層的鍍銅
上孔壁化銅過度沉積
偏光透視半環狀鈀膜清晰可見
下孔壁化銅過度沉積

圖1
正常通孔金屬化的鈀膜與鄰孔已大破特破者無異
明場偏光透視效果取像

圖2
明場偏光加干涉表面取像

圖4　上壁 3000X 接圖

圖5　下壁 1000X 接圖

16-2-6 如何分辨孔壁金屬化的黑酸鈀與黑色高分子皮膜

　　圖3圖4均為PCB金屬化主流的酸性錫鈀膠體，可清楚見到正電性較大的玻纖被負電性黑酸鈀的吸附就比樹脂面更多，且鈀膜外均有化銅。下圖5的深孔連接圖卻為導電高分子DMS-E的20/1深孔畫面，右圖1圖2為放大2000倍的清楚圖像，可見到玻纖與樹脂兩者均有黑膜但並無紅化銅出現。唯有小心取像與判讀才以別目珍魚與珠。得以區魚與珠。

圖1　導電高分子DMS-E

圖2　導電高分子DMS-E

圖3　常規黑酸鈀及化學銅

圖4　常規黑酸鈀及化學銅

導電高分子DMS-E

圖5　此20/1的深孔，由於板太厚鑽針不夠長只好雙面鑽的畫面

導電高分子DMS-E

16-2-7 背鑽之訊號孔環如何在強熱中被頂斜開裂

　　由右圖1的兩個背鑽孔其訊號孔環的上材厚度遠超過下材厚度可知，在多次強熱的Z膨脹中就會把功能性的背鑽訊號孔環向下頂斜。一旦當背鑽訊號環與孔銅壁的界面處，原本就存在著不良沙銅或不良化銅者，則後續強熱中必然出現被頂鬆而電阻值增大的異常以致無法被客戶所允收。圖3圖4已頂斜開裂的微小紅溝中可見到黑點鈀，故知應為鬆散結構的不良化銅。

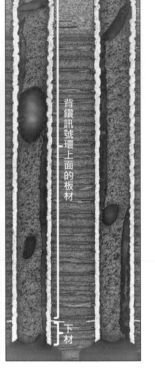

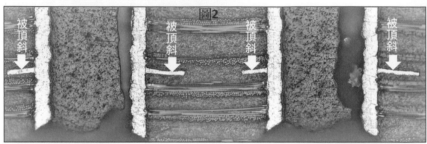

16-2-8 高速厚大板背鑽孔環被頂斜的後患

　　從圖1可見到板面基銅鍍1銅前的紅色沙銅，而此不良沙銅必然會延伸進入孔銅，圖4圖5孔壁與背鑽訊號環之間就明顯出現了紅色的不良沙銅，過度頂斜致使電阻變大特性阻抗不連續以致訊號傳輸不良。圖2為明場偏光的透視效果，圖3為明場偏光+干涉的表面立體效果，背鑽後多次加熱脹縮不均頂斜訊號環的畫面清晰可見。

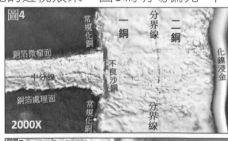

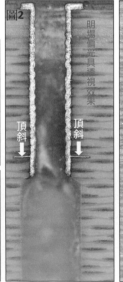

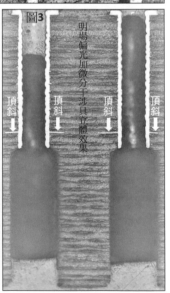

16-2-9 深通孔、深盲孔、超小盲孔等難以洗淨的殘鈀與鬆散化銅

　　圖1為厚大板中央區深通孔的孔環銅面所殘留的黑鈀與鬆散化銅，一旦該孔環又處於背鑽訊號環者，則多次強熱脹縮必然被頂斜出現Z_0不連續的傳輸問題。圖2為深盲孔底銅墊上的殘鈀與紅色鬆散化銅，多次強熱拉扯後經常會脫墊。圖3為超小盲孔比人的頭髮（75μm）更細，為了讓化鈀化銅等槽液能進孔處理起見，必須加入潤濕劑以降低其表面張力。然而後續的水洗（73dyne/cm）卻因表面張力太大不易進入清洗，以致圖3竟然出現三處不該有的殘鈀化銅了。圖4為沙銅與化銅清楚區別的畫面。

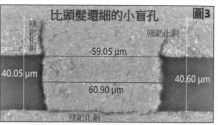

縱橫比0.8的深盲孔

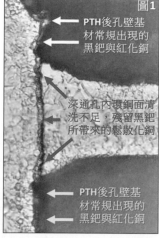

PTH後孔壁基材常規出現的黑鈀與紅化銅

深通孔內環銅面清洗不足，殘留黑鈀所帶來的鬆散化銅

PTH後孔壁基材常規出現的黑鈀與紅化銅

比頭髮還細的小盲孔

殘鈀化銅　　　殘鈀化銅

59.05 μm

40.05 μm　　　　　　40.60 μm

60.90 μm

殘鈀化銅

沙銅　　　　　分界線　　　　　沙銅

黑色活化鈀與紅色化銅

16-2-10 常規金屬化與導電高分子DMS-E的判讀

　　圖1/圖2均為常規黑色活化鈀與化學銅之PTH金屬化切樣；而圖1可見到通孔與盲孔兩者孔壁以及塞孔樹脂面等三處黑鈀與化銅的畫面。圖2刻意將電銅調變成藍色而紅色葡萄化銅與黑色活化鈀就更清楚可見了。至於圖3、4、5則均為導電高分子DMS-E黑色皮膜直接電鍍銅全無化銅的畫面，此全無化銅的做法又稱為直接電鍍Direct Plating。除了導電高分子外DP尚另有黑孔與黑影，三者均具有免於CAF的煩惱而常用於汽車板。

先黑鈀後化銅　　　先黑鈀後化銅

黑鈀與化銅樹塞通孔　　　黑鈀與化銅

此深通孔之金屬化係採導電高分子DMS-E皮膜

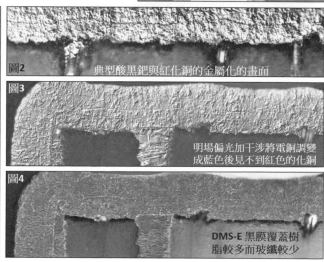

典型酸黑鈀與紅化銅的金屬化的畫面

明場偏光加干涉將電銅調變成藍色後見不到紅色的化銅

DMS-E 黑膜覆蓋樹脂較多而玻纖較少

16-2-11 多次鍍銅分界線（愈細愈好）的判讀

電流到位岩石狀結晶者為常規的電鍍銅，而每次開啟鍍銅時都會出現電流還不到位碎石狀的起步銅，也就是常說的分界線。下圖1之面銅與圖2孔銅轉角甚至斷角兩2000X調變藍色的切片，可見到四次鍍銅的分界線都呈現紅色而且也很寬，說明碎石狀起步銅之外還另共鍍了銅前酸的鬆散沙銅。圖3圖4則為盲孔鍍銅4次分界線的畫面，看來只有4銅前的起步銅很鬆散而1、2、3次起步銅都很好，圖4低電流盲底1、2、3的良好起步銅與面銅不良沙銅相比則顯得太不真實了。

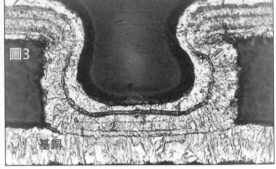

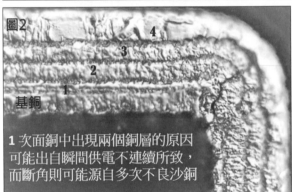

1 次面銅中出現兩個銅層的原因可能出自瞬間供電不連續所致，而斷角則可能源自多次不良沙銅

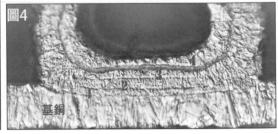

從圖1常規通孔與圖2樹塞通孔刻意把電鍍銅變藍變綠的畫面，可清楚分辨出分界線，沙銅與化銅三者的差異。圖3為外層樹脂塞通孔後又鍍了蓋銅3、4、5、6四次銅的畫面，圖4為面銅的組成可見到2銅已被削平到無影無蹤。然而從兩圖的2、3、4鍍銅前的浸酸都未能每日更換致使沙銅嚴重，成為後續盲孔脫墊或通孔孔環與孔壁分離的麻煩。每日更換銅前銅酸（或每日兩次）是解除沙銅的唯一良藥。

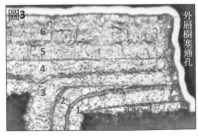

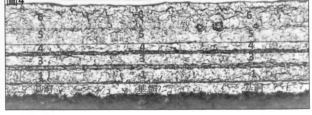

16-3 5G高速訊號與銅箔的快速進步

16-3-1 兩面平滑且有中分線全新銅箔的製造

為了減少高速傳輸的不良趨膚效應（Skin Effect）起見，兩面平滑且有中分線全新銅箔的做法首先是降低電流到1/10的100ASF左右，其次是改變槽液配方為一般鍍銅的光澤劑、載運劑與平整劑，如此將不再出現柱狀結晶與稜面。從下二圖可知鍍箔機的槽液寬度僅2-5cm，槽底長條狀進液口強力噴入高濃度銅液以補充陰極的消耗。如此將瞬間沖掉正下方陰極膜（Cathodic Film）中的光澤劑，瞬間降低少許銅箔厚度而形成中分線，良好切片應可與分界線清楚分辨。這種"藍色中分線"正如輕微刮痕般在電銅調變藍色中並不會呈現紅色分界線。

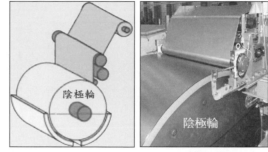

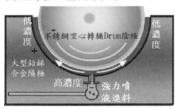

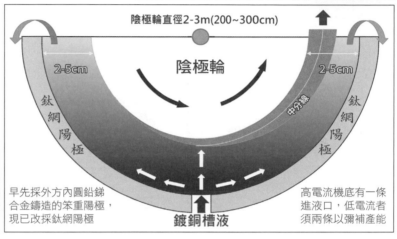

陰極輪直徑2-3m(200~300cm)

陰極輪

2-5cm　　　2-5cm

鈦網陽極　　中分線　　鈦網陽極

早先採外方內圓鉛銻合金鑄造的笨重陽極，現已改採鈦網陽極

鍍銅槽液

高電流機底有一條進液口，低電流者須兩條以彌補產能

16-3-2 生箔稜面再加鍍銅瘤及鍍鋅鍍鉻等後處理

常規銅箔是在陰陽極距超近中，採超高電流與只加光澤劑下快速取得柱狀結晶與稜面之生箔，然後另做三道處理的銅瘤與鋅鉻等而成熟箔。

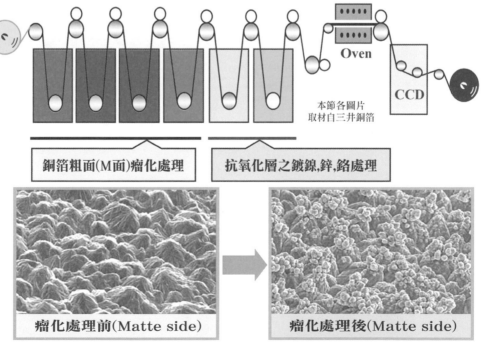

Oven

CCD

本節各圖片取材自三井銅箔

銅箔粗面(M面)瘤化處理　　抗氧化層之鍍鎳,鋅,鉻處理

瘤化處理前(Matte side)　　瘤化處理後(Matte side)

16-3-3 超過極限電流（J~Lim~）時將出現粉狀銅

生箔（Raw Foil）完成後還要進行三道後續處理（生長銅瘤、鍍黃銅與鍍鉻）之後才成為熟箔。生長銅瘤的原理就是拉近陰陽極距離（左下圖），使之超過極限電流密度（J_{Lim}）先長出粉狀銅後，再拉遠降回正常電流密度（J）而出現常規好銅包裹粉銅的銅瘤了。

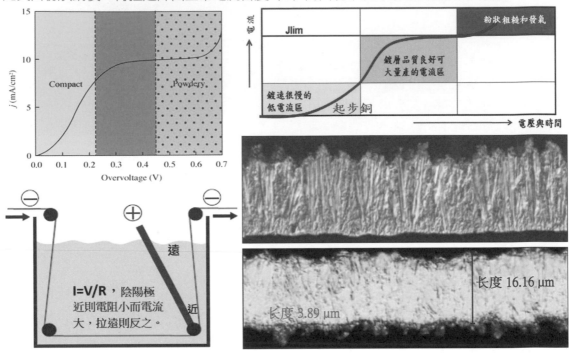

16-3-4 傳統柱狀結晶與強熱的再結晶

常規電鍍銅箔均得自極高電流密度（1000 - 2000 ASF，遠超過一般PCB酸性鍍銅25 ASF的40-80倍），且又只添加光澤劑協助銅晶垂直快速生長之需求，使得各種傳統ED Foil均一律呈現單向柱狀結晶（Columnar Structure）。但每當受到壓合與

鑽針磨擦等強熱中，經常會出現不同程度之再結晶而取得位能較低而更為柔軟的多層板內銅箔。

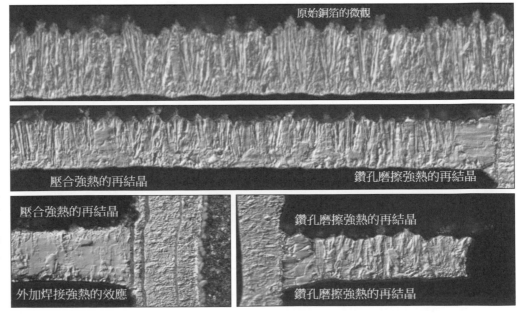

16-3-5 高速訊號或射頻訊號所用的全新銅箔

圖1為iphone三處天線(機頂、機底與機側)的機側天線軟板,此軟板是採用LCP液晶樹脂的5層板,所用銅箔均為兩面平滑單面微瘤並有中分線的高價銅箔。圖2為兩條進液口鍍箔機所生產的最新銅箔。圖3為高單價高速厚大板內層雙面板的切片畫面,圖4為低單價傳統高速厚大板所用內層板的切片圖。

此為i-Phone 10手機的5L天線軟板,白色板材為LCP液晶樹脂,銅箔為100ASF低電流(不及常規銅箔的1/10)所鍍無柱無稜兩面平滑且有中分線的高價品,也用於高速硬板。

起步為LCP雙面軟板其樹脂厚度為83.44μm,經三次增層為五層板。

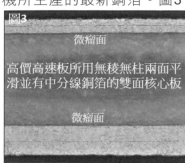

下的紅色瘤面 注意三次增層朝

微瘤面
微瘤面
微瘤面

注意頂面均勻的微瘤

15.58 μm   16.36 μm
14.01 μm   雙中分線   14.64 μm

全新雙噴槽口銅箔機生產的高速銅箔

微瘤面
高價高速板所用無稜無柱兩面平滑並有中分線銅箔的雙面核心板
微瘤面

微瘤面   微瘤面
低單價高速板所用的RTF雙面核心板
微瘤面   微瘤面

16-3-6 不同材料界面彼此強力抓牢的原理

軟板製程會用到很多不同的薄膜,其等界面間的接著強度當然很重要。首先要做到各種界面間的〝絕對清潔〞與〝消除氣泡〞,然後加熱使純膠層對TPI或銅面或其他材質表面進行接著。至於接著強度的原理則可利用右列上四圖的理論加以說明。下兩圖特別再說明形成機械扣鎖的兩種細部機理:左圖拋錨效應是指較硬灰色者強擠進藍色較軟者成為扣鎖,至於右圖扣牢效應則是指灰色較軟者充滿藍色較硬者事先形成的凹洞內而完成扣鎖。

Mechanical interlocking
機械扣鎖:軟化的接著劑進入孔洞而抓牢

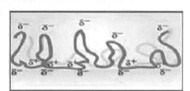

Electrostatic theory
靜電理論:界面電子遷移進而產生靜電吸引

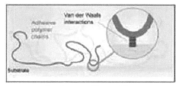

Adsorption theory
吸著理論:界面兩邊極性不同的凡得瓦而力吸附

Chemisorption theory
化學鍵理論:接著劑出現耦聯劑化學鍵而抓牢

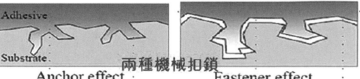

兩種機械扣鎖

Anchor effect
拋錨效應

Fastener effect
扣牢效應

16-4 5G載板與電路板的細線工程與失效分析

16-4-1 乾膜解像不到位的殘足妨礙線底鍍銅

電路板與載板所用的感光阻劑一向採用便宜的負型光阻（Negative PR），其顯像後的阻劑品質原本就不如半導體用的高價正型光阻（Positive PR），再加上產線管理不到位，經常出現解像不足的線底的電左右殘足，造成電鍍銅無法鍍到化學銅面上。經後續的剝膜與SAP再咬掉底部化銅的全面無差別蝕刻後，造成鍍銅線路於線底殘足的缺口與被咬掉的化銅呈現電銅被架空的場面。

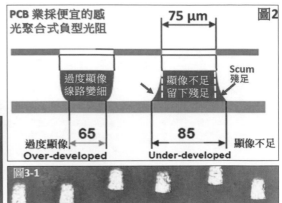

圖2 PCB 業採便宜的感光聚合式負型光阻

過度顯像線路變細　顯像不足留下殘足　Scum 殘足
75 μm
65 過度顯像 Over-developed　85 顯像不足 Under-developed

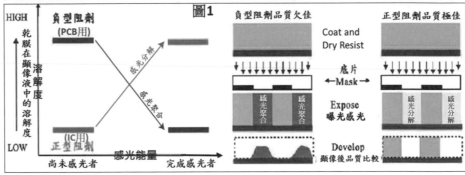

圖3 ABF 與 SAP　ABF 與 SAP
化銅表面乾膜顯像不到位的殘足，造成電銅無法覆蓋線路處的化銅表面，剝乾膜與咬化銅基層後即出現電銅被架空的場面。
ABF面上的化銅層

圖3-1　細線根銅太細紛紛浮離

圖1
負型阻劑(PCB用)
正型阻劑(IC用)
HIGH / LOW 乾膜在顯像液中的溶解度　感光能量
尚未感光者　完成感光者　感光分解　感光聚合

負型阻劑品質欠佳　正型阻劑品質極佳
Coat and Dry Resist
底片 ←Mask→
Expose 曝光感光　感光聚合　感光分解
Develop 顯像後品質比較

16-4-2 載板內外層各種成線法的比較

第1種做法為無通盲孔傳統內層板的DES（Developing、Etching、Stripping）三步驟連線量產標準做法，但要特別小心一旦那個環節出了差錯那將是大量相同問題重複出現的災難。第2種是對有通孔盲孔的內層板先要完成孔銅才行，因而在板面銅箔上需鍍一次或多次電銅。為了蝕刻細線又不得不將面銅咬薄，而且還要再加鍍抗蝕的純錫層。第3種是採用UTC超薄銅皮（1.5-3.0μm者用於載板的mSAP；4-5μm者用於智慧型手機地類載板SLP）。為了通孔盲孔的鍍銅或填銅，其板面基銅上有時須再加鍍一次或數次電鍍面銅，當然全部面銅亦須小心再削薄或咬薄才能做出細線。

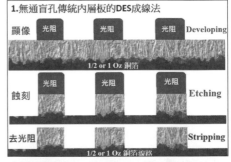

1.無通盲孔傳統內層板的DES成線法
顯像　光阻　Developing
1/2 or 1 Oz 銅箔
蝕刻　光阻　Etching
去光阻　Stripping
1/2 or 1 Oz 銅箔線路

3.超薄銅皮UTC(Ultra Thin Copper Foil)的成線法
1.5-3.0μm or 4-5μm1 超薄銅箔
面銅　1.5-3.0 μm or 4-5 μm 超薄銅箔再加鍍薄面銅
1.5-3.0 μm or 4-5 μm 超薄銅箔加鍍薄面銅與厚線路銅

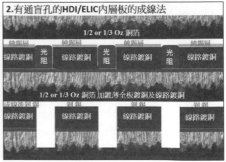

2.有通盲孔的HDI/ELIC內層板的成線法
1/2 or 1/3 Oz 銅箔
純錫層　光阻　線路鍍銅
1/2 or 1/3 Oz 銅箔加鍍薄全板鍍銅及線路鍍銅
線路鍍銅

16-4-3 載板增層細線用的特殊膜材ABF

圖1為日商大運味之素（Ajinomoto）掌握ABF（A.Build-up Film）樹脂的配方並交由代工完成三合一的膜材，此載板專用特殊軟質膜材目前尚無競爭對手。圖2為ABF的組成及於載板加工過程。圖3左為樹脂配方中所添加微米級的小球狀粉料，圖3中還可見到ABF膜材雷射孔壁所露出的小球，圖3右為全面性除膠渣（Total Desmear）咬掉小球後出現眾多球型小坑，而令後續化學層得以抓牢，此即為ABF的關鍵所在。圖4為BT雙面板經四層ABF增層後大型BGA的十層載板切片圖，該圖下側可見到許多0.5mil的細線，這就是載板三種細線（另兩種為mSAP與PSAP）製程中最細但也是最貴的SAP半加成法（貴在微球）。

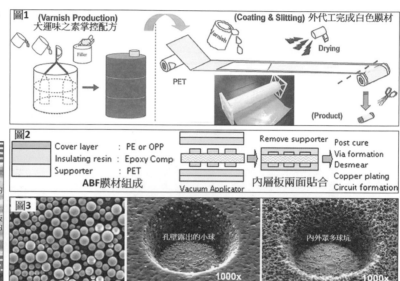

16-4-4 載板細線的半加成法SAP（Semi-Additive Process）

目前載板細線的成線法有三種；即(1)SAP法(2)mSAP法m是指modified(3)pSAP法；後兩法是為節省ABF成本而改用常規板材，第2法採1.5-3μm的超薄銅皮UTF取代ABF容易蝕刻的化學銅。若將UTF增厚到較便宜的5μm而用於一般PCB者（如手機板）則稱為類載板SLP做法。下圖1即為BT雙面板第一次ABF增層與後續化銅、光阻、顯像、電銅、去光阻、全面無差別蝕刻（Differential Etch）而成為線頂變窄變圓線底內凹的細線；圖2為以圖代文做說明，圖3為0.5mil之尚未脫線者，圖4為已脫線之畫面。

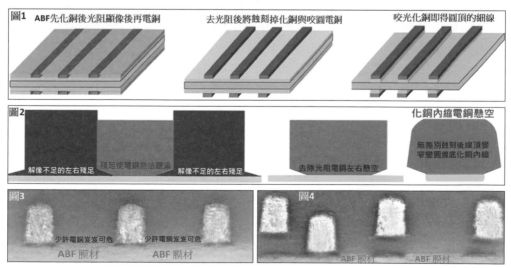

本節圖1與圖2均為1mil線寬的SAP成線截面圖,可見到線底雖已出現電銅懸空化銅內縮的不良情形,但寬度還夠尚不致造成整條線路的脫線浮離;然而右上兩小圖0.5mil細線路底部已見到化銅嚴重內縮者就很危險了。罪魁禍首當然就是圖2乾膜顯像不到位,底部出現透明左右殘足造成電銅左右懸空所致。

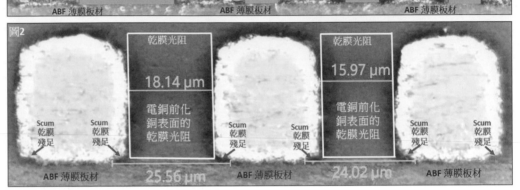

16-4-5 量產解決光阻底部殘足的簡單做法

上大圖說明常水平規顯像之標準做法,就是機長的一半即應完全解像,並用後半段清除底部殘足,這對於0.5mil超細線尤為關鍵。中右俯視圖即可清楚見到紫色乾膜底部殘足Scum之透明薄膜,一般現場操作僅憑肉眼或放大鏡觀察極易漏網。正規做法是在大排板的邊緣用"水性奇異筆"畫龍畫蛇再去蓋乾膜,凡大板出機時龍蛇未盡除者即表光阻部底仍有殘足。下大圖為SAP法製作1mil與0.5mil細線對比畫面,可知1mil者均可過關但0.5mil者則隨時會脫線。

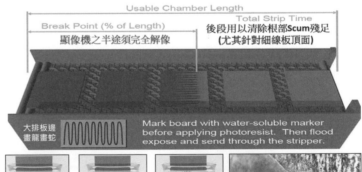

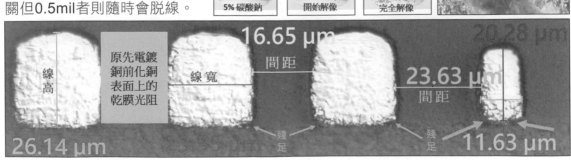

16-4-6 載板細密線路容易浮離的真因

　　圖1圖2為線寬12μm（0.5mil）的細密線路，整條線易於浮離的原因就是線底電銅變得左右浮空而強度不足。圖3圖4為25μm的細線，雖未浮離但線底化銅已明顯變細了。圖5中間為25μm細線底部殘足缺口與咬掉化銅後，竟然左側縮回3.7μm右側縮回4.2μm；圖6之線底左側縮回3.71μm右側縮回4.02μm，由此可見生產線的管理並不到位。業界出了問題多半用開會各說各話方式解決，很少進行科學的失效分析與徹底改善。

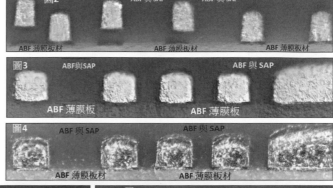

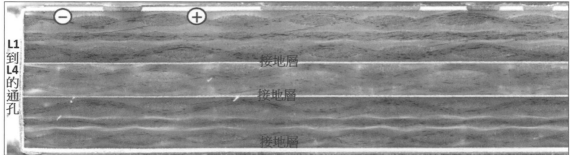

16-5 電化遷移ECM與玻纖陽極性漏電CAF的分析

16-5-1 板面密線間綠漆中也會發生ECM

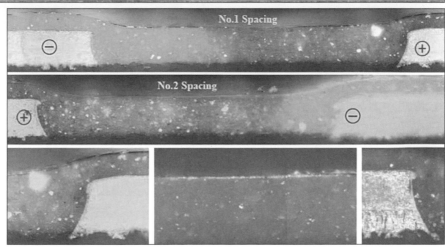

　　在溫濕環境中PCB經常發生絕緣不良訊號傳輸不完整的問題，統稱為電化遷移（Electro-Chemical Migration，ECM），而非一般口說不夠嚴謹的"電遷移"。板面綠漆中即常出現此種可靠度問題。CAF只是ECM中一種更麻煩的特例而已。

當密線考試板在THB環境（85℃、85％RH、20V）中長時間連續放置中一定會發生ECM的電化學反應，但只要通過規定時段的測試，當其尚未出現絕緣電阻遽降而自動停測者（10^8 Ohm）即可判為及格。但及格者並不表示未曾發生過ECM的反應。

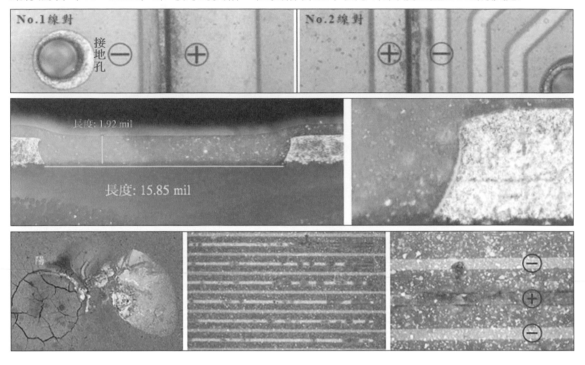

16-5-2 綠漆與板材中的電化遷移ECM

1. 綠漆皮膜本身並非全無空隙，因而在ECM的5種成因：①水②電解質③露銅④偏壓⑤通道；業者能夠掌控的成因只有避免出現通道而已。

2. 下例即為某載板經壓力鍋（PCT）試驗（條件：Bias 1.8V, P. 29.7 PSI, Temp.121℃,濕度100％），一直做到168小時後（及格標準為96小時），發現綠漆與板材之間出現分離的通道，因而才出現了通道中銅遷移的ECM。

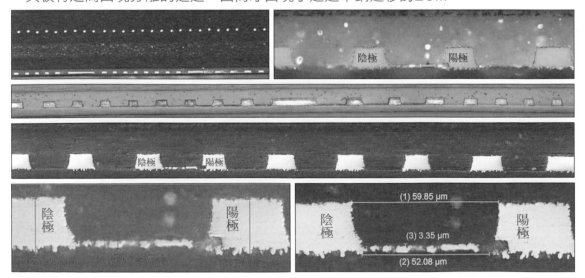

16-5-3 CAF發生的原理

　　右圖係日立化成所發表CAF的成因說明，當五種條件皆具備時（1.水氣 2.電解質 3.露銅 4.偏壓 5.通道），則居高電位陽極的銅金屬會先氧化成Cu^+或Cu^{++}，並沿著不良通道的玻纖紗束向陰極緩慢遷移，而陰極的電子也會往陽極移動，路途中銅離子遇到電子時即會還原出銅金屬，並逐漸從陽極往陰極蔓延出銅金屬的軌跡，故又稱為"銅遷移"。在原因未消失前會一再重複出現CAF的戲碼。

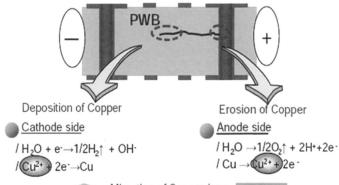

CAF 發生的原理

Deposition of Copper
● Cathode side
/ $H_2O + e^- \rightarrow 1/2H_2\uparrow + OH^-$
/ $Cu^{2+} + 2e^- \rightarrow Cu$

Erosion of Copper
● Anode side
/ $H_2O \rightarrow 1/2O_2\uparrow + 2H^+ + 2e^-$
/ $Cu \rightarrow Cu^{2+} + 2e^-$

Migration of Copper ions
(Absorbed water behaves conductor path)
Cl⁻, Na⁺, OH⁻, NO₃⁻ etc : Glass fabric/Resin
(Ion impurities promote the migration of copper ions.)

▲此圖取材自日立化成之資料

▼當兩通孔距離太近，又加上鑽孔動作不夠細膩而對板材造成衝撞微裂，事後自必引發滲銅，甚至造成CAF漏電的危險。

 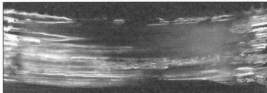 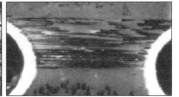

16-5-4 PCB後續使用中發生CAF的真因

1. 在高溫高濕長期使用（即讓Bias得以發揮之環境）中，發生CAF的主因是玻纖紗末端早已出現不良通道（即偏光透視取像的白色部份）；而不良通道的主因就是除膠渣的膨鬆槽過度反應，破壞了玻纖外圍耦聯劑介面，引發後續的銅遷移所致。

2. 一般所常用Swelling膨鬆槽的標準參數是75-80℃/10-12分鐘，為了降低風險及配合PCB自動化連線作業下，只能降低槽液的溫度。右列兩圖即為80℃/10分鐘所見到的不良效果。

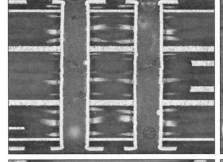 

長度 454.65 μm

16-5-5 過度膨鬆與過度除膠渣造成滲銅的CAF

　　圖1、圖2均為過度膨鬆與過度除膠渣造成玻纖的滲銅，與後續THB高溫高濕及偏壓所造成的CAF。白色區說明玻纖外圍的耦聯劑已遭到膨鬆槽與Mn^{+7}的水解，進而出現空氣反光的白色微隙。圖3為完工板尚未做THB的切樣，其鬆散玻纖的滲鈀與化銅組成的Wicking滲銅與Silane耦聯劑被水解白色反光的畫

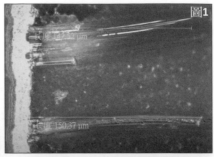

面，圖4為汽車用板經長時間THB後造成紗束間的CAF，此圖的銅是出現在各玻纖絲之間而非空心絲之內。

注意: CAF的爬銅是出現在玻絲織之間而不在空心絲之內

16-5-6 玻纖布與樹脂密接關鍵的耦聯劑

　　右上圖為電子級玻纖布的生產流程，完成織布與兩次退漿後還要再做上耦聯劑Silane皮膜才能出貨。唯其如此當玻纖布含浸時才能與樹脂親合。右下兩圖即為STM-7暗場與明場所見到玻璃絲外圍的耦聯劑皮膜，注意密絲內緣出現耦聯劑皮膜不完整的區域。左下圖刻意用稀酸類在切片表面快速微蝕即已見到耦聯劑皮膜遭到輕微水解的畫面，嚴重時將出現白色反光微隙（即空氣）並將成為CAF的起源。

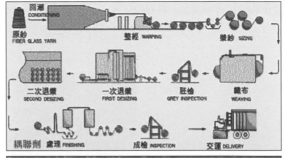

暗場透視效果

明場偏光的透視效果

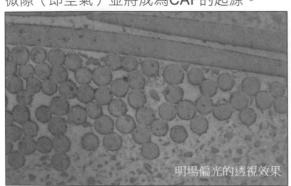

明場偏光的透視效果

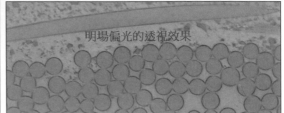

16-5-7 空心絲內微量滲銅與紗束間CAF的不同 (取自季刊72期並修正59期的說法)

　　大陸玻纖業界曾在2001年由北京化學工業出版社，發行過一本大部頭的"玻璃纖維與礦物棉全書"，以橘八開共1284頁大排場的專業書籍上市，其收集資料之詳盡與探討之深入嘆為觀止令人感佩。該全書P.26 明玻纖絲是通過白金漏板向下擠絲（200絲-400絲）過程中，一旦玻璃漿液中的少許氣泡被拉入細絲中，即形成局部氣泡而能反光的空心絲。此等氣泡主要成份為CO_2與SO_2（占70%），係來自配料中澄清劑添加不足所致。次要原因是E-glass熔點較低溫度不高以致氣泡較多之故。氣泡被拉入細絲內形成的空心絲（Hollow Filament）不但容易滲銅呈現假性的CAF外，而且也較容易斷絲。

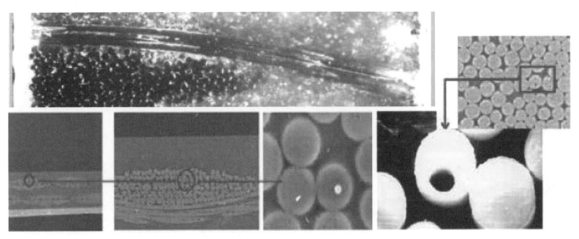

16-5-8 玻纖紗束單支發白的說明

　　板材區切片畫面經常會發現玻纖紗束中有單支發亮的情形，事實上那只是單支玻璃絲（Filament）出現空心絲（Hollow Fiber）的不良現象，而並非一般認知滲銅（Wicking）連續延伸的特例，其中也全無銅份存在。檢查方法是將原始玻纖布浸在比重較輕的油中40分鐘即可見到單支發白的情形。

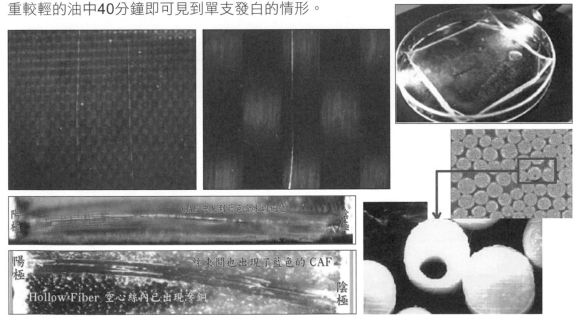

16-5-9 Desmear首站之膨鬆槽是造成CAF的主要殺手

　　鑽孔後的除膠渣與金屬化兩大濕流程中，共有5種槽液會攻入玻纖與樹脂的白色空氣狹縫中，進而造成可怕的CAF後患。本節係針對5種槽液的接觸角（Contact Angle 或Wetting Angle）進行量測，此種Contact Angle愈小者槽液愈容易鑽入狹縫中。由於後來化銅的22.74°比先上黑鈀的46.11°要小很多，故常見到化銅會透過鈀繼續向前鑽得更深更遠，再配合不當膨脹的白色狹縫其不斷遷銅終將造成了CAF。

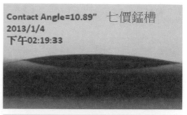

Contact Angle=10.89″ 七價錳槽
2013/1/4
下午02:19:33

Contact Angle=46.11″ 活化鈀槽
2013/1/4
下午02:10:06

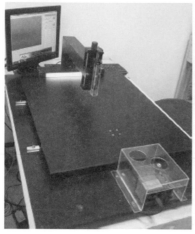

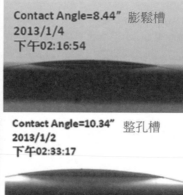

Contact Angle=8.44″ 膨鬆槽
2013/1/4
下午02:16:54

Contact Angle=10.34″ 整孔槽
2013/1/2
下午02:33:17

Contact Angle=22.74″ 化學銅槽
2013/1/2
下午02:37:01

16-5-10 膨鬆處理Swelling的立體示意圖

　　膨鬆處理Swelling係採可水溶之有機溶劑，用以組成強鹼性之高溫（75℃）槽液，各種板類經1-10分鐘之浸泡處理，迫使孔壁各種膠渣發生腫脹鬆弛，以利後續高溫（75℃）紫色 Mn^{+7} 槽液的順利攻入與咬蝕。也就是利用七價高錳對膠渣進行氧化反應，使之溶於水而得以清除。

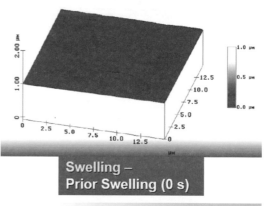

Swelling –
Prior Swelling (0 s)

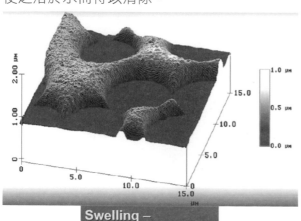

Swelling –
After 150 s Swelling

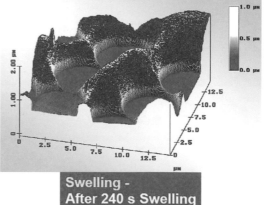

Swelling –
After 240 s Swelling

16-5-11 膨鬆劑之組成及原理

1. 膨鬆劑Sweller是由可水溶之有機溶劑如 "丁氧基乙氧基乙醇" 2-（2-Butoxy-Ethoxy）-Ethanol，與鹼性水溶液（pH10-12）所混合而成，其中溶劑分子在高溫（65℃）時會展現一端可脂溶另一端可水溶之特性，進而滲入鬆散的膠渣並予以腫脹膨鬆，以便後續高溫鹼性Mn⁺⁷對膠渣進行氧化性的溶除。

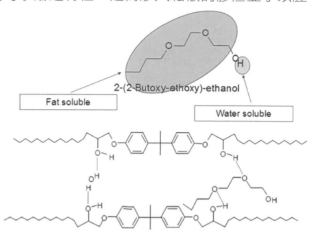

2. 此等膨鬆劑對Tg在150℃以下的樹脂不宜浸泡太久（槽溫70℃時間5分鐘左右即可，但通孔高縱橫比或高Tg者時間要久一點），以免造成樹脂與玻纖的白色微隙（兩孔壁間防火牆厚度低於20mil即很危險）。倘若尚疑有殘餘膠渣時，則FA級精密切片即可找出真相。

16-5-12 濕環境長期工作中所發生的CAF案例

上二圖說明孔壁與附近導體的關係，一旦其間玻纖或樹脂中出現空虛通道者將埋下CAF的病灶。左中圖說明兩通孔間由正往負的銅遷移情形，左下說明多層板上下正負銅面接觸到玻纖，濕氣工作中將可能發生CAF的示意圖。下右為玻纖絲外耦聯劑遭到水解出現白色反光微裂通道的電鏡放大圖。

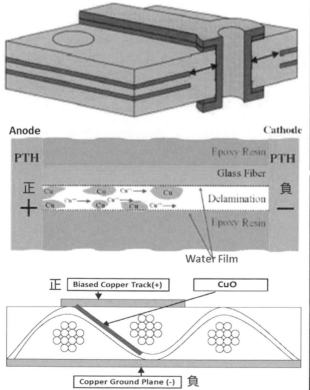

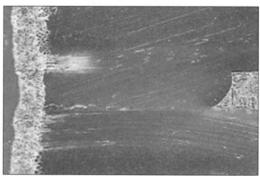

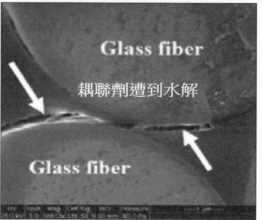

16-5-13 膨鬆劑過度反應造成強烈噴射狀白霧

高溫（75℃-80℃）水溶性強鹼有機溶劑（如BCS丁基溶纖素），在Mn⁺⁷除膠渣之前先對孔壁的膠渣進行膨鬆處理，以協助Mn⁺⁷的溶膠反應。一旦膨鬆處理過度時，

將造成玻纖紗束外表的耦聯劑Silane皮膜，遭到水解而與樹脂間出現微小分離。此微隙的空氣反光即造成光鏡的明場偏光或暗場出現噴白霧的畫面，亦即CAF的通道。

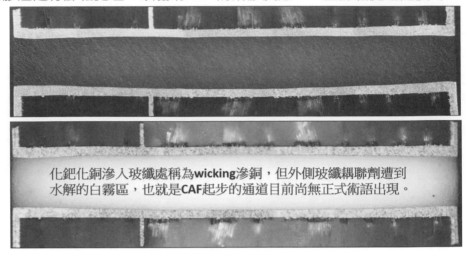

化鈀化銅滲入玻纖處稱為wicking滲銅，但外側玻纖耦聯劑遭到水解的白霧區，也就是CAF起步的通道目前尚無正式術語出現。

16-5-14 俯視板面從經緯紗45度的斜切片較可看清玻纖的滲銅

多層板為了保證孔銅附著力更好起見，玻纖紗之滲銅（Wicking）須達1mil，但不宜超過2mil，IPC-6012D（2015.9）所列的4mil規格已不合時宜了。此處四種切片均為按經緯玻纖布的45度斜向去下刀切磨，因而可更容易見到玻絲之間所滲入的化學銅。

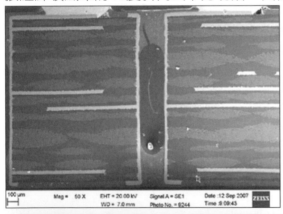

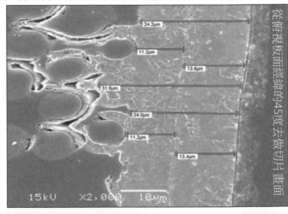

從俯視板面經緯的45度去做切片畫面

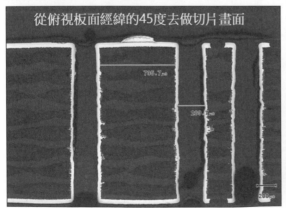

從俯視板面經緯的45度去做切片畫面

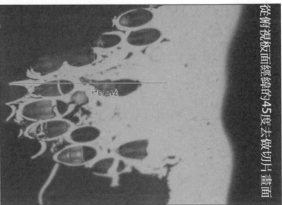

從俯視板面經緯的45度去做切片畫面

16-5-15 滲銅外側發白的鬆散玻紗

1. 通孔銅壁玻纖紗束之滲銅（Wicking）外側，經常出現發白如噴烟噴霧狀鬆散的紗束區，係因膨鬆劑Sweller過度反應而水解掉玻纖耦聯劑之所致。

2. 此種噴射狀的反白紗束出自樹脂與玻纖間已出現微分離的空氣，光鏡觀察發生反光或折光之所致。不幸此種微小通道將成為後續CAF起步的溫床。

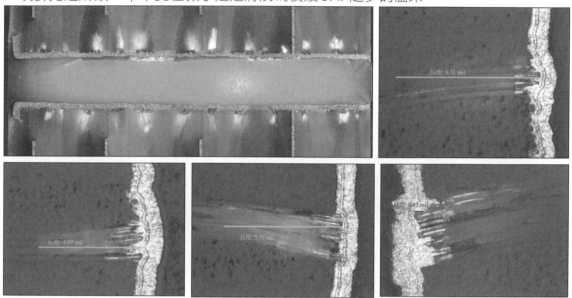

16-5-16 徹底解決CAF的做法：黑影或黑孔

　　減少CAF的機率可從①改善鑽孔②減輕膨鬆槽的條件與③降低滲銅（Wicking）深度，也就是降低Mn^{+7}溶膠的反應程度。但要達到汽車板CAF2/CAF3的要求則還有困難。徹底解決CAF的方法就是不用化學銅以排除銅遷移的基因。可利用黑孔的碳膜或黑影的石墨層將已被咬鬆的玻璃紗束予以封死。沒有銅遷移當然就沒有CAF了。

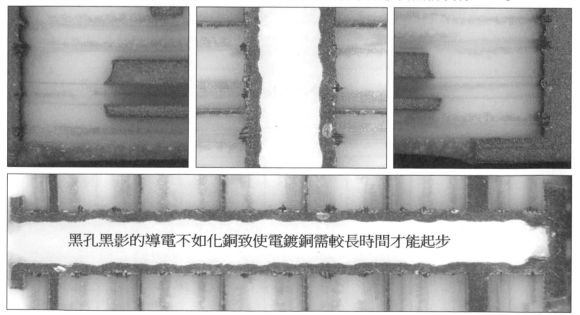

黑孔黑影的導電不如化銅致使電鍍銅需較長時間才能起步

16-5-17 膨鬆處理參數降低後白色通道的改善

1. 膨鬆槽含水溶性有機溶劑,在強鹼性及高溫(70℃)協助下,可將膠渣予以軟化及鬆弛以方便Mn^{7+}攻入與還原溶解的反應。一般業者在遇到高Tg(180℃)或Low Loss板材不易清除膠渣時,經常將膨鬆槽的液溫拉高以為因應。久而久之就養成了自以為是的壞習慣,並成為CAF的推手實在非常不智。

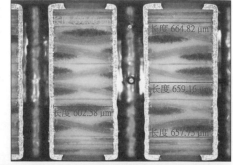

2. 本節所列各圖均為良好的膨鬆處理,不但全無白色通道且滲銅也很少的理想畫面。

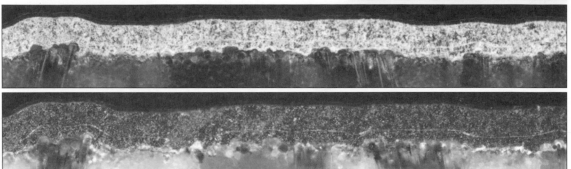

16-6 焊接失效判讀與IMC

16-6-1 錫膏貼焊的原理

SMT貼焊法是先在PCB已有表面處理的銅墊上印以錫膏,然後再自動打件或貼件並經熱風回焊完成單面組裝,之後再翻板做第二面的貼焊。

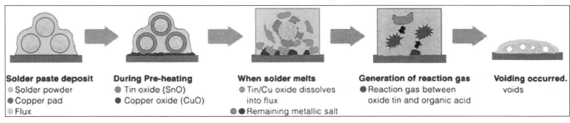

Solder paste deposit	During Pre-heating	When solder melts	Generation of reaction gas	Voiding occurred.
Solder powder Copper pad Flux	Tin oxide (SnO) Copper oxide (CuO)	Tin/Cu oxide dissolves into flux Remaining metallic salt	Reaction gas between oxide tin and organic acid	voids

Ramp Soak Spike Profile 回焊曲線 此圖中的 TAL 一般約 60-90 秒

Temperature in °C

8. Total heat time
5. Maximum temperature
217°C
3. Ramp up rate
SnAgCu-PLCC
4. Time above liquidus
1.PREHEAT
7. Exit temperature
2. Soak time Soak temperatures
6. Cooling gradient

Distance in cm

Conveyor speed 100 cm/min

16-6-2 IMC是一種相互擴散的反應

　　兩種物質緊密接觸時介面會出現相互擴散的動作，溫度高能量愈足者其擴散（Diffusion）就會愈快。焊接時各種焊料中只有Sn才會參與擴散行動也就是IMC的形成。圖1左即為銅基地焊接所出現Sn與Cu的相互擴散，但Cu卻比Sn跑的更快。圖1右説明老化中兩者仍然繼續擴散，進而出現了不良IMC容易斷裂的Cu₃Sn。圖2為智慧型手機板大排板邊多次回焊的試樣(10-15次)，此種嚴格的考驗極

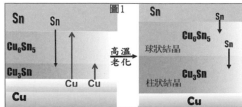

容易造成爆板。圖3為回焊10次圖4為回焊15次兩者Cu_6Sn_5厚度的呈現。

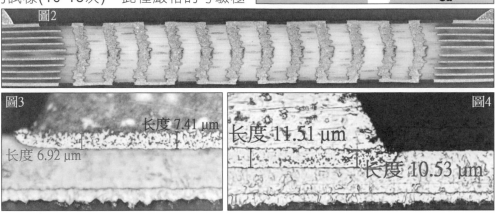

16-6-3 銅基地IMC的變化

　　圖1為SAC305在銅基地常規焊接的1000X切片清晰立體畫面，圖2為銅基地多次回焊出現雜亂IMC的1000X畫面。圖3為銅基地良好焊接小心拋光與微蝕的畫面，不但可見到白色牙狀的Cu_6Sn_5，還可見到深藍色極薄不良IMC的Cu_3Sn。圖4為重調偏光與干涉後再取像所見立體白色的Cu_6Sn與灰色Cu_3Sn。此等清晰圖像當然是出自FA級切片的精良手藝，一般無需焦距的電鏡是無法見到如此真實的彩圖。

16-6-4 長時間高溫造成SAC305銲點不良Cu₃Sn的生長

右大圖為某10層植球後的載板經過1000次溫度循環TCT測試（-55℃/+125℃）後的切樣，另三圖為不同光影下的取像畫面，可清楚見到SAC305的銲球銲點經過

125℃/1000次高熱量的加碼推動下，除常規白色牙狀IMC的Cu₆Sn₅外，其底部還明顯生長出灰色Cu₃Sn的不良IMC。然而牙狀Cu₆Sn₅頂部與銲料交界處卻並未出現額外增生情形，説明125℃/15分鐘的熱量尚無法長出新的Cu₆Sn₅，臨界溫度應為其關鍵。讀者須知2000X畫面只能見到Cu₃Sn的顏色區別，數萬倍才能見到其柱狀結晶。

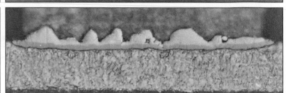

16-6-5 覆晶凸塊Bump的植球與凸塊對載板的焊接

採覆晶Flip Chip封裝PKG的凸塊錫球（Bump），是用助焊膏先行定位後再焊接於電鍍銅的弓形UBM（Under Bump Metallization）上（見右圖），然後如上左圖，將有凸塊的晶片覆置於載板頂墊錫膏上完成BGA的焊接封裝。下三圖即為BGA載板腹底球腳與PCB承墊錫膏兩者熔融的過程；故知球腳與錫膏兩者必須在充足熱量中徹底熔扁，並抓牢銅墊側壁才算正確的回焊。

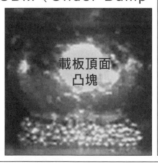

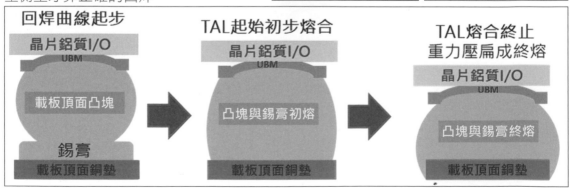

16-6-6 Profile不對熱量不足造成熔錫不良

中列接圖為6L模組板其底面以球腳方式（切片中7個球）貼焊在主板所印錫膏的圖像，由於回焊曲線不正確致使熱量嚴重不足，造成主板銅墊的錫膏無法與載板錫球融合成一體。從放大四圖可清楚見到球腳下壓動作中將熔融錫膏向外擠出的畫面。至於氣洞則可能出自錫膏助焊裂解的氣體未能逸出所致。並從接圖中還見到為了強度而於焊後所填入底膠Underfill的畫面。

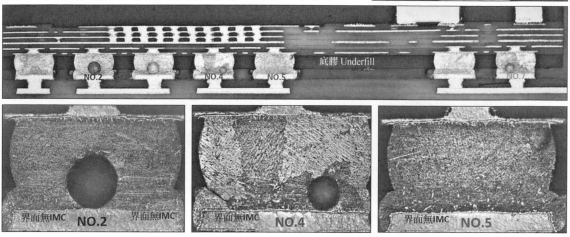

此處下列的上四個組合圖為回焊熱量不足無法使各錫球與錫膏徹底熔合，必須在荷重而下壓成良好的扁球形狀才對，然而各球均未壓扁。中三圖為良好回焊曲線已使錫球與錫膏徹底熔合下壓成良好的扁球，下單圖亦為良好扁球良好IMC的另例。

16-6-7 大型銲點兩端內凹是出自於外物與縮錫

本節所列上圖100X為某大模組焊接切樣逐步放大說明；中列兩400X大型銲點呈左右兩側的凹縮現象，從兩圖即可清楚見到是出自外物的阻礙而縮錫所致。再從下三個放大1000X的畫面還可見到銲點上下兩側ENIG表面均未出現Ni_3Sn_4的IMC，原因可能是金面太髒或IG太厚所造成。左下圖上下縮錫處尚可見到殘錫處亦全無IMC的跡象。

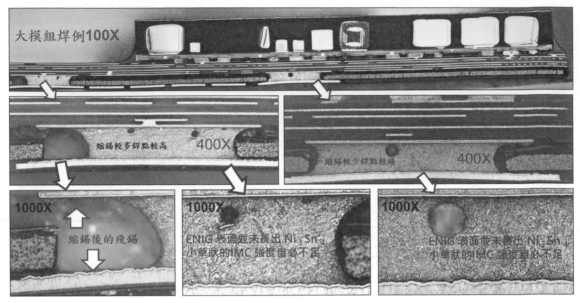

16-6-8 ENIG銲點IMC不夠健康

最上的切片說明，從100X接圖中可見到上側組合大模塊用多個ENIG銲點焊在主板上，特別取出左三點與中三點放大成400倍的兩接圖，然後再把中間銲點放大2000X觀察IMC。再從最下兩個2000X圖像對比下，可知原送樣的ENIG皮膜的缺點可能是(1)金層太厚 (2)回收水太髒造成金面吸附較多Ni^{++}與少許Cu^{++}皮膜而以致銲性不佳。

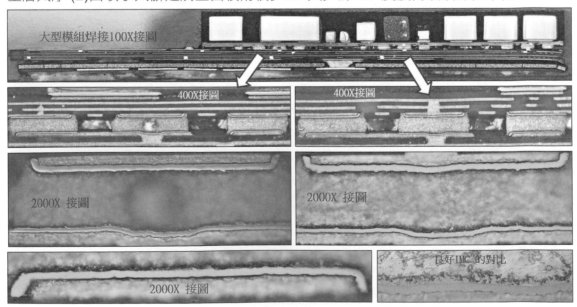

本節最下100X全圖係為其他大型模組切樣的畫面，中列400X的三個大型銲點雖似已長出少許Ni₃Sn₄的IMC，但與左上健康良好的Ni₃Sn₄相比下仍有差距。ENIG銲點Ni₃Sn₄不夠良好的原因有(1)金層太厚EN不易長出IMC，金層以1~2μin為宜。(2)金面太髒；IG後回收水必須每天更槽以減少金槽帶出的Ni^{++}與Cu^{++}。須知Au面的負電性極強很容易吸附回收水中的Ni^{++}與Cu^{++}，一旦吸附其後續就沖洗不掉焊錫性也就不好了。

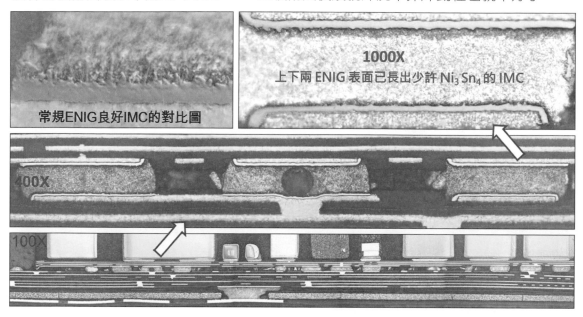

16-6-9 電路板鎳基地的焊接

電路板與載板其等鎳基地皮膜有三種即(1)ENIG(2)ENEPIG(3)電鍍鎳金。第三種是早期打金線的載板所用，現已被成本更便宜的ENEPIG所取代而漸消失了。不管鎳是出於何種製程其焊接IMC應長出小草狀的Ni₃Sn₄才算強度夠好的銲點。

16-7 其他失效的判讀與改善

16-7-1 樹脂塞孔前的孔銅應做粗化以抓牢樹塞

通孔樹塞與蓋銅後不但板面可重新利用而且全板還可增加強度，只是樹脂商品很貴且塞孔與蓋銅的品質也很困難，然而這種做法已成為客戶的最愛而逐漸流行。圖1為外層樹塞與綠漆後的強熱中樹塞輕微頂破綠漆的暗場全圖，綠漆破裂兩側的不同光影亦清晰

可見。圖2為孔環局部放大的暗場透視圖，圖3圖4均為明場放大圖像，其綠漆前的粗化雖已到位但仍被樹脂輕微頂開。客訴問題雖然不大但仍需清晰圖像的清楚交代。

圖1　後續加熱樹脂膨脹頂破綠漆
樹塞前孔銅未做粗化而抓不牢樹脂
樹塞前孔銅未做粗化而抓不牢樹脂

圖2　綠漆被頂浮離
樹塞前孔銅竟然未做粗化

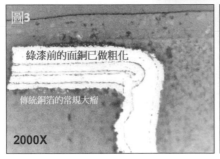

圖3　綠漆前的面銅已做粗化
傳統銅箔的常規大瘤
2000X

圖4　頂破的綠漆兩側顏色不同
局部樹脂扯裂
綠漆前的面銅已做粗化但綠漆仍被頂破
傳統銅箔的常規大瘤
2000X

樹塞通孔前應對孔銅進行粗化，如此將可使樹脂強熱固化中彼此抓牢而不致被膨脹頂出。從下圖2明場偏光透視畫面還可見到樹脂削平後PTH金屬化過程中，孔環表面居然出現清洗不足的殘鈀而引來的鬆散異常化銅以致樹脂頂脫蓋銅。至於ENIG黑色裂口則為金搶鎳的電子而使之

圖3　異常的鬆散化銅
異常的鬆散化銅

氧化變黑的賈凡尼腐蝕。注意只要有金時其附近的鎳與銅遲早都會被咬蝕。

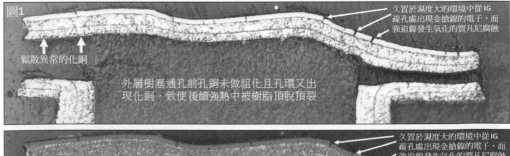

圖1　鬆散異常的化銅
久置於濕度大的環境中從IG疏孔處出現金搶鎳的電子，而強迫鎳發生氧化的賈凡尼腐蝕
外層樹塞通孔前孔銅未做粗化且孔環又出現化銅，致使後續強熱中被樹脂頂脫頂裂

圖2　異常的化銅
常規的黑鈀與化銅
常規的黑鈀與化銅
久置於濕度大的環境中從IG疏孔處出現金搶鎳的電子，而強迫鎳發生氧化的賈凡尼腐蝕
異常的化銅
外層樹塞通孔前孔銅未做粗化且孔環又出現化銅，致使後續強熱中被樹脂頂脫頂裂

16-7-2 大銅面凹點成因之一的化學銅

流程中大銅面微蝕後經常發現有局部凹洞，右列放大俯視圖即為典型案例。下圖 1為某四層板的切樣經小心拋光與微蝕後，發現上下兩處淺黃色電鍍銅層中出現紅色崁入的化銅顆粒，圖2與圖3即為其放大3000倍的畫面可清楚分辨紅色的化銅與藍色的電銅。圖4為玻纖束中的葡萄狀化銅。圖5圖6為其他案例的藍色電銅與紅色化銅的呈現，徹底磨平小心

外觀俯視圖

拋光才能將不同晶電銅變藍而銅仍維持來色。
結的鍍調成色化卻維原來紅色。

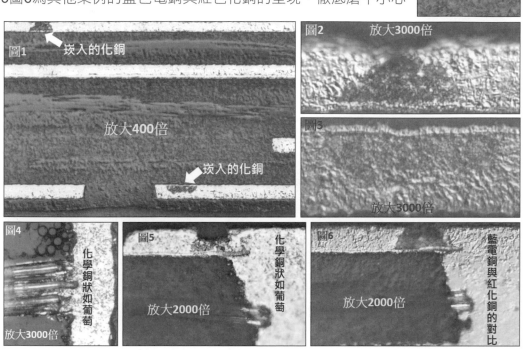

再從其他多個案例對比化銅被夾雜在電銅中進行探討，從左上俯視圖只能看到凹洞呈現暗紅色，而右400倍切片常規畫面則可見到夾雜的紅色化銅與淺黃電銅，而下兩個2000倍的畫面可清楚見到藍色岩石狀的電銅，與紅色葡萄狀的化銅，兩者絕然不同的結晶與顏色對比，這是電鏡所無法表達的真實畫面。

16-7-3 上游帶來的化銅顆粒嵌入電鍍銅

前兩節說明外層板電鍍銅中嵌入化銅顆粒的案例，本節則為內層板所出現的罕見畫面。通常外層板均需小心詳細的目檢，銅面一旦出現任何異物時很難逃過年輕小姐們的銳眼。但內層板通常不會做全面性目檢，本案例是抽樣切片被偶然發現者堪稱難能可貴。從圖4與圖5兩1000X中可清楚見到嵌入者呈現葡萄狀的化銅，原因當然是化銅槽取出大排板其角落化銅掉入電鍍銅缸所致。注意本節400X的圖2非常珍貴，可見到盲孔切片是否到達孔心的同一畫面情形。一般通孔是否切到孔心的

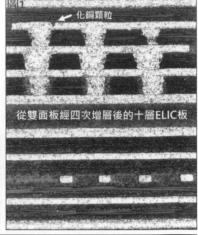
從雙面板經四次增層後的十層ELIC板

判讀並不困難，只要看到孔銅外緣樹脂區是否仍出現少許紅色化銅即可，但對盲孔卻不容易。

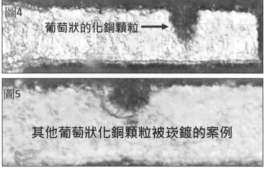

葡萄狀的化銅顆粒 ➞

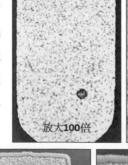
其他葡萄狀化銅顆粒被崁鍍的案例

16-7-4 金手指區凹洞的深究

一般板類金手指區只要出現目視的凹洞都會被拒收，而銅面凹洞除了前兩節所指出的化銅成因外，本節凹洞顯然又有很大的不同。上三圖為100X與1000X的對比畫面，在看不出所以然之下只好再另做切片一探究竟。然而從下兩圖的清晰畫面只能看到原始銅面的凹洞已被ENIG所鍍滿。至於銅面為何被咬深則可能為重氧化黑點或嵌入的化銅所致。通常重氧化黑點應為圓形空洞，此處三角形向下的嵌入以化銅可能性較大，只因化銅已被成線咬光證據消失而已。

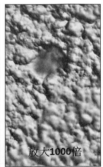

放大1000倍

放大2000倍
圓形凹陷為重氧化黑點

16-7-5 銅面凹點成因之二的刷磨擠壓

　　大銅面經常要做砂帶式強力刷磨，一旦砂帶或落塵出現較大顆粒時，瞬間擠壓與高溫將造成銅面被擠壓變形或再結晶與移位。右圖1可顯見到凹點圖2為其2000倍放大圖可清楚見到高溫擠壓處的再結晶與變形。圖3為其他被高溫強力擠壓變形的銅面凹點。本節凹點成因與前述化銅凹點完全不同。

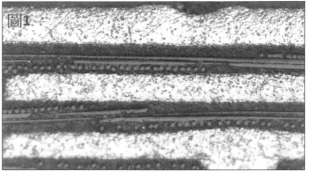

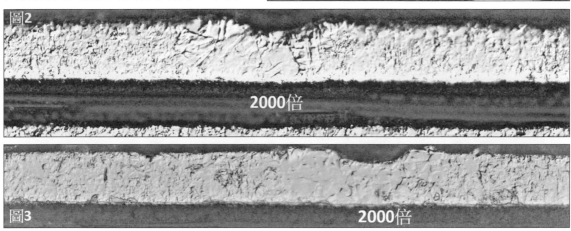

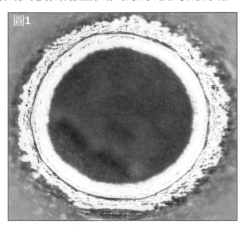

16-7-6 ENIG的金長腳

　　ENIG的前處理有一道低濃度離子鈀的活化槽，可讓銅面得到活化而長鎳速度更快。然而一旦外層鍍厚銅的表面與板面落差太大，使得局部綠漆太薄而附著力不足，常在高溫槽液中浮起而出現滲鍍鎳金的異常。圖1為俯視外圍滲金的畫面，圖2圖3為銅面與板面落差太大綠漆較薄的浮離滲金，圖4為死角處前活化鈀清洗未盡所帶來的ENIG滲鍍畫面。

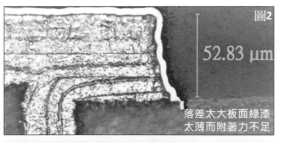

落差太大板面綠漆太薄而附著力不足

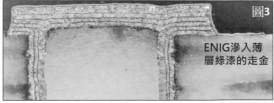

ENIG滲入薄層綠漆的走金

鈀活化未洗淨　　　　鈀活化未洗淨

16-7-7 短槽孔環面的刮傷及變形

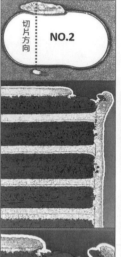

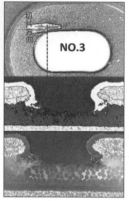

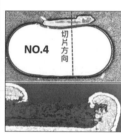

從左NO.1的三連圖可知本節討論10層手機板的短槽孔,其作業方式為五片半成品板上下加蓋板與墊板共鑽了五次圓孔而成。其中NO.2與NO.4不但橢圓環面刮傷,而且還把長方向環邊也同時刮擠變形。由於是五片一鑽故知中間各板一旦出現出口性毛刺者,將因手動搬上搬下及個板對齊靠齊的動作,均將使得毛刺刮過刮破環面薄薄基銅而見底,之後再PTH及鍍銅時即形成各切片的畫面。但當傷口尚有化銅時則仍可加以彌補。否則就成為真正的刮傷了。產線自動化才可減少人工的傷害。

16-7-8 高倍清晰切片的判讀舉例

本節四圖所列FA級高倍清晰圖像共16項之判讀,可做為讀者們實戰方面的參考。圖1圖2與圖4中紅色較寬且會脫墊的沙銅,只要每日勤換銅前酸即可免於災難。圖2圖4銅箔原始柱狀結晶所發生的兩次強熱再結晶均十分清楚。圖3的半真空泡只要在過濾機回水管路最高點裝設洩氣口即可避免。

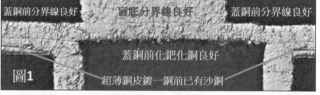

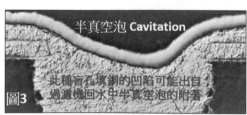

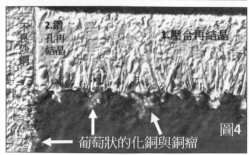

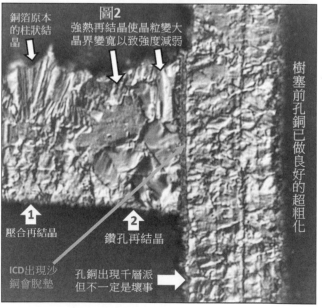

第十七章 5G車板規範與自駕車

17-1 前言

  5G到來後由於手機無線通訊的大幅進步，使得汽車駕駛也變得更為方便。若按照美國公路交通安全對「自動駕駛」的6階分級來看，2025以前Level1輔助自助駕駛（防撞、防偏等）與Level2部份自助駛（自動泊車等），都需要大量的各式Sensor感測器（微波雷達、光達LiDAR與GPS定位等）所組成ECU的大型組裝板（PCBA），於是傳統常規車板所慣用的雙面板與四六層板也將再升級到高效運算HPC的厚大板（HLC）了，然而此等全新的困難車板必須通過安全與責任的嚴酷考驗才能上車。傳統車板為了安全可靠起見寧願採用老式的通孔插焊，對SMD貼焊與HDI盲孔都儘可能避而遠之。然而5G大數據的自駕車將迫使車廠與Tier1供應商們也不得不改變想法，至於車板品質與可靠度卻只會更加嚴格。本文後半段即以國際規範6012DA的25個品項深入説明成文。高齡84歲的筆者斗膽對此既新又廣的多種細節著墨難免疏漏，尚盼高明指正。

17-2 車電產品供應商認證與市場

17-2-1 車用電子產品供應商認證的架構

  此圖最下兩大支點或起點就是車電心臟的晶片設計與晶片規範；再上一階為IC模塊封裝載板認證的國際規範IPC-6012DA；之後才來到PCB的板級可靠度BLR認證（亦即IPC-6012DA），以及PCBA組裝板可靠度的認證（其實就是對銲點強度的考驗）。

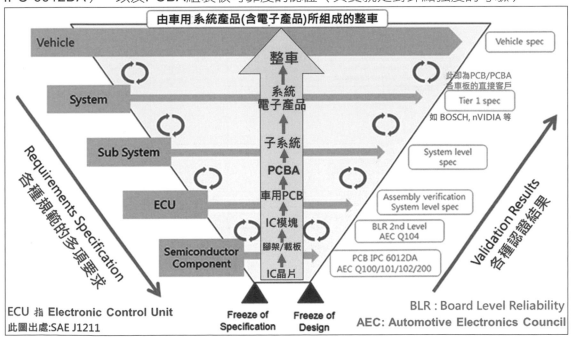

17-2-2 車電產品供應商認證的流程

　　車電的起步就是對安全有關的晶片進行仔細認證，再就載板與電路板於車規的品質與可靠度認證，之後才是組裝板PCBA子系統的認證。事實上由組裝板所構建的ECU，其關鍵品質就是銲點強度與耐久性，國際規範雖多但Tier1的客規才是真正取捨的關鍵。

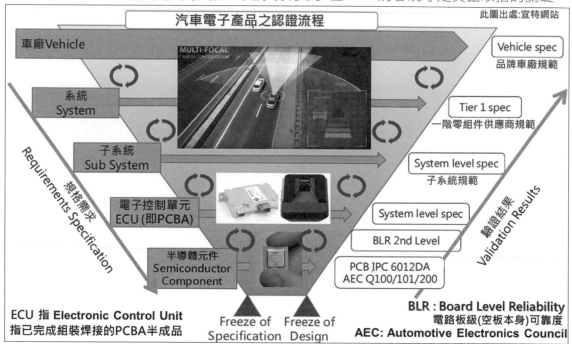

17-2-3 車板直接客戶Tier1供應商規格的不同

　　本節就JEDEC原始列表的三家車電Tier1供應商，就其5種試驗項目（RTC、PTC、振動、落下、彎曲）具體規格大同小異的比較，並與JEDEC國際規範進行參數對比。注意前兩項是對考試板高低溫連續變化抵抗能力的檢測，屬於板材的特性與品質範圍，其等內容將與車板的板材與生產有密切關係。後三項則是針對完工板機械強度所做出的折磨與考驗，此等認證又與銲點強度有著極為密切的關係。

		消費型與車用 BLR 的規範差異 (此表只針對PCBA組裝板而訂)			
Test Item	A Company	B Company	C Company	AEC-Q104	JEDEC
RTC TMCL	. -40~125℃ @ 2,000cyc~4,000cyc . 30 mins. Dwell time . Dual chamber (Air to Air)	. -40~125℃. @mins. 2,000 cyc . 10 mins. dwell time. 10 ≤ ΔT/Δt ≤ 20 K/min.	. -40~85℃/-40~125℃ @3,000cyc. . 10 mins. Dwell times. . 30 mins transfer time	Follow IPC-9701 Based on intended use environment	. -40~125C 1,000cyc Based on intended use environment
PTC	. -40~105℃ @ 2,600 cyc. . T on/off = 5mins . 10mins./cyc.	NA	NA	NA	. -40~85℃ . -40~125℃ . T on/off = 20 or 30mins. 60 or 80mins./cyc.
Vibration	. 100Hz~2,000Hz @ 5.02 PSD, RMS acceleration: 97.7m/s2. . Random Vibration + Temp. . Real chip	. 20Hz~2,000Hz @ 0.1 PSD, RMS acceleration: 189.4~818m/s2. . Sine sweep or random VIB	NA	NA	20Hz~2,000Hz sine or random
Drop	NA	. Direction C+/C- : . 1,000G, 1.4ms	. Direction C- . 1,500G, 0.5ms, 60 drop	. Direction C- . 1,500G,0.5ms, 30drop	. Direction C- . 1,500G, 0.5ms, 30drop
Bending	. Deflection d=1mm,20sec . Bend to fail	NA	. Displacement d=2.0mm, 100cyc. . Displacement d=4.0mm, 100cyc.	NA	. Deflection d=2mm, 200k times or Bend to fail.

RTC(Rapid Thermal Cycling) 快速熱循環測試　　　　AEC(Automotive Electronics Council) 汽車電子協會
PTC(Poewr and Temperature Crycling) 電源功率溫度循環試驗　TMCL(Temperature Cycle) 高低溫循環測試
JEDEC 固態技術協會 (JEDEC Solid State Technology Asscociation)
原名 聯合電子裝置工程委員會 (Joint Electron Device Engineering Council)

17-2-4 SAE對自駕車的分級

SAE是美國汽車工程師學會（Society of Automotive Engineers）的縮寫，該學會曾製訂許多有關車料車品的規範（尤其是機油）。目前自駕車的L1到L3已可實現，其中以全新大樓的自動泊車為最吸睛的市場。整體而言專用道路的L4自駕無人公交車或各種大小無人計程車（如Uber、Waymo）等是全球自駕領域的最大商機。至於所有道路完全自駕的L5，由於安全與賠償太過複雜而難以上路。

SAE Level	Name	DDT (Dynamic driving task)		DDT Fallback	ODD (Operational design domain)	Example
		Vehicle Motion control	OEDR (Object and event detection and response)			
0	No Driving Automation	Driver	Driver	Driver	Limited	ABS, ESC
1	Driver Assistance	Driver and System Lateral or Longitudinal	Driver	Driver	Limited	A ECU ADAS DRCC/ACC
2	Partial Driving Automation	System Lateral and Longitudinal	Driver	Driver	Limited	ECUs DRCC+LKA
3	Conditional Driving Automation	System	System	Driver or System	Limited	Highway autopilot
4	High Driving Automation	System	System	System	Limited	A to B (highway)
5	Full Driving Automation	System	System	System	Unlimited	A to B (any)

NHTSA 自動駕駛技術分級表
(NHTSA: 美,國家公路交通安全管理局)

LEVEL 0 無自動化駕駛
LEVEL 1 輔助自動化駕駛
LEVEL 2 部份自動化駕駛
LEVEL 3 條件自動化駕駛
LEVEL 4 高度自動化駕駛
LEVEL 5 完全自動化駕駛

17-2-5 車電規範的認證與車電市場

右上表為宜特公司對車電認證的簡要整理，其中步驟二、三、四即為載板電路板的認證範圍，右下表為三家Tier1車板客戶對車電5種待測項目的商規。讀者注意本文後續深入說明者均為公開的國際規範IPC-6012DA，而無法介紹各種不公開的商規。宜特已與德商DEKRA合作協助晶片與板級車電供應商，幫忙通過Tier1客戶之認證。左上圖為車電在各種車型的占比，左下圖說明車電僅占全球電子產品市場的4%，目前正是最火熱的領域。

DEKRA IST INTEGRATED SERVICE TECHNOLOGY
Quality Doctor for a Better Life

國際可靠度車規驗證五大步驟		出處:宜特網站
步驟	層級	規格要求 (國際規範為基礎,直接客戶為取捨)
步驟一 (此處的零件元件是指半導體各種大小晶片而言)	零件/元件級	主動元件符合AEC Q100、LED符合AEC Q102(2017年新版) 被動元件符合AEC Q200
步驟二	PCB級	PCB通過IPC-6012DA驗證
步驟三	板階可靠度	元件上板後的焊點可靠度(BLR)
步驟四	板階測試	PCB組裝製程品質驗證確認
步驟五	系統級	從系統模組到Tier1/品牌車廠的標準規範

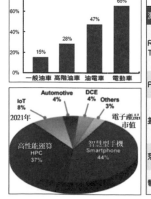

2018年各類車成本中車電的占比
一般油車 15%
高階油車 28%
油電車 47%
電動車 65%

2021年 電子產品市值
IoT 8%
Automotive 4%
DCE 4%
Others 3%
高性能運算 HPC 37%
智慧型手機 Smartphone 44%

汽車Tier1大廠的板階可靠度驗證測試需求			出處:宜特網站
測試項目	A 公司	B 公司	C 公司
RTC TMCL	. -40~125℃@ 2,000~4,000 cyc. . 30 mins. dwell time . Dual chamber(Air to Air)	. -40~125℃, @ min 2,000 cyc . 10 mins. dwell time. . 10 ≤ ΔT/Δt ≤ 20 K/min.	. -40~125℃ / -40~150℃ @ 3,000 cyc. . 10 mins. dwell time. . 30 mins transfer time
PTC	. -40~105℃ @ 2,600 cyc. . T on/off = 5mins. 10mins./cyc.	NA	NA
振動	. 100Hz~2,000Hz @ 5.02 PSD . RMS acceleration : 97.7m/s2. . Random Vibration + Temp.	. 20Hz~2,000Hz @ 0.1 PSD, . RMS acceleration :189.4~818m/s2. . Sine sweep or random VIB.	NA
落下	NA	. Direction C+/C- . 1,000G @ 1.4ms	. Direction C- . 1500G, 0.5ms, 60 drop
彎曲	. Deflection d=1,0mm, 20sec . Bend to fail	NA	. Displacement d=2.0mm, 100cyc. . Displacement d=4.0mm, 100cyc.

17-2-6 系統車電Tier1客戶與電動車

右列8家車電Tier1客戶，其車電產品已被全球各大品牌車廠所接受。其中創立於1886年的德商Bosch博世其全球員工達40萬，不但是車電的龍頭而且更涉及工業與建築產品，2021年營收788億歐元全球500強排名76。其他6家傳統車電客戶已有5家跨足先進駕駛輔助系統ADAS的自駕車，而且晶片業老大的Intel已於2017年以153億美金收購Mobileye自駕車業者而進入車電市場。甚至GPU龍頭的輝達nVIDIA亦於2020宣佈與奔馳Benz合作，打造自駕車的AI軟體業務。

其創辦人黃仁勳來自台灣台南。更宣佈其車用電腦已進入Volvo的自駕車，且與韓車Hyundai合作數位座艙系統。nVIDIA已經是載板電路板另在車電的大客戶了。

17-2-7 車板種類與車電品質的國際規範

傳統車板追求的是安全可靠，對HDI細線薄板與CSP超小模塊都不感興趣，右大餅圖即為傳統車板的市場結構，下表為車電可靠度的數種國際公開規範；除了本文2.2節所述車電的第一張門票的AEC-Q外，第二張是ISO16949接近零缺點的品保體系，第三張是車電對電氣、機械、氣候、化學與環境的ISO 16750標準。有了這三張後才能再接觸其他的車規。

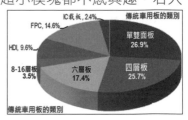

傳統車用板的類別

車用電子產品可靠度之各種參考國際規範

國際標準 International standard	電力負載 Electronic loads		機械負載 Mechanical loads	氣候負載 Climatic loads		化學負載 Chemical loads
ISO 16750 JASO D014 GBT 28046 CNS 15481	直流電壓 重疊交替電壓 電壓中斷 電壓偏移 短路保護 絕緣組抗	過電壓 供壓緩昇緩降 電壓逆接 開迴路 耐電壓	振動(正弦&隨機) 機械衝擊 自由落下 強度刮痕及抗磨耗 碎石衝擊	高低溫 溫度循環 冰水衝擊 溼熱循環 耐光 防塵/防水	溫度階梯 溫度衝擊 鹽霧 穩態濕熱 混合氣體腐蝕	耐化學 引擎室 乘客室 行李箱 安裝於外部
SAE J1211(1978) SAE J1455 (重型車/Heavy-Duty)	暫態電壓特性	穩態電壓特性	振動(正弦&隨機) 機械衝擊 碎石衝擊	溫度循環 鹽霧 塵、砂	溼度循環 浸水及噴水 高空	耐化學 耐油
JASO D001 CNS 9589 通則/General	通常電源電壓 電源逆極 過度電壓特性 傳導電磁波	啟動電源電壓 超電壓 過渡電壓耐久 放射電磁波	振動(正弦振動) 機械衝擊	溫度特性 溫度循環 溼熱循環 防塵/防水	高低溫 熱衝擊 穩態濕熱 鹽水噴霧	耐化學
JASO D902 耐久性/Durability	過度電壓耐久		振動耐久(正弦振動) 機械衝擊	熱衝擊耐久	穩態濕熱 此表出處:宜特網站	

ISO: International Standard Organization
CNS: Chinese Nation Standards
JASO: Japan Automobile Standards Organization
SAE: Society of Automotive Engineers
GB/T:國家標準/推薦性
（中國大陸用）

17-2-8 落實執行車規的五大步驟與工具

車規的品管不但實做非常嚴謹,而且極其重視文件的填寫與保存以貫徹其追溯性,也就是第二張門票16949的落實,右上角為其認證及格的Logo。換言之要與Tier1客戶做生意之前必須先通過零缺點ISO16949的認證。請注意圖中02與03兩步驟,都非常重視產品的失效分析(Failure Analysis),其中光鏡FA級微切片技術即為筆者多年的經驗與專長。當然5個Step反饋改善是否能落實才是FA的真正目的。至於各種客訴則更是件件大事所有處理過程都要詳加紀錄以備查考。幸好目前電腦存檔方便已無當年紙檔的煩惱了。

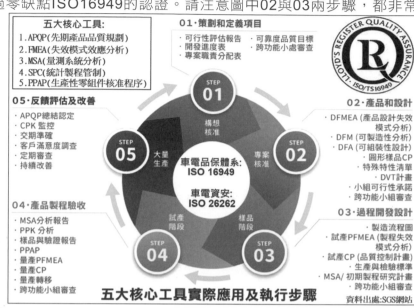

五大核心工具:
1. APQP(先期產品品質規劃)
2. FMEA(失效模式效應分析)
3. MSA(量測系統分析)
4. SPC(統計製程管制)
5. PPAP(生產性零組件核准程序)

01‧策劃和定義項目
‧可行性評估報告 ‧可靠度品質目標
‧開發進度表 ‧跨功能小處審查
‧專案職責分配表

02‧產品和設計
‧DFMEA (產品設計失效模式分析)
‧DFM (可製造性分析)
‧DFA (可組裝性設計)
‧圖形樣品CP
‧特殊特性清單
‧DVT計畫
‧小組可行性承諾
‧跨功能小組審查

03‧過程開發設計
‧製造流程圖
‧試產PFMEA (製程失效模式分析)
‧試產CP (品質控制計畫)
‧生產與檢驗標準
‧MSA/ 初期製程研究計畫
‧跨功能小組審查

04‧產品製程驗收
‧MSA分析報告
‧PPK 分析
‧樣品與驗證報告
‧PPAP
‧量產PFMEA
‧量產CP
‧量產轉移
‧跨功能小組審查

05‧反饋評估及改善
‧APQP總結認定
‧CPK 監控
‧交期準確
‧客戶滿意度調查
‧定期審查
‧持續改善

STEP 01 構想核准
STEP 02 專案核准
STEP 03 樣品階段
STEP 04 試產階段
STEP 05 大量生產

車電品保體系: ISO 16949
車電資安: ISO 26262

五大核心工具實際應用及執行步驟

資料出處:SGS網站

17-2-9 全球汽車增產與車電的加快成長

從右兩圖可見到汽車市場的年度成長為6%,但2020年車電占成本的成長竟高達34.3%,而且2030年前的預估更拉高到50%之猛。其中貢獻最大者當然就是新能源的電動車與各種ADAS的自駕車。車電所用到的載板與電路板不但比傳統板類的品質還要升級,其數量之擴增更是可想而知。就筆者所知台灣三家做載板的業者已共擴增了6個全新載板廠區之多,不但買設備要排隊8-9月之久,去哪找人才是真正頭痛的大問題。

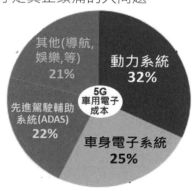

其他(導航,娛樂,等) 21%
動力系統 32%
先進駕駛輔助系統(ADAS) 22%
車身電子系統 25%
5G車用電子成本

17-2-10 自駕車的先進駕駛輔助系統ADAS（Advanced Driver Assistance Systems）

右上為ADAS由各種感測器（Sensors）所組成的11個子系統，其中正前方黃色的遠程雷達（77GHz）管制的巡航系統更是5G毫米波（mm Wave）的代表作。而右上方的停車輔助系統在全新大樓配合下已可往地下室的車位去自動泊車，於是上車後即可一路睡到家了。右下圖為AudiA8的多種感測器，下側見到的PCB即出自中央駕駛輔助器（ZFAS）。左上表為大陸股市網站對全球汽車未來總銷量的預估，（2025年級達1億台），若每車所用PCB以1000人民幣計算，於是全球年度車用板產值即達1000億人民幣了。左下為自駕車的各種直接通訊的形式，如：車對車（V2V），車對交通號誌（V2I），與車對一切外界事務（V2X）等。

	2018	2025E	2035E
全球汽車總銷量(萬輛)	9,581	10000	12000
每車所用PCB之市值(人幣元)	555	1000	1500
全球車用板之總市值(人幣億元)	532	1,000	1,800

17-2-11 自駕車多樣感測系統與Winbus

右上為自駕車所擁有的雷達、攝像機、光達（LiDAR）、全球衛星定位（GPS）、與量測三維姿態角用的慣性量測單元（IMU），左上角即為IMU的組裝板。右下為三種頻率雷達的性能比較表。左下圖為經濟部『車輛研究測試中心』（ARTC）在多家廠商配合下，於2020年3月起首先掛牌的自駕小巴Winbus，並在鹿港天后宮與彰濱四大觀光工廠間持續自駕載客行駛，總長度為12.3公里，並宣稱已達SAE的L4的規格。左上圖即為可坐十多人的內部空間。

車載毫米波雷達使用頻率24GHz、77GHz、79GHz之比較			
	24GHz (24～24.25GHz)	77GHz (76～77GHz)	79GHz (77～81GHz)
探測距離	0.2～50公尺	10～250公尺	0.15～70公尺
偵測角度	60度	30度	120度
頻寬	250MHz	1GHz	4GHz
分辨率	60公分	18公分	5公分
體積	x1	x 1/3	x 1/3
成本	美金 50～80元	美金 120～200元	美金 100～200元
頻率開放國家	> 150個國家開放24GHz頻段	約100個國家開放77GHz頻段	美國、歐洲、新加坡等國家
應用	車道盲點偵測(BSD, 40m) 車道偏移警示(LDW, 15m) 自動跟車(Stop & Go, 70m)	適應性巡航(ACC, 200m) 自動緊急煞車(AEB, 100m) 前方碰撞預防(FCW, 70m)	自動緊急煞車(AEB, 100m) 前方碰撞警示(FCW, 70m) 自動跟車(Stop & Go, 70m) 車道盲點偵測(BSD, 40m) 車道偏移警示(LDW, 15m)

資料來源：工研院 IEK、Vehicle Trend

17-2-12 自駕車各種感測器的市場

　　左表為Winbus所裝的17顆感測器號稱已達L4的水準，右表為更長途固定線的自駕車，其各種感測器2028年時每車將達25顆。右下圖說明未來的自駕，不管業界為了商業利益而在硬體與軟體深度學習方面有多麼努力，要達到L4還是很困難。左下圖為其主要問題所在的安全與可靠。

自動駕駛 Level1 ～Level 5 之感測器數量需求漸增

資料來源：MIC (2018)

		Level 1 輔助駕駛 (<2012)	Level 2 部分自動化 (2015)	Level 3 有條件自動化 (2022)	Level 4 高度自動化 (2028)	Level 5 全自動駕駛 (2040)
超聲波雷達		6	8	8	8	8
遠紅外線感測器		0	0	0	1	1
光達		0	0	1	2	4
毫米波雷達	遠程雷達 (LRR)	1	1	1	1	1
	近程雷達 (SRR)	0	0	4	4	4
攝影機	Forward Camera	1	3	3	3	3
	Backup Camera	1	0	0	0	0
	Camera Surround	0	4	4	4	4
	In-cabin/Drive Cam	0	0	1	1	1
	Event-based Camera	0	0	0	1	1
總數 (Total)		9	16	22	25	27

WinBus 搭載各種感測器

型式	感測種類	數量
光達	2D-LiDAR	4 顆
	3D-LiDAR（32 Layers）	2 顆
雷達	77GHz Radar	2 顆
攝影機	窄角 Camera	2 顆
	廣角 Camera	2 顆
定位與通訊	RTK GPS+IMU	1 顆
	DSRC	1 組
	聯網車機（T-Box）	1 組
控制器	自駕控制器（IPC）	3 組

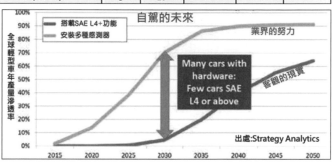

17-2-13 自駕車本身的ADAS搭配環境邊緣運算兩者攜手的避險

　　完備ADAS聰明的智慧車尚無法徹底避險，必須搭配無線通訊基站的邊緣運算，兩大系統合作下自駕方可避險也才更為安全。下圖右側的C-V2X就是右頂全文「蜂窩車感知外界所有事物」的簡字，於是「ADAS+C-V2X」攜手才可達到96%的安全避險。圖右暗紅虛線的V2P表示車對人，V2V表車對車，V2I表車對號誌，V2N表車對基站。

PCB/PCBA車規(IPC-6012DA)

Application	IPC Performance Class
Body Electronics	Class 2
Motor Management	Class 3
ECU without High Voltage	Class 2
Head Lights	Class 3
Rear Lights	Class 2
High Voltage	Class 3
Safety Related Electronics	Class 3

上表為國際性公開車規IPC-6012DA對車電品質的分級，事實上Tier1的客規比此表還更為嚴格。

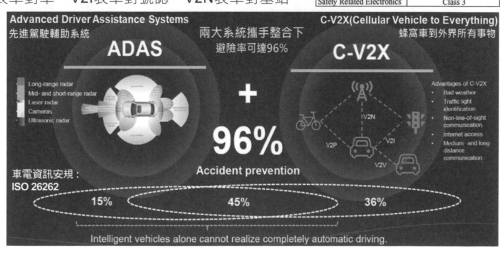

17-3 車板品質的國際規範IPC-6012DA

17-3-1 板體受熱的分區與多種品項的實名稱謂

右圖源自軍規MIL-P-55110將PCB分為感熱區（T.Zone）與板材區（L.Zone）；下大圖為完工板常見的42種缺點品項的實名，此等業界所慣用的中文名稱可另見筆者的大書『電路板與載板術語手冊』。

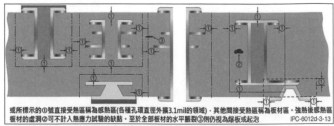

或所標示的①號直接受熱區稱為感熱區(各種孔環直徑外3.1mil的領域)，其他間接受熱區稱為板材區。強熱後感熱區板材的虛洞②可不計入熱應力試驗的缺點。至於全部板材的水平脹裂③則仍視為爆板或起泡。　　IPC-6012d-3-13

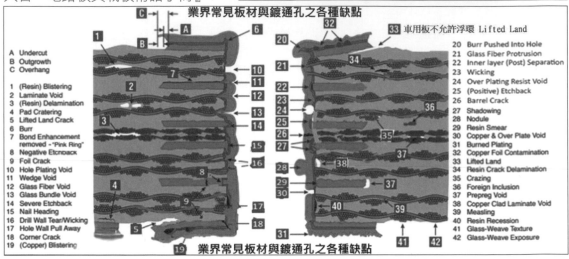

業界常見板材與鍍通孔之各種缺點

A Undercut
B Outgrowth
C Overhang

1 (Resin) Blistering
2 Laminate Void
3 (Resin) Delamination
4 Pad Cratering
5 Lifted Land Crack
6 Burr
7 Bond Enhancement removed – "Pink Ring"
8 Negative Etchback
9 Foil Crack
10 Hole Plating Void
11 Wedge Void
12 Glass Fiber Void
13 Glass Bundle Void
14 Severe Etchback
15 Nail Heading
16 Drill Wall Tear/Wicking
17 Hole Wall Pull Away
18 Corner Crack
19 (Copper) Blistering

32
33 車用板不允許浮環 Lifted Land

20 Burr Pushed Into Hole
21 Glass Fiber Protrusion
22 Inner layer (Post) Separation
23 Wicking
24 Over Plating Resist Void
25 (Positive) Etchback
26 Barrel Crack
27 Shadowing
28 Nodule
29 Resin Smear
30 Copper & Over Plate Void
31 Burned Plating
32 Copper Foil Contamination
33 Lifted Land
34 Resin Crack Delamination
35 Crazing
36 Foreign Inclusion
37 Prepreg Void
38 Copper Clad Laminate Void
39 Measling
40 Resin Recession
41 Glass-Weave Texture
42 Glass-Weave Exposure

業界常見板材與鍍通孔之各種缺點

17-3-2 出貨空板的浮環 Lifted Land（追溯到IPC- 6012D/3.3.4）

PCB的強熱浮環是出自孔銅與板材高溫中CTE的差異 （16.5ppm/250ppm）而劇烈脹縮所致。選用高Tg板材與加大環寬增強抓地面積將可減少浮環。事實上熱脹時板材將孔環頂起，冷縮時銅環若未隨著板材同步返回將成浮環。熱應力後浮環若未斷角亦未影響通電或訊號者一般可出貨；但車板則必須先通過AABUS（As Agreed Between User and Supplier）才能在有條件下允收。須知振動中造成斷路的機率必然會高出很多。至於不焊引腳而只做壓接（Press-Fit）的通孔，其空板浮環則不可允收（6012D/3.3.4）。

Lifted Lands When visually examined in accordance with 3.3 of IPC-6012D, there **shall** be no lifted lands on the delivered (non-stressed) printed board. If observed after thermal stress when visually examined in accordance with 3.3 of IPC-6012D, the degree of lifted land **shall** be confirmed by microsection and the test result **shall** be AABUS. If press-fit pins are used, the printed boards **shall** be visually examined for lifted lands in accordance with 3.3 of IPC-6012D prior to the insertion of press-fit pins.

空板輕微的浮環

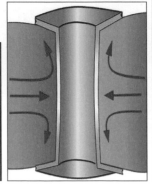

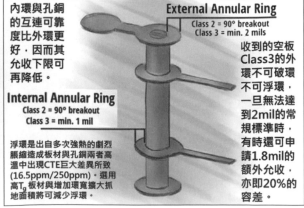

內環與孔銅的互連可靠度比外環更好，因而其允收下限可再降低。

Internal Annular Ring
Class 2 = 90° breakout
Class 3 = min. 1 mil

浮環是出自多次強熱的劇烈脹縮造成板材與孔銅兩者高溫中出現CTE巨大差異所致(16.5ppm/250ppm)。選用高Tg板材與增加環寬擴大抓地面積可減少浮環。

External Annular Ring
Class 2 = 90° breakout
Class 3 = min. 2 mils

收到的空板Class3的外環不可破環不可浮環，一旦無法達到2mil的常規標準時，有時還可申請1.8mil的額外允收，亦即20%的容差。

車規空板與焊板的浮環為何不能允收？其原因當然是車板長期處於振動狀態，懸空的浮環與互連線路其可靠度將隨時不保。右大圖為高效運算HPC（High Performance Computing）伺服器的厚大板，其填錫後雖已浮環卻仍可常規允收。中上圖可清楚見左側寬環很正常但右側窄環卻已浮離。

空板6次回焊

劇烈脹縮中寬環抓地面積大不易浮環

窄環抓不牢.較容易浮環

此外環浮離瞬間竟然有錫滲入並焊牢在銅箔底牙表面

此外環不但翹起而且還向上浮起。

漂錫面孔環浮離

漂錫面孔環浮離

L1　　　　L1

此為10層板從L1通到L10的訊號孔，由於全無內環的抓牢板材以致強熱後出現兩外環的翹起與孔銅浮離。

L10　　　　L10

17-3-3 空板的孔徑與孔位準確度（追溯到IPC-6012D/3.4.1）

　　車板通孔最小孔徑（指鑽徑）與孔位準確度兩者容差須取決於板體大小，下表為常規Class3孔位的容差。一般鍍銅孔之孔徑容差為：+/-100μm（3.9mil）。孔壁出現的銅瘤不可影響到規格下限（以方便插腳）。Class3孔銅起碼厚度為1mil（25μm）以上，但酸性鍍銅有時會出現如右中圖銅厚差異頗多的現象，原因是槽液中整平劑於孔內上下分佈不均所致。此缺失電測無法逮出只有切片才能看到，故知切片測孔銅厚度就只能單邊求平均了。

Class 3
Up to 300 mm [11.8 in]: ± 75 μm [2,953 μin]
Up to 450 mm [17.7 in]: ±112 μm [4,409 μin]
Up to 600 mm [23.6 in]: ±150 μm [5,905 μin]

22.14 μm 23.63 μm

22.70 μm 23.63 μm

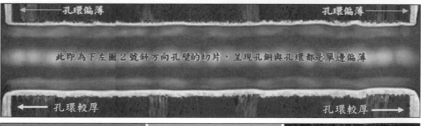

孔環偏薄　　　　　　　孔環偏薄

此即為下左圖2資斜方向孔壁的切片，呈現孔銅與孔環都是單邊偏薄

孔環較厚　　　　　　　孔環較厚

8.19 mil

5.47 mil

8.18 mil

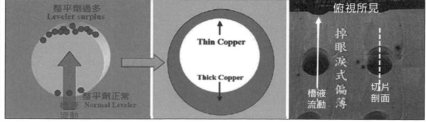

整平劑過多
Leveler surplus

Thin Copper

Thick Copper

俯視所見

掉眼淚式偏薄

槽液流動

切片剖面

槽液流動

整平劑正常
Normal Leveler

17-3-4 空板的板彎板翹（追溯到IPC-6012D/3.4.3）

按車規6012DA在Table1的說明，所有單用車板其板彎板翹上限為0.75%，至於多片併板的總體彎翹則需由AABUS決定。實際量測須按IPC-TM-650/2.4.22C的百分法去執行。右上圖即為規針量測長寬方向浮高的示意圖。彎翹主因是板材疊構不均如左下兩圖所示;其他如鋪銅面積不均，V-Cut太多等。彎翹會造成鑽孔斷針、自動插件困難、與SMT自動貼焊不牢等。拉高板材的Tg與增加板厚均可改善彎翹。

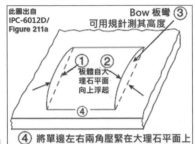

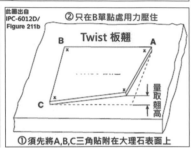

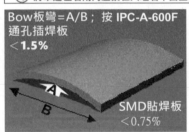

17-3-5 車板板面長方形貼焊承墊的品規（追溯到6012DA/Table1/3.5.4.2.1）

車板SMD自動貼焊承墊外圍所出現的各種缺點(nicks,dents,nodules)，其等長度不可超過該邊長的10%，尤其不可侵犯到中央的禁航區。因為此種禁航區正是各種SMD對承墊Joint強度的關鍵所在。傳統車板多採插孔波焊而不敢輕易嘗試錫膏貼焊，通常插焊強度平均是貼焊的10倍以上。但由於密集組裝不斷進步與老式插裝零組件的缺貨，因而車板也不得不訂定出對貼焊的嚴格品質規格，以保證貼焊的可靠度。

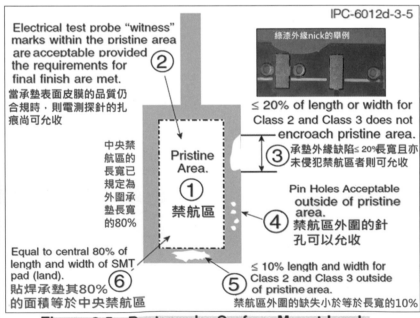

Figure 3-5　Rectangular Surface Mount Lands

17-3-6 熱應力後孔銅破洞Void（追溯到6012D/ 3.6.2.2）

　　車規孔銅破洞voids是出於6012DA的Table1，並再源自6012D的Table3-10。且按6012D/3.6.2.2的規定，每個切樣只准出現一個破洞。事實上車板客戶哪有這麼客氣，甚至認為只要孔銅厚度低於20μm者就可被判為孔破（見6012D/3.6.2.11）。不管孔破大小其成因就是PTH流程的整孔槽，未能將孔壁絕緣板材妥善完成正電性的處理，因而無法吸附負電性錫鈀膠體去形成活化皮膜，當然也就不會有化學銅與電鍍銅了。然而有些孔破卻是後來流程所造成的，下兩圖即為綠漆塞孔烘烤收縮後留有縫隙，以致綠漆後表面處理的微蝕液毛細滲入所咬破。這種後天性孔破更加難以防堵。

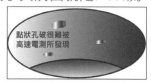

點狀孔破很難被高速電測所發現

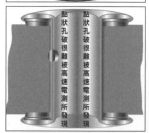

點狀孔破很難被高速電測所發現｜點狀孔破很難被高速電測所發現

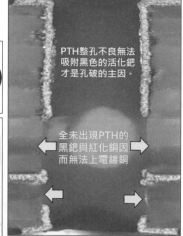

PTH整孔不良無法吸附黑色的活化鈀才是孔破的主因。

全未出現PTH的黑鈀與紅化銅因而無法上電鍍銅

塞孔未實少許滲液集中孔銅下凹處而逐漸咬塌

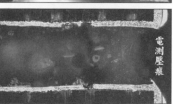

電測壓痕

17-3-6-1 傳統車板對通孔品質要求極為嚴格

　　傳統車板對安全性與可靠度的要求極為嚴格，一般均採老式的通孔板對HDI尚存懷疑，且重要元件仍採老式的插孔焊接。幾乎所有空板都要經過X光掃描與電鏡的3D立體觀察。左圖為SEM立體所見某通孔小倍率的立體放大畫面，其中NO.1小缺口已再被電鏡與光鏡放大檢驗，所見只是鑽孔挖破基材幸好已被電鍍銅所補滿，一般規格並不視為孔破void，但車板卻不能允收。

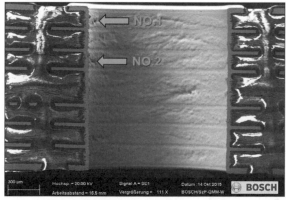

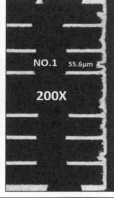

NO.1 55.6μm

200X

NO.1 1000X

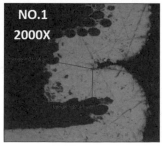

NO.1 2000X

NO.2 1000X

17-3-7 熱應力後車板孔銅厚度的規格（追溯到6012D/Table 3-4、3-5、3-6）

常規IPC-6012D在Table3-4指出通孔的孔銅厚度（3-5是針對微盲孔，3-6是針對埋通孔），然而就Class3的車板而言，孔銅單邊平均值至少須在25μm以上，凡不合規者應通過AABUS才能出貨。且在6012D/3.6.2.11的第二段文字中，明確指出凡未達Table3-4明訂薄區20μm以上者，即可被認定為孔破，並須再做額外切片以求佐證。通常通孔孔銅是由一銅與二銅所組成，而且一次銅應在10μm以上其總體抗拉強度才較好。

Table 3-4 Surface and Hole Copper Plating Minimum Requirements for Buried Vias > 2 Layers, Through-Holes, and Blind Vias[1]

	Class 1	Class 2	Class 3
Copper – average[2,4]	20 μm [787 μin]	20 μm [787 μin]	25 μm [984 μin]
Thin areas[4]	18 μm [709 μin]	18 μm [709 μin]	20 μm [787 μin]
Wrap[3]	AABUS	5 μm [197 μin]	12 μm [472 μin]

Note 1. 此表數據不適用於盲孔
Note 2. 其孔銅厚度應延續到面銅孔環與包鍍 Warp Plating,並參考IPC-A-600
Note 3. 樹脂塞孔的包鍍銅須按3.6.2.11.1的規定,而包鍍的替代物則由AABUS決定
Note 4. 另見3.6.2.11

此24L板深孔鍍銅因已出現狗骨現像，孔口與孔中央銅厚量測差距很大，本切樣中央已低於20μm採單邊數據平均值已無法去呈報

17-3-8 熱應力後車規對孔銅可靠度極為重視

中圖為某車板客戶的眾多互連深通孔考試板（24L），刻意做了25次260℃的熱風回焊後，其電阻值已超過回焊前的5%，小心切片發現L13與L14間的孔銅確已出現微裂。下5圖為該兩層間多處孔銅微裂的3000X畫面，右圖為5000倍所見的微裂。強熱會使孔銅再結晶以致晶粒變大晶界變少變寬，連續熱脹強拉下出現了晶界的開裂。客戶希望50次極限回焊而不微裂。

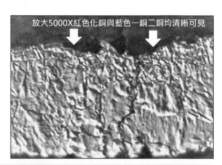

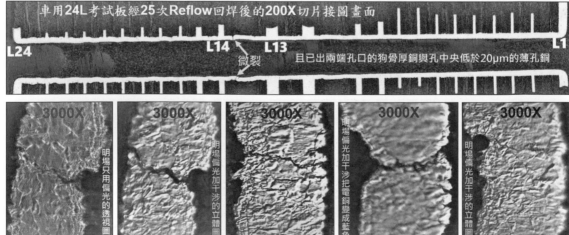

龍門直立掛鍍銅其通孔尤其是深孔，不但會出現上下孔銅不均厚，而且還會兩端孔口較厚而中央較薄的狗骨現象（見右圖的小心測值）。目前Tier1客戶甚至要求回焊50次而孔銅不微裂（電阻超過5%）。事實上伺服器常規厚大板也只要求回焊8次不微裂而已。由此可知車規比常規Class3還要更嚴。

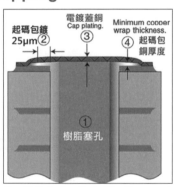

薄銅容易拉斷

深的孔壁銹蝕或化銅清洗不足

234.51 μm

161.45 μm

165.37 μm

232.01 μm

230.94 μm

172.50 μm

一般厚大板

高效運算HPC用厚大板深通孔回焊8次後薄銅處已遭拉裂

一般厚大板

為了孔中央銅厚達到25μm起見刻意加強三次鍍銅,不但出現嚴重的狗骨而且孔角也發生微裂

車用厚大考試板回焊25次後孔中央薄銅應力集中處亦遭拉成微裂

17-3-9 熱應力後車板通孔樹塞的包鍍Warp銅與蓋銅Capping

　　各種通孔都是用於層間的互連，車板為了增加強度增加剛性，減少孔銅後來受到外界濕氣與硫氣的傷害，於是就不惜成本採用昂貴樹脂（如日商山榮的PHP900系列）塞滿通孔。為了向外再增層起見只好削平突出的樹塞而又另加鍍蓋銅（Capping）。6012D卻出現了右兩圖中兩個怪怪的術語Capping及包銅Warp plating；其實包銅就是孔銅往面環延伸而已，有何新鮮可言？

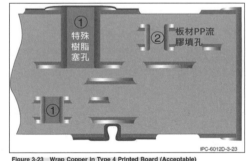

① 特殊樹脂塞孔
② 板材PP流膠填孔

IPC-6012D-3-23

Figure 3-23　Wrap Copper in Type 4 Printed Board (Acceptable)

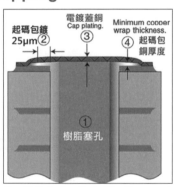

起碼包鍍 25μm ②
電鍍蓋銅 Cap plating. ③
Minimum copper wrap thickness.
④ 起碼包銅厚度
① 樹脂塞孔

Figure 3-21　Surface Copper Wrap Measurement for Filled Holes

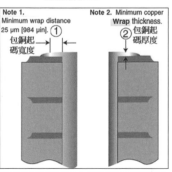

Note 1. Minimum wrap distance 25 μm [984 μin]. ①
包銅起碼寬度

Note 2. Minimum copper Wrap thickness.
② 包銅起碼厚度

Figure 3-22　Surface Copper Wrap Measurement for Non-Filled Holes

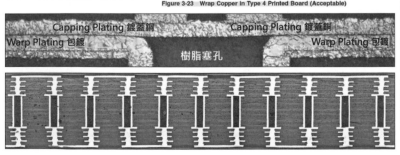

Capping Plating 鍍蓋銅　　Capping Plating 鍍蓋銅

Warp Plating 包鍍　　樹脂塞孔　　Warp Plating 包鍍

本節5圖是利用Olympus STM-7工具顯微鏡在不同參數下所攝取的畫面，在筆者不藏私下特將五種取像法列於圖面歡迎讀者試用。事實上PCB與Carrier的失效分析只要2000X就足夠了。通常洋人客戶們只會捧場昂貴的SEM電鏡去攝取100X或200X的黑白圖像，不僅浪費資源而且效果也與便宜的光鏡無法比擬。光鏡上不了這些外行台面的真正原因，是上下游業者們都不太會製作失效分析FA級的切樣而已。

此即光鏡最常用的取像法還可將電鍍銅調成藍色

明場偏光加干涉的彩色立體取像

PTH的黑鈀與紅化銅清楚可見

明場只用偏光的透視取像

蓋鍍銅前較少削平

蓋鍍銅前削平甚多三銅已所剩無幾

自然光取像

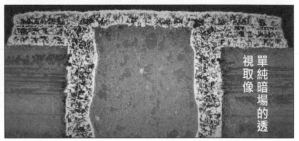

單純暗場的透視取像

本節最下大接圖即為某著名Tier1車板客戶的考試板，其疊構為8L通孔的內核板，再連續做6次填銅盲孔增層的20層板，其長條狀互連脊樑共有50條之多。且須製作全直脊樑與兩種不同斜疊的脊樑，三種考試板都要通1000次TCT溫度循環試驗而微阻值不可超過5%。中列兩2000X畫面即可見到首次增層的盲銅與核心板樹塞蓋銅處，經500次循環後已局部微裂的畫面。

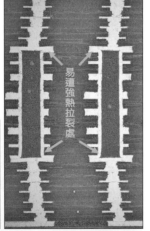

易遭強熱拉裂處

盲底殘鈀與化銅處遭到拉裂

無化銅則不被拉裂

明場立體取像

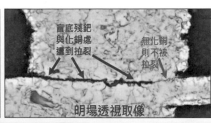

盲底殘鈀與化銅處遭到拉裂

無化銅則不被拉裂

明場透視取像

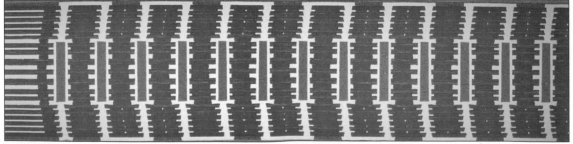

17-3-10 熱應力後的褶鍍與夾雜物Folds /Inclusions

按車規6012DA中Table3-10的指出，凡當孔銅出現褶鍍與夾雜物時，其Class3孔銅仍須在25μm以上，否則按6012A/3.6.2.2的規定將被視為Void破洞。由於反回蝕可能會形成褶鍍，於是該處銅厚也不可低於1mil。下5切樣均為褶鍍填錫前後的對比，説明褶鍍的少少水氣也會造成吹孔Blow Hole般的效應，這種焊點強度的缺失是車板無法忍受的。

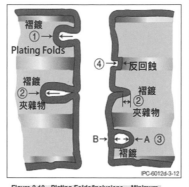

Figure 3-12 Plating Folds/Inclusions – Minimum Measurement Points

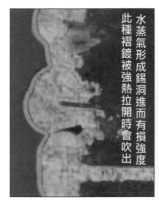

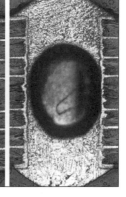

從放大3000X中圖可清楚見到，不良鑽孔挖破孔壁板材才是造成後續電銅褶鍍的真因。從3000X的右下圖可見到多次強熱脹拉板材竟然使得褶鍍被拉斷，左下圖説明孔銅較厚時其褶鍍將不易拉斷。上右圖是早年業界為省掉全板鍍銅的一銅產線，而改採全紅色高溫（50℃）厚化銅的老圖片，上左為常規先有黑色活化鈀後有暗色化學銅的對比。一般用途的厚大板並不很在意褶鍍，但把生命安全視為首要的車板卻非常重視褶鍍，因車板所處環境不佳且又振動不停。

不良鑽孔挖破孔壁造成褶鍍

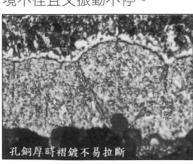

孔銅厚時褶鍍不易拉斷

17-3-11 化銅槽過度活躍超量沉積成為銅瘤

從左下6000X彩圖（3000X再翻1倍）可見到玻纖中葡萄狀的化學銅，右上兩圖為工具顯微鏡（STM-7）與電鏡高倍攝取葡萄狀化銅的對比。右中圖為龍門式掛鍍化銅時，孔內氫氣聚集太多過度活躍下沉積了超量化銅，而引發後來電銅的大瘤，右下兩圖即為其3000X的詳圖。此種瑕疵一般電測是無法攔下的。讀者須知各種高速板是用於弱電（電壓1V電流20mA）訊號的傳輸，一但傳輸線異常必然造成特性阻抗（Z_0）的不連續而無法傳訊。此種過度異常一但被客戶逮到那問題就大條了。

> 電鍍銅如岩石,起步銅如碎石,
> 化學銅如葡萄,沙銅如散沙

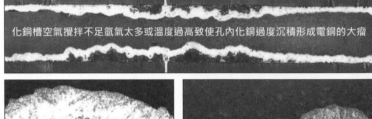

化銅槽空氣攪拌不足氫氣太多或溫度過高致使孔內化銅過度沉積形成電銅的大瘤

玻纖中黑色鈀與紅葡萄狀化銅均清晰可見 6000X by: Olympus STM-7

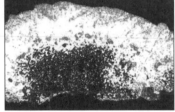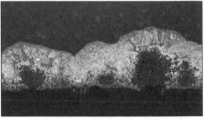

17-3-12 毛頭與銅瘤 Burrs and Nodule（6012DA/Table3-10）

從車規6012DA的表10回溯到常規6012D的3.6.3.1節與其表10，凡孔銅出現毛頭與銅瘤者，只要不低於孔徑下限常規皆可允收。這兩小問題在Tier1車規中很少出現。然而一旦被客戶切片所發現時，那無窮無盡的壓力就不斷的找來了。最右圖為活化槽粗大錫鈀膠體所釀成的先天性銅瘤，其他四圖均為量產板從化銅槽帶入電銅槽的化銅顆粒，又被通孔吸鍍的後天性銅瘤。左下圖則為銅箔業為抓地力刻意製做的雙面電鍍銅瘤。

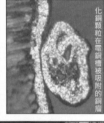

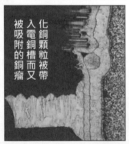

17-3-13 熱應力後玻纖突出Glass fiber protrusion（6012DA/Table 3-10）

車板發生玻纖突出的小瑕疵，可再回溯到常規6012D的3.6.2.1節與3.6.2.11節去，其實這兩節都只在敘述各種孔銅厚度（如通孔、微盲孔、蓋銅等）完全沒提到玻纖突出。換句話說只要孔銅厚度不低於1mil，而該處孔徑又未低於插腳下限者均可允收。一般Tier1客規很少提到這種小瑕疵，然而一旦出貨被客戶切片發現時，那又成了可抄作或不抄作的大小問題了。注意左上圖的玻纖突出並非鑽孔不良而是過度除膠渣所致，與前節粗大錫鈀膠體在玻纖處所形成的電鍍銅瘤看似類同，其實兩者完全不一樣。

17-3-14 介質被（除膠渣槽液）溶除Dielectric Removal（Wicking滲銅、gouges挖破、etch back回蝕等）

當通孔過度除膠渣（如Mn^{+7}超過80℃時間超過10分鐘者）時，除了膠渣已被全除外還會再咬些樹脂。參數強弱與板材Tg有關，高Tg者雖應加強參數但卻不應出現滲銅，或玻纖絲耦聯劑皮膜遭水解成空反光變白。此種白色中空正是銅鹽遷移的通道。車規滲銅只允許60μm比常規Class3的80μm還要更嚴。其實若無白色通路即使有了紅色滲銅也不致快速造成後續恐怖的CAF。

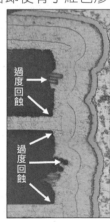

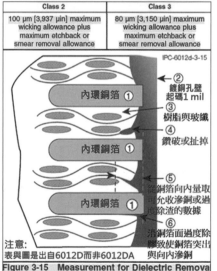

Class 2	Class 3
100 μm [3,937 μin] maximum wicking allowance plus maximum etchback or smear removal allowance	80 μm [3,150 μin] maximum wicking allowance plus maximum etchback or smear removal allowance

Figure 3-15 Measurement for Dielectric Removal

17-3-15 熱應力後內外層銅箔開裂Foil Crack（6012DA/Table3-10）

車規6012DA在其Table 3-10中明定出熱應力後6種內外孔環銅箔的開裂；於是又追溯到常規6012D/Fig 3-10及本節所整理的右圖，只有A裂可允收其他5種裂環都不允收。根據筆者20年來失效分析的經驗，幾乎沒見過Fig 3-10的6種情況，實在搞不懂為何IPC的專家會搞出這種無聊的陣仗來。左三圖為①柱狀結晶與大瘤的傳統銅箔，②柱狀變得不明顯與小瘤的新銅箔，③全無柱晶與微瘤的5G高速銅箔；三箔清楚的對比。

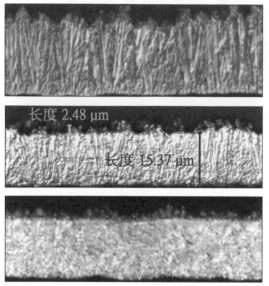
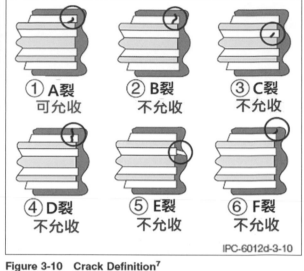

Figure 3-10　Crack Definition[7]

17-3-16 熱應力後內環與孔銅間的夾雜物 Interlayer inclusions（俗稱ICD）

本節右上3000X明場偏光加干涉的立體取像，可見到一銅與二銅兩道淺色的起步銅，來自銅前酸的起步銅越細越不明顯就越好，否則就會造成屢見不鮮的盲銅脫墊或內環的ICD。右下縱切3000X的1與2兩數字即為一銅與二銅的起步銅。下大圖是同一切樣轉90度續做水平切片的取像。中列縱切3000X的兩圖對ICD應可更清楚的判讀。

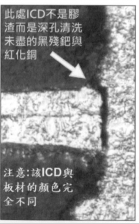

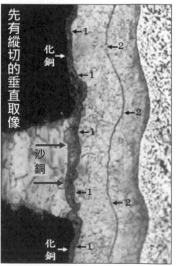
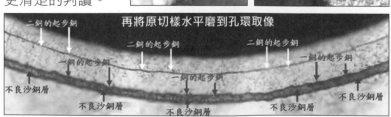

17-3-17 熱應力後內環與孔銅的分離 Interlayer Separation（俗稱ICD）

　　長久以來由於FA切片不到位，業界把ICD（Interconnection Defect）一直視為膠渣，於是對通孔就過度除了膠渣，即便如此深孔的ICD卻仍然會出現。其實ICD共有膠渣、沙銅、化銅等三種型態，有圖為證；右上的ICD是化銅，右下紅色ICD為沙銅，中圖雙釘頭處才是真正的膠渣。水平切片的上圖與孔銅貼鍍孔環銅箔的下圖，應可看清四種銅的差異了。上中圖為鍍銅槽液中銅游子配位體的結構，如將兩個MPS換成為H_2O時所鍍者就是銅前酸的沙銅了。

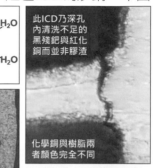

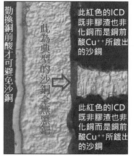

17-3-18 熱應力後外環直立面不可分離

　　從車規6012DA/Table 3-10可見到右框文字，再追溯到常規6012D/3.6.2.1節的plating Integrity，該節全文簡單說就是孔銅與各孔環銅之間不可出現ICD。倘若內環不是銅而是其他金屬時，一旦其互連介面出現小小的Spots，Pits者須再做FA級切片去深入觀察。下列熱應力後三張高倍切片圖去細看，根本看不到什麼直立面的分離。至於右圖可靠度試驗轉角處斜向微裂也不是直裂，況且熱應力與可靠度兩者並非一碼事，真不知洋人的『外環直立面分離』是什麼玩意了。

Separations along the vertical edge of the external land(s)	Not acceptable.

TCT溫度循環500次後微阻計達到超過5%的畫面

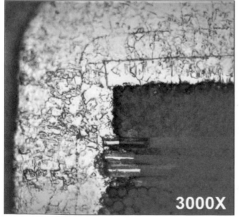

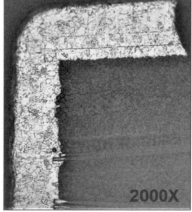

17-3-19 熱應力後鍍層不可分離Plating Separation

　　車規在其Table3-10第12項指出熱應力後各鍍層不可分離（如右上紅框所示），此乃出自常規3.6.2.1的各鍍層不可分離。由於IPC規範缺乏漂亮的切片圖，筆者特選6張彩圖用以說明。右上為光鏡STM-6明場偏光與微分干涉下把各次電銅調變成藍色；於是可見到內環與一次銅，一次銅與二次銅，各介面均出現紅色空泡但卻非分離。其成因是鍍銅前的底銅面已出現點狀的重氧化銅，於是體積變大成為下凹上凸的黑點，又被切片微蝕咬成紅色空洞而已。不過二銅三銅間卻是良好的起步銅。右下為熱應力後銅箔的浮起。其他四圖均為熱應力後各銅層抓不牢的開裂，原因乃銅前酸活化不足所致。

Plating separation	None allowed.

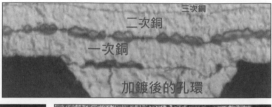

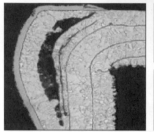

17-3-20 熱應力後孔壁樹脂與孔銅分離

　　右上框是出自車規6012DA的Table 3-10，說明熱應力後板材與孔銅的分離不可超過25μm，且分離長度也不可超過該處板材上下長度的20%。比起常規6012D的右紅二框要嚴格多了。而圖1與圖2為拉離Pull Away，圖3與圖4為樹脂縮陷Resin Recession，兩者成因完全不同不可混為一談。至於圖5孔環與板材的分離，顯然已出乎IPC與Tier1客戶兩者規範範疇以外的案例了。對車板而言此種輕微失效是否允收，只能與Tier1客戶討論了。

Hole wall dielectric/plated barrel separation	Separation **shall not** be greater than 25 μm [984 μin] in depth or more than 20% of the cumulative dielectric thickness.

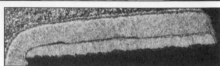

Hole wall dielectric/plated barrel separation	Acceptable provided dimensional and plating requirements are met.

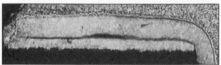

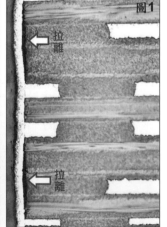

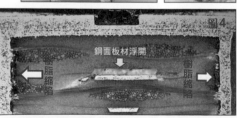

17-3-21 熱應力後或模擬返工後的浮環

　　車規6012DA在Table 3-10對熱應力後或返工後的浮環，按下列紅框外觀規格而不能允收。至於浮環程度則須再做切片與判讀，其結論須取決AABUS（其實就是Tier1客戶說了算）。但若壓接孔是否浮環則須在零件腳擠入壓入孔銅前，另按常規6012D的3.3節去做放大40倍的目檢。下

返工後外環獨自浮離

兩圖為回焊6次後的切片，右上圖為波焊後的切片，各種浮環均清晰可見。

Lifted lands after thermal stress or rework simulation	Lifted lands after thermal stress are not allowed. If observed when visually examined in accordance with 3.3, the degree of lifted land **shall** be confirmed by microsection and test result **shall** be AABUS. If press-fit pins are used, the printed boards **shall** be visually examined for lifted lands in accordance with 3.3 of IPC-6012D prior to insertion of press-fit pins.

熱應力後外環連帶板材浮離

輕微浮離後幾乎又回到原狀

浮環又斷角則將拒收

17-3-22 綠漆厚度的量測

　　從車規6012DA/Table1再回溯到常規6012D/3.7.3，其實3.7.3只說到綠漆是否需測厚應按AABUS的決定，欲測者須另在E coupon的平行銅線處去切片實測。然而下紅框車規卻又完全不是常規的說法，這種顛三倒四的官樣文章只能把初學者攪得頭昏腦脹而已。下紅框與右紅框才是車板綠漆的真正規格。綠漆不僅防焊且更是PCB的裝甲，其品質當然不能馬虎。

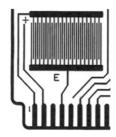

附註：此 Table 2 是出自車規 6012DA

Table 2　Solder Mask Thickness Requirements

	Level A		Level B	
	Minimum	Maximum	Minimum	Maximum
Thickness Over Conductor	8 µm [315 µin]	30 µm [1,181 µin]	7 µm [276 µin]	45 µm [1,772 µin]
Thickness Over Conductor Edge	5 µm [197 µin]	N/A	5 µm [197 µin]	N/A
Thickness Over Copper Plane	10 µm [394 µin]	45 µm [1,772 µin]	10 µm [394 µin]	60 µm [2,362 µin]
Thickness over dielectric area with respect to the surface of surface mount device (SMD) land[1]	NA	15 µm [590 µin]	NA	15 µm [590 µin]

Note 1. Solder mask thickness over dielectric areas measured with respect to the surface of nearby SMD grid area **shall** be no greater than 15 µm [590 µin] thicker than the SMD land measured at the centerline between two adjacent SMD lands and 0.1 mm [0.004 in] from clearance to peripheral lands of a fine pitch SMD device.

For application methods that cannot meet either Technology Level A or Level B, the specification **shall** be AABUS.

Solder mask thickness **shall** be measured in accordance with Figure A-1 of this addendum. Instrumental methods may be used or assessment may be made using a microsection of the parallel conductors on the E or G coupon.

從車規6012DA又回溯到常規6012D/3.7.3	**Solder Mask Thickness** When specified in the procurement document the solder mask thickness **shall** be specified as Level A or Level B as shown in Table 2 of this addendum. The two levels reflects the capability of different application technologies. These values are only valid for a maximum of 18 µm (1/2 oz.) base copper thickness with Class 3 copper plating. For copper thickness above 18 µm (1/2 oz.) base copper the solder mask requirement **shall** be AABUS. Solder mask thickness over copper plane is based on a plane width ≥ 8 mm [0.315 in]. Solder mask thickness over conductors and dielectric areas are based on a minimum distance from plane to conductor ≥ 10 mm [0.394 in].

3.7.3 Solder Mask Thickness Any requirement for the measurement of solder mask thickness **shall** be AABUS. If a thickness measurement is required, instrumental methods may be used or assessment may be made using a microsection of the parallel conductors on the E coupon. (筆者註:E coupon 是出自IPC-B-25A，其綠漆不但要印滿平行密線且要延續到手指區)

下大圖出自6012DA的Table 2就綠漆各種數據加以圖說,其實還須良好的切片才能取得正確的數據,而下大圖內所特別嵌入的彩圖即為筆者所另加者。左上圖為其1000X放大及綠漆厚度的數據。右圖為下圖更明確的數據呈現。注意其孤立銲墊附近銅面的綠漆,網印時一定會呈下滑的趨勢,只有真實切片圖才能看得到。

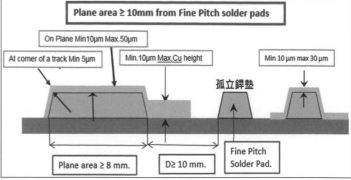

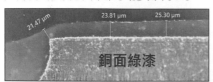

Figure A-1　Measurement Methodology for Solder Mask Thickness Determination　IPC-6012da-a1

17-3-23 空板清潔度 Cleanliness檢測

車規6012DA/Table1說清潔度需回溯到常規6012D的3.9、3.9.1、3.9.2與3.9.3去,下框為常規對空板清潔度的要求,後續3.27節的大紅框才是車規清潔度的真正內容。空板離子清潔度的做法需另見IPC-TM-650/2.3.25.1,而此法共有兩種實做:①抽取法Extraction。②動態DIP probe法。由於後法內容太多請另讀650。至於抽取法則是把已知總面積的空板置入清潔塑料袋中,再注入75%異丙醇與25%純水混合式的離子抽出液,其液量須按0.8ml/cm²到3ml/cm²來計算,小心趕出空氣然後將塑料袋熱封,並將塑料袋置入80℃水浴中1小時,然後換置25℃水浴中冷卻30分鐘才取出空板。之後將抽取液加到導電度專用量測儀ROSE Tester中,去小心測取導電度(Conductivity)的讀值。

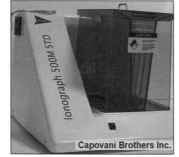

上列兩款離子清潔度檢測儀,可用於 IPC-TM-650/2.3.25.1 第二法之動態 ROSE 檢測

3.9 Cleanliness Printed boards **shall** be tested in accordance with IPC-TM-650, Method 2.3.25. Equivalent methods may be used in lieu of the method specified; however it **shall** be demonstrated to have equal or better sensitivity and employ solvents with the ability to dissolve flux residue or other contaminants as does the solution presently specified.

3.9.1 Cleanliness Prior to Solder Mask Application When a printed board requires a permanent solder mask coating, the uncoated printed boards **shall** be within the allowable limits of ionic and other contaminants prior to the application of solder mask coating. When noncoated printed boards are tested per 3.9, the contamination level **shall not** be greater than 1.56 μg/cm² of sodium chloride equivalence.

3.9.2 Cleanliness After Solder Mask, Solder, or Alternative Surface Coating Application When specified, printed boards **shall** be tested per 3.9 and meet the requirements in the procurement documentation.

3.9.3 Cleanliness of Inner Layers After Oxide Treatment Prior to Lamination The requirements to test the printed boards in accordance with 3.9 and the acceptance criteria for that testing **shall** be AABUS.

本節紅框內容才是車規對空板清潔度的嚴格要求：(1)首先3.9説空板清潔度檢測是PCB供應商的責任，需按IPC-TM-650的2.3.25.1與2.3.28.2兩法去測完工板的清潔度。至於另一種SIR板面絕緣電阻值則須按2.6.3.7去測，且其讀值還須通過GR-78-CORE的規格。(2)3.9.1説當電路板表面永久性綠漆印牢之前，該空板的離子清潔度或汙染物不可超標。當按2.3.25.1檢測清潔度時其讀值需低於0.75μg/cm² 的食鹽下標。檢測頻率與及格標準則取決於AABUS。(3)3.9.2説綠漆後或焊接後或其他皮膜後，其等清潔度須符合3.9.1的0.75μg/cm²規格。實際逐批的及格與否均取決於AABUS。至於綠漆後的OSP皮膜之板類則無需做清潔試驗。

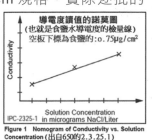

（出自650的2.3.28.2）

導電度讀值的諾莫圖
（也就是食鹽水導電度的檢量線）
空板下標為食鹽的：o.75μg/cm²

IPC-2325-1

Figure 1 Nomogram of Conductivity vs. Solution Concentration (出自650的2.3.25.1)

回溯到常規6012D的3.9	**Cleanliness** Cleanliness testing **shall** be a part of the printed board fabricators process control. A recommended method is IPC-TM-650, Method 2.3.28.2, (Ion Chromatography (IC) test) in combination with IPC-TM-650, Method 2.3.25.1, (modified ROSE test) as described in 4.1 of IPC-5704. SIR test in accordance with IPC-TM-650 Method 2.6.3.7 should be implemented to validate the cleanliness levels maintained by the modified ROSE method and IC testing result. The SIR test result **shall** meet Telecordia specification GR-78-CORE.
回溯到常規6012D的3.9.1	**Cleanliness Prior to Solder Mask Application** When a printed board requires a permanent solder mask coating, the uncoated printed boards **shall** be within the allowable limits of ionic and other contaminants prior to the application of solder mask coating. When uncoated printed boards are tested in accordance with TM-650, 2.3.25.1, the contamination level should not be greater than 0.75 μg/cm² of sodium chloride equivalence. SIR testing per 3.9 is recommended. Test results and frequency **shall** be AABUS.
回溯到常規6012D的3.9.2	**Cleanliness After Solder Mask, Solder, or Alternative Surface Coating Application** The printed board contamination level after post cleaning **shall** meet the requirements of 3.9.1 of this addendum. Lot qualification **shall** be AABUS. that cannot meet this requirement **shall** be AABUS. OSP finishes **shall not** be tested.

17-3-24 適用性 Suitability（6012DA/Table 4）

車規6012DA在其Table4中列出適用性與可靠度試驗；本節先討論適用性與儲存條件兩項試驗。適用性就是把完工板先放在60℃流動空氣的烤箱中12小時以趕走水氣，然後按650的2.6.27去回焊三次而不爆板者其通用性即可過關。下左圖即為車板在260℃回焊三次參考用的Profile，中間黑色曲線即為車板所用者。右三圖為三次回焊後不適用的爆板圖，上兩圖的開裂為水氣未烤乾，下圖則另為內層銅面棕替化皮膜的局部開裂。

Table 4 Suitability and Reliability Test Procedures (出自6012DA)

	Test	Test Method	Temperature/ Humidity	Test Duration for Class 2 and Class 3
Suitability Test	Baking (to secure equal starting conditions)¹	Oven with forced air recirculation	60 ℃ ± 2 ℃	12 hours
	Simulation	IPC-TM-650, Method 2.6.27	260 ℃	3X Reflow
	Evaluation	Check for suitability to IPC-6012D		
Storage Condition Test	Storage Test	Assembly in Car Condition	23 ℃ ±5 ℃, 30-80% RH	> 24 hours

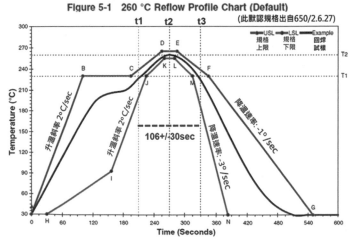

Figure 5-1 260 ℃ Reflow Profile Chart (Default)
（此默認規格出自650/2.6.27）

升溫斜率 2°C/sec
升溫斜率 2°C/sec
降溫斜率: -1° /sec
106+/-30sec
降溫斜率: -3° /sec

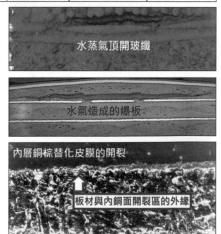

水蒸氣頂開玻纖

水氣造成的爆板

內層銅棕替化皮膜的開裂
板材與內銅面開裂區的外緣

17-3-25 可靠度變溫試驗之1

從右表車規可靠度試驗對Class3者共有6項，第1項的『變溫試驗』其實就是業界常說的TCT。右表是按IEC規範-40/+125℃共跑500-1000次的嚴格考試。下圖為某知名Tier1客戶其6+8+6二十層板，共有50條互連脊樑的困難考試板（備有①全垂直②小角度左弧③大角度左弧等三種設計），此圖即為放大400倍小角度左弧的考試板。中二圖是完成500次TCT後，微電阻值已超過5%，兩個脊樑已出現微裂的切片畫面。

Table 4   Suitability and Reliability Test Procedures (出自6012DA)

Reliability Test	Test Method	Comment	Temperature/Humidity	Test Duration for Class 2 and Class 3
Change of Temperature (Thermal shock endurance)	IEC 60068-2-14.2009	Dwell time: 15-30 Minutes	-40/+125 ℃	500 - 1000 cycles
High Temperature Endurance Test	IEC 60068-2-2	Typical Requirements for IPC Class 2	-40/+125 ℃	500 hours
High Temperature Endurance Test	IEC 60068-2-2	High Requirements for IPC Class 2	-40/+125 ℃	1,000 hours
High Temperature Endurance Test	IEC 60068-2-2	Typical Requirements for IPC Class 3	-40/+140 ℃	1,000 hours
High Temperature Endurance Test	IEC 60068-2-2	High Requirements for IPC Class 3	-40/+150 ℃	1,000 hours
Humidity Storage	IEC 60068-2-78		85 ℃ - 85% RH	1,000 hours
CAF Testing	IPC-TM-650, Method 2.6.25	Alternative IEC 60068-2-78 where CAF is at risk	85 ℃ - 85% RH	1,000 hours
SIR Testing	IPC-TM-650, Method 2.6.3.7	To be tested on bare board and after assembly	40 ℃ - 90% RH	72 hours or AABUS

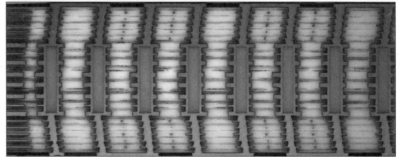

17-3-26 可靠度變溫試驗之2（6012DA/Table4）

電鍍銅如岩石,起步銅如碎石,化學銅如葡萄,沙銅如散沙

從前節為5G車板全新設計兼具通盲孔的20L困難考試板，與兩處局部脊樑已拉裂的圖像。本節右三圖即為其500次TCT後局部微裂的高倍畫面，可見到盲底不同程度清洗不淨的殘鈀與化銅，這才是造成多次拉扯而微裂的真因。左三圖為一般傳統車板的孔角切片，中間兩大圖均為TCT經500次後微阻已超過5%孔角出現的局部微裂，左下圖為孔口1000X清晰的畫面，從顏色上可清楚分辨沙銅與化銅的差異。

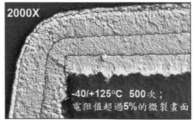

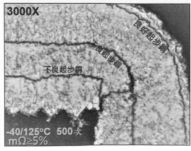

17-3-27 高溫耐久性試驗（6012DA/Table 4）

　　此試驗是遵循IEC60068-2-2規範從-40℃逐漸升溫到140℃，Class3板類要保持1000小時，更高要求者是150℃。由於銅導體的膨脹率在各種溫度中都保持16.5ppm/℃，但板材則端視Tg高低而不一定。一般高Tg者（例Tg180℃）高溫Z方向的膨脹率約在200-250ppm/℃

Table 4　Suitability and Reliability Test Procedures (出自6012DA)				
Reliability Test	Test Method	Comment	Temperature/ Humidity	Test Duration for Class 2 and Class 3
High Temperature Endurance Test	IEC 60068-2-2 Test B: Dry heat	Typical Requirements for IPC Class 3	-40/+140 °C	1,000 hours
High Temperature Endurance Test	IEC 60068-2-2 Test B: Dry heat	High Requirements for IPC Class 3	-40/+150 °C	1,000 hours

之間。水平方向在玻纖布的幫忙下約在15-20ppm/℃的範圍，然而長時間高溫不但Z方向會因CTE的差異而拉裂板材或拉斷孔銅，甚至水平方向也會被左右拉裂，所列四圖即為其切片圖像。至於已出現的各種情況是否及格則仍取決於AABUS。

17-3-28 濕度儲存試驗Humidity Storage Test

　　右小框濕度儲存試驗的規格是在雙85中放置1000小時，比表列IEC60068-2-78的40℃/85%RH要嚴格太多了。不管是空板裸露的導體（如銅面的可焊皮膜），或是組裝板的大小器件外表，在如此高溫高濕環境中；(1)凡未互相接觸的金屬存在電位差時，就會出現破壞絕緣的離子性電化遷移（ECM）現象，右上紅框為PCB常見的8種金屬遷移的比較，Ag最快Cu排第二。(2)兩種緊貼又有電位差的不同金屬則會出現賈凡尼腐蝕，ENIG皮膜最容易發生賈凡尼腐蝕。右上圖說明水膜中陽極的Cu°會氧化成Cu⁺/Cu⁺⁺而往陰極遷移，到達陰極表面還會另與電解水的OH⁻形成枝晶Dendrite。右下四圖另為陶瓷板面銅墊的ECM畫面，左三圖為板面水膜下銅墊間出現的黑色枝晶。

（快）Ag>Cu>Pb>SnPb>Sn>SAC>SnBi>SnZn（慢）

Table 4　Suitability and Reliability Test Procedures (出自6012DA)				
Reliability Test	Test Method	Comment	Temperature/ Humidity	Test Duration for Class 2 and Class 3
Humidity Storage	IEC 60068-2-78		85 °C - 85% RH	1,000 hours

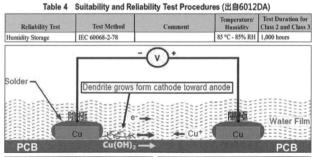

賈凡尼腐蝕（Galvanic Corrosion）是指具有電位差又互相緊貼的兩種金屬，在水氣影響下高電位者（如黃金）會扮演陰極，低電位者被迫只能扮演陽極（如鎳與銅）；

於是黃金就會搶走鎳與銅的電子而迫使其等成為黑色氧化物而遭腐蝕。圖1為切片微蝕銅面後的立體效果，圖2是把電銅變藍的立體效果。兩大圖與其中兩套圖均呈現鎳與銅遭到賈凡尼腐蝕的畫面。圖3是切片微蝕銅後化鎳層突出的立體呈現。

17-3-29 車板CAF絕緣電阻試驗之1（6012DA/Table 4）

紅框為6012DA對CAF的試驗方案，原則上是按650的2.6.25去實測。當雙85與1000小時的參數太猛時，可參考IEC 60068-2-78較溫和參數再試（40℃/85%RH）。其實CAF是出現在有偏壓兩通孔的板材中，從陽極端的滲銅延著發白通道不斷往陰極遷移以致絕緣不良，造成弱電訊號無法正常傳輸而釀成大禍。右圖過度除膠渣使得玻絲外圍耦聯劑遭水解而空虛反光發白，因兩孔為等電位當然不會發生CAF。左圖為650/2.6.25所指定十層CAF考試板IPC9252的局部俯視示意圖，其所設計陽極孔鏈與陰極孔鏈交錯穿插最窄間距僅6mil，其孔鏈的位向是刻意按玻纖經緯而擺放，因而在100VDC偏壓（Bias）500小時中，較容易量測到間距絕緣電阻值的劣化。

Table 4	Suitability and Reliability Test Procedures			
Reliability Test	Test Method	Comment	Temperature/Humidity	Test Duration for Class 2 and Class 3
CAF Testing	IPC-TM-650, Method 2.6.25	Alternative IEC 60068-2-78 where CAF is at risk	85 ℃ - 85% RH	1,000 hours

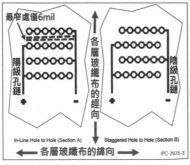

Figure 3 CAF Test Board PTH-PTH Spacing Design

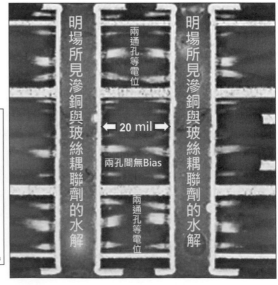

17-3-30 陽極性玻纖絲中的電化遷移CAF

　　CAF屬ECM（Electro-Chemical Migration）遷移族群只出現於玻纖中的一支，並早已成為車板的最大隱憂。其實CAF並未造成電器的短路或故障，只因板材絕緣不良導致弱電訊號的傳輸失效，對於自駕車的高速訊號將造成致命傷害。CAF對於車板的重要性遠超過一般性HPC厚大板或各種HDI精密板。

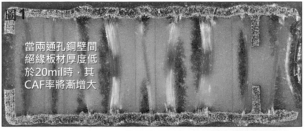

圖1 當兩通孔銅壁間絕緣板材厚度低於20mil時，其CAF率將漸增大

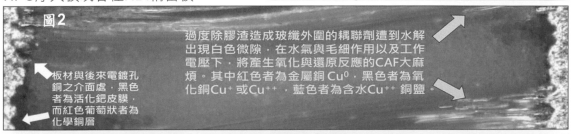

圖2 板材與後來電鍍孔銅之介面處，黑色者為活化鈀皮膜，而紅色葡萄狀者為化學銅層

過度除膠渣造成玻纖外圍的耦聯劑遭到水解出現白色微隙，在水氣與毛細作用以及工作電壓下，將產生氧化與還原反應的CAF大麻煩。其中紅色者為金屬銅Cu^0，黑色者為氧化銅Cu^+或Cu^{++}，藍色者為含水Cu^{++}銅鹽。

圖3 放大3000X

圖4 此圖為1000倍暗場接圖取像的清晰畫面

玻纖絲外圍白色皮膜為Silane耦聯劑　　　藍色者為含水的Cu^{++}

17-3-31 車板Tier1客戶對CAF的改善

　　由前兩節可知CAF是陽極端的玻纖早已滲入葡萄狀的化銅，經溫濕與偏壓（Bias）的刺激下氧化成Cu^+/Cu^{++}，沿著通道不斷往陰極遷移，造成板材絕緣電阻低於$10^8\Omega$的下標而傳輸不良或失效。於是Tier1客戶們要求把容易遷移的化學銅改為直接電鍍的黑影，並嚴格管控除膠渣減少耦聯劑的水解，以徹底杜絕CAF。右上兩圖為傳統化銅與玻纖中已出現Cu^+/Cu^{++}與含水藍色銅鹽等遷移物，中二圖為黑影製程全無遷移的畫面。右下圖即為遷移過程的真實畫面。左下圖為滲銅與發白通道的清楚圖像。

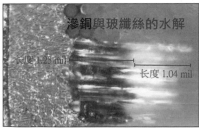

滲銅與玻纖絲的水解　長度1.23 mil　長度1.04 mil

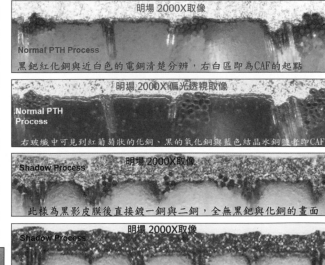

明場 2000X取像 Normal PTH Process 黑鈀紅化銅與近白色的電銅清楚分辨，右白區即為CAF的起點

明場 2000X偏光透視取像 Normal PTH Process 右玻纖中可見到紅葡萄狀的化銅、黑的氧化銅與藍色結晶水銅鹽者即CAF

明場 2000X取像 Shadow Process 此樣為黑影皮膜後直接鍍一銅與二銅，全無黑鈀與化銅的畫面

明場 2000X取像 Shadow Process 玻纖末端已全被黑影皮膜所堵死因而即無電銅的CAF了

從陽極經玻纖往陰極的銅遷移稱為CAF

17-3-32 玻纖絲外圍的耦聯劑與除膠渣

　　右下兩圖為玻纖絲外圍耦聯劑皮膜的清楚圖像，且樹脂中所添加的粉料Fillers也粒粒可見。右上為雙邊孔銅與單邊孔銅出現的滲鈀滲銅與玻纖發白的通道，故知Wicking是先有黑鈀後有化銅的混合物。活化用的黑鈀很老實不會遷移，但化銅卻極其活潑而容易遷移。左下圖的發白通道深入已達131.72μm。本文3.16節曾說明車板的Wicking不可超過60μm，但卻對玻纖發白的通道隻字未提。由此可知洋人們只會用高價電鏡而不會用便宜的光鏡去攝取更清晰的彩色圖像，業界如此遺憾不但廣泛而且持續太久了。

长度 386.17 μm
长度 267.57 μm

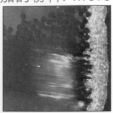

3000X明場所見玻絲外圍的耦聯劑皮膜

3000X暗場所見玻絲外圍的耦聯劑皮膜

131.72μm
過度除膠渣使得玻絲耦聯劑遭到水解形成空虛而反光為白色並成為後來CAF的通道

17-3-33 車板Surface Insulation Resistance（SIR）（6012DA/Table 4）

　　表面絕緣電阻SIR的測試是根據IPC-TM-650/2.6.3.7；所指定IPC-B-24考試板的四組梳形線路，針對PCB的製程殘餘物或助焊劑殘餘物進行檢測，紅框內的測試參數為40℃/90%RH共72小時。本測試的工作電壓設定為25V/mm，故當其梳形佈線間距為0.5mm者其溫濕箱內偏壓為12.5V，每20分鐘自動記錄1次絕緣電阻值。72小時後取出考試板放大觀察是否出現枝晶（Dendrite）或線路變色，絕緣電阻值之及格標準另見IPC-6012D/Table 3-17指定的500MΩ（5*10^{8}Ω）。本IPC-B-24考試板（Test Vehicle）還可加做表面處理皮膜，觀察波焊後或回焊後絕緣電阻值是否出現劣化現象。

Table 4　Suitability and Reliability Test Procedures				
Reliability Test	Test Method	Comment	Temperature/ Humidity	Test Duration for Class 2 and Class 3
SIR Testing	IPC-TM-650, Method 2.6.3.7	To be tested on bare board and after assembly	40 ℃ - 90 % RH	72 hours or AABUS

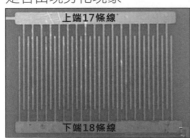
上端17條線
下端18條線
IPC-B-24 之 4 號梳型線路板面

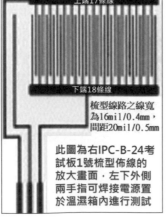
上端17條線
下端18條線
梳型線路之線寬為16mil/0.4mm，間距20mil/0.5mm

此圖為右IPC-B-24考試板1號梳型佈線的放大畫面，左下外側兩手指可焊接電源置於溫濕箱內進行測試

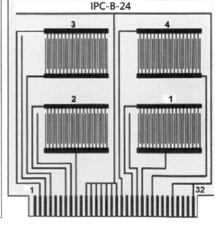
IPC-B-24
3　4
2　1
1　32

17-4 車板的組裝焊接

17-4-1 車板的插腳波焊

　　傳統車板均採最安全的插焊，因插焊強度比貼焊好10倍以上。Tier1客戶進料時先用3DX光掃描漂錫的空板，一旦發現虛孔時立即切片觀察。中二圖即為鑽孔挖破板材形成所謂的吹孔。其實孔銅破洞（Void）見到底材吸水吹開熔錫者才是Blow Hole，右二圖為孔銅OSP皮膜吸濕造成介面小洞與良好者對比，下二圖為IPC-A-610F對插焊孔填錫的規格。

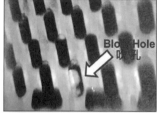

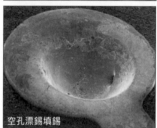

空孔漂錫填錫

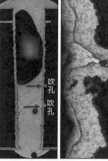

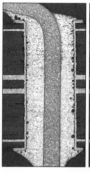

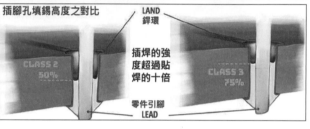

插腳孔填錫高度之對比

LAND 銲環

插焊的強度超過貼焊的十倍

CLASS 2 50%　CLASS 3 75%

零件引腳 LEAD

　　左三圖出自IPC-A-610F組裝板允收規範。左上圖說明俯視凹面填錫須占滿圓周的270°或3/4，左中截面觀察填錫高度對Class3須75%以上，左下說明通孔中段填錫應占75%以上。右下兩圖為切片所見不合規的車板填錫。從四個紅箭標示處可知孔銅的可焊性比插腳要好。右上圖為貼焊的手機板為了加強插拔焊點特改為錫膏入通孔（PIH）的引腳插焊。近年來由於SMT貼焊的大幅進步，造成插焊元件的落伍與價格較貴等壓力下，車板也開始試用貼焊元件了。

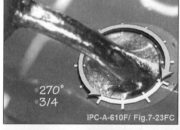

270° 3/4　IPC-A-610F/ Fig.7-23FC

手機插拔充電器引腳的插焊

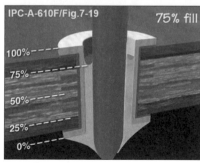

IPC-A-610F/Fig.7-19　75% fill
100%
75%
50%
25%
0%

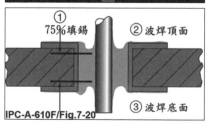

① 75%填錫　② 波焊頂面
③ 波焊底面
IPC-A-610F/Fig.7-20

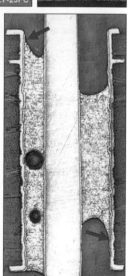

17-4-2 車板的錫膏熱風貼焊

錫膏熱風貼焊銅墊之可焊皮膜可分為1.銅基地的OSP、化銀、化錫與噴錫等；2.鎳基地的ENIG，ENEPIG等。當用錫膏以SAC305為主。中圖即為其熱風回焊（Reflow）的典型回焊曲線（Profile），其中4號茶色TAL（熔點217℃以上的歷時）段約50-60秒，也就是IMC生長的耗時。左下圖為OSP銅基地焊點的標準IMC，下中圖為ENIG鎳基地生成的三種混合IMC，下右為

具有強度的Ni₃Sn₄與強熱中黃金層形成脆性AuSn₄並遠離介面的珍貴圖像。右上為小器件貼焊不牢的立碑畫面。

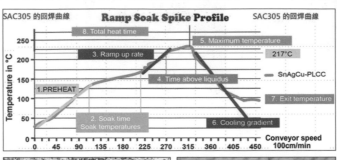

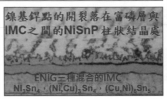

右BGA之SAC305球腳其上端已先在UBM銅基地植球，下端再貼焊8層板ENIG皮膜時，兩次總熱量恰使比例正確的銲料出現Eutectic共熔（217℃時內外同時熔化）的難得畫面。下

三圖均為銅基地的IMC，從兩立體畫面可清楚見到白色牙狀的Cu₆Sn₅與底緣灰色的Cu₃Sn。左下圖乃刻意高溫老化後的示意畫面，注意灰色Cu₃Sn中的黑點即為Kirkendal Void。右下表説明銅面兩種IMC的楊氏模量均大於銲料，或可另説成銲料的韌度（Toughness）比兩種IMC更好，故知IMC越薄才越好。

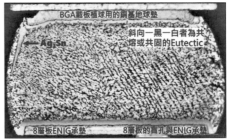

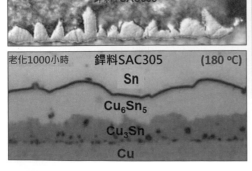

Phase	Young's modulus, E (GPa)	Hardness, H (GPa)	E/H	Fracture toughness, K_IC (MPa√m)
Solder	62[1]	0.2[1]	310	70[2]
Cu₆Sn₅	114.9[3]	6.3[3]	18.2	2.7[4]
Cu₃Sn	121.7[3]	5.7[3]	21.4	5.7[4]
Cu	129[1]	2[1]	64.5	17.2–28[5]

[1] V. M. F. Marques et al., Acta Mater., vol. 61, p. 2460, 2013.
[2] R. E. Pratt and D. J. Quesnel, "The Metal Science of Joining," The Minerals, Metals & Materials Society (TMS), Pennsylvania, 1992.
[3] J. G. Duh et al., J. Electron. Mater., vol. 33, p. 1103, 2004.
[4] G. Ghosh, J. Mater. Res., vol. 19, p. 1439, 2004.
[5] E. W. Qin et al., Scripta Mater., vol. 60, p. 539, 2009.

註:楊氏模量又稱彈性模量，當每mm²的壓力為1000牛頓時，即1GPa

附　錄

訊號完整性
Signal Integrity

附 錄

訊號完整性
Signal Integrity

前言1：電路板按用途之分類

1. PCB按用途可大分為訊號板及電流板，前者占總量90%以上；電流板可代替一般電線如電源線或變壓器等，且均為3-12 oz的厚銅板。

2. 訊號板絕大部份是用於板內外的中高速方波訊號，此種板類的導體可分為訊號線，電源層（所接電源線較寬係通電流而非訊號），與接地層；而其介質層又已進入低極性之高速板材。此等方波板類用途極廣，幾占PCB總量70%以上。

3. 訊號板也用於天空中飛行的正弦波（簡稱弦波），手機板與汽車板與各種無線通信的微波PCB，即屬此等射頻弦波板類。

4. 方波與弦波兩類IC模塊封裝用的載板Carrier則為PCB的另一大領域，且不受UL阻燃規則的管制。

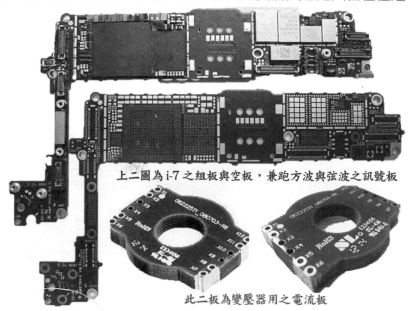

上二圖為i-7之組板與空板，兼跑方波與弦波之訊號板

此二板為變壓器用之電流板

前言2：5G互聯網IoT時代PCB的角色

5G萬物互聯網IoT時代PCB的需求將大幅增加至少十年以上，原因是前所未有海量數據的產生與運算之往返流動，以及人工智慧AI的加入與節省成本起見使得IC晶片增多增大與疫情肆虐下，60mmx60mm以上超大載板以及服務器Server用的厚大電路板（HLC）都將持續缺貨，其中又以電動車與自駕車等全新市場的晶片與載板更是有行無市。如此種種都將使得PCB景氣繼續興旺與持久。

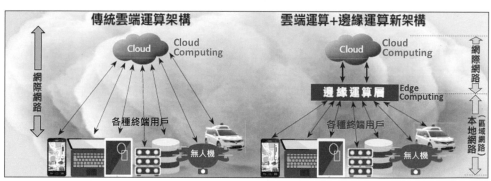

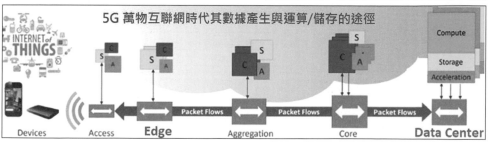

前言3：訊號起源的電晶體

最早分立式BJT二極體電晶體是1947年由貝爾實驗室三位美國人所共同發明，電晶體具開關電流與電流放大的功能，1952年出現JFET面接場效式的第二代電晶體，1966年出現第三代『金屬氧化物半導體之場效式電晶體』亦即MOSFET。後者有Ｐ型及Ｎ型將兩者併加成互補作用者就是著名的CMOS了。

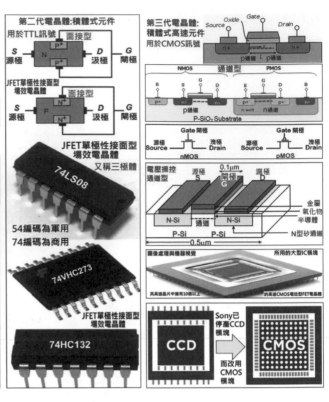

前言4：TTL與CMOS兩種FET場效式電晶體的比較

傳輸線的方波訊號大多數來自TTL與CMOS兩種場效電晶體，TTL屬電流操控面接型電晶體，CMOS屬電壓操控通道型電晶體。通常小型IC模塊多由TTL所組成，大型IC模塊均由CMOS組成。下表及兩圖即為其五種性能的對比。中為CMOS的結構圖與原理圖，最下切片為筆者解剖iPhone13所見某IC晶片中似為CMOS電晶體的微觀畫面。

性能	邏輯	TTL	CMOS
速度	標準	9ns (快)	50ns (慢)
	高速	3-6ns (快)	5-10ns (變快)
功率	標準	10mw (耗電)	0.01mw (省電)
	高速	22mw (耗電)	1mw (省電)
扇出數		10EA (差)	50EA (好)

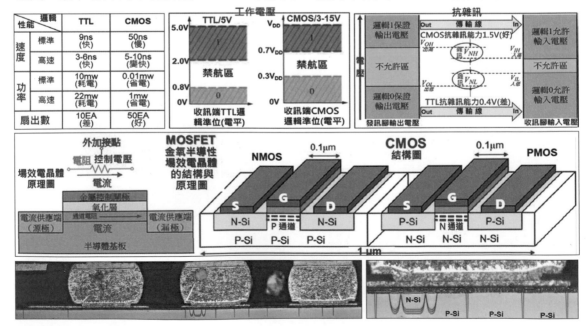

附錄第一章 高頻弦波與高速方波

1.目前CCL流行所謂的"高頻"板材,其實並非微波RF真正的弦波高頻,而仍然只是數位方波的高速而已。而所謂的Low D_k是指4.0以下而Low D_f是指0.01以下有利於高速傳輸的板材品質。

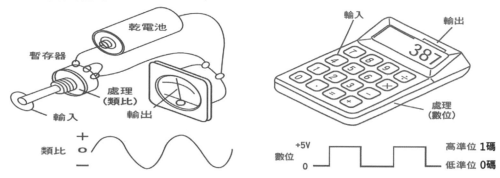

2.Low D_f原為射頻(RF)板類正弦波高頻類比(Analog)訊號之關鍵品質,而此種D_f或Q Factor對薄小板類方波能量衰減的影響其實不大,但在厚大板長途傳輸線中快跑之方波,一旦其訊號能量衰減到Receiver無法判讀時則將成為誤碼,此時其一路損耗的D_f也將變得非常關鍵了。於是數位訊號的大板中也就有了所謂Low D_k Low D_f的需求了。

0-0 二值化與數位方波訊號

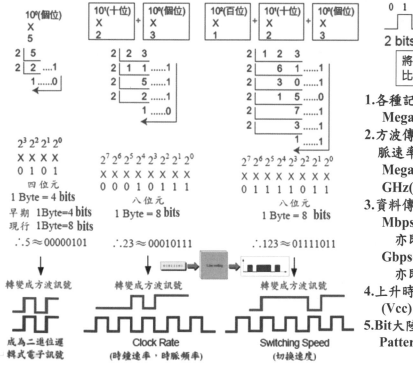

"數位化"是指將常見的"十進位制"轉變為便於實施電子訊號"二進位制"的過程,亦即:

2 bits per period or per cycle

將H_z(Period/s ,Cycle/s,)比喻為轎車而bit為兩個人

1.各種記憶體容量或傳輸量單位:
   Mega-bit/Giga-bit
2.方波傳輸速率(度)(工作頻率,時脈速率、切換速率)單位:
   Mega-Hertz(10^6 periods/sec)或 GHz(10^9 periods/sec)
3.資料傳輸量Data Rate之單位:
   Mbps(Mega-bit-per-second) 亦即1MHz=2Mbps Gbps(Giga-bit-per-second) 亦即1GHz=2Gbps
4.上升時間Rise Time與工作電壓 (Vcc)兩者決定頻率或速度
5.Bit大陸稱為碼,byte或bit Pattern大陸稱為碼流或Word字

1

1-0 電磁波
1-1 何謂高頻？何謂高速？

　　不管是類比（大陸稱模擬或仿真）弦波訊號或數位（大陸稱數碼或數字）方波訊號，其每秒鐘振盪次數（Hz）較少者稱為低頻或低速，次數較多者稱為高頻或高速。愈高頻者其振幅反而愈小波長也愈短。

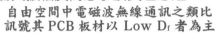
自由空間中電磁波無線通訊之類比
訊號其 PCB 板材以 Low Df 者為主

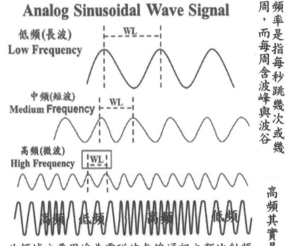

此領域主要用途為電磁波無線通訊之類比射頻（RF）電子產品（如廣播、手機、基站台、汽車防撞、雷達、遙控裝置等）。

周，頻率是指每秒跳幾次或幾而每周含波峰與波谷

高頻其實是多頻

各種 PCB 線路傳輸數位方波訊號所用
板材 Low Dk 與 Low Df 兩者均很重要

例如：工作電壓12V、工作頻率10MHz以下

例如：工作電壓5V、工作頻率30MHz以上

例如：工作電壓1-3V、工作頻率100MHz以上

例如：工作電壓 1-3V、工作頻率 50MHz 以上
此領域主要用途於邏輯計算與記憶之電子資通訊產品（如大型電腦或網通產品）。

1-2 術語的正確使用

　　電路板所跑方波訊號之高速者稱High Speed，而自由空間中所跑的極高速弦波訊號者才稱為High Frequency高頻或Radio Frequency射頻，兩者不宜混為一談。

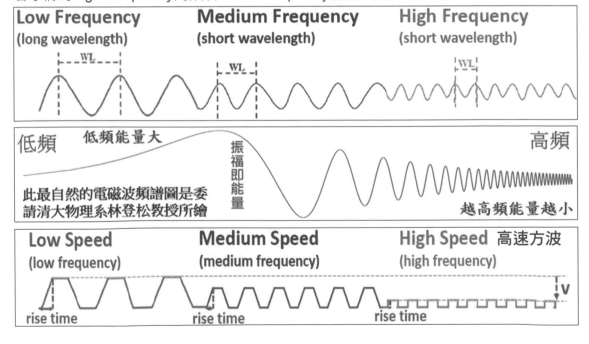

1-3 自由空間利用電磁波進行無線傳輸

手機是利用空間中的電磁波作為無線通訊的工具，圖⑥就是電磁波的想像畫面。圖①圖②為電磁波的兩種頻譜圖，圖③為頻譜圖中各頻段的命名，其微波段中黃色10mm到1mm的小區，即5G著名的mm Wave毫米波。圖④圖⑤高低頻方向與上三圖相反，可見到光纖通訊常用紅外光區的三種波長，圖⑦為波長與頻率互為倒數的關係圖。

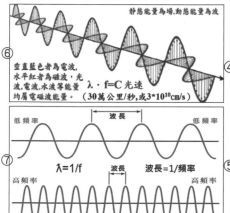

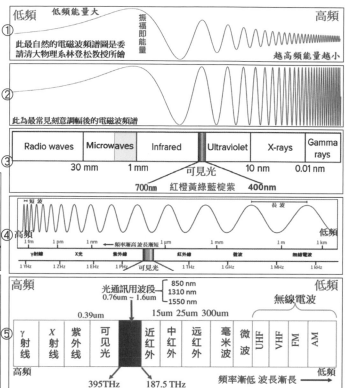

1-4 電磁波頻譜多樣應用領域之說明

從大範圍電磁波譜來看，所謂微波（Microware）其波段定義的説法很多，以波長100m（頻率300MHz）到1.0mm（300GHz）的區段較被廣大業界所認同。由物理可知：波長=光速/頻率；λ（Lambda）公式為λ=C/f或λ・f=C（30萬公里/秒或3*105Km/s），兩者互為倒數。美國聯邦通訊委員會FCC又將微波分成很多個不同的實用頻帶，特整理如下：

5G高端移動通訊的毫米波頻帶是：30GHz-300GHz

實用規格：6GHz以下稱為小5G，28GHz到77GHz稱為毫米波的大5G

頻率f是：每秒跳動的次數；次/秒

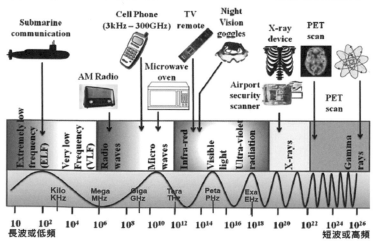

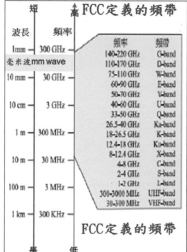

1-5 電磁波之波長頻率與實用之對應關係

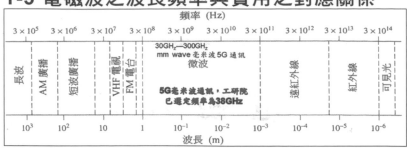

微波爐加熱原理：

氫原子　氫原子

氧原子

帶電耦極的水分子

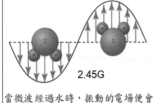

2.45G

當微波經過水時，振動的電場便會使水分子上下擺動而產生熱能

頻譜應用		波段名稱	
調幅廣播 (AM)	535~1605 kHz	中頻	300 kHz to 3 MHz
短波無線電	3~30 MHz	高頻 (HF)	3 MHz to 30 MHz
調頻廣播 (FM)	88~108 MHz	特高頻 (VHF)	30 MHz to 300 MHz
特高頻電視 (VHF TV 2~4)	54~72 MHz	超高頻 (UHF)	300 MHz to 3 GHz
特高頻電視 (VHF TV 5~6)	76~88 MHz	L 波段	1~2 GHz
超高頻電視 (UHF TV 7~13)	174~216 MHz	S 波段	2~4 GHz
超高頻電視 (UHF TV 14~83)	470~890 MHz	C 波段	4~8 GHz
美國行動電話	824~849 MHz	X 波段	8~12 GHz
	869~894 MHz	Ku 波段	12~18 GHz
歐洲 GSM 行動電話	880~915 MHz	K 波段	18~26 GHz
	925~960 MHz	Ka 波段	26~40 GHz
全球定位系統 (GPS)	1575.42 MHz	U 波段	40~60 GHz
	1227.60 MHz	V 波段	50~75 GHz
微波爐	2.45 GHz	E 波段	60~90 GHz
美國直播衛星	11.7~12.5 GHz	W 波段	75~110 GHz
美國工業、科學、醫藥	902~928 MHz	F 波段	90~140 GHz
	2.400~2.484 GHz		
	5.725~5.850 GHz		
美國超寬頻無線電 (UWB)	3.1~10.6 GHz		

1-6 微波通訊與電路板的板材

所謂微波就是指空氣中飛馳的高頻弦波，早年多用於軍事與雷達；目前民用市場更遠超過軍用，如手機、GPS與汽車自動駕駛等領域。且手機市場已成為電子產品的龍頭。手機板還可用到一般板材外，但其他微波設施都已用到Rogers、Arlon等射頻RF板材了。由於市場不大其PCB目前都只在中小廠生產。 **2020年5G通訊所用毫米波段其頻率為30G-300GHz**

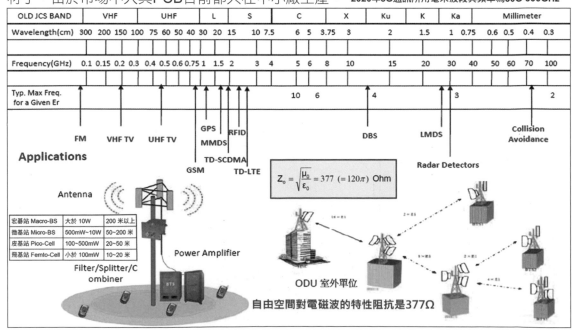

1-7 空間傳播能量的縱波與橫波

　　"波動狀態"本身具有向前進行與上下左右振動兩種持續的軌跡，當振動與進行為同方向者稱為縱波；當兩動作相互垂直者稱為橫波。本節利用圖1、2、3、4等四個畫面說明縱波與橫波的不同。圖5説明真正的波動是三維主體型態而用之於能量的傳播，一般教材均以二維圖面説明是為了簡化表達與傳授而已。

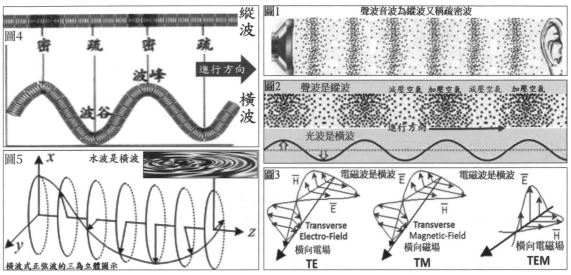

1-8 手機無線通訊其發射與接收系統之架構

　　下列大系統方塊圖，為手機發訊與收訊的詳細路徑與原理。除灰色區為數碼方波外，其他架構均為類比弦波的領域。由此可知手機架構要比電腦架構複雜及精密很多了。注意當發射端出現PIM被動（無源）交互調變者，將造成接收端靈敏度不佳的困擾。

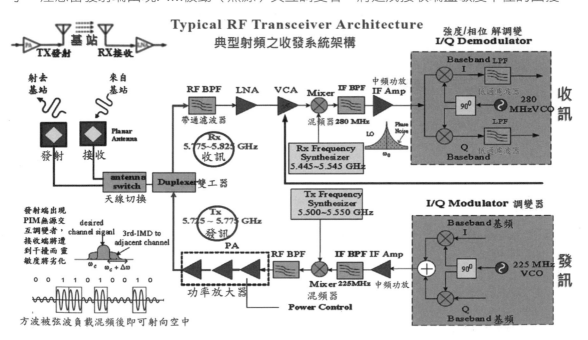

1-9 手機通訊的簡要原理與發展

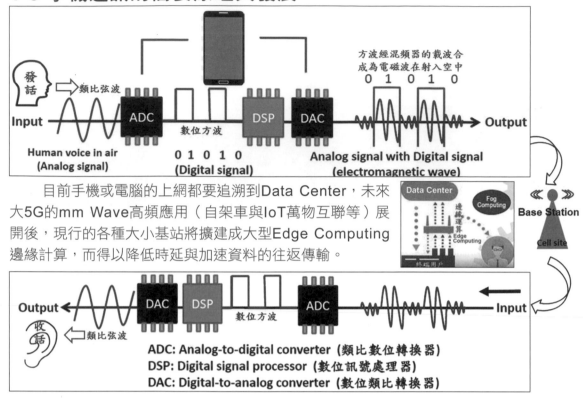

目前手機或電腦的上網都要追溯到Data Center，未來大5G的mm Wave高頻應用（自架車與IoT萬物互聯等）展開後，現行的各種大小基站將擴建成大型Edge Computing邊緣計算，而得以降低時延與加速資料的往返傳輸。

1-10 智慧型手機兼具電腦與無線通訊兩種功能

手機基頻區的Modulator調變器（數據機）可先把語音類比訊號調變成數碼方波訊號（見下圖），然後經中頻晶片轉為更高速的方波，又經功率放大器與濾波器的整理後，才將該高速方波先被混頻器產生的高頻正弦波所承載（見右上圖）。之後又經濾波與多道功率放大器處裡後，才再通過雙工器與天線而上傳到基站去。注意：一旦基站的機組存在非線性瑕疵或PCB不良者，收訊端將會出現PIM的干擾。

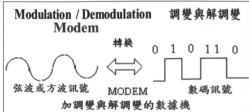

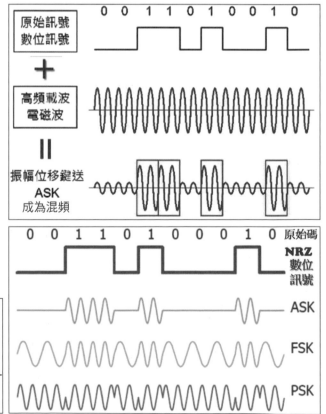

1-11 行動通信如何出現不良的無源交互調變PIM

　　PIM是指基站中各種Passive Intermodulation無源（被動）器件中，一旦存在非線性異常時，則在基站高功率多個載波的刺激下，將產生PIM式干擾雜訊，進而造成收訊者的降敏甚至掉話。右列上兩圖即說明當基站天線板或其附近已存在非線性瑕疵者，於是行動通話中收訊端將出現PIM式的混雜訊號。右下圖說明4G手機發訊甲的內容，經由手機中1940MHz的RF載波先傳播到基站，然後由基站高功率同頻率載波再傳播到甲的接受手機。若同時另有乙的1980MHz也到達基站時，則兩訊號在非線性作怪下就會產生交調頻率的PIM干擾了。此等基站同時出現多頻道通信的PIM干擾，到了5G時代將更為麻煩。天線板的PCB為避免PIM干擾所用板材應達到：①2GHz時 D_f 須小於0.0025②吸水率須小於0.02%③耐熱性須大於280℃（Tg280）。

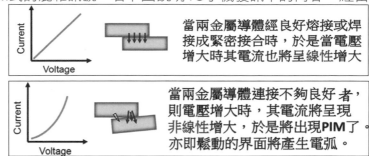

當兩金屬導體經良好熔接或焊接成緊密接合時，於是當電壓增大時其電流也將呈線性增大

當兩金屬導體連接不夠良好者，則電壓增大時，其電流將呈現非線性增大，於是將出現PIM了。亦即鬆動的界面將產生電弧。

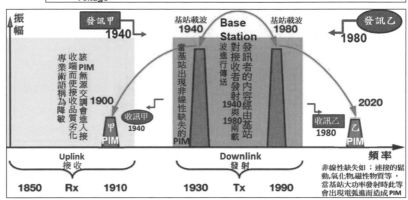

1-12 高速訊號高速傳輸時代的到來

1. 1991年以Intel為首的多家業者組成Peripheral Component Interconnection Special Interest Group；PCISIG協會，致力於PCI匯流排（Bus）總線工程標準的建立；使PCB之工作外頻得以與CPU之內頻脫鉤，而令CPU能夠更快速的發展。

2. 隨後PCI板類的佈線得以在33MHz與32位元的數據通路下，達到132Mbps的高傳輸量，以及66MHz與64位元數據通路下達到528Mbps之高速，大大的刺激了製造商與用戶追求PC的快速1993-1995年間成了高速傳輸來臨劃時代的里程碑。

3. 發展至今CPU的工作內頻已加快到5GHz，其高速串行I/O之內傳量也高達10Gbps。而PCB高速高量的DDR2或DDR3也已到達Gbps的地步。例如現行PCI Express 3.0之數據傳輸量竟然到達8Gbps的境界，於是此等看似近程却是長途傳輸之PCB（訊號線超過2.5 in者）就必須重視SI而免於當機。

4. PCB傳輸的時鐘速率（Clock Rate）只要超過50MHz者就是高速傳輸；但訊號本身當其方波上升前沿的Rise Time低於50PS者才稱為高速訊號；或當傳輸線長度超過方波波長的1/6者也才是高速傳輸的另一說法。

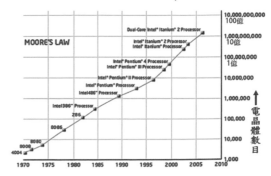

1-13 iPhone 12主板的細線領先業界

　　本節6圖均取自十層板L8的最細排線,從平均寬度看來堪稱已達1mil(25µm)之境界,這對負型光阻與大排板已經不容易了。然而A14晶片的內頻細線卻僅僅5nm而已,內頻線寬比外頻竟然細了5000倍。據報導台積電2021年底時將進入3nm的量產,領先三星與Intel至少一年以上。所謂類載板(SLP)是指高檔手機板是從UTC超薄銅皮(3.0µm以上)做為起步,此與常見mSAP載板流程類同故稱類載板。

1-14 五年來手機板中RDL的變化

　　台積電在2016年首度量產i7/A10的RDL,並成功取代了原有的6L載板與其下游封裝。說明TSMC不但執半導體晶圓製造前段工程的牛耳,並還跨足半導體後段的載板與封測工程,成為一條龍式的強勁客製業者。本節四圖即為2016的i7與2021的i12兩代RDL的對比。從3000X的兩大圖可見到:①第6代i12/AP14其RDL比第1代i7/A10在線厚已經減薄少許,再從下兩小圖的數據可知約減薄了1.5µm。不過線寬卻並未再縮細。②i12/A14長在PSPI上的RDL各層銅線,其底部材料中卻明顯出現許多毛刺,如此應可使得附著力更好。

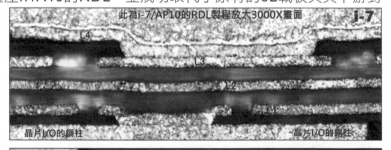

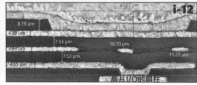

1-15 已屆50年的Moore's Law

　　50年前任職Fairchild半導體公司RD部門的Dr. Gordon Moore接受Electronic Magazine的邀文（1965.4.19；標題Cramming More Components onto Integrated Circuits預測半導體的未來發展。文中預言IC晶片中的"Components"（指電晶體Transistor而言）數量每年增加1倍並可維持10年的增長。此即赫赫有名的"摩爾定律"。1975年他又改稱每兩年會增長1倍，目前他本人預測此定律將在10年後終止，未來將是電子與光子並行的世代。IBM發展的"碳奈米管"（CNT）將於2020年商業化有如人腦（1000億個神經細胞）般的True North晶片，其中電晶體（大陸稱晶體管）竟然多達54億顆之多。之後Moore又成為Intel的共同創辦人，並捐贈50億美元成立基金會。後來也陸續捐贈加州大學在夏威夷Mauna Kae架設30m長的天文望遠鏡。

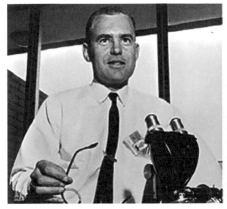

1-16 正弦波與數位方波的關係(1)

1. 自然界存在的正弦波（Sine Wave）如水波與光波等，其主元素有電壓縱軸上的振幅（Amplitude，大陸稱輻度），及時間橫軸上的週期（Cycle or Period）與頻率（每秒跑1個週期者稱為1Hz）。右下圖為正弦波與圓周的展開關係。

2. 數碼虛擬方波是由極多個奇數次正弦波的能量（指面積）總疊加而成。下圖為正弦波連續傳播中所變化的週期、頻率（週/秒）、角度、弧度與角動量（ω）等關係。

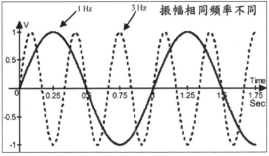

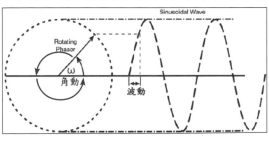

圓心到圓周向（矢）量所呈現的 θ 角，會隨時間的飛馳，而從 0 度到 90 到 180 到 270 到 360 度周而復始的展開，每周為 2π，以每秒 f 個週數（即頻率）的運動，在時域中展開連續正弦波動。

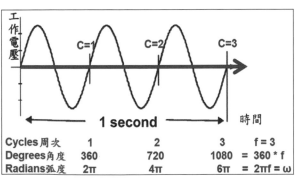

Cycles 周次	1	2	3	f = 3
Degrees 角度	360	720	1080	= 360 * f
Radians 弧度	2π	4π	6π	$= 2\pi f = \omega$

1-17 正弦波與數位方波的關係(2)

　　圖1為圓周展開成
正弦波的細部說明，圖2
說明時域方波的能量是
由頻域中許多弦波能量
所疊加而成，圖3是徹底
澄清頻率高低的觀念。
圖4是利用傅立葉轉換的
數學原理，清楚說明了
時域方波的能量（假設
為面積），是由頻域中
眾多弦波所疊加而成。

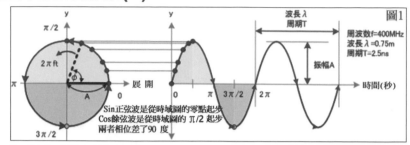

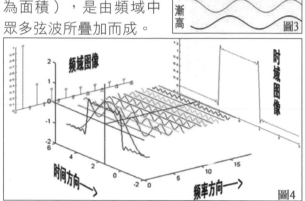

1-18 數位方波的解說(1)

1. 常見交變電流（Alternative Current；AC）是以正弦波方式傳導，其時域之頻率很低（每秒鐘僅60cycle/sec或60Hz），但振幅(電壓)却很大可達110V或220V。其實方波的第1次諧波也正是低電壓（僅1V）的正弦波。

2. 直流電（DC）傳導中遭遇的阻力稱為電阻（Resistance；R），交流電遭遇的阻力稱為阻抗（Impedance；Z）。方波在傳輸中遭遇的阻力則另稱為特性阻抗Z_0；三者單位雖均為Ω歐姆，但內容却完全不同。

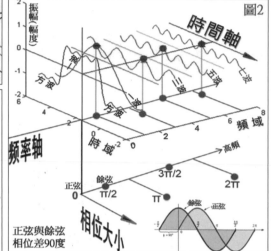

第1基本波(100M Hz)的波形

疊加了第3諧波(300M Hz)後的波形

疊加到第9諧波(900M Hz)後的波形

① DC：$I = \dfrac{V}{R}$ or $R = \dfrac{V}{I}$（直流無電感）

② AC：$Z = \sqrt{R^2 + (X_L - X_C)^2}$（X部份稱為電抗）

③ Signal：$Z_0 = \sqrt{L/C}$（此為Z_0的理想公式）

3. AC的Z阻抗是由電阻R與電抗X兩者所組成；根號中的X_L稱為感抗，X_C稱為容抗：

$X_L = 2\underset{週期}{\pi} \cdot \underset{次}{f} \cdot \underset{電感}{L}$　　$X_C = \dfrac{1}{2\pi \cdot \underset{次}{f} \cdot \underset{電容}{C}}$

式中之2π即為週期（Cycle），f為頻率（次/秒）。所列三圖即為正弦波與方波的關係圖。

1-19 數位方波的解說(2)

　　圖1為時域發訊端Driver所發出紅色良好的方波訊號，長途傳輸到Receiver.收訊端時，由於沿途損耗與雜訊干擾而形成藍色的不良方波，圖2是利用傳利葉轉換成頻域的頻譜對照圖，其各種闖入的高頻雜訊均清楚可見了。下三圖説明原有正負號的雙邊雙極正弦波，經2.5伏DC直流電加入抬高後，即可取得已無負號的單邊單極性的正弦波了。所列公式即為傅利葉之展開式。

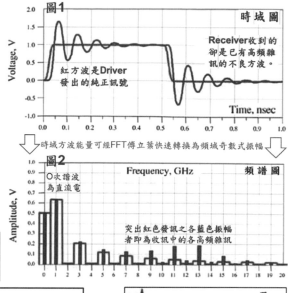

$$f(x) = \frac{a_0}{2} + \sum_{n=1}^{\infty} \left[a_n \cos(nx) + b_n \sin(nx) \right]$$

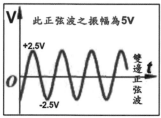

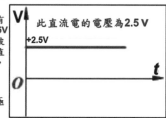
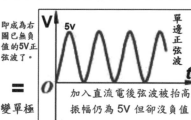

1-20 數位方波的解說(3)

　　將0與1兩種數字可編碼（bit）成為三種方波（右下圖），其連續碼流（Byte）中的1碼部分為直流電DC，而上升充電段與下降放電段為交流電AC（左上下圖）。最常用的方波為單極性不歸零NRZ的方波。

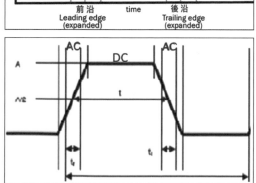
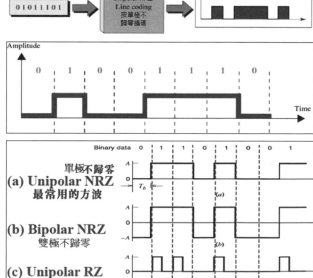

1-21 數位方波的解說(4)

1. 為了0與1二值化的需求,可在主弦波中加入直流電能量,即可將時間橫軸由原本曲線圖的正中0點,拉低到底部成為新0點的正弦波與方波。

2. 由上右圖可見到低速方波前沿上升時間(RT,指振幅由10%上升到90%或20%到80%之耗時)為1μs,約占週期(Period or Cycle)的1/3(33%)。此低速時脈之速率僅3.3MHz而已。注意Digital數位方波,均為直流加交流之單極性波動。

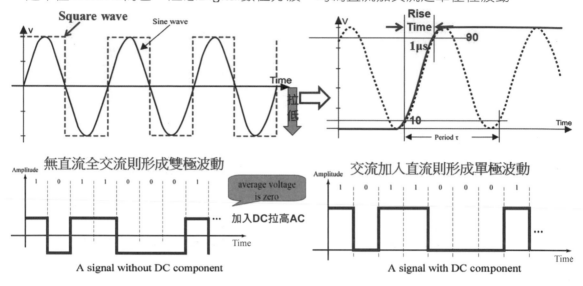

1-22 數位方波的解說(5)

1. 資訊技術IT(大陸稱信息技術)工業,即利用時域的數學虛擬方波,做為0碼(低位)與1碼(高位)二值化的運算與傳輸工具。1993年後資訊業以建模(Modeling)與模擬或仿真(Simulation)為基礎的SI、PI、TI等科技,此種資訊工程已快速發展成為電機電子以外的全新經驗學門了。

2. 右下圖為快速方波其上升時間RT僅0.1ns而時脈速率則已加快到1GHz,周期逼短到僅1ns。致使此高速方波之RT僅占周期的1/10(10%)而已,比前節所述3.3MHz之低速者快了3000倍。

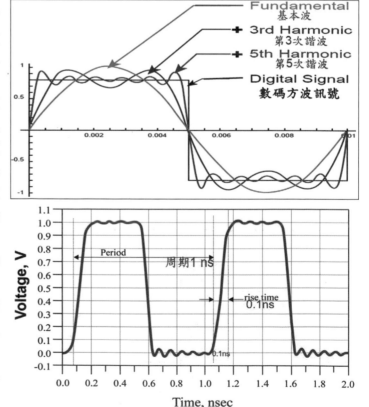

1-23 數位方波的解說(6)

上三曲線圖均為時域方波與頻域弦波彼此轉換的圖示，而四個老外的表演說明時域方波是由許多頻域弦波所組成的，這種生活化的教材令人印象深刻。下大圖為時域方波與頻域弦波兩者的具體圖示。注意若將0次諧波的能量也加入後，則可把方波0碼抬高而成為全正值的單極方波了。

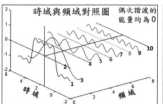

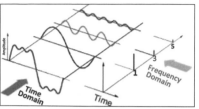

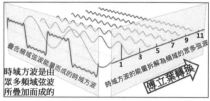

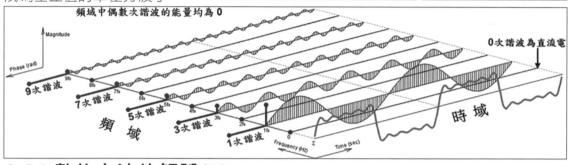

1-24 數位方波的解說(7)

1. 時域（Time Domain）中數學虛擬的方波，事實上是由極多次真實正弦波所組成的，也就是將極多個奇數次諧波（Harmonica）的能量（即面積）所疊加而成。

2. 此等奇數次諧波分別為基本波（Fundamental，即0次直流電+1次諧波）、3次諧波、5次諧波、7次諧波…等總加而成。所疊加諧波愈多次者其方波前沿愈為垂直，也就是上升時間（RT）愈短或傳播速度（Hz）愈高。

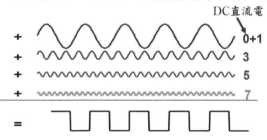

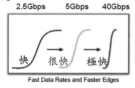

方波前沿愈陡直者表示傳輸速度愈快　傳輸越快者特性阻抗Z_0不連續之反射也越大

將粗細傳輸線比喻成大小水管

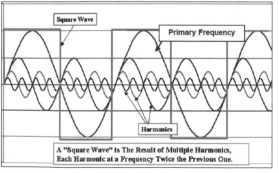

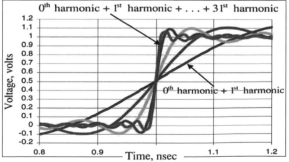

1-25 Digital數位（數字/數碼）方波與傅立葉轉換

右列四圖說明經過四次弦波疊合成方波的傅立葉轉換公式，本頁中間3D立體大圖及最下立體矮圖，均説明方波在時域與頻域兩者互換的波動關係。

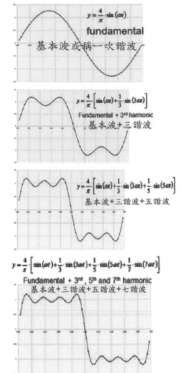

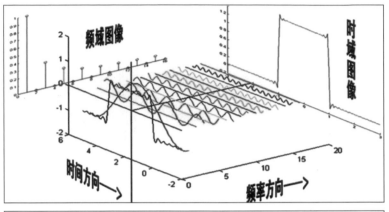

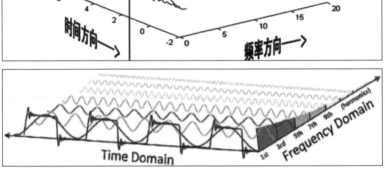

1-26 時域Time Domain頻域FrequencyDomain與傅立葉轉換

時域中方波的總能量（面積），事實上是由許多諧波分量（面積）所疊加而成，疊加次數越多其方波能量就越大，而其波型也越標準。時域與頻域兩大領域間的波動狀態與圖譜表達，可經由傅立葉轉換的數學原理進行彼此互換。

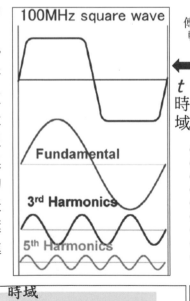

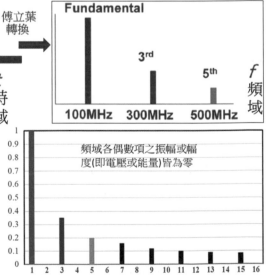

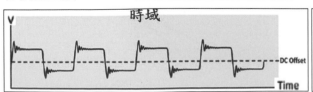

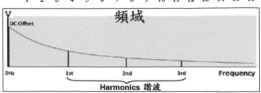

1-27 數位方波的解說(8)

1. 物理學將連續規律性的波動分為①高低起伏的橫波（如光波、電波與水波）②疏密不同的縱波（如聲波），而與資通訊業密切關係的電磁波即屬於正弦波式的橫波。
2. 以廣播用電波為例，可在調變振幅（AM）或調變頻率（FM）之下可取得0與1二值化的效應，於是就可利用二值化方波做為工具，達到大量資訊利用二值化進行高品質的傳輸。
3. 由前三節可知方波是虛擬的，是由極多個不同頻率的正弦波能量（面積）所疊加組成，並已成為數位化與傳輸線的基礎。

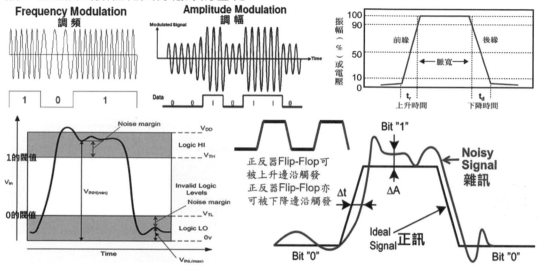

1-28 數位方波的解說(9)

1. 傳輸線中每秒跳動（Switch）一個bit的次數（bit rate）稱為其工作頻率或時脈速率（其實也是速度），單位為Hertz或MHz或GHz。而1Byte=8bit，PCB傳輸線實際高速傳送的數據均以Byte為單位。
2. 當集合8條數據線，另加打拍子指揮的時鐘線（Clock Line）與1條校驗線，共用10條併行傳送者，即稱為Parallel並行傳輸。此即IC內頻傳輸或PCB必須極快外頻傳輸的Buss匯流排（大陸稱總線，如CPU到北橋或到列印機或到16顆記憶體的內存條者）。若8碼能同時到達者，則稱之為正時完整性Timing Integrity良好。

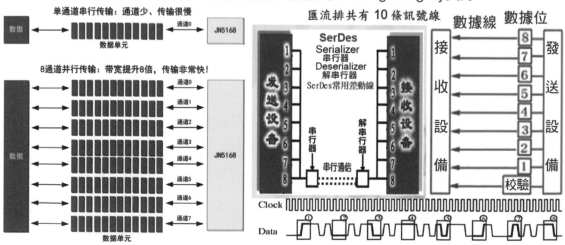

1-29 數位方波的解說(10)

1. IC內頻路程極短的Data傳輸（指每個Byte的傳送），採單bit齊頭並進的Parallel併行方式，因而線數比Serial外頻增加極多，且內頻線寬也變得極細。

2. 以個人電腦的PCB為例，一般主機板的佈線除了CPU與北橋DRAM，CPU與列印機之間採特殊Parallel併行佈線（即Bus匯流排，大陸稱總線）外，其他均採Serial串行佈線，因而可使得線數不多，大幅減輕技術與成本的壓力。

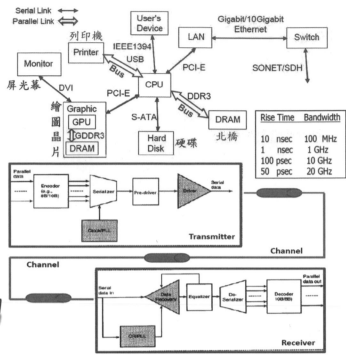

1-30 數位方波的解說(11)

1. 所列左上圖為典型高速方波訊號的模擬圖，其上升時間（Rise Time）約佔週期（Period or Cycle）的1/10，其橫軸每格為2ns而縱軸每格為1V。

2. 由左下圖可知縱軸的上升時間（RT）與橫軸的頻率（10倍頻率）大約互為倒數（RT=1/10f），凡當方波的RT短到1ns以下或時脈速率超過1GHz以上者，則此種高速訊號的長途傳輸必將發生各種SI問題。

3. 右二圖為兩傳輸線經由軟體 HyperLynx 所仿真的方波；玫瑰紅者係發訊之方波，正紅色者為收訊方波，兩個收訊端均出現振鈴但以2吋者較差，故知傳輸線愈長速度越快者其所夾帶的雜訊也愈多。

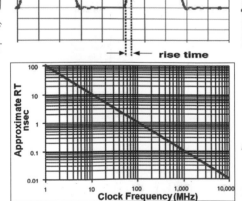

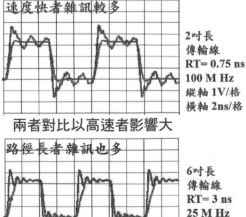

1-31 晶片與電路板傳輸轉換的RDL再佈線任務由載板承擔

面積很小的IC晶片其內頻具有多層奈米級極多的細密線路，可對8bit的Byte訊號在短距中極快的併行傳輸。但出到了大面積外頻Carrier/PCB的長距離粗鬆線路時，對其8碼則只能用較慢的串行傳輸了。從早先1991年起內頻外頻就已脫鉤而各自發展。為了內外順利快速溝通起見，扮演內外互連角色的載板與封裝模塊隨即興起。用於再佈線RDL的載板與軟體，即執行起內外轉換的角色。

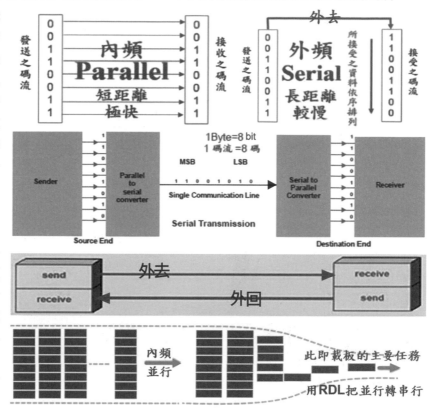

1-32 內頻併行傳輸線數越來越多越來越細也越來越快

晶片內頻併傳的訊號線數已達64bit的64線而線寬已超細到10nm，但外頻的載板與電路板目前大排板量產線寬只能到1mil或25μm而已。兩者之間的互連就要靠再佈線層RDL（Redistribution Layer）（如載板或台積電的INFO）去內外搭橋與溝通了。

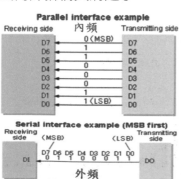

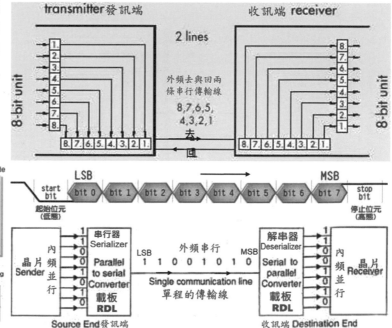

1-33 大系統各級PCB訊號互連的演進

　　右上為單板上所貼焊組裝常規BGA與FOWLP式BGA在板內的互連；右中為大型機櫃內多片PCBA雙雙連接到背板上而完成系統功能；右下為5G時代光電互連大幅成長的示意圖，右側粗藍框即為光電互連互換用的光模塊，亦即左下所列十層式光模塊與載板完工可插拔的光模塊成品。

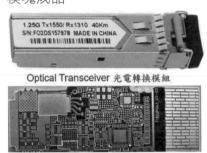

Optical Transceiver 光電轉換模組

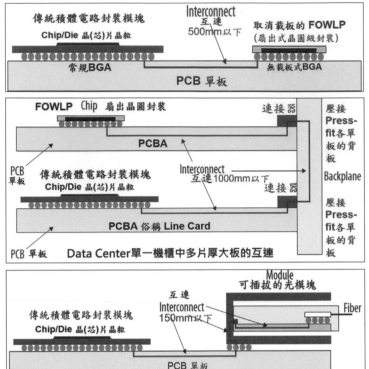

1-34 方波的時域與頻域(1)

1. 當波動發生在時間橫軸與電壓縱軸者稱為時域（Time Domain），成為虛擬方波的圖譜。至於頻域（Frequency Domain）則是以頻率為橫軸與振幅為縱軸組成的圖譜，也就是把方波拆解成極多個奇次頻成為橫軸，並按其振幅及頻點繪出直方圖說明方波的其他特性。

2. 利用離散傅立葉轉換可將時域轉為頻域，時域方波是由極多個頻域奇次弦諧波的能量所組成。例如RT為100psec，速度為1GHz，其Duty Ratio為50%（占空比指1碼的時間與0碼的時間兩者之比），頻域中各偶次諧波之振幅（能量）皆為0。

3. 方波傳播速度愈快升與降的邊沿愈垂直者，則其轉換成頻譜中的奇數諧波也愈多，其最高次諧波（振幅最低者）之頻率特稱為頻寬Band width（大陸稱帶寬）。

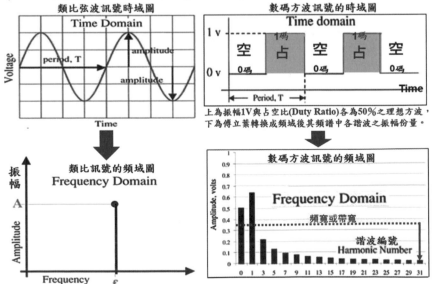

1-35 方波的時域與頻域(2)

1. 假設某虛擬方波之週期為10ns，速度為100MHz，基本波之振幅（Amplitude，大陸稱幅度）為1V，若將右下頻譜圖的1、3、5、7、9、11、13等前七個奇次諧波（Harmonica）的總振幅能量疊加起來（組成方波的面積），將比右上由1、3、5、7四個奇次諧波方波所組成的波型更好。

2. 左四圖係將基本波再疊加3、5、7次諧波後將成為近似方波，雖然高位1碼與低位0碼仍出現少許紋波（Ripple），但已很接近虛擬方波了。

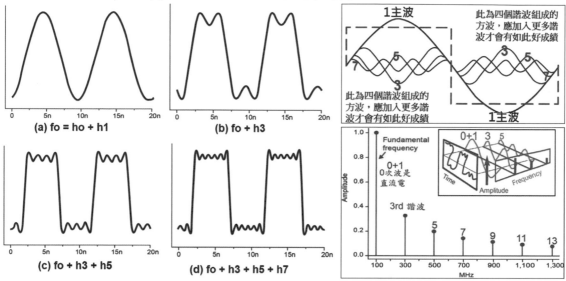

(a) fo = ho + h1
(b) fo + h3
(c) fo + h3 + h5
(d) fo + h3 + h5 + h7

1-36 方波的時域與頻(3)

1. 由前數頁可知虛擬的方波是由許多真實正弦波所疊加組成的，於是就可將時域的方波加以轉換成許多不同頻率的正弦波。其中能量（即面積）最大者稱為基本波或主波，即頻域圖中0+1的直方圖（0為直流電）。其餘3、5、7…等能量（振幅）遞減的正弦波一律稱為諧波（Hamonic），倍頻諧波之頻率越高者能量反而愈低。請特別注意：頻寬帶寬。

2. 左二圖為時域中共疊加7次諧波所組成的近似方波，與在頻域中轉換到9次諧波的頻譜圖，右二圖為疊加25次諧波的時域方波與所轉換的頻域頻譜圖。

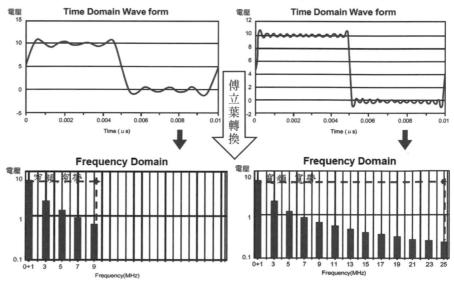

1-37 何謂頻寬或帶寬Bandwidth？

1. 假設時域中出現如左上圖理想藍色正方波與紅色的梯方波，左下圖是將兩種方波能量，經傅立葉轉換成頻譜多次諧波對應的振幅直條。見到紅梯方波各奇次諧波振幅不但劇烈下降且頻寬不夠，然而藍正方波各次諧波下滑則較平順且頻寬很寬。

2. 當梯方波某奇次諧波之振幅（能量）尚大於或等於同次正方波振幅之70%（-3dB）者，則該次梯方波之頻率即稱為頻寬或帶寬。右二圖中第五諧波的5GHz者即為梯方波的帶寬而射頻弦波另稱頻寬。

3. 方波常用的Bandwidth在台灣稱為『頻寬』大陸稱為『帶寬』，而BW（GHz）=0.35/RT（ns）更是常用的近似值公式。業者常說 "頻寬不夠" 的頻域語言，其實就是指時域方波前沿（Edge）的不夠垂直，也就是時脈傳輸速率不夠快的意思。

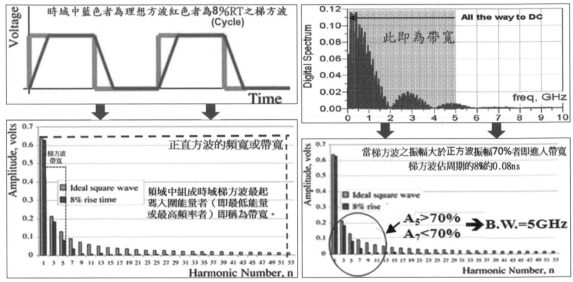

1-38 時域的高速就是頻域的寬頻（或寬帶）

方波訊號在時域傳輸的高速，也就是頻域語言的寬帶或寬頻，兩種語言表達是同一件事。但寬頻與頻寬兩者確有不同的含意。

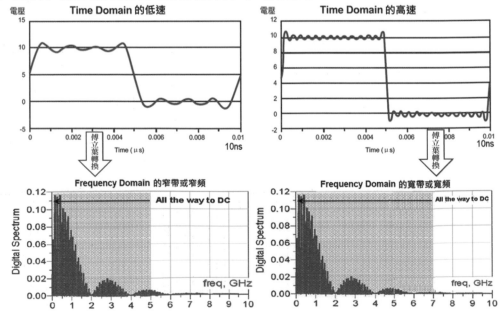

1-39 方波頻域的頻寬或帶寬

1. 從左下某頻譜圖可見到0次波的振幅約0.5V此即DC直流的能量，諧波以第1基本波的振幅最大（達0.63V），第3諧波為0.19V，5諧波為0.08V，此三諧波之橫軸總寬度即為頻寬或帶寬（5GHz）。其經驗公式為：BW•RT=0.35，式中BW單位為GHz，RT為ns。
2. 左上為該方波時域RT為0.1ns，振幅為1V。轉換為頻域則BW=0.35/0.1=3.5G Hz，此式的BW與RT是互為65度倒數的關係（180度x0.35=65度，見後節）。
3. 右上為另一方波的時域圖，紅線為Driver的良好發訊，藍線係Receiver的不良收訊，原因是傳輸中的雜訊與損耗所致。右下即為其頻譜圖中各藍色諧波所對應的高頻雜訊。

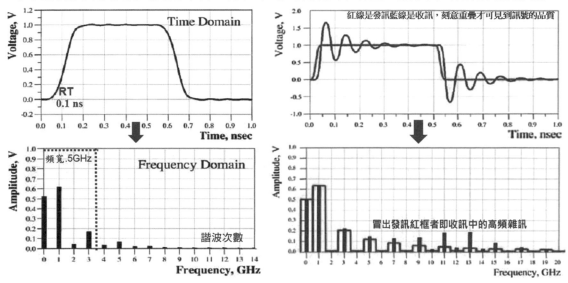

1-40 時域的Rise Time與頻率的Bandwidth

1. 數碼方波在時域中的傳輸速率取決於上升時間，RT愈短者傳輸速度愈快。時域方波經傅立葉轉換為頻域多支弦波頻率分量而成為頻譜時，由1-37節之振幅>70％定義可知：其有效頻率為5GHz，此5GHz即為頻譜中之帶寬，亦即BW越寬（頻域的術語）者，其傳輸速度（時域的術語）也愈快。
2. 下左為RT與BW兩者呈65度倒數的關係，下右為時域中四種RT與其四種T週期（Period）的方波圖形，常見極高速者其RT約僅占T的5%以下。

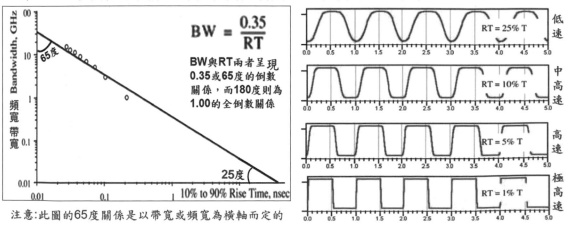

附錄第二章 傳輸線的工作原理

2-1 PCB傳輸線的導體電流與介質電磁場（波）兩者的能量傳輸

1. 當PCB傳輸線的結構（指三成員）非常均勻者，則可稱為"阻抗匹配"的傳輸線。一旦傳輸線中的銅導體或板材發生變化（如寬、窄、厚、薄等），則將成為阻抗不匹配或不連續（Discontinued）的傳輸線，並將出現各種訊號完整性SI的不良問題。

2. 當跑線與歸路兩者寬窄不均或介質層厚薄不均者，稱為不對稱傳輸線，如PCB的微帶線與帶狀線等。而去回均勻與介質均勻者則稱為對稱式傳輸線，如PCB以外其他尚有雙絞線或單面板一去一回的共面線等。

3. PCB常見訊號線可概分為單股端或多股並列訊號線的傳輸線，與一正訊一反訊的雙股差動（Differential Line大陸稱差分線）等多種佈線方式。

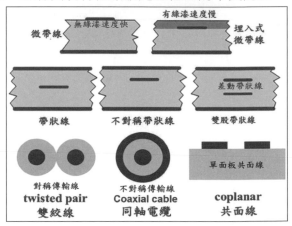

2-1-1 傳輸線的工作原理⋯電流與電磁波

1. 討論傳輸線工作中的電場與磁場時，若從較簡單的微帶線入門當然是最好的對象。所列左二圖為立體呈現的微帶線，右上圖具上下兩個大銅面者稱為帶狀線。

2. 當微小電流在微帶線的Signal line中前奔與回歸層Return Path中急返時，左下圖可見到其電場也在空氣中與板材中向前急奔。有了電場當然就會有磁場，從中二圖可見到紅色電場與藍色磁場是互相垂直的，也就是橫向電磁模式TEM的能場。

3. 訊號傳輸時電流在導體中因電阻而發熱，而電磁場同步穿越介質層遭其極性的正負相吸而抖動與扯動也會發熱。一路發熱損耗下終將使得收訊端出現劣化與變慢。

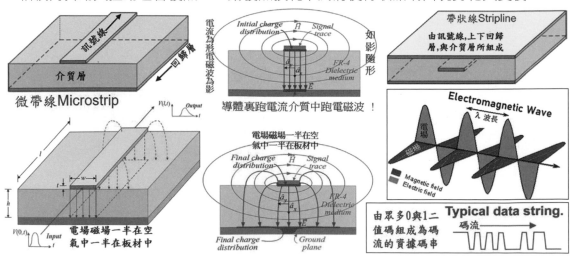

2-1-2 傳輸線其導體中的電流與周圍介質中的電磁波,兩者的圖示說明

　　圖1為空間中導線通過直流電時,從安培右手定律可知周圍會有磁場;從法拉第定律可知有了磁場必定有電場。靜態為場動態即成波,於是導體中跑電流時周圍介質中就同步跑電磁波了。圖2說明多層板兩外雙層屬微帶線,當其中訊號線跑電流時,內外不同介質中跑電磁波所受到的阻力也不同。圖3說明內層帶狀線其電流與電磁波的複雜動向。圖4說明空間中電磁波能量傳播的簡圖(右三立體者才是真圖),圖5是電波與磁波互成90度的簡圖,實際上兩者均為3D立體圖。

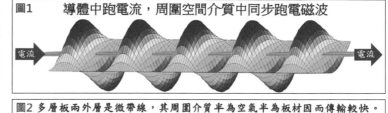

圖1 導體中跑電流,周圍空間介質中同步跑電磁波

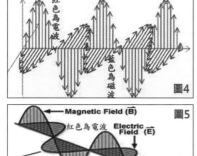

圖4 紅色為電波 藍色為磁波

圖5 Magnetic Field (B) 紅色為電波 Electric Field (E) 藍色為磁波 Wavelength (λ) Propagation Direction

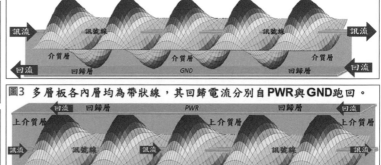

圖2 多層板兩外層是微帶線,其周圍介質半為空氣半為板材因而傳輸較快。

圖3 多層板各內層均為帶狀線,其回歸電流分別自PWR與GND跑回。

2-1-3 電路板傳輸線所傳送訊號能量之路徑說明

　　電路板傳輸線傳送訊號能量時,訊號線與回歸面兩導體中會跑相反的小電流,同時其周圍介質中也會同步跑電磁波。傳輸線導體的趨膚效應(Skin Effect)會出現電阻發熱而損耗能量。而介質中電磁波的振動也遭其極性(指D_k與D_f)的掣肘妨礙,造成扭動扯動發熱而損耗能量。兩種總損耗稱為插入損耗(Insertion Loss)。此即高速PCB一再要求銅箔的低稜小瘤,與板材低極性(low D_k/D_f)的原因了。

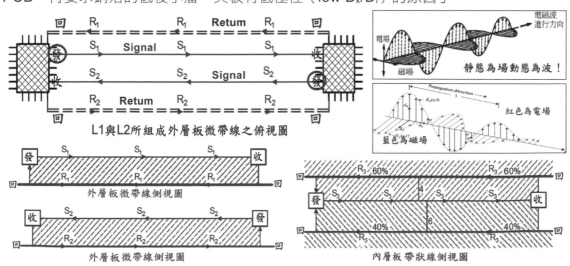

L1與L2所組成外層板微帶線之俯視圖

外層板微帶線側視圖

外層板微帶線側視圖

內層板帶狀線側視圖

2-1-4 板材D_k與寄生電容以及細線三者間的關係

1. 當主動元件功能不斷增多增強，其傳輸資訊的I/O端口與傳輸線（以其中的訊號線為主）也必然不斷增多。為了佈置更多訊號線（俗稱跑線）起見，只有不斷縮細線寬增加層數以納入所有的跑線。而傳輸中跑線正電流與回歸層反電流之間就會形成寄生電容。現行PCB與Carrier的線路變細、層數增多，同時也使得BGA或CSP封裝的球數劇增、球體縮小、跨距拉近等參數，成為產品更為困難的原因。
2. 為減少單股訊號線的雜訊與多股線間的串擾起見，PCB以及載板之各種介質層均將愈來愈薄。但如此一來卻使得訊號線與歸路之間的寄生電容C（C=εr・A/t）反而變大，反而造成訊號變慢與衰減。於是只好又不斷縮細W線寬以抑降其寄生電容。此為細線的第二原因。

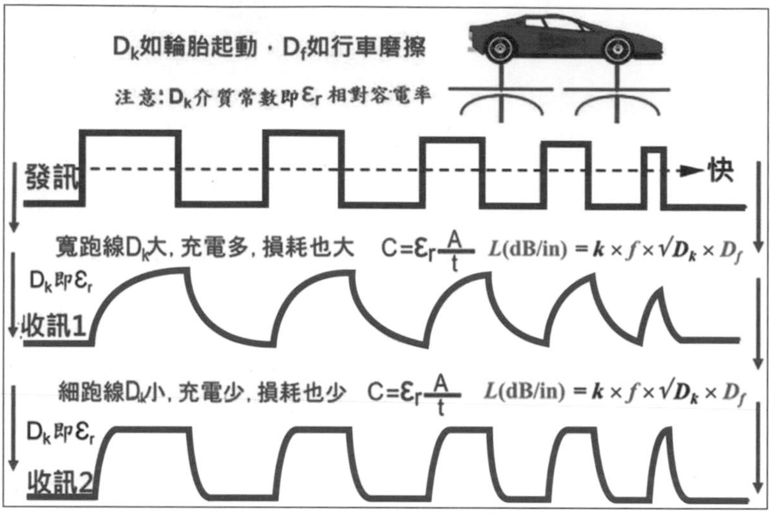
D_k如輪胎起動，D_f如行車磨擦
注意：D_k介質常數即ε_r相對容電率
發訊
快
寬跑線D_k大，充電多，損耗也大　$C=\varepsilon_r\frac{A}{t}$　$L(\text{dB/in}) = k \times f \times \sqrt{D_k} \times D_f$
D_k即ε_r
收訊1
細跑線D_k小，充電少，損耗也少　$C=\varepsilon_r\frac{A}{t}$　$L(\text{dB/in}) = k \times f \times \sqrt{D_k} \times D_f$
D_k即ε_r
收訊2

2-1-5 板材D_k與寄生電容以及損耗的關係

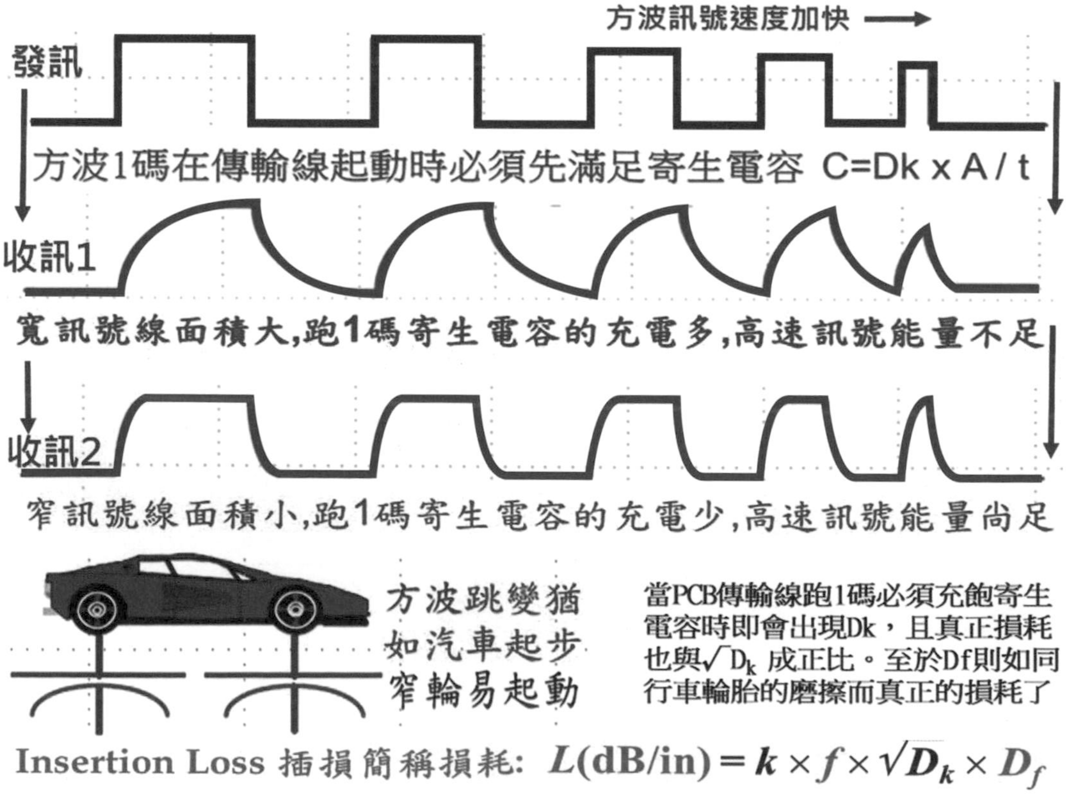
方波訊號速度加快
發訊
方波1碼在傳輸線起動時必須先滿足寄生電容 C=Dk x A / t
收訊1
寬訊號線面積大,跑1碼寄生電容的充電多,高速訊號能量不足
收訊2
窄訊號線面積小,跑1碼寄生電容的充電少,高速訊號能量尚足
方波跳變猶
如汽車起步
窄輪易起動
當PCB傳輸線跑1碼必須充飽寄生
電容時即會出現Dk，且真正損耗
也與$\sqrt{D_k}$ 成正比。至於Df則如同
行車輪胎的磨擦而真正的損耗了
Insertion Loss 插損簡稱損耗: $L(\text{dB/in}) = k \times f \times \sqrt{D_k} \times D_f$

2-1-6 多層板疊構與傳輸線關係

1. 多層板各導體層次按主動元件電晶體（大陸稱晶體管）的工作原理共有①電源層 Vcc②接地層Gnd，及③訊號線Signal line層，其中Vcc/Gnd兩大銅面均可扮演回歸路徑（Return Path電流）的角色。

2. 多層板的傳輸線只有兩外層是微帶線，其他各內層均為各式帶狀線，至於如何佈局佈線則端視用途而定，其商用功能的優劣幾乎已成為設計者的藝術境界了（State of Art）。下列者即為4L、6L、及8L板的部分實例。

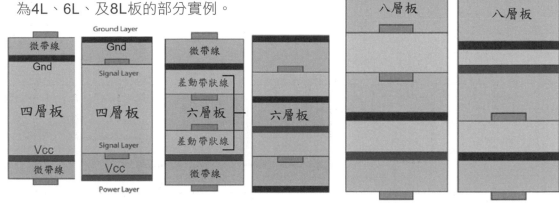

2-1-7 高速電路板內外四種傳輸線

1. 多層板高速傳輸線從結構上可分為：①兩板面的微帶線（Microstrip Line）與②各板內的帶狀線（Strip Line）。前者又分為單股（Single-ended）微帶線與雙股（Differential）差動微帶線，亦即訊號線有單股與雙股的不同。板內的帶狀線則另具上下兩個回歸層，帶狀線中的訊號線也有單股與雙股之分。

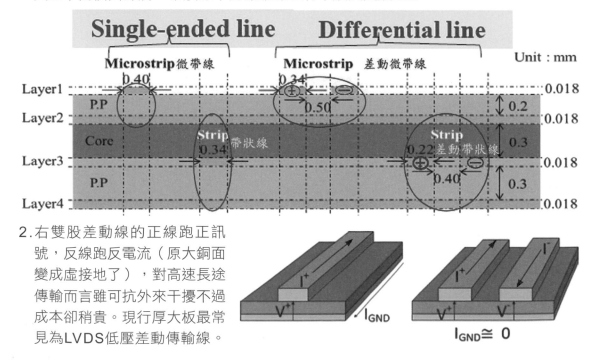

2. 右雙股差動線的正線跑正訊號，反線跑反電流（原大銅面變成虛接地了），對高速長途傳輸而言雖可抗外來干擾不過成本卻稍貴。現行厚大板最常見為LVDS低壓差動傳輸線。

2-1-8 現行多層板絕大部分均為傳送訊號能量的傳輸線

傳送高速訊號或射頻訊號兩者能量的傳輸線,粗略分成兩外層的微帶線Microstrip與各內層的帶狀線Stripline,而能量傳送又有跑電流的導體與跑電磁波的介質層兩種路徑。

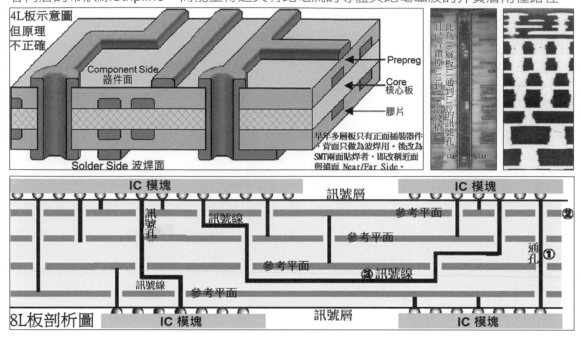

2-2 傳輸線的工作原理…歸路(1)

1. 早年PCB所蝕刻的銅線,都是為了電器品簡化繞線佈線等目的,也就是只做為導電Conductor的用途。目前少部份高功率(例如10-20V)大電流(1-5A)之PCB,其線寬10-20mil與線厚(3-10 oz)的厚銅板類,即為導電傳電用的PCB。

2. 現行主流多層板的細小銅線根本不是做為導電用途,而是做為傳輸方波的工具(電壓約1-3V、電流約10-20mA)。故知多數PCB線路已不再作為導電用途,反倒成為高速傳送傳輸Signal訊號的傳輸線了。

3. 多層板中跑訊號的細線(電流很小)業界俗稱為跑線Trace or Track,學名為訊號線Signal Line。訊號線還必須搭配立體的歸路Return Path,如同定滑輪之同時動作。且上下之間還存在著介質層Dielectric,於是三成員就成為PCB傳輸線的團隊了。

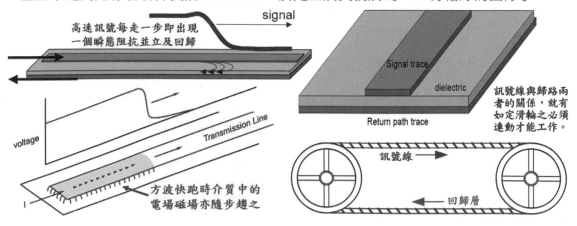

2-2-1 歸路Return Path說明之(2)

1. 一般電器品工作中其電流當然也會有歸路,但那只是直流或交流在電路學上的歸路, 也就是從電源出發端經由火線到達負載端或接收端,再由地線回到源頭而完迴路。

2. 高速方波在傳輸線的訊號線中快跑時,不但其電流會向前快跑且其回歸電流也從歸 路中立即回奔,完全不需到達收訊端後再從其接地歸路回到源頭,那樣就太慢了。

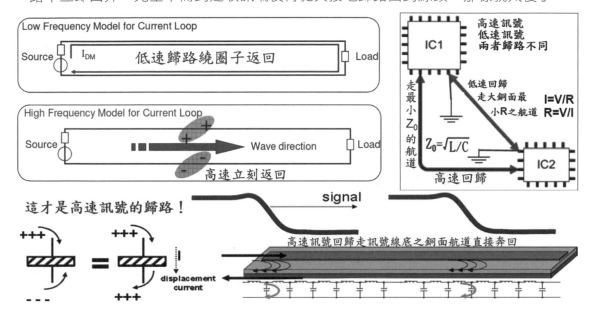

2-2-2 歸路Return Path說明之(3)

1. 為了分辨DC電流與方波訊號(僅具微小的AC 電流,當工作電壓為1V時僅約20mA)兩者的 不同,刻意用右三圖加以說明。

2. 當將DC流入兼具跑線與歸路的微帶線中(遠 端已短路),於是DC就會直接由短路處返回 到源端或發訊端。設其前奔的耗時為1ns者, 高速傳輸特稱此種單程耗時為Time Delay (TD),譯為時延或飛時。

3. 當發訊源端(Source)送出交變式(AC)方 波訊號時,則跑線某一點與歸路間的電壓將瞬 間增大。也就是方波前沿出現了瞬間電壓變化 (dv/dt),使得跑線與歸路間出現了寄生電 容。於是方波的微小電流(約20mA)即經由

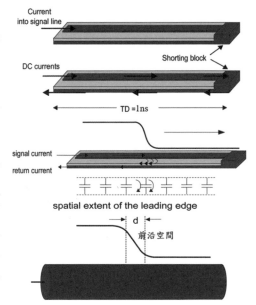

該電壓瞬變處(dv/dt)立即直接流經歸路返回源端。此等眾多回歸是發生在方波前 沿的一小段位置,即d所謂的前沿空間Leading edge Spatial Extent。

4. 注意返回電流在Vcc/Gnd兩大銅面之間會形成瞬態阻抗(Instantaneous Impedance)與 所帶來Vcc的壓降(IR Drop)與Gnd的壓升,後者即所謂的地彈(Ground Bounce), 這些都是雜訊(Noise)的來源(約10mV)。介質層愈薄者其地彈也會愈小。

2-2-3 歸路Return Path說明之(4)

1. 由發訊端飛往收訊端的中低速方波，還必須不斷經由歸路返回發訊端以完成迴路。否則其能量會逸入自由空間而成為射頻RF雜訊，嚴重者甚至無法工作。其原理如同滑輪或照明電燈的動作。

2. 訊號線與歸路間的迴路截面積愈小者（即介質層愈薄），其各種不良效應也愈少。

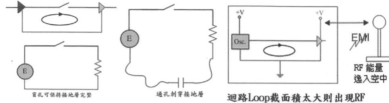

百孔可保持接地層完整　　通孔刺穿接地層　　迴路Loop截面積太大則出現RF

3. 低速訊號的歸路是走電阻R最小的銅面直路返回，高速訊號的回歸則是走Z_0最小或C最大的正下方航道回來，稱為往返耗時（Round Trip Delay）。

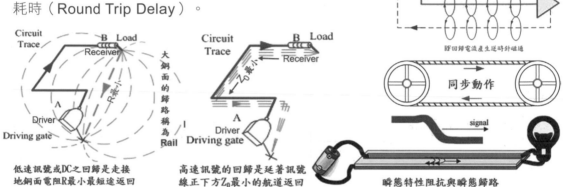

低速訊號或DC之回歸是走接地銅面電阻R最小最短途返回　　高速訊號的回歸是延著訊號線正下方Z_0最小的航道返回　　瞬態特性阻抗與瞬態歸路

2-2-4 回歸接地層盡量不要開裂以減少回歸電流的繞道以致拉低速度

　　大型PCB經常會同時傳輸數字方波訊號與類比弦波訊號（Analog大陸稱模擬），且方波領域內又有不同電壓的接地；避免連續鑽孔的刺破，並應採連橋（寄生電感可通直流阻交流）或縫合電容器予以跨連而完成SI的任務。

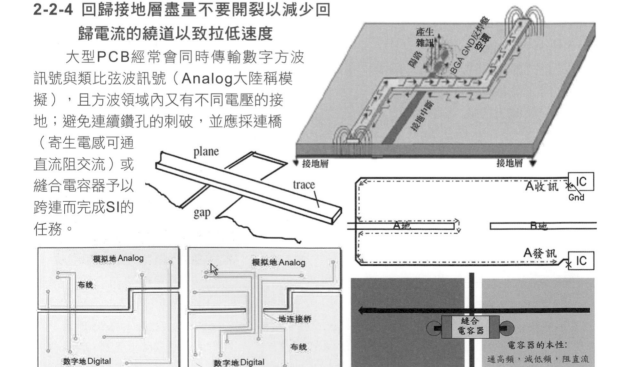

2-2-5 歸路Return Path說明之(5)

右三圖再次詮釋前頁Howard Johnson名著的 "黑箱作業" 並加以發揚。左上兩彩圖說明大銅面歸路一旦出現裂溝不連續時,必須加以補救(從外層加裝縫合電容器)以減少雜訊(噪聲)。左下立體空心圖特別指出,歸路中的直流電是走R最小的路回家,而交流電則走Z_0最小的路回家。

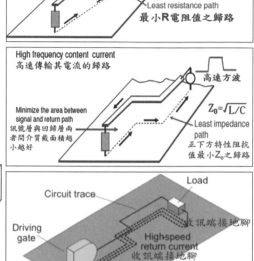

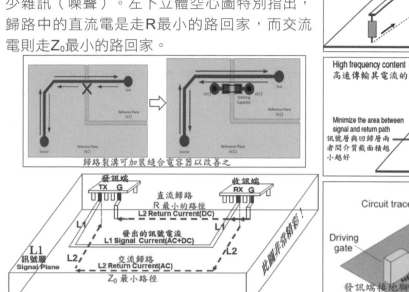

2-2-6 歸路Return Path說明之(6)

1. 當多層板有通孔穿過Vcc與Gnd兩大銅面者,左下圖L1跑線中的方波訊號經由通孔(此時應稱訊號孔)而到達L4時,其歸路可見到右下圖與左中彩圖之所示。

2. 左上黑白圖係經由Ansoft 2D求解器(Extractor)所模擬(Simulation大陸稱仿真)的畫面,從而找出其工作中之電流分佈,亦即落在兩個大銅面顏色較淺處。

3. 下兩圖L1訊號線的電流歸路首先是出現在L2,接著訊號電流跑到L4並自L3感應出回歸電流,並繞著兩個參考地平面的隔離環(Antipad)盤旋上到另一側的L2,然後才回到發訊端去(此時隔離環的板材將出現渦流雜訊Eddy Current Noise)。

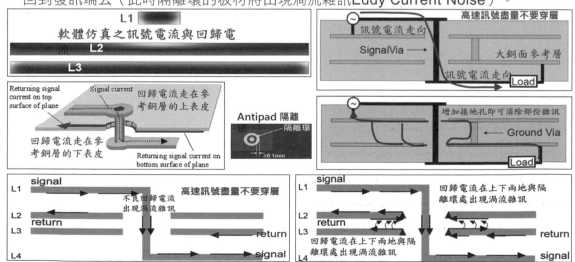

2-2-7 歸路Return Path說明之（6-1）

　　外層微帶線中的單股訊號線其歸路電流是集中在正下方大銅面參考層的頂面。另外當訊號跑過訊號孔換到別層繼續傳輸時，則訊號孔的周圍應加鑽接地孔以協助歸路的運行。一旦回歸銅面出現壕溝者，可自外層利用通孔加設縫合電容器以降低雜訊。

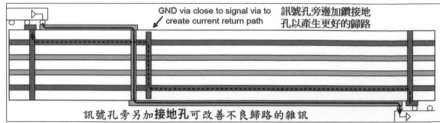

訊號孔旁另加**接地孔**可改善不良歸路的雜訊

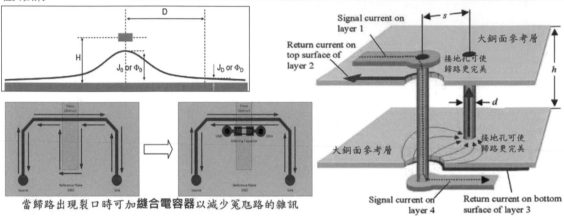

當歸路出現裂口時可加**縫合電容器**以減少冤枉路的雜訊

2-2-8 歸路Return Path說明之(7)

1. 按前頁右二圖，當L1訊號跑過訊號孔（Signal Via）到達L4時，其回歸電流即由L3盤旋跳過隔離環（Antipad）而辛苦的回到L2，此種阻抗不連續之感應過程稱為"地彈"（另見P.398的3-10節右圖），當然也就產生了一些雜訊或躁聲。

2. 若將L2/L3兩地平面另加接地孔（Gnd Via）使上下互連時，訊號品質即可改善。右上即為訊號孔外所加鑽的四個接地孔，可令高速傳輸中歸路之時延（Time Delay）大幅縮短，SI品質自然就會更好（下二圖取材自2012 CPCA秋季論壇之興森快捷王紅飛資料）。

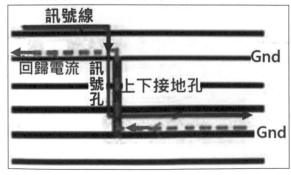

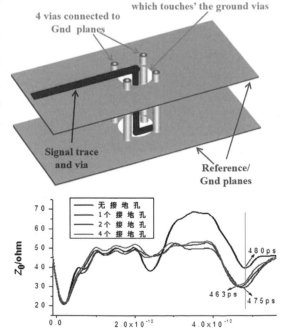

2-2-9 歸路Return Path說明之(8)

右（1）是微帶線歸路電流的分佈；右（2）為差動線回歸電流的位置；右（3）為通孔對傳輸的不良影響；下（4）為帶狀線回歸電流與上下介質層的關係。左二圖說明微帶線的電場與磁場。

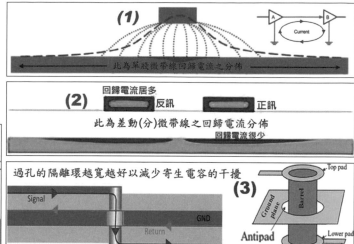

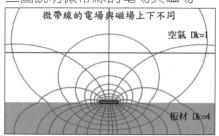

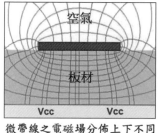

微帶線之電磁場分佈上下不同

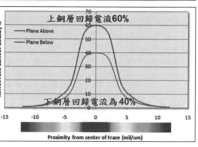

2-2-10 歸路Return Path說明之(9)

1. 前十節是對外層微帶線歸路的説明，而多層板內部的帶狀線更多。手執電子產品外層面積太小連貼焊零件的空間都不夠只好把佈線全都移入板內，於是都變成帶狀線了。

2. 板內帶狀線的結構比板面微帶線更複雜，其上下兩歸路電流的比率，端視其訊號線與上下大銅面間兩介質層厚度而定，介質層較薄者歸路電流比例較大。於是其訊號線的皮膚就出現了上下兩個Skin，上下銅面都必須平滑才行。

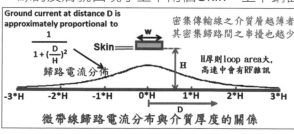

微帶線歸路電流分布與介質厚度的關係

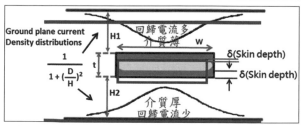

帶狀線上下兩歸路電流分佈與上下介質厚度的關係

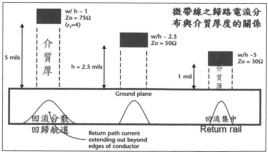

2-2-11 歸路Return Path說明之(10)

1. PCB用以傳輸方波能量的工具稱為傳輸線，事實上此種 "傳輸線" 並非單一的導線，而是包含了訊號線（Signal Line）、介質層（Dielectric Layers）與回歸層（Return Path係指接地層Gnd Plane或電源平面Vcc）等所共同組成的團隊。一旦回歸航道遭到割破而不連續者，即將因迂迴冤枉路而產生雜訊。

2. PCB面積愈大傳輸線愈長而單向飛時（TD）愈久者，則高速傳輸之衰減Decay效應愈明顯。此即High Layer Count（HPC）十幾年前即已出現各種傳輸問題的原因了。

3. 當板面不大傳輸線也不長，但其方波上升時間（RT）卻很短（即非常高速）者，則亦將會呈現各種傳輸問題，新型智慧型手機板即出現此種現象。

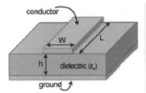
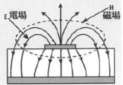
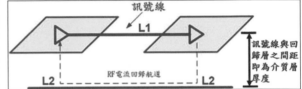

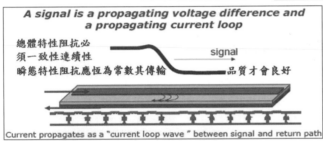
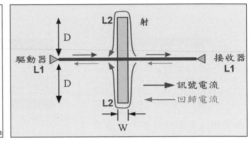

2-2-12 歸路Return Path說明之(11)

1. 通常IC都有很多引腳（例如i5手機其A6式AP就有1292個球腳；某些超大BGA的凸塊甚至多達3萬腳以上的進出埠I/O，如QFP的鷗翼腳、BGA球腳、或覆晶的高鉛Bump凸塊等）。此眾多引腳可分為訊號腳、接地腳、與電源腳等，與PCB各種承墊分別進行焊接互連。

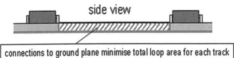

2. 右上為Driver之某Output發出訊號，經外層訊號線快飛到Receiver的某Input收訊，之後再經由較接近的Gnd或Vcc大銅面歸路（Return Path，指大銅面中的軌道Rail）而將微小電流返回到發訊端而完成工作。一旦歸路遭切斷而需迂迴時即將發生雜訊。

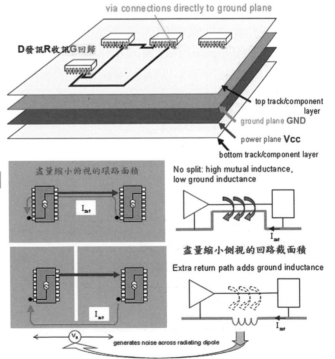

2-2-13 歸路Return Path說明之(12)軟板專用之網狀接地與屏障

1. 高速時代的軟板也必須跟上硬板的腳步，也要改用Low Loss的軟材；如右圖將原用
的標準PI膜，改為先進式Kapton或
Teflon而大幅降其D_f（小數點後1個0
降為2個0）。5G又改用液晶樹脂與
改質PI的MPI（Modified PI）。

2. 為了配合軟板可撓曲性，做為歸路
與屏障（Shielding）用完整的大銅
面，只好改成為網狀（Cross-Mesh,
Hatcher）銅面，雖然功能有所損失
但比總比沒有好。

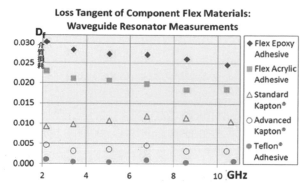

3. 軟板傳輸線（例如內層的帶狀線）其上下回歸層（Vcc/Gnd）無法使用完整的大銅

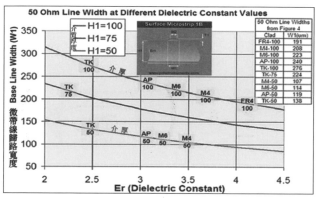

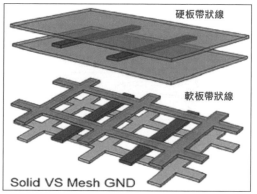

面，為的是減少彎折的困難與銅面的開裂。
此時可採用網狀電源層與接地層，以代替硬
板完整的大銅面而達到訊號完整性的需求。

4. 網狀屏障阻隔雜訊的效果（dB）會因網銅面
積的增大而加強但又因時脈加快而減弱，當
銅網面積達40-70％之間者則兩種效應均趨
於穩定。當用於5GHz時其遮蔽效果雖可達
21-24dB，不過仍不如銀箔的35-40dB。

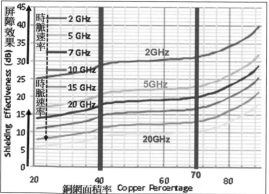

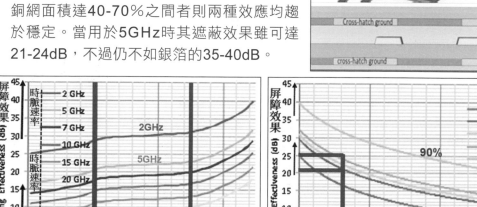

2-3 高速傳輸的效應………集總與分佈（散）之(1)

1. 方波由0V的0碼瞬升到1V的1碼時，橫軸耗用的時間稱為上升時間（Rise Time；簡寫為RT 或tr），如同旗語的舉起旗子。其上升邊沿的斜率對SI非常重要，越直越快越斜越慢。

2. 電路板的方波由Driver飛到Receiver所需單程時間稱為"飛時"（Time of Flight； T_{of}）或稱"時延"TD（Time Delay）。時延TD又稱傳播延誤Propagation Delay， 亦即電磁波在PCB板材中的速度比空氣中變慢，所形成的傳輸延誤謂之時延。

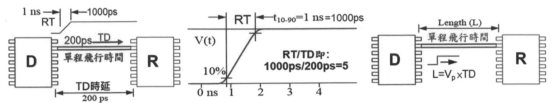

3. 當RT/TD＞6兩比值大於6時，則仍為Lump集總是線路的傳統電流與導線，還沒有出現傳 輸效應（如：反射、串擾、地彈等）。但當比值2＜RT/TD＜6時，則將由集總Lump進 入到分佈（散）式Distributed模型的高速波動電路，而且夾雜了多種不良傳輸效應了。

4. 由波長=光速/頻率λ =C/f可知台灣交流電之波長為：$3×10^5$ Km/60Hz=5000Km，這 已遠遠超過一般電子產品形體太多了，故知交流電為Lump Model。但當PCB的工作 頻率為60MHz時，其高速方波的波長僅為5cm者，則此等PCB已成為Distributed Model分佈模型的波動電路板了。

2-3-1 集總與分佈（散）之(2)…低速集總與高速分佈的區別

　　低速PCB的傳輸線一向忽略板材與銅材認為只會從訊號線傳出去，到位後再把能量 從回歸層傳回來。至於電流對導體與板材可能產生的電阻R，電感L，與電容C三者都只 集中到所外加的被動元件上；從來沒想過 銅線與板材也會產生負面的傳輸效應（下 右圖），這樣的單純系統稱為集總電路。 然而一旦到了高速傳輸時所經過的銅材與 板材其實 也會出現 R、L、C 與G，而 且還必須 逐一改善 者，那就 是分佈電 路系統。

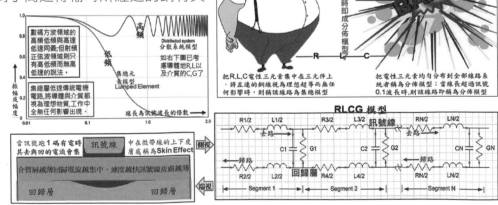

2-3-2 集總與分佈（散）之(3)…高速分佈電路是由N個集總電路所構成

1. 理想傳輸線是由N個集總電路模型（Lump Model）所構成，也就是加總後會成為分散式模型（Distributed Model）。例如1吋長、Z_0=50Ω、頻寬（Band Width）為5GHz者，由右上圖可見到每個小節其實測Z_0（小黑圈者）與仿真Z_0（黑線者）兩者十分吻合。

2. 故知理想分散式的傳輸線，是由N個LC集總式傳輸小節所構成。N節愈多其近似方波的頻寬就愈寬（亦即速度越快）。下左圖是由16節LC集總電路所組成的分散式電路，但當頻寬超過2GHz時，其實測Z_0與仿真Z_0開始出現不再吻合而有所差異了。

3. 右下由仿真可知方波上升前沿所對應的空間延伸約為3.5小節的LC集總電路。

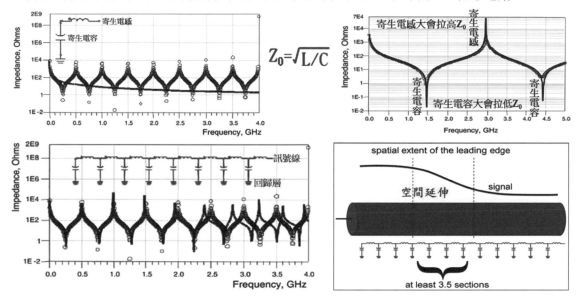

2-3-3 高速傳輸的效應…傳輸速度(1)

1. 方波如同電波或光波，自由空間中的傳播速度應為30萬公里/秒，但進入FR-4微帶線中時，卻只剩下18萬公里/秒（或12吋/奈秒）。其速度按傳輸線原理$V_p=C/\sqrt{D_k}$時應為6 in/ns，於是當方波通過12 in傳輸線到達收訊端的時延（TD）為2ns。

2. 工作中當跑線與歸路兩者在充電時，會立即出現電壓與所建立的電場（電力線），並於產生電流之際又立即出現了磁場。

3. FR-4板材極性大（即D_k/D_f高）造成方波電磁場能量暫時被D_k拖住，與D_f損耗之發熱。於是跑線與歸路兩銅面集膚效應的發熱，與其他負面效應均使得訊號變慢。

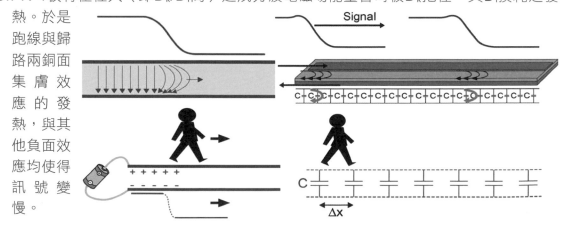

2-3-4 高速傳輸的效應…傳輸速度(2)

1. 一般多層板的傳輸線可分為兩外層板面上的微帶線（Microstrip），與各內層的帶狀線（Stripline）等兩大類。微帶線中的訊號線是落在MLB的兩個外層上，而且是被綠漆所覆蓋，其傳輸速度雖然較快但也較易遭到外來雜訊的干擾。

2. 帶狀線之訊號線則分佈在多層板各內層中，由於其方波能量會受到四周板材D_k4.5的吸附（$Vp=C/\sqrt{\varepsilon r}$ 或$\sqrt{D_k}$），因而速度比微帶線要慢一些（綠漆的D_k約3.0左右）。但却因受到板材與銅面的保護，而較少遭到外界的電磁干擾（EMI），而且也不會干擾別人。

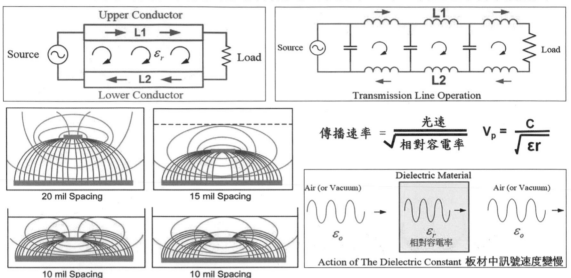

2-3-5 高速傳輸的效應…寄生現象(1)

1. 當發訊端推出方波訊號經由訊號線快速飛往收訊端之際，同時其能量也由參考層的航路不斷回歸發訊端。如此完成迴路方可避免部份能量輻射到空間中成為RF雜訊。

2. 方波擁有微小電流，根據安培右手定律其周遭介質層中必定有磁場之磁通量（Flux）。在碼流內0與1的快速交變中，其電場與磁場也為之忽有忽無，此種拖累0與1迅變所呈現的慣性效應即稱為電感。工作中訊號線本身就出現了無窮個寄生電感。

3. 而且訊號線與回歸航路上下兩平行銅導體之間，傳輸中還會出現無窮個寄生或迷走電容值（Parasitic or Stray Capacitance，即$C=\varepsilon \cdot A/t$，$\varepsilon_r=D_k$）。

4. PCB傳輸訊號所遭遇的阻力稱之特性阻抗值（Characteristic Impedance Z_0，$Z_0=\sqrt{L/c}$），與交流電（AC）的阻抗值（Impedance Z）或直流電（DC）的電阻值(Resistance，R)完全不同，不宜混為一談。

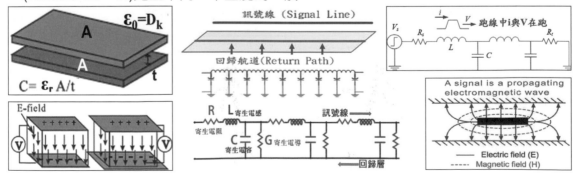

2-3-6 高速傳輸的效應⋯寄生現象(2)

1. 上二圖為局部通孔之示意圖與所對應的集總式（Lumped）等效電路圖，可見到外層的微帶線，互連通孔進入板內，再與孔環互連而成為帶狀線（其他層次尚未畫出）。

2. 上右之等效電路圖可見到微帶線與帶狀線兩者間互連的孔壁係採寄生電感（L-barrel）予以表達。而上下兩跑線與介質所隔離的Gnd平面間則以寄生電容表達之。

3. 左下局部通孔呈現了上下兩段跑線與孔環以及兩個有空環的地平面，至於帶狀線下側多出的一截孔壁電路上稱之為短柱或盲腸（Stub）。此等無用的盲腸需採背鑽法將其除掉以減少高速傳輸中的雜訊。注意空環（Antipad或隔離環）都不宜太窄。

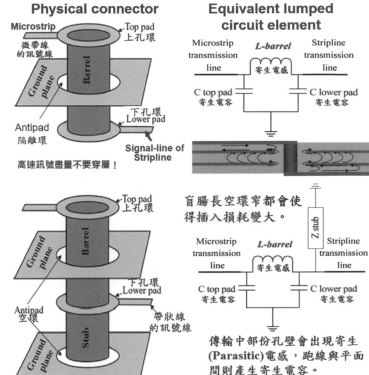

Physical connector

微帶線的訊號線 Microstrip　Top pad 上孔環　Barrel　Ground plane　下孔環 Lower pad　Antipad 隔離環　Signal-line of Stripline

高速訊號盡量不要穿層！

Top pad 上孔環　Barrel　Ground plane　下孔環 Lower pad　Antipad 空環　帶狀線的訊號線　Stub　Ground plane

Equivalent lumped circuit element

Microstrip transmission line　L-barrel 寄生電感　Stripline transmission line　C top pad 寄生電容　C lower pad 寄生電容

盲腸長空環窄都會使得插入損耗變大。

Microstrip transmission line　L-barrel 寄生電感　Z stub　Stripline transmission line　C top pad 寄生電容　C lower pad 寄生電容

傳輸中部份孔壁會出現寄生（Parasitic）電感，跑線與平面間則產生寄生電容。

2-3-7 高速傳輸的效應⋯寄生現象(3)

1. 高層數多層板（High Layer Count）與各銅層（Vcc、Gnd、Signal）用以隔離的空環（Antipad已填滿樹脂者）或互連用的孔環（Annular Ring or Pad）必然增多。

2. 孔環在鑽孔前原為全平的銅盤，直徑越大則成像與鑽孔兩者的對準度就越寬鬆。然而孔環越寬時其上下重合面積也就越大，高速傳輸的寄生電容也就越大，會造成訊號孔（Via）本身Z_0的降低，將不利於阻抗控制的品質甚至發生反彈。

3. 空環太窄時寄生電容也變大造成訊號孔的Z_0下降，故空環越寬時對過孔的Z_0影響越小。至於原為防止孔壁拉離（Pull Away）卻無傳輸功能的孔環則須去除。

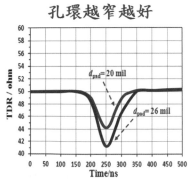

孔環越窄越好

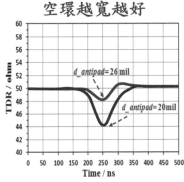

空環越寬越好

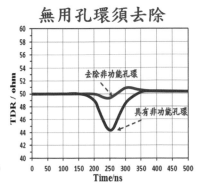

無用孔環須去除

2-3-8 高速傳輸的效應…厚大板的背鑽(1)

1. 厚大板訊號孔多餘無用的盲腸式孔銅壁（殘樁），在高速傳輸中會扮演一種天線（Antenna）行為，會發射頗多RF能量的雜訊。一旦射頻能量進入兩平行銅面間時，又將出現放大現象之波導效果。

2. 此種射頻能量進入兩大銅面如共振腔般被加強後，將如天線般發射出頗大RF能量的雜訊，因而其殘樁必須鑽掉（小於10mil）傳輸品質才會更好。

3. HDI的μ-via雖可解決厚大板的盲腸問題，但填銅盲孔容易脫墊不如孔環套牢孔壁那麼可靠，致使業者仍不放心填銅盲孔。

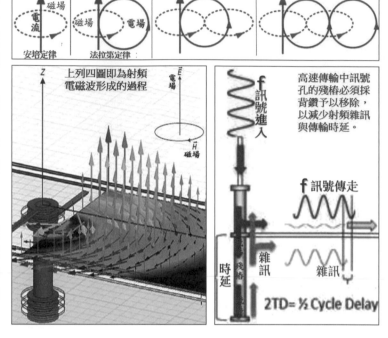

2-3-9 高速傳輸的效應…厚大板的背鑽(2)

1. 傳統多層板各層間一律採PTH做為互連工具。例如某8層板之某通孔僅執行L1與L4的互連時，所多出的孔銅壁稱為殘樁或短柱的Stub（或謂盲腸）。殘樁Stub越長寄生雜訊愈多，進而使得插入損耗(S21)也愈為嚴重。

2. 右上圖從Port1發訊端之電流（i）經由L1與訊號孔一段孔壁，到達L4並互連到Port2。其回歸電流（-i）則要先向右跑到接地孔（Gnd Via）才再回到Port2，此種下半截多餘的殘樁即會產生雜訊。

3. 然而由於盲腸本身的電感，以及訊號孔與接地孔兩者間之電容，另加上下兩孔環間的電容，均將影響到訊號完整性。盲腸若經擴孔背鑽掉而消除其共振後，則其不良插入損耗亦可大幅降低。

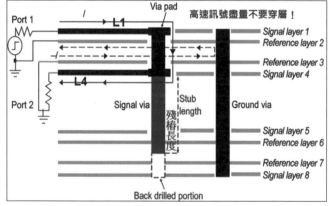

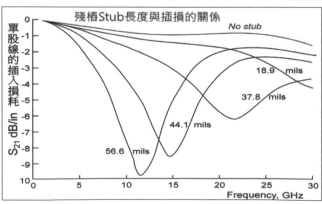

2-3-10 高速傳輸的效應…厚大板的背鑽(3)

從前頁可知厚大板的通孔殘樁必須去除，以減少其如同天線般的射頻雜訊。且訊號孔無用的孔環也應去除，以降低多餘的寄生電容。但如此一來多次強熱後，將使得深通孔的孔銅與板材出現拉離（Pull Away）的品質問題。

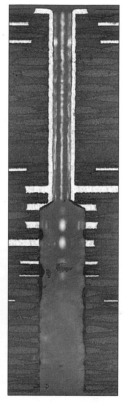
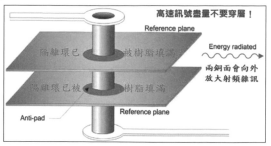
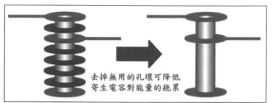
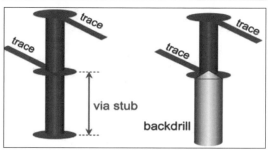

2-3-11 高速傳輸的效應…厚大板的背鑽(4)

1. 傳統厚大板HLC類目前仍採PTH全通孔式的導通，業者們仍採定深法鑽掉多餘部份以減少雜訊，稱之為背鑽Back Drill。鑽後銅孔殘樁一般規格是10mil以下。
2. 此等孔壁與孔環以外多餘的殘樁會造成高速傳輸Z_0不連貫（Discontinuity）的雜訊。背鑽後有訊號的剩餘通孔，通常不可進行焊接而只能做機械式的壓接（Press Fit）。

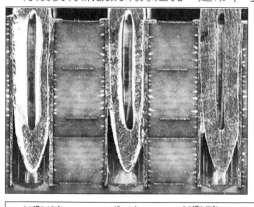
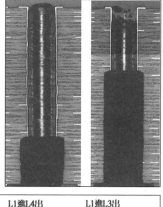
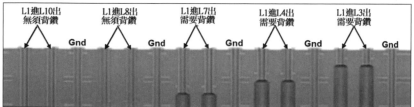
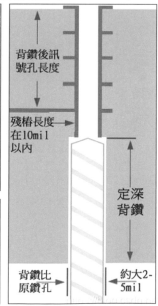

2-3-12 高速傳輸的效應…振幅（能量）的衰減(1)

1. 較長單股線所傳輸的方波能量，由於導體皮膚的長途電阻損耗，與介質層極性所引發電場與磁場的長途損耗，必然對其傳輸能量有所衰減（Attenuation或Decay），使得收訊端所收到的訊號能量呈指數性的減弱。

2. 當方波訊號發生衰減時，其振幅（Amplitude振幅）雖然減弱但其頻率却不變。

3. 此等長途傳輸能量的衰減已成為總Loss的一部分，且單股線與雙股線也各不同。

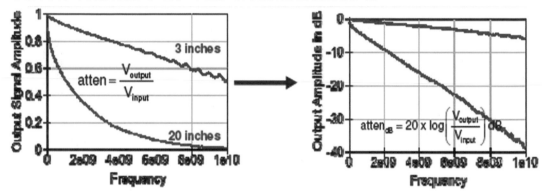

Frequency Domain: A simpler description

$$V_{out}(d) = V_{in}e^{-\alpha_{nepers/len}d} = V_{in}10^{-\frac{\alpha_{dB/len}d}{20}}$$

4. 振幅變小頻率不變的衰減（Attenuation）其單位為分貝dB（Deci-Bel）或dB/in，頻率愈高者（或振幅愈小者）即使少許衰減也就相對很大了。

2-3-13 高速傳輸的效應…振幅（能量）的衰減(2)

1. 多層板的"Vcc電源層"可自電源供應器（Power Supply）取得能量，提供各主動元件推出訊號（Signal）的動力；此Vcc大銅面也可做為訊號的瞬間歸路。

2. 多層板兩外層快跑的微帶線（Microstrip Line）與內層速度稍慢的帶狀線（Strip Line），兩種跑線向前高速傳輸過程中，其瞬間能量還不斷經由歸路返回到發訊端。

3. 當厚大板之傳輸線很長時，所傳播方波的能量必然有所衰減（Attenuation or Loss）。下右圖所呈現的頻率不變（1GHz），但振幅（大陸稱幅度）卻隨著線路變長電場減弱而逐漸衰減。該圖仿真的參數是：電壓（振幅）1V、f=1GHz、D$_k$ = 4、線寬10 mil。

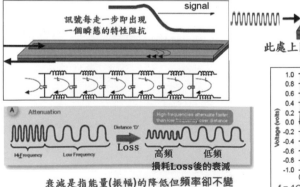

signal

訊號每走一步即出現一個瞬態的特性阻抗

衰減是指能量(振幅)的降低但頻率卻不變

損耗 $L_{(dB/in)} = k \times f \times \sqrt{Dk} \times Df$

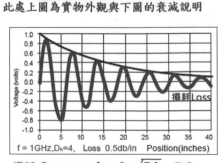

此處上圖為實物外觀與下圖的衰減說明

f = 1GHz, Dk=4, Loss 0.5db/in Position(inches)

損耗 $L_{(dB/in)} = k \times f \times \sqrt{Dk} \times Df$

2-3-14 高速傳輸的效應…振幅（能量）的衰減(3)

傳輸中的衰減正如同力學中的阻尼現象

　　傳輸線所傳送訊號能量的衰減與力學中的阻尼衰減同為周期性運動；不過PCB中數碼方波的高速傳輸與空間微波傳輸不同，後者RF射頻訊號（能量很低正弦式的電磁波）的遠程傳輸卻更為複雜。PCB資訊方波與空間通訊弦波的密切配合將極大的改變人類的生活與歷史。

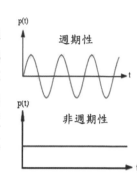

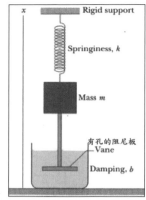

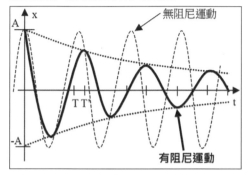

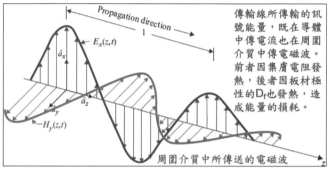

傳輸線所傳輸的訊號能量，既在導體中傳電流也在周圍介質中傳電磁波。前者因集膚電阻發熱，後者因板材極性的D_f也發熱，造成能量的損耗。

2-3-15 高速傳輸的效應…振幅（能量）的衰減(4)

跑線銅瘤集膚效應的電阻發熱會吃掉一些能量

1. 常言高速跑線（訊號線）之電流是集中在表皮上，實際上此皮膚卻只落在面對歸路的那一側而已。對PCB而言，不幸又落在銅箔稜線（Profile）與銅瘤（Copper Nodule同雪球的堆集）的外表處，於是方波電流將因電阻之增大發熱而損耗能量。

2. 高速方波當其電場與磁場穿越介質層時，其能量將被板材D_k拖累與D_f的耗損，而且又被銅跑線集膚電阻發熱而損耗，雙重損耗下傳輸線愈長頻率愈高者，其衰減就愈大。

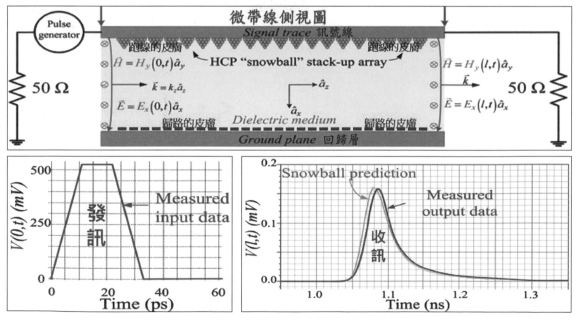

2-3-16 高速傳輸的效應…振幅（能量）的衰減(5)

> 傳輸線所屬介質層之極性分子如何損耗方波的能量？

1. 由於介質層並非中性，而是由許多極性分子（Dipoles 偶極子）所組成，亦即極性愈強者其D_k也愈大。當方波在跑線（Trace or Track）中快速傳播時，其能量就會被介質眾多偶極分子所拖累而浪費了一些能量。

2. 介質中偶極性分子被方波電場所牽動的行為，會呈現正負相吸的微小"抖動或擺動"，以及正負相吸微小伸縮的"扯動"，都會造成方波能量的耗損。

3. 此暫被挪用於"正負相吸"的能量，只是暫時借走而已，此即為介質常數D_k的行為。但用於抖動與扯動之耗能，却已轉化為熱能而永遠消失者即為散失因素的D_f，或稱介質損耗（Dielectric Loss），損失正切（Loss Tangent）等術語。

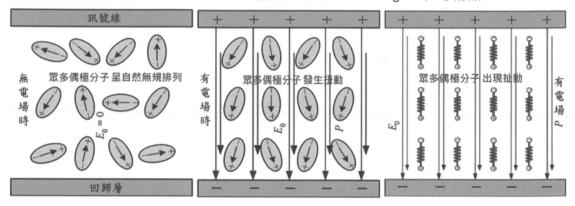

2-3-17 長途單股傳輸線必須做好端接以改善訊號完整性SI

1. 當PCB傳輸線還不太長時，即使發生不良反射者，也會被高速方波上升或下降的高速邊沿（Edge）所掩蓋。但傳輸線較長者則必須做好端接以確保SI的品質。

2. 2012年一般資訊通訊板之平均時脈（外頻）早已超過100MHz，方波RT也加快到1ns，比起1988年RT的10ns已經增快了10倍，目前2022年已達500MHz了。

3. 例如長僅1.2吋的傳輸線，若出現三種RT上升時間（1ns,0.66ns,0.5ns），三者對時延TD（0.2ns）的比值均小於6，於是均已進入分佈式Distributed電路的傳輸線領域。比值越小者其速度越快，而不良振鈴也會越明顯。

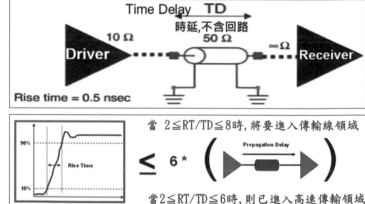

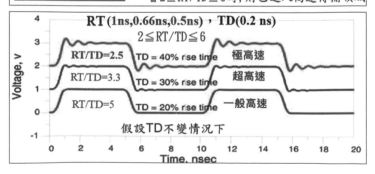

2-3-18 傳輸線雜訊Noise的產生與端接（匹配）法之改善

1. 方波傳播中經常會出現惱人的雜訊Noise（大陸稱噪聲），常規有損線（Lossy Line）的雜訊按其來源可分為四大類，也正是傳輸線訊號完整性（SI）的四大問題。

   1.1 單股線特性阻抗Z_o不匹配造成方波之反射雜訊Reflection Noise。

   1.2 雙股線或多股匯流排中各單股線路間的串擾雜訊Crosstalk。

   1.3 電源分佈系統（PDS）的雜訊破壞了Vcc大銅面輸電軌道的塌陷（Rail Collapse）。

   1.4 系統對外發出或遭受外來的電磁干擾EMI（Electro Magnetic Interference）。

2. 單股線反彈雜訊的解決就是①做好"端接"（Termination）如右列之5種方法；②確保訊號線之寬厚均勻；③採用HDI式盲孔互連以減少歸路通孔的鑽破。總體最佳手法就是嚴格執行特性阻抗Z_o的一致性或連續性。

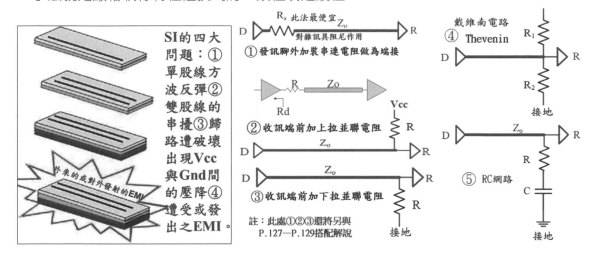

2-3-19 發訊端採串聯電阻端接法以減少反彈雜訊

1. 現行高速PCB各種單股線之外頻已高達500MHz，當某訊號線長僅3吋時，其收訊端所收到訊號就已經出現很大的雜訊振鈴（Ringing），甚至會釀成誤碼。

2. 最簡易解決的方法就是在發訊端出大門進入跑線前，串聯一個40Ω的電阻器（Driver通常本身內阻為10Ω），用以匹配Z_o=50Ω的傳輸線，即可減少傳輸中的反彈反射形成的雜訊而順利完成SI的任務。

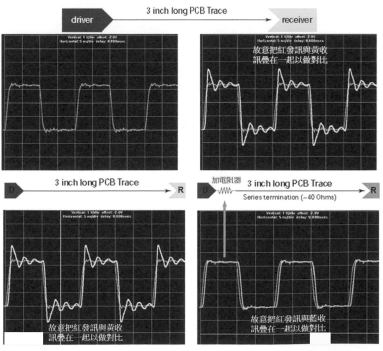

2-3-20 拉低寄生電感可降低同步開關雜訊（SSN）

1. 由前述可知SI的雜訊（Noise燥聲）約分為四大類，其第三類為電源層與接地層間的雜訊，也就是包括SSN、地彈與歸路塌軌等等雜訊在內。

2. 多腳同步開與關之跳變雜訊（Simultaneous Switch Noise；SSN），是指主動元件眾多相鄰訊號腳，當其等同步推送訊號時，將會在Vcc與Gnd之間產生頗多的雜訊，特稱之為SSN。

3. 此種SSN的雜訊電壓變化為△V=L•dI/dt，故知若能降低其寄生電感L時，則該SSN同步開關雜訊即可大幅降低。

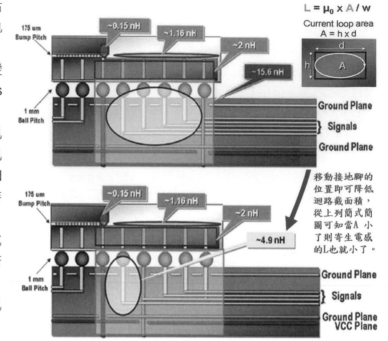

2-4 串擾Crosstalk

2-4-1 相鄰兩條單股線的工作原理(1)

1. 左二圖為相鄰兩條單股線（Single Ended Line），其中一條正在傳輸訊號者稱為主動線又稱加害線Aggressor，另一條未工作者稱為靜線或受害線Victim。動線會將其能量耦合到靜線上，稱為串擾Crosstalk。

2. 下右圖相鄰兩組線對中之主動線在跑方波時，其電場與磁場能量將會立即耦合到近旁未工作的被動線上，形成了被動線中的互容電流（I_{Cm}）與互感電流（I_{Lm}），並引發靜線的近端串擾NEXT與遠端串擾FEXT以及雜訊（Noise）。

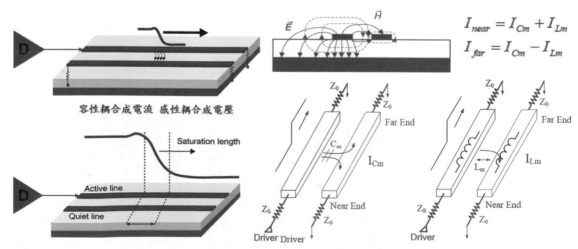

2-4-2 相鄰兩條單股線的工作原理(2)：3W定律

1. 當兩條單股跑線相距很近時，其中一股有電者之磁場或磁通量（Flux）必然會對無工作的鄰線進行干擾，也就是常説的Crosstalk串擾或串訊。

2. 為了減少加害線（Aggressor，主動線）對被動線或受害線（Victim Line，靜線）進行串擾起見，兩者S間距須超過線寬的3倍以上特稱為3W定律。此為前輩Mark Montrose所提者。

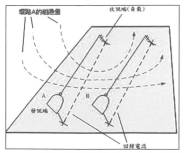

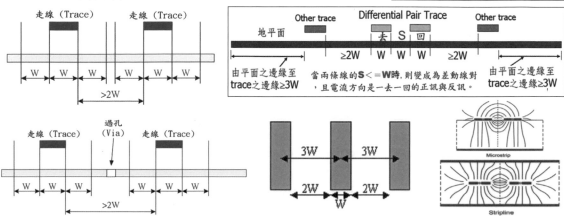

2-4-3 一動一靜相鄰單股線間的串擾Crosstalk(1)

1. 當單股（Single ended）線中Serial串行碼流之傳輸量不足需求時，則還需多股平行線發動大量碼流（Bit Stream）的平行傳輸，因而PCB還需多股平行的匯流排佈線。

2. 如此之高速或大量傳輸要求下，為了避免相鄰跑線因電場與磁場發生Crosstalk串擾起見，只好降低工作電壓與減薄介質層的厚度，並降低板材的D_k與D_f，讓電力線與磁力線儘量進入回歸層以減少其彼此串擾，此即薄板盛行之主要原因。

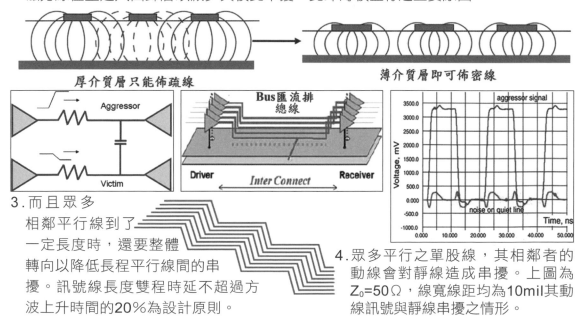

3. 而且眾多相鄰平行線到了一定長度時，還要整體轉向以降低長程平行線間的串擾。訊號線長度雙程時延不超過方波上升時間的20%為設計原則。

4. 眾多平行之單股線，其相鄰者的動線會對靜線造成串擾。上圖為$Z_0=50\Omega$，線寬線距均為10mil其動線訊號與靜線串擾之情形。

2-4-4 一動一靜相鄰單股線間的串擾Crosstalk(2)

1. 當單股動線（Aggressor）以直流傳送訊號時，其電磁能量會對鄰近靜線（Victim）產生串擾。此種動線對相鄰靜線所串擾的內容，分別有電場式的電容性能量（dV/dt），以及磁場式的電感性能量（dI/dt）。兩者聯手下會引發靜態鄰線的NEXT與FEXT兩種動作。

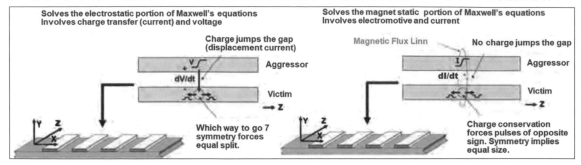

2. 此種比鄰靜線被誘發的動作，首先出現與動線相反方向的NEXT，隨即產生與動線同方向的FEXT，兩者中以近端串擾NEXT的能量較大，也就是引發的串擾雜訊較大。

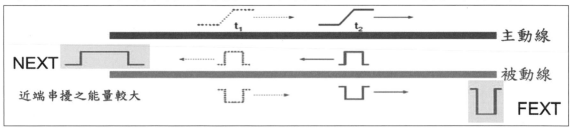

2-4-5 一動一靜相鄰單股線間的串擾Crosstalk(3)

1. 當相鄰兩跑線1條為動線（Active Line）另1條為靜線（Quiet Line），於是動線之工作會使得靜線近端出現近端串擾（NEXT，下右圖紅色者），與靜線的遠端串擾（FEXT，下右圖藍色）。當兩線間距超過線寬的3倍時（S＞3W），則其近端串擾NEXT與遠端串擾FEXT都會大幅減少（見右下9個圖的比較）。

2. 由於動線中所飛行方波的前沿（Edge）不斷發生瞬變，於是瞬變時就立即對靜線產生串擾與耦合式的雜訊（Noise大陸稱噪聲）。右上圖為4吋長靜線出現的串擾。

3. 若將此高速雙股線切成許多小段，並採低速傳輸集總線路模型時的各種電感與電容效應。

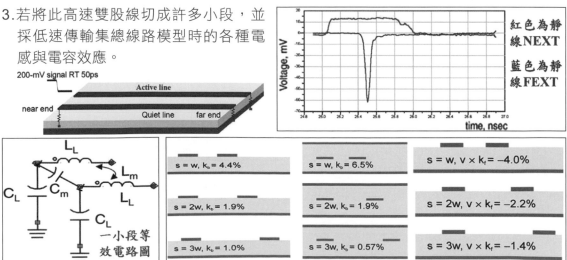

2-4-6 一動一靜相鄰單股線間的串擾Crosstalk(4)

多根單股線間的串擾與差動的改善

　　當面積不夠而佈線又多時，為了減少串擾於是只能選擇細線。差動線既不對外干擾還能抵抗外來干擾，但因佈線麻煩以致成本較高，卻是長途高速傳輸的最佳選擇。

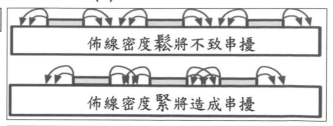

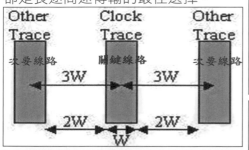

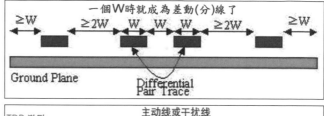

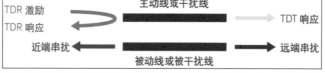

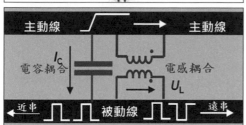

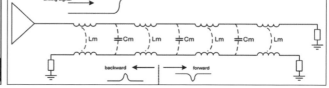

2-4-7 一動一靜相鄰單股線間的串擾Crosstalk(5)

1. 當PCB出現CMOS的高壓（3.3V）控制線，且與另一對低壓差動訊號線（LVDS 30mv）比鄰時，於是當高壓線的少許雜訊耦合到低壓線時，就會放大10倍而造成很大的串擾。加設地線則可減少對靜線的串擾。

2. 佈設地線之前應先將發生串擾的兩組微帶線，拉大其間距到3W以上再於其間加入接地線。若為帶狀線時，還應將接地線以眾多接地孔方式連接到上下兩大銅地面，則效果更好。右圖紅區有串擾綠區無串擾。

3. 下二圖即為拉大動線與靜線的間距與增加地線後，其近端串擾（NEXT）與遠端串擾（FEXT）分別下降的仿真畫面。

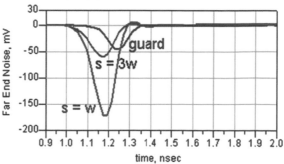

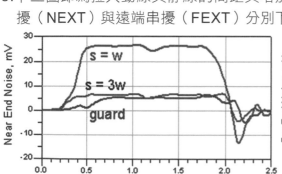

2-4-8 一動一靜相鄰單股線間的串擾Crosstalk(6)

1. 假設一動一靜相鄰兩單股線之線寬均為4mil，若間距分別為4mil與12mil，又當兩者均為微帶線時，間距4mil線對者之NEXT高達0.2V以上，但間距12mil線對者則大幅降到0.05V。另有左右護線（Guard trace）時其串擾幾可降到0V。

2. 倘能如上所言相鄰兩訊號線間之串擾即可大幅減少。

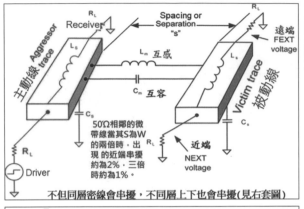

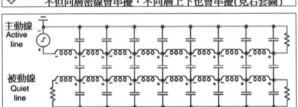

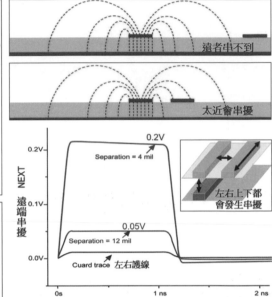

2-4-9 一動一靜相鄰單股線間的串擾Crosstalk(7)

1. 相鄰兩股單訊號線傳輸訊號時降低彼此串擾（Crosstalk）的方法有：①拉大間距②縮短彼此平行的長度③或在間距中額外加入接地線與接地孔而成為三線的共面結構（Coplanar Structure），對消除串擾而言此種接地線與接地孔雖然最有效，但卻成本較貴。

2. 有工作的動線對無工作的靜線所產生的串擾是出自互感（Lm）與互容（Cm）兩者的交互作用，一旦當其串擾超限時會引發傳輸的失效。平行長度與上升時間（RT）還不至影響遠端串擾。

3. 間距中增加接地線與接地孔後，對阻抗控制將更為精準而非常有利於SI，當然成本也會上升。

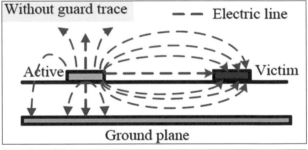

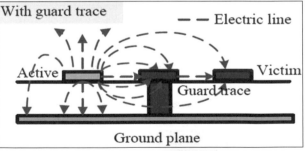

控制平行的長度可減少串擾

約每吋1孔

2-4-10 避免多層板層間電磁干擾（EMI）之20H定律與地線

1. 當多層板內層上下相鄰的Vcc與Gnd板邊彼此對齊者，高速工作中將散逸出現RF式的幅射損耗（Radiation Loss）。

2. 板邊的Vcc比起Gnd至少要向內縮回介質層厚度H值的20倍，才可消除高速傳輸少許射頻能量逸入空中而造成EMI，特稱之為20H定律。

3. 多股線中最重要者為時鐘線（Clock Line或稱時脈線），為了保護而免遭EMI的影響起見，刻意在其上下層加設大銅面做為屏障（Shielding），且頂層左右還要加設接地線（Gnd Lines）以及眾多接地孔（Via），此種上下大銅面刻意連通而成為非常保全的波導（Wave Guide見右下圖），以保證重要訊號線之品質。

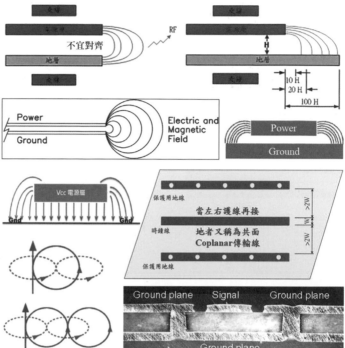

2-4-11 高速傳輸板邊的電磁干擾與改善

由前節20H定律可知四層板其板邊上下兩大銅面不宜對齊，以減少RF的干擾。且敏感區還須加設接地柵欄與壕溝，以隔絕外來干擾。

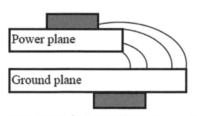

RF 電流不會由板子邊緣 fringe。RF 電流有一迴返平面。不會發生 RF Emission。

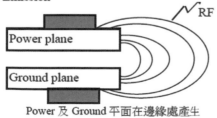

Power 及 Ground 平面在邊緣處產生 fringing 現象，發生 RF Emission

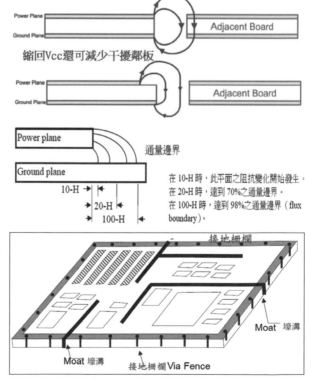

2-5 差動（分）線

2-5-1 一正一反雙股差動傳輸線之原理(1)

1. 比鄰雙動兩單股線線（一正一反或一去一回）將出現同向電流之偶模或同模或共模（Common Mode學術說法），與電流相反之奇模（Odd Mode）兩種情況。
2. 工作中奇模與偶模之電場與磁場可用左六圖加以說明。若刻意拉近S為1W而成為虛接地之奇模者，此即常用於筆電速度快雜訊少之LVDS雙股式差動線，可使主板與視屏兩模塊的訊號傳輸得以加強加快（右上圖）。

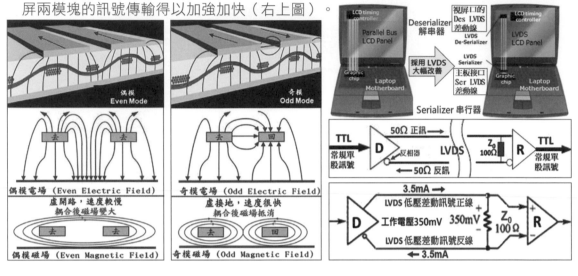

2-5-2 一正一反雙股差動傳輸線之原理(2)

1. 跑線太長時為了減少衰減、串擾、以及被外界EMI所干擾起見，刻意將雙股線的間距拉近到只有1個W者稱為差動線（Differential Line大陸稱差分線）。如此可使副線（反線）執行傳輸線接地回歸電流的任務。以低壓差動訊號LVDS協議為例，其振幅只有350mV成為既高速又省電的設計。
2. 差動線的Z_0是正線減反線而組成（見左下圖）。

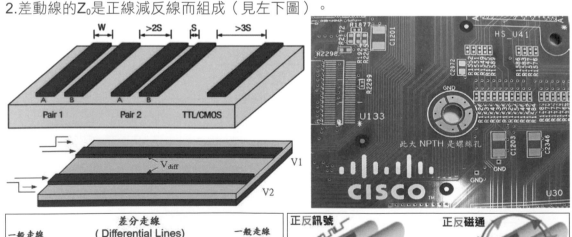

2-5-3 一正一反雙股差動傳輸線之原理(3)

正時完整性 Timing Integrity 之不良

1. 重要的長途訊號線為避免遭到外來 EMI雜訊的干擾起見，可將雙股線拉近其間距至1W以內，一股發射正訊號另一股發射反訊號成為同時併行之雙股線者，稱為差動線（Differential Line）大陸稱差分線。此種一正一反雙線的特性阻抗值 Z_0，為兩股單線Z_0的累加值（其實是+50減-50），即常規的100Ω。

2. 雙股等長併行之差動線，若因轉彎較多或單線出現缺口破損等，將造成其傳輸變慢甚致發生正時完整性（Timing Integrity）不良，進而出現正反兩方波失去應有的鏡面效果者，稱為時鐘偏斜Skew的雜訊。目前USB 3.0以上者即採差動線已增快速度減少雜訊。

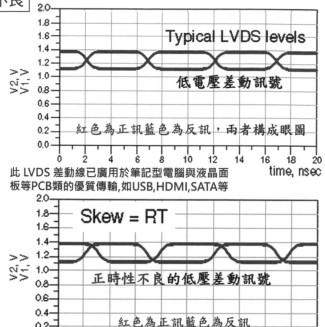

此 LVDS 差動線已廣用於筆記型電腦與液晶面板等PCB類的優質傳輸,如USB,HDMI,SATA等

2-5-4 一正一反雙股差動傳輸線之原理(4)

1. 現行中大型資通訊多層板已頗多差動線的佈局，此類低電壓差動訊號線（LVDS）可大幅減少單股訊號線長途傳輸能量之衰減。而且還可利用眼圖予以監視。

2. 這種一正一反的差動線可從反線直接回歸而Gnd層卻成了虛接地，早在PCB之前即已在電纜業界使用。優點是不干擾別人也不受外來干擾，但成本較貴。

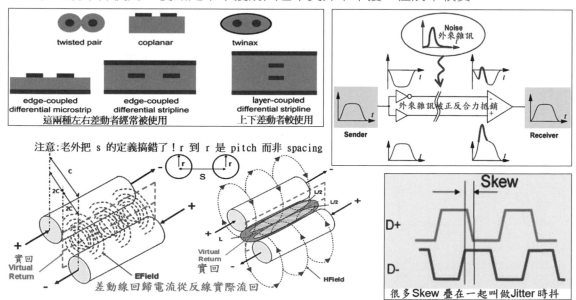

2 這兩種左右差動者經常被使用 / 上下差動者較使用 / 注意:老外把 s 的定義搞錯了!r 到 r 是 pitch 而非 spacing / 差動線回歸電流從反線實際流回 / 很多Skew 疊在一起叫做Jitter時抖

2-5-5 高速傳輸需採雙股差動線(1)

高速長途傳輸應採用差動線

差動（分）線的好處是不干擾別人也不受別人干擾，且振幅電壓降低（0.35V）上升時間RT又可縮短，因而擁有既高速又省電的好處。由於差動線的S不能大於W而且雙線彼此必須等長，等寬與等距平行，致使量產品質要求很嚴。且長途走線拐彎抹角處均需補償，有時還要用到困難的蛇線，幸好這些都靠軟體解決。除非不得已通常盡量不用差動線。要注意差動線是虛接地其歸路電流是從反線流回的。

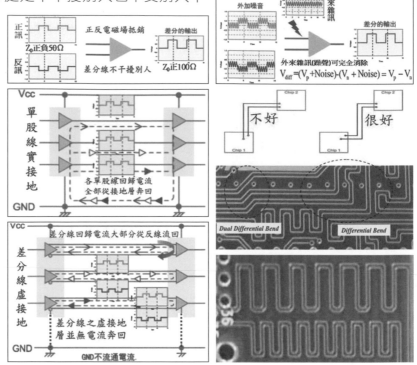

2-5-6 高速傳輸需採雙股差動線(2)

1. 當兩條單股訊號線之間距（S）≦線寬（W），且其中一條線發送正訊號另條線發送反訊號者；則將兩線所合組者稱為差動線或差分線，此種差動線的等效特性阻抗Z_0為兩單線之和亦既為100Ω。

2. 長途傳輸厚大板類其重要的訊號線為了減少各種外來EMI的干擾起見，均已採用品質較嚴成本頗貴的差動線（模塊接腳增多PCB佈線必定困難）。

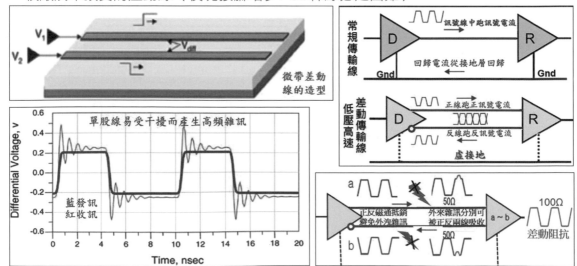

2-5-7 高速傳輸需採雙股差動線(3)

自90年代起LVDS低電壓（振幅）雙股差動傳輸的SerDer協議即開始在各領域被廣泛使用，最常見者就是"廣用串行總線"的USB圖1說明單股線的雜訊；圖2為SerDer眾多協中的一種，是利用雙股差動線進行高速傳輸；圖3說明差動線的抗雜訊能力及其特性阻抗；圖4說明雙股差動線傳輸已廣用於日常工作中，圖5說明高速傳輸的SerDer系統中須增設三種均衡器的畫面。

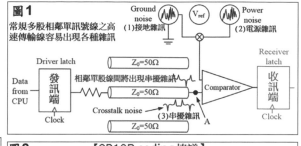

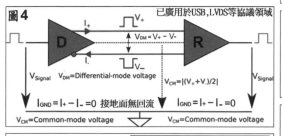

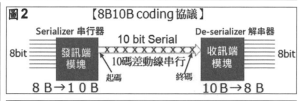

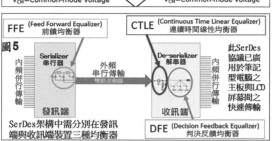

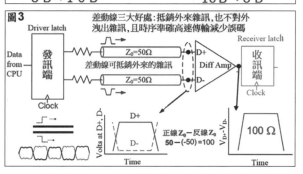

2-5-8 高速傳輸需採雙股差動線(4)

圖1左說明訊號傳輸中單股訊號線者是經由接地層回流的，圖1右雙股線者則是正線傳訊而反線為回流。圖2說明差動線的原理，由於工作電壓只350mV故訊號高速，而工作電流僅3.5mA故極為省電功耗極低，且無雜訊外洩。圖3簡單說明SerDes協議的內頻Parallel並傳與外頻Serial串傳的工作圖示。圖4當差動線遭外來雜訊干擾時其雙線會同時吸收並抵銷之。自95年起差動線即在電腦與視屏業廣用，不但速度加快而且雜訊也隨之減少。

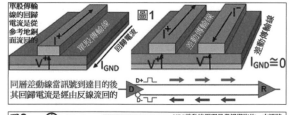

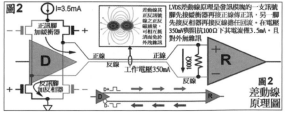

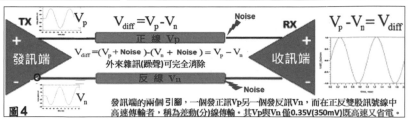

2-5-9 高速傳輸需採雙股差動線(5)

　　一正去一反回雙股的差動線其電流可從反線中直接回歸，無須再從接地大銅面回歸（故稱虛接地）。前題是兩者S不可大於W而且兩者必須等長，否則將出現正時性不良的Skew延遲差。此外併行傳輸10條線的匯流排（總線）也會有Skew。

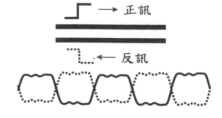

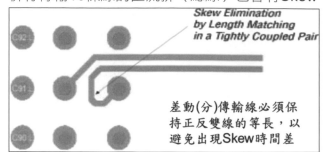

Skew Elimination
by Length Matching
in a Tightly Coupled Pair

差動(分)傳輸線必須保
持正反雙線的等長，以
避免出現Skew時間差

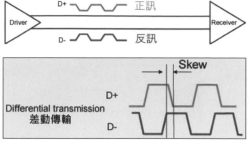

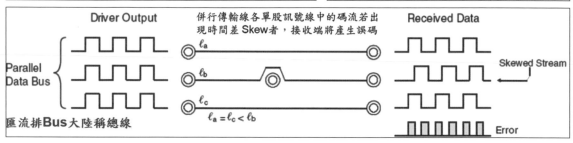

併行傳輸線各單股訊號線中的碼流若出
現時間差Skew者，接收端將產生誤碼

2-5-10 高速傳輸需採雙股差動線(6)

　　圖1說明單股訊號線其邏輯的1碼與0碼是取決於高低閥值（高電平與低電平的判讀點），外來雜訊較多時會出現時序位置不準的煩惱，右下圖差動線的時序是取決於正反訊號波的交點，即使正反訊號的高低電平均已出現變動下，但交點仍然不變因而時序就更為準確了。左大實物圖為內層差動線的實例，兩黃圈處差動線互連雙通孔處刻意的繞路，就是為了滿足"等長"的補償作用。目前高清畫質之視屏板與邏輯板等高速互連，就是採用此等LVDS差動訊號。左下為雙股LVDS低壓差動訊號的正反線示意圖。

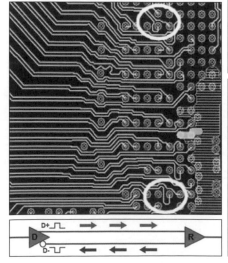

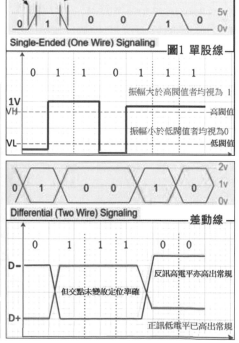

2-5-11 高速傳輸需採雙股差動線(7)

間距為1W的雙股差動線必須等長、等距、平行與對稱，不然會將出現時序落差的抖動Jitter與阻抗不匹配時訊號能量的反彈反射。每組「線對」內的不對稱叫做Intra Pair Skew，「線對」外部的不對稱叫做Inter Pair Skew。下中圖說明層間的差動佈線須做30度的傾斜以減少層間的串擾。

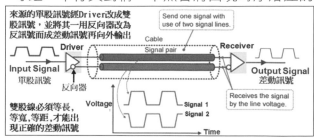

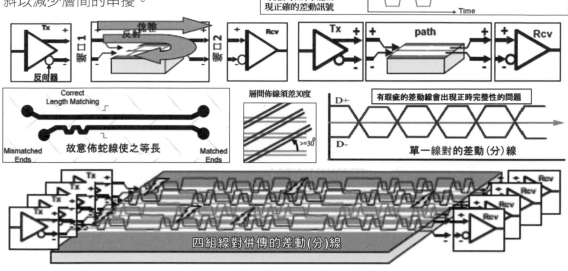

2-5-12 高速傳輸需採雙股差動線(8)

1. 現行高速PCB與高速Carrier中，長途傳輸高速訊號記憶體之DDR4（3200MHz）與2020.7之DDR5（4800MHz）者，必須採用不易遭到串擾的差動線（Differential Lines）執行高速傳輸，以保證收訊品質。也就是確保收訊端眼圖的上下眼高（Voltage Opening）與正時的左右抖動（Timing，Jitter是指交點左右變寬）不致超規。

2. 從專業軟體仿真之量測結果，發現Driver與Receiver之間PCB上雙股差動線路愈短與兩元件ESD電容愈小者，其時間抖動（Jitter以PS為單位）也就愈窄。

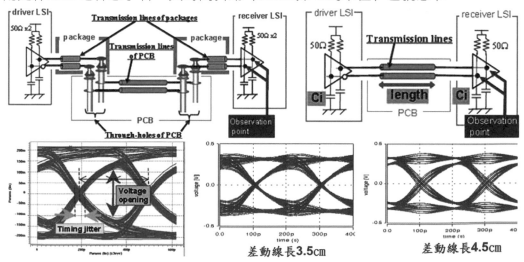

附錄第三章 被動元件的原理

3-1 何謂電容量（Capacitance）？

1. 根據波動學說之傳輸原理，方波訊號的傳播（Propagation）速率（Vp）與光速（C,3*10⁵ km/sec）成正比，與板材Dk的開方根成反比，即：$V_p = C/\sqrt{\varepsilon_r}$。

2. 所謂 "相對容電率 εr"（Dk）是指絕緣材料的極性大小，極性大者會吸著較多的電荷（Charge），也就是蓄電量或容電量較多。此容電量（C）與兩平行金屬板的重合面積（A）成正比，與其間介質厚度（t）成反比，並與 εr（Dk）也成正比。

3. 傳輸線工作中，其訊號線與回歸層間的介質層就會出現無數個電容器，凡其Dk愈低者則被吸附的能量也愈少，於是訊號線中可利用的能量就愈多了。

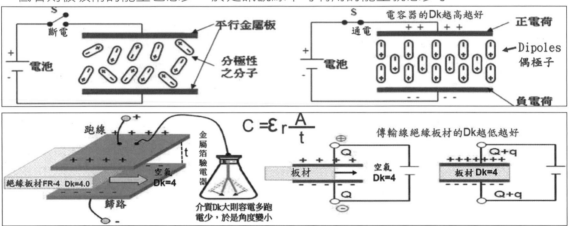

3-2 電容器對訊號頻率的響應

插孔裝電容器引腳必定有電阻而被無腳者所取代，一旦訊號頻率超過電容器本身共振頻率時，則寄生電感值將超過原本電容值而變為電感器了。選用電容器時要注意是否與頻率相匹配。共振點其附近不但傳輸阻抗較低且去耦效果也較好。

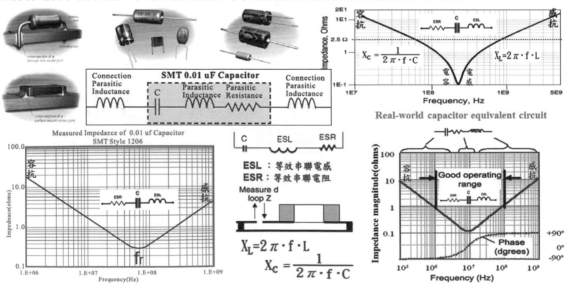

3-3 電容器功用之1：快速提供能源

1. 電容器與蓄電池的原理與功用相同，事實上應稱容電器才對。但早年師從日本之後才全盤西化，因而出現了電容器的反向說法。

2. 外來AC電源經電源供應器（Power Supply）的降壓與調整為DC電源層（Vcc）後，即可提供各主動元件（大陸稱有源元件）所需之能量。

3. 然而此種公用低壓電源的Vcc，經眾多用戶腳瞬間紛紛擠兌時必然造成電壓的不穩，以及Vcc瞬變（即已成為AC）輸送所造成的寄生電感與寄生電阻，致使用戶腳取能中也夾帶了極多的雜訊（Noise）。用戶腳近旁所加裝的電容器不但可提供快速能源，還可將耦合之雜訊導入地中，因而又稱之為去耦合電容器。

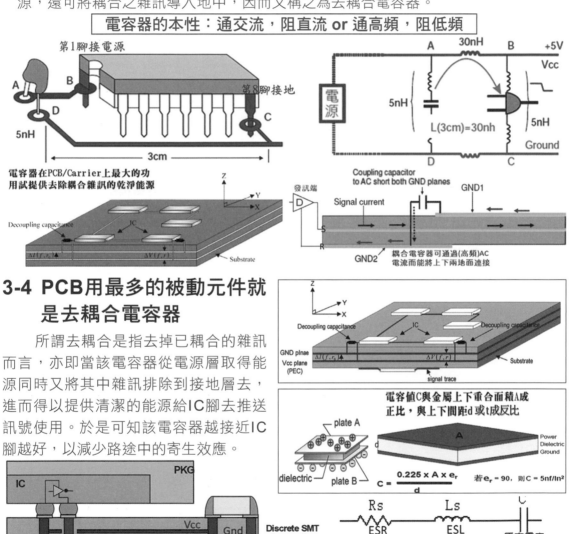

電容器的本性：通交流，阻直流 or 通高頻，阻低頻

第1腳接電源

第8腳接地

5nH

3cm

電容器在PCB/Carrier上最大的功用試提供去除耦合雜訊的乾淨能源

Decoupling capacitance

IC

Substrate

30nH

A　B　+5V

Vcc

5nH

L(3cm)=30nh

5nH

Ground

電源

D　C

發訊端

Coupling capacitor to AC short both GND planes

GND1

Signal current

GND2　耦合電容器可通過(高頻)AC
電流而能將上下兩地面連接

3-4 PCB用最多的被動元件就是去耦合電容器

　　所謂去耦合是指去掉已耦合的雜訊而言，亦即當該電容器從電源層取得能源同時又將其中雜訊排除到接地層去，進而得以提供清潔的能源給IC腳去推送訊號使用。於是可知該電容器越接近IC腳越好，以減少路途中的寄生效應。

Decoupling capacitance　IC　Decoupling capacitance

GND plnae
Vcc plane
(PEC)

signal trace

Substrate

電容值C與金屬上下重合面積A成
正比，與上下間距d或t成反比

plate A

dielectric　plate B

A

Power
Dielectric
Ground

$$C = \frac{0.225 \times A \times e_r}{d}$$

若e_r=90, 則C = 5nf/In²

IC　PKG

Vcc　Gnd

PCB

Discrete SMT Decoupling

Rs　Ls

ESR　ESL
等效串聯電阻　等效串聯電感　原本電容

IC

PCB　Vcc

Gnd

Embedded Planar Decoupling

此為埋入式公用
電容之內層薄板

Rs　Ls　C

Rp

Rda　Cda

高頻高速傳輸中，原
本簡單的電容器卻已
出現了多種寄生效應

3-5 傳輸線與寄生電容

可大膽假設板材的D_k就是其極性所造成的寄生電容,於是D_k越小者其寄生越少速度就越快了,訊號線越細者其對回歸層的寄生電容就越少。

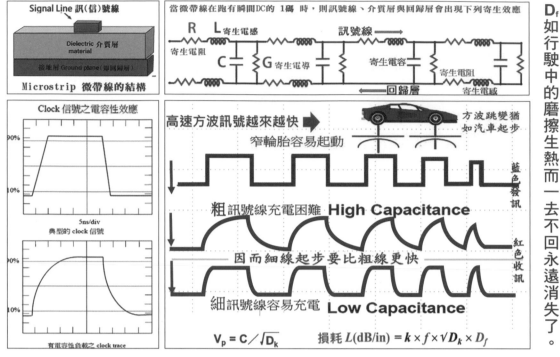

3-6 大小電容器分級使用

高速傳輸的PCB其被動元件中用量最多者就是電容器,主要有(1)儲能用的大小電容器(2)去耦合(旁路)用的極小型多層陶瓷電容器MLCC(3)搭配電感器執行濾波用的電容器。右三圖為各種大小電容器的關係,下圖為充放電的對照。

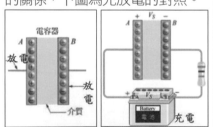

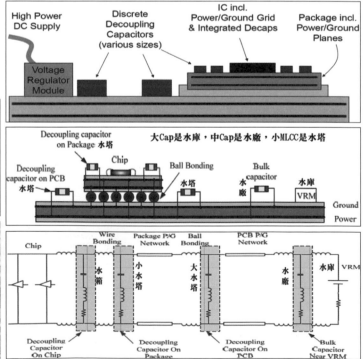

各發訊腳須從最近解耦合電容器取得能量後才能發出訊號

3-7 理想電源與實際電源及雜訊關係

　　PCB的理想電源將不存在任何雜訊，此種理想或數學的方波訊號也不應有任何寄生的高頻雜訊。然而實用的電子產品不管是Vcc/Gnd或跑線本身都必然存在極多低能量的高頻雜訊。PCBA用量最多的被動元件Passive Component（大陸稱為無源元件）即為電容器，而各種電容器中又以去除多種耦合（Decoupling）雜訊之小型片式（Chip）Capacitor為最大宗。注意此處Chip亦非晶片，而是碎片式需要用經常會出現離譜錯誤，下兩圖為理想與實際的對比。

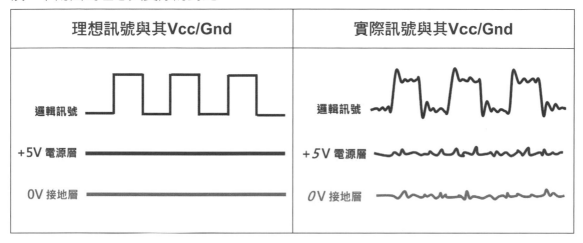

理想訊號與其Vcc/Gnd	實際訊號與其Vcc/Gnd
邏輯訊號	邏輯訊號
+5V 電源層	+5V 電源層
0V 接地層	0V 接地層

3-8 電容器功用之(2)：解除耦合雜訊的電容器（上）

1. 右上圖某16腳IC其①號腳旁所加裝的去耦電容器又稱為旁路電容器（Bypass or Shunt），事先可從Power Supply（Vcc）取得並儲存成為乾淨的能源，以提供IC腳快推訊號之急需。另由於埋容（BC）可減少佈線長度而得以降低電感，目前已在封裝載板中量產使用，例如iPhone5S即是。

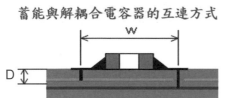

蓄能與解耦合電容器的互連方式

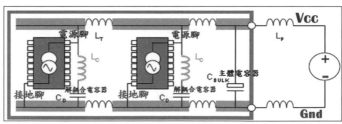

2. PCB兩外層所貼裝的多枚IC，整體工作中其眾多Vcc腳都會從大水庫中取水，不免就耦合進來了極多的SSN高頻雜訊（如同水面的紋波）。此時旁路電容器可將各種Noise導入接地中，此即解除掉耦合雜訊用的電容器（Decoupling Capacitor）的由來。

How to Place By-Pass Capacitor vias

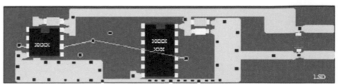

How to Place Ground Islands

3-9 電容器功用之(2)：解除耦合雜訊的電容器（下）

1. 功率分配系統（PDS or PDN）為了讓各個IC都能取得乾淨的能源起見，於是在發訊端各I/O腳前，都刻意加裝多枚解耦合電容器（0.1uF）或排容模組以去除掉各種雜訊。此常見做法在PCB與Carrier甚至晶片內都會實施，以保証傳輸的品質。

2. 事實上電容器就是乾淨能源的儲存裝置，可分為大容值的Bulk電容器；中容值的片狀電容器如1206、0805；以及解耦合用低容值的片式電容器0603、0402、0201、01005等。下右例由於iPhone5S面積太小，板面只能貼焊01005，而其CPU載板之面積更小，只好將其0201埋入六層板之雙面Core中了。

3. 上述大小不同的電容器其等階段性功能，正如同水庫與儲水池或水塔一樣，可讓清潔的能量得以迅速進行逐級宅配以完成SI的任務。

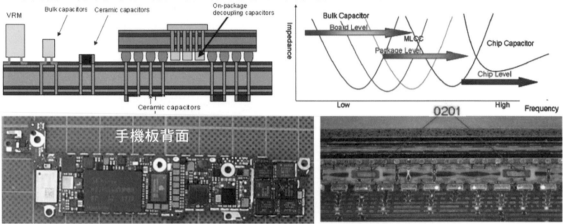

3-10 電容器功用之(3)：減少電源層的塌軌與接地層的地彈

1. 內層大銅面的Vcc與Gnd皆採用電鍍銅箔而銅箔並非超導體。當Driver之某引腳快速推送訊號，其瞬間所急需的能量若仍利用電源腳直接從Vcc去長途抓取者，不但耗時且取能之軌道（Rail）也必然因電阻損耗而呈現電壓下降，此現像稱為Rail Collapse軌道坍塌。同理歸路之接地腳其瞬間大量湧到的電流電壓就成為Ground Bounce接地反彈了。

2. 此時若在Vcc腳與Gnd腳附近加設旁路電容器，則可減少兩者的壓降與壓升，且電容器同時還可將電源中的高頻雜訊短路到Gnd中而除去，而得到乾淨的能源了。

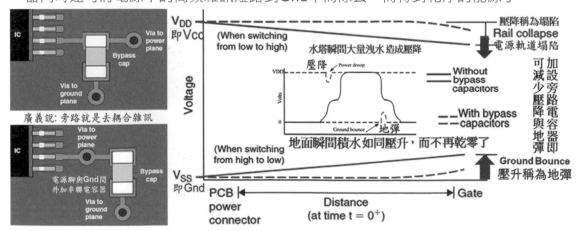

3-11 電容器功用之(4)：搭配電感器組成濾波器（Filter）

1. 高速傳輸為減少電容器引腳之寄生電感起見，可將電容器原本互連用的通孔改為盲孔，如此既可防止歸路被鑽破又可降低成本，未來許多鍍銅通孔將被填銅盲孔所取代。

2. 當跑線出現高頻雜訊f_n時；先將電感器與跑線串聯，於是在感抗X_L低的情形下，頻率較低的訊號f_s即可進入跑線。又將電容器與接地並聯，由於高頻而容抗X_c低，使得高頻雜訊f_n得以入地。如此成為低通而高不通（入地了）的低通濾波器了（上中圖）。

3. 又當跑線出現低頻雜訊f_n時，可改將電感器與接地並聯，使低頻雜訊f_n轉入感抗X_L低的接地。改將電容器與跑線串聯，使頻率較高的訊號f_s進入容抗X_c低的跑線，如此組成了高通濾波器（上右圖）。此等組合稱為L_c電路，另有R_c電路亦具濾波功能但卻較耗能。

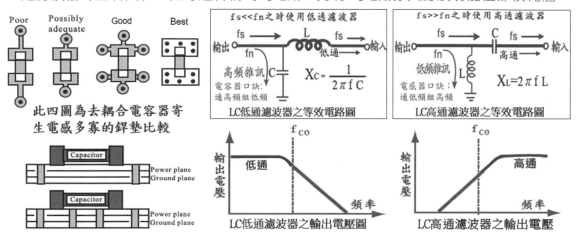

此四圖為去耦合電容器寄生電感多寡的銲墊比較

LC低通濾波器之等效電路圖

$$X_c = \frac{1}{2\pi f C}$$

電容器口訣；通高頻組低頻

LC高通濾波器之等效電路圖

$$X_L = 2\pi f L$$

電感器口訣；通低頻組高頻

LC低通濾波器之輸出電壓圖

LC高通濾波器之輸出電壓

3-12 射頻電路板其類比銅面圖形與數碼方波線路完全不同

1. 射頻板不但板材（例如Rogers 3003之PTFE樹脂）與PCB常用的FR-4板材不同，且銅層線路也都完全不同。如上二圖即為LPF低通濾波器及其等效電路圖。

2. 下列者為車板正面方波用的常規圖型（下左）與反面弦波用的（下中）天線，其佈局的上四條為發訊TX端，下12條為收訊RX端。下右切片說明此板為混血材料之PCB。

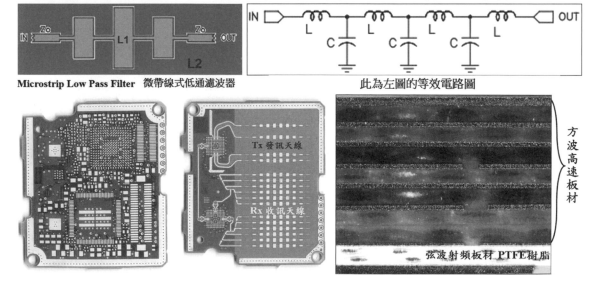

Microstrip Low Pass Filter 微帶線式低通濾波器

此為左圖的等效電路圖

Tx 發訊天線

Rx 收訊天線

方波高速板材

弦波射頻板材 PTFE樹脂

3-13 電阻器之功用(1)…發訊D端的串聯電阻

1. 由前P.381的2-3-18節採端接法改善反彈雜訊處,可知PCB所使用電阻器共有三種功用,即:①D端進入訊號線前串聯電阻器②入R端前訊號線並聯Gnd下拉(Pull Down)電阻器③入R端訊號線並聯上拉(Pull Up)電阻器等。以下將分別深入說明。

2. 在發訊端(Driver)訊號出門時立即在其訊號線串聯1個電阻器,以吸收掉傳輸過程中任何反彈的能量而不再重複反彈。可將傳輸線的特性阻抗Z_0減去D元件本身的輸出阻抗(Z_{out})即為外加電阻器的電阻值,此時發訊端會呈現台階式方波。

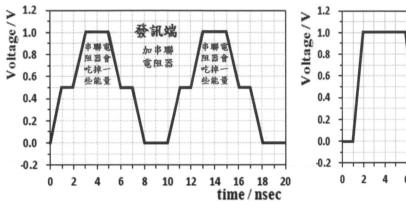
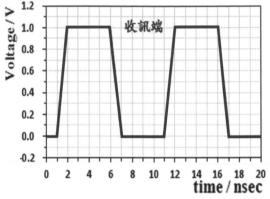

3-14 電阻器之功用(2)…R端並聯下拉

1. 電阻器之第二功用是在收訊端(R端)前,在訊號線與接地層(Gnd)之間並聯一個下拉(Pull Down)電阻器,使長途傳輸終點站R端所接受到訊號的品質更好。

2. 假設Driver的工作電壓是1V,而其高位1碼直流的輸出阻抗為20Ω,傳輸線的特性阻抗為50Ω,於是高位1碼的振幅為50/(50+20)*V=0.714V,亦即已從原本的1V下拉到0.714V了。下二圖即R端下拉後其D端與R端所呈現的波形。

3. 當D端或R端模塊中有未接訊線的空腳時,為了減少產生雜訊起見,可將無功用的空腳上拉Vcc成為高電平或下拉Gnd成為低電平(如同越過大壩的訊號船一樣必須上拉下拉才能繼續航行)。

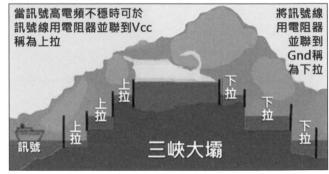

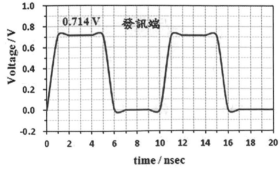
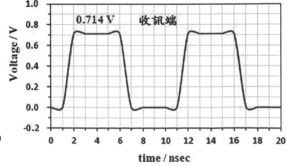

3-15 電阻器之功用(3)…R端並聯上拉

1. 電阻值第三功用是在收訊端前，在訊號線與電源層（Vcc）之間並聯一個上拉（Pull Up）電阻器，也可使所接受到訊號的品質更好。

2. 假設Driver之工作電壓仍為1V，傳輸線的Z_0仍為50V，並設低位0碼直流的輸出阻抗為20V，於是低位0碼進入傳輸線之電壓為20/(20+50)*1V=0.286V，亦即已從原本的0V上拉到了0.286V。下二圖即為已上拉後發訊D與收訊R兩端的訊號波形。至於其他如戴維南端接則更同時用到下拉與上拉兩種電阻器。

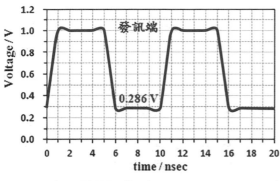

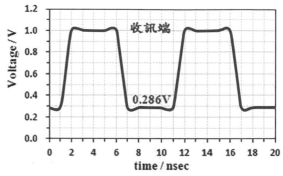

3-16 何謂電感（Inductance）之(1)

1. 當導體瞬間通DC電流時，按安培右手定律其周圍會產生環狀的磁場，且均有閉合的磁力線匝數（Line Loop）。凡導體電流增大1倍時，則周圍磁力線的韋伯（Webers）數也增1倍。簡言之電感就是圍繞著電流的磁力線匝數，而且歸路中也有電感。

2. 當電流為1A時，其周圍磁力線圈的匝數之韋伯值即為1Wb，而電感的單位另為亨利H；於是H=Wb/A。但此電感單位的H值卻太大了，實用者是nH奈亨。

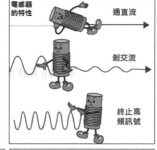

3. 當導體內AC電流發生瞬變時，則周圍磁力線匝數的Wb值也隨之瞬變，於是又引發了全新的感應電壓與感應電流（見下頁）。而此新生電流將會拖累原始電流想要發動的瞬變（即方波0/1），此種拖累現象即為極重要的電感效應。

當有直流電時姆指表直流方向，四指表磁場方向（由S到N），反之四指表電流方向時則姆指表磁場方向。

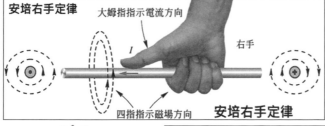

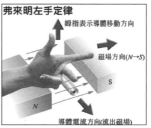

3.鐵芯電感器

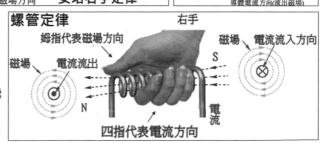

3-17 何謂電感（Inductance）之(2)

1.當相鄰之雙股導線內各有AC瞬變電流時，則除了各有自感（Self-Inductance）產生外，還會出現彼此相互影響的互感（Mutual Inductance），見右圖。

2.當單股線內DC電流發生瞬變時，其磁力線匝數也隨之變化（反之亦然）。因而導線兩端就出現新生的感應電壓，隨即出現新生的感應電流。然而此種新生電流却會拖累原始電流想要發動的瞬變，特稱之電感。

3.當右圖雙股線中a線的磁力線匝數又使b線也產了感應電壓時，兩者間即出現了惱人的串擾（Crosstalk）或地彈Ground Bounce，後者是指歸路接地處瞬間產生的壓生稱為地彈（見P.398之3-10右圖）。

4.電感器的口訣：**通直流阻交流或通低頻阻高頻。**
具體用途有：（1）穩定工作電流，（2）儲蓄磁能並可隨時變為電能，但卻有惰性或慣性。

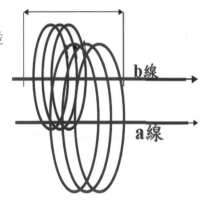

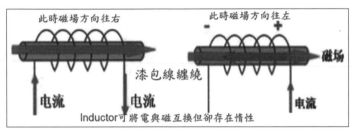

3-18 何謂電感（Inductance）之(3)

1.可將電流比喻成水流，穩定的直流（DC）沒有電感。不過當呈現瞬間交變性電流（AC）時，一旦欲加強馬力讓水流瞬間變快速之際，所連動的水車（猶如電感器）其本身慣性（Inertia）必然會拖累水流的變快，此種效應即可視為電感（右上圖）。

2.電感串聯時對瞬變動作（指0與1跳換）會增大其拖累性（右下圖）。

3.電感並聯時對於訊號0與1的瞬變，卻會減少其拖累性（左下圖）。

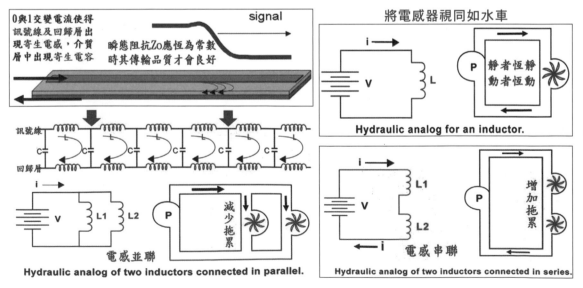

3-19 電感器Inductor的應用

1. 電感器最常用的是筆記型電腦與交流電源間的鐵氧磁珠閥（Ferrite Bead Choke），可防射頻干擾（RFI）或其他雜訊。

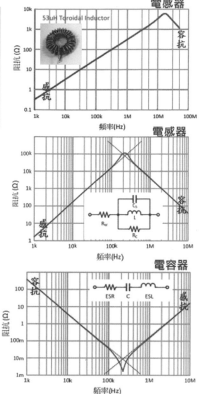

2. 電感器與電容器可組成各種濾波器（Filters）或各種微調迴路（Tuned Circuit），以排除各種雜訊（例如收音機的嗡嗡聲 Hums）。電感器也常用在類比線路接收模組的前端，或在各種交流轉直流的電源供器（Power Supplies）中，是一種磁場式的儲能元件，而電容器則是電場式的儲能元件。

3. 電感器在不同頻率時出現不同阻抗值，低頻時呈現阻抗上升的電感性（右上中圖），一旦超過共振點的後續高頻中，卻出現阻抗下降的電容性，其變化與電容器恰好相反。

$$X_L = 2\pi \cdot f \cdot L \qquad X_C = \frac{1}{2\pi \cdot f \cdot C}$$

3-20 用漫畫說明電感器 （兩圖取自日商村田的網站）

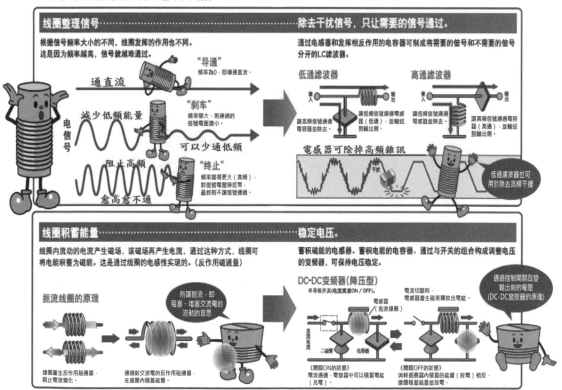

3-21 自感Self Inductance與互感Mutual Inductance

1. 當相鄰兩跑線都有交變電流時，除各有自感外還另有互感，間距愈小互感愈大，反之亦然。

2. 相鄰跑線的互感（L_m）再加兩線間的互容（C_m）就將會產生惱人的串擾（Crosstalk）了。

3. 事實上跑線與歸路各有自感，且兩者間還會出現互感。當上下導體層愈接近介質層愈薄時，即可消除互感、串擾與歸路塌陷。另下圖綠色箭標處稱為接地反彈（Gnd Bounce見P.398,3-10），此種不良地彈須採良好的端接法（Termination，例如收訊端前接地之並聯RC）予以改善而消除其雜訊。

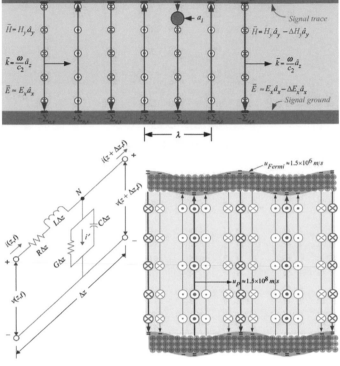

迴路電感

L(top)_self

L_m

L(bottom)_self　地彈

Loop Inductance

3-22 IC內部互連之改善

1. 各種大小IC從晶片到腳架（Lead Frames）或到載板（Carriers），其互連一向以打金線或打鋁線為主，2011年起也已量產打銅線。由於Wirebond的跑線太長使得高速訊號通過時，必將出現寄生電感（Parasitic Inductance）效應以致雜訊增多（Noise，大陸稱噪聲）。

2. 若將線性一維式的Wirebond改為全面性二維式Flip Chip凸塊封裝時，不但封裝密度增加且I/O變多接腳數也大增。此等互連變短的傳輸，其雜訊當然就會減少了。

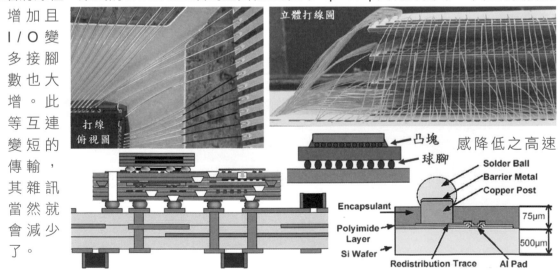

3-23 封裝業40年來從腳架到載板不斷密集與降壓以配合高速傳輸

　　封裝從雙排腳到四邊腳的打線，再到有機載板的打線與覆晶，都是為了大量資料的高速傳輸而被逼迫的進步。其中SI訊號完整性扮演了極重要的角色。

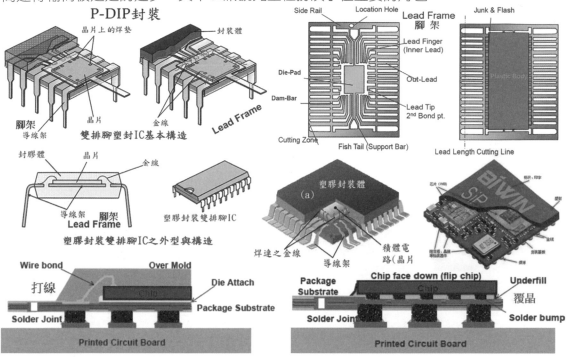

3-24 3D封裝所面臨的困難

　　業界對更有利於高速傳輸的3D疊晶立體封裝醞釀已久，然而在技術困難、無法散熱與成本太貴等負面因素下，至今始終未能量產。

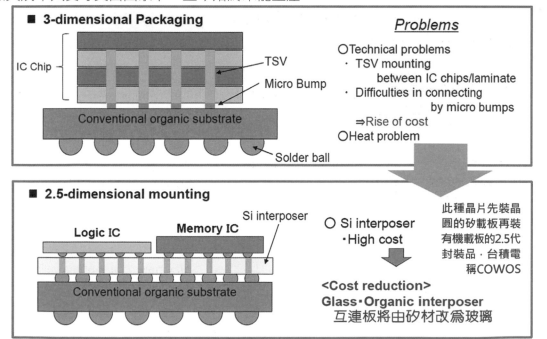

3-25 二維全面性格點互連之接腳與SI

1. 二維全面格點式互連（On Grid Interconnection）不但可令I/O大增（例如BGA或CSP等），而且互連路徑變短，寄生電感下降，各種雜訊當然也就隨之減少（見前SSN案例）。

2. 全面性格點式互連的銲料球腳，用在PCB者（如BGA、CSP）均已採無鉛SAC305式球腳（Sphere）。但覆晶IC封裝者却環保已放棄Sn5/Pb95之Low α高熔點高鉛良好凸塊（Bump）。須知熔點高可減少後續的熱傷害，且其物性柔軟又可降低後續外力傷害。

3. 事實上BGA眾多球腳中又分別有訊號腳、電源腳、與接地腳等不同角色，以各小區為單位彼此支援以達到SI訊號完整的使命。

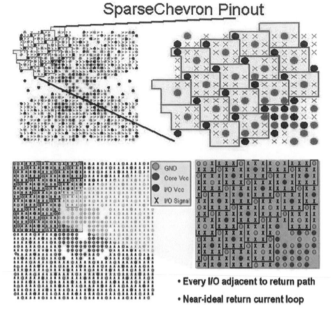

SparseChevron Pinout

- GND
- Core Vcc
- I/O Vcc
- X I/O Signal

• Every I/O adjacent to return path
• Near-ideal return current loop

3-26 高速長途傳輸增設的預加重與均衡(1)

訊號傳輸速度及傳輸量隨著時代而大幅加快增多，為了SI更好起見，PCB與Chip所增加的各種輔件配件也會越來越多越來越複雜。

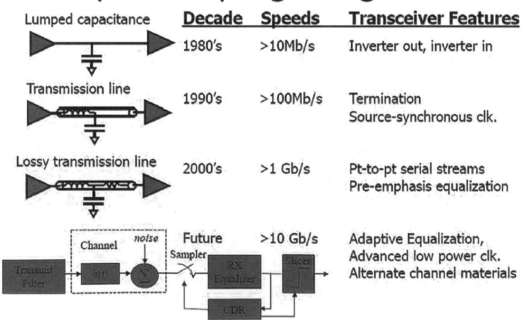

Slide Courtesy of Frank O'Mahony & Brian Casper, Intel

3-27 高速長途傳輸增設的預加重與均衡(2)

1.單股線長途傳輸中訊號能量（振幅）的衰減首先造成RT的劣化與變慢，隨即在碼流中引發單碼的响應（Signal Bit Response；SBR），之後隨即形成了碼間干擾（ISI）了。

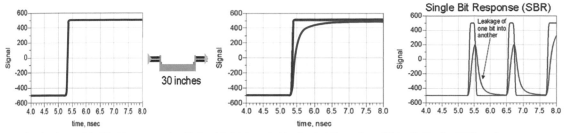

2.事實上長途傳輸只要在收訊端前訊號線中串聯一個"被動均衡器"（Passive Equalizer，由電阻、電容及電感所組成的網路模件，台灣業界稱等化器），即可補救傳輸損耗改善收訊眼圖的品質。

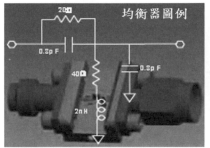
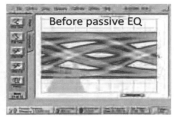
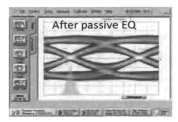

When the link has only receiver equalizer, passive equalizer is built to capture eye diagram on the scope

3-28 高速長途傳輸增設的預加重與均衡(3)-用以克服ISI與BER

1.當傳輸線（此處用Channel表達）的傳輸速度不太快時（此為Time Domain的説法，若在頻域Frequency Domain時即另稱Bandwidth頻寬或帶寬不夠寬了）。從發訊端（Driver, Transmitter, TX）的出口腳Output發訊，到收訊端（Receiver, RX）的入口腳收訊Input的過程中，會出現很多雜訊。現行高速I/O的時脈速率Clock Rate幾乎是每年加快20%。

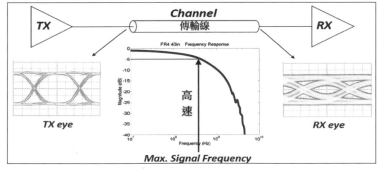

2.TX及RX會出現振幅電壓及Timing正時性的雜訊，而傳輸線Channel中還會出現時域性的碼間干擾（Inter-Symbol Interference；ISI）雜訊。三者都會影響到誤碼率（Bit Error Rate；BER）。

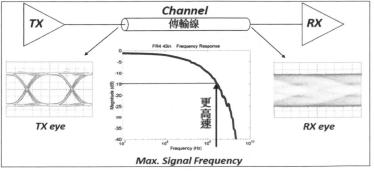

3-29 芯片的內建預加重與外建均衡器-以克服ISI與BER

1.長途高速串行（Serial）的有損（Lossy）通道（Channel亦即傳輸線），必然會造成訊號的衰減與岐變。為了減少誤碼率必須在發訊端芯片中預先加強加重訊號之振幅，而且還要在發訊端進入通道前以及到達收訊端前，分別加裝均衡器（Equalizer台灣稱等化器）以改善或修復訊號應有的品質。

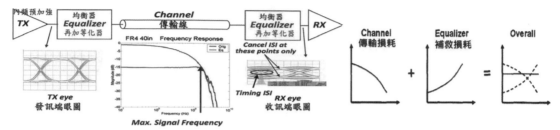

2.碼間干擾（Inter Symbol Interference；ISI）是指高速串行損耗岐變後的碼流（bit pattern）中，某前碼的尾巴與後碼的前沿糾纏在一起而造成誤碼，謂之ISI。免於ISI的上限頻率稱為Nyquist奈奎斯特頻率。解決辦法就是發訊端芯片內建預加重與通道兩端外建均衡器。

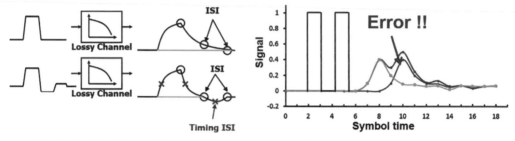

3-30 長途傳輸的碼間干擾、預加強與均衡器

1.內建的預加強（Pre-Emphasis）是指在發訊端芯片中，將碼流中各單碼的振幅預先內建加強，而得以在長程傳輸中補償其衰減與岐變。

2.發訊端須先加前饋均衡器FFE（Forward Feed Equalizer）才進入傳輸線，而收訊端須另加"連續時間線性均衡器"（CTLE）與判決反饋均衡器DFE，如此才可使厚大板長途傳輸的SI得以改善。

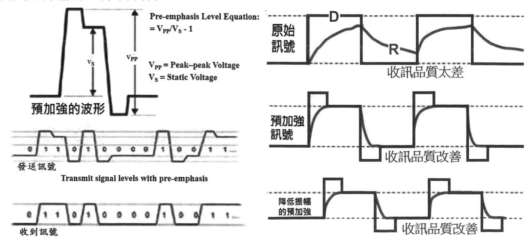

3-31 "預加強"與"等化器"可使傳輸的品質更好

對厚大板長途高速傳輸線而言,若能在Driver發訊進入傳輸之前即內建"預加強"(Pre-emphasis)與外加等化器(Equalizer,大陸稱均衡器)者,則可從收訊端的眼圖上看到眼睛睜大的明顯改善效果。

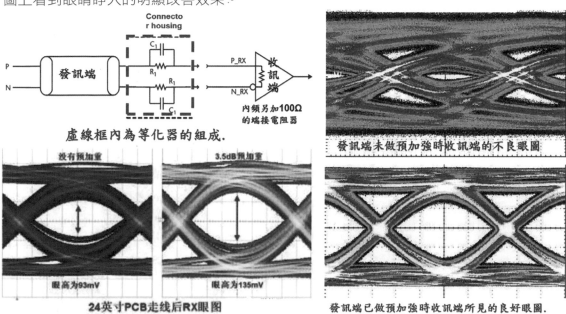

虛線框內為等化器的組成.

沒有預加重   3.5dB預加重

眼高為93mV   眼高為135mV

24英寸PCB走線後RX眼圖

發訊端未做預加強時收訊端的不良眼圖

發訊端已做預加強時收訊端所見的良好眼圖.

3-32 內建預加強可改善收訊效果

原屬HP公司的子司Agilent(目前將其測試部門已改組為Keysight新公司),其所擁有的Ptolemy方案,可針對發訊端執行預加強功能的安裝,對於數碼方波與射頻弦波兩者訊號進行強化方面,其長途傳輸之收訊均有良好的改善效果。下圖即用不同顏色說明藍色預加強對收訊品質的改善。

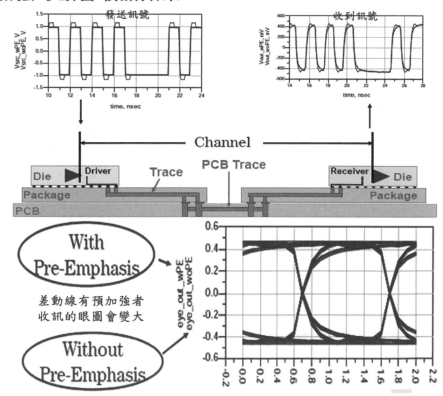

3-33 加裝等化器後從眼圖見到訊號品質的改善

在高速傳輸Data Rate=10 Gbit/s, t$_r$=33 ps條件下，系統中有無等化（均衡）器對於接收訊號品質的影響與比較。

3-34 高速長途傳輸應採雙股差動線

從VNA眼圖的量測可知，差動（分）線在SI方面的品質遠優於一般單股（端）線。由於佈線與製作都很困難故較少使用。但系統厚大板與USB 3.0以上的傳輸線，都必須採用差動線。

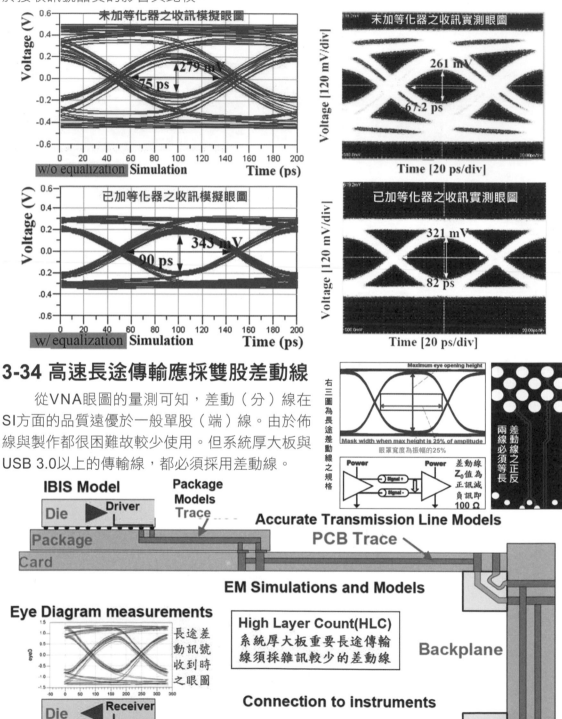

附錄第四章 特性阻抗控制

4-1 傳輸線阻抗控制的原理

1. 當對某傳輸線施加直流1V電壓的瞬間,其訊號線與歸路就會立即產生不同電荷與去回方向的電流,並立即出現高速方波飛奔與所呈現的瞬態阻抗(Instantaneous Impedance),此詞亦稱為本質阻抗(Intrinsic Impedance)。

2. 跑線與歸路在無工作時原本就如同靜態的電容器,一旦實際出現瞬間電壓與電流時,跑線就立即被充電而產生了寄生電容值(Parasitic Capacitance見左下圖),於是訊號每走一步就會立即出現一段寄生電容值。

3. 當整條傳輸線的瞬態阻抗全都能保持恆定較少變時(指阻抗值落在10%之內),則稱之為特性阻抗Characteristic Impedance;Z_0。多層板傳輸線若其Z_0控制在10%範圍內者則其振鈴Ringing可降到5%以內,而令收訊端得以正確判讀時,則此種"特性阻抗的管控"簡稱為"阻抗控制"(Impedance Control)。

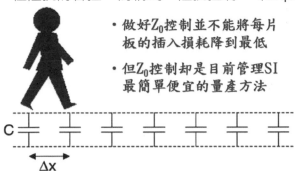

- 做好Z_0控制並不能將每片板的插入損耗降到最低
- 但Z_0控制却是目前管理SI最簡單便宜的量產方法

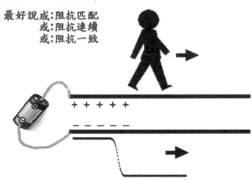

最好說成:阻抗匹配
或:阻抗連續
或:阻抗一致

4-2 特性阻抗控制的緣起與實施

1. 所謂"阻抗控制"就是利用"時域反射儀"(Time Domain Reflector),發送一種高速梯階波(Step Wave)的脈衝訊號,極快速通過多層板邊特定"試樣"的跑線,從示波器畫面可見到振幅的起伏變化是否仍落在允收範圍之內(±10%),從而可推估該多層板傳輸線品質的好壞。對高速板而言還有一些更精密的辦法可供使用。

2. 該TDR主要是由①脈衝產生器(200mv)②高速示波器兩者所組成。TDR最早(1930)是利用5V的脈衝波檢測大地泥土中的含水量(水的Dk為75),用以評估斷層或橋樑磨耗等技術。1960年HP才將此技術用於大背板長途傳輸線的品質檢驗。

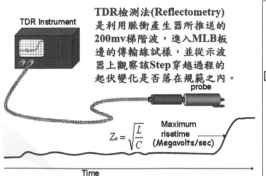

TDR檢測法(Reflectometry)是利用脈衝產生器所推送的200mv梯階波,進入MLB板邊的傳輸線試樣,並從示波器上觀察該Step穿越過程的起伏變化是否落在規範之內。

$$Z_0 = \sqrt{\frac{L}{C}}$$

Maximum risetime (Megavolts/sec)

Time

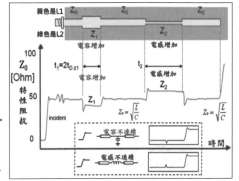

4-3 特性阻抗控制Characteristic Impedance Control之簡單說明

1. 直流DC遇到的阻力稱為電阻（Resistance，符號R），交流AC所遇到的阻力則另稱阻抗（Impedance，符號Z）。但傳輸線中方波所遇到的阻力卻稱為特性阻抗（Characteristic Impedance，符號Z_0）。三者單位雖均為歐姆（ohm，Ω）但內容却完全不同，須細心明辨不宜混於為一談。

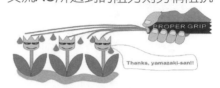

Z_0 良好控制者

2. DC的 $R = \rho \dfrac{L}{A}$，也就是導體電阻值與其電阻率以及線長成正比，而與其截面積成反比。AC的阻抗為 $Z = \sqrt{R^2 + (X_L - X_C)^2}$，此Z值與電阻值及電抗值（感抗值與容抗值）兩者有關。但理想傳輸線的特性阻抗值（Z_0），則另與訊號線自身的電感，以及跑線對歸路的電容等兩者都有關 $Z_0 = \sqrt{\dfrac{L}{C}}$。

Z_0 值超過上限者

3. 傳輸線專用的特性阻抗值Z_0，一般口語雖簡稱為阻抗，但並非是一般AC的阻抗值Z。方波傳播必須當①發訊端②傳輸線③收訊端等三成員之Z_0得以匹配時（一般為±10%嚴格者達±5%），其高速傳輸才能順利完成，否則將問題多多。針對Z_0匹配所做出的各種改善統稱為"阻抗控制"。

Z_0 值低於下限者

4-4 高速訊號的傳輸品質取決於特性阻抗Z_0之一致性或連續性

1. 由前可知直流電遇到的阻力稱為歐姆電阻Ω，交流電遇到的阻力稱為阻抗Z，而高速訊號遇到的阻力卻另稱為特性阻抗Z_0；一般只簡稱為阻抗。

2. 右為微帶線計算特性阻抗值Z_0其四種參數影響大小的大餅圖。

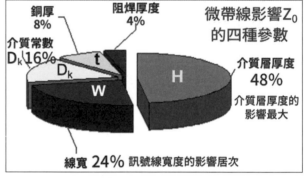

微帶線公式 $Z_0 = \dfrac{87}{\sqrt{E_R + 1.41}} \ln\left(\dfrac{5.98H}{0.8W + t}\right) \Omega$

帶狀線公式 $Z_0 = \dfrac{60}{\sqrt{E_R}} \ln\left(\dfrac{4S}{0.67Hw}\left(0.8 + \dfrac{t}{w}\right)\right) \Omega$

3. 下六圖是選自Polar軟體Si 8000所提供93種阻抗計算模式常用的六種算法，只要把實測的數據填入電腦畫面方格即可取得內建軟體所計算的Z_0，對量產的品質非常方便。

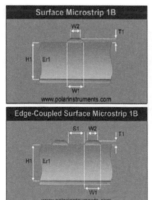

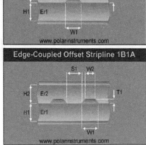

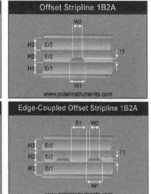

4-5 特性（徵）阻抗Z_0與交流阻抗Z完全不同

　　高速訊號在傳輸線中遇到的總阻力稱為特性阻抗Z_0；而常規AC交變電流（如$60H_z$）在普通電線中遇到的總阻力稱為阻抗Z；兩者完全不同。右圖指出高速傳輸的能量在導體損耗與介質損耗，以及兩者加累的總損耗。右下三等放圖說明構成理想Z_0與PCB中實務Z_0兩者組成元素的不同。由左下圖可知傳輸線不連續時，所呈現的反彈圖與反彈係數公式。

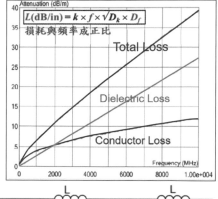

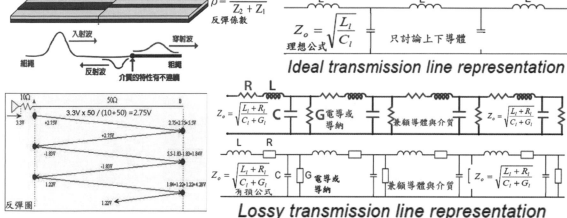

Ideal transmission line representation

Lossy transmission line representation

4-6 特性阻抗Z_0一致性（連續性）不佳之反彈

1. 左上圖當傳輸線由於跑線寬窄不齊，致使全線特性阻抗（Z_0）不一致不連續時，所傳播的方波在不連續處（Discontinued）將出現部分反射與部份續跑的分裂行為。並還會不斷產生多次反射的動作，如船在水面的晃動一般。

2. 傳輸線一旦其跑線的線寬W粗細不均（即不連續），其訊號經多次不當反射後，將使得收訊端所收到的方波能量（振幅）下降而不穩，甚至造成誤碼。

3. 即使發訊端已做好電阻器串聯的端接（Termination）手法，但却仍然無法徹底挽救其不連續的反彈。此種不良板面須先經由AOI予以檢出。

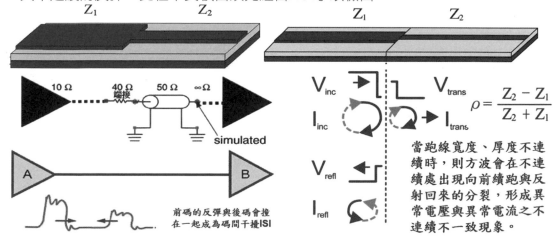

4-7 當訊號線需拐彎時不可轉直角以減少阻抗的不連續

訊號線轉直角處的面積會變大了$\sqrt{2}$或 1.414倍，致使回歸層之間的寄生電容也為之變大，於是使得特性阻抗值Z_0變小（$Z_0=\sqrt{L/C}$）的不連續（不一致或不匹配），進而發生反彈與駐波使上升時間RT變慢，甚至直角處還會發生EMI的尖端放電，而不利於SI。

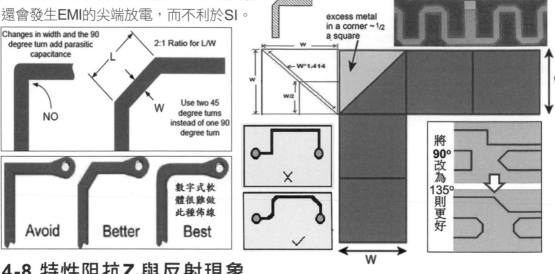

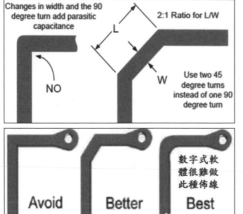

4-8 特性阻抗Z_0與反射現象

1. 方波訊號的特性阻抗Z_0，與DC的電阻R，或AC的阻抗Z，三者內容完全不同而單位卻同為歐姆Ω。對訊號的傳輸線當Z_0不一致時，則不同頻率訊號都會發生反射。

2. 當傳輸線末端未做任何端接處理（Termination），而只呈現單純無限大的開路（Open∞）時則能量必然反射，其原路反射之反射係數（ρ）應為：$(\infty-50V)/(\infty+50V)=1$，將原路彈回發訊端相位相同之全反射。當工作電壓為1V時，於是末端的總電壓就成為入射與反射疊加的2V了（見左圖）3.當跑線末端與歸路短路時，則末端另出現相位顛倒的歸路全反射（右上圖），其反射係數為：$(0-50V)/(0+50V)=-1$，致使該末端處之總電壓為1V+(-1V)=0V原路無反射。

4. 當跑線末端與歸路之間端接一個50Ω的電阻器時，則其反射係數：$\rho=(50V-50V)/(50V+50V)=0$，即無反射的存在（右下圖）。

$$\rho = \frac{Z_2 - Z_1}{Z_2 + Z_1}$$

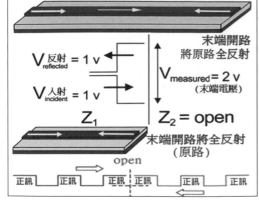

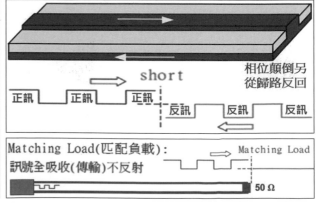

4-9 PCB必須做好特性阻抗的Z_0匹配（一致性、連續性）且為首要工作

1. 現行資通用的多層板，全都要求傳輸線做好Z_0的Match匹配，也就是PCB的Z_0值必須匹配Driver與Receiver元件的Z_0值，以減少反彈的損耗（見左下圖）。

2. 一旦PCB傳輸線的Z_0未能匹配兩端收發元件之阻抗，或途中Z_0不連續而反彈時，則到達收訊之方波將出現不良的上衝、下衝與振鈴等劣化品質。並還在跑線中重複出現反射與振盪之雜訊（見左上圖），如同港區內船體的不斷波動。

3. 下右圖為傳輸線Z_0不匹配（10Ω、50Ω、$\infty\Omega$）中所呈現的反彈圖。其發訊端的內阻為10Ω、電壓為1V、傳輸線之Z_0為50Ω、時延（TD）為1ns，末端開路電阻為$\infty\Omega$。

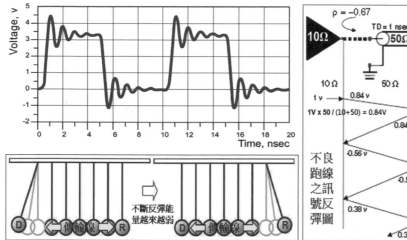

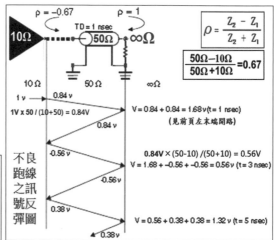

4-10 Z_0一致性不佳之反彈

1. 以15吋長單股跑線而言（含歸路），在其$90°$拐角處由於電容增大而Z_0變小，造成時延（TD）劣化而延長約3ps，對RT為50ps的方波而言其影響還不算大。

2. 當15吋長的傳輸線中出現過孔（Via）時，由於寄生電感的增加而導致Z_0變大，並使得時延（TD）劣化而延長約9ps。

3. 歸路中的不連續也會造成時延的拉長，右下圖即其所拉長時延（TD）的劣化，分別為10PS藍線、50PS棕線、100PS綠線情況下，與全無時延紅線就其等方波前沿品質影響之比較。

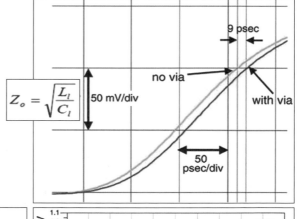

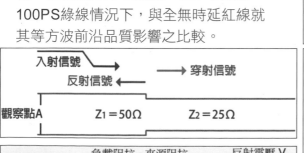

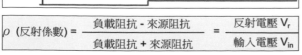

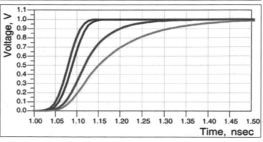

附錄第五章 高速傳輸與板材的關係

5-1 高速傳輸與板材的關係(1)

1. 按電與磁兩者形影相隨之原理，當DC電流在導體中快跑時，所伴隨的電磁場也會在周圍極性介質中變為動態的電磁波而急奔。傳輸中導體的電阻損耗與介質之電磁波損耗同樣都會發熱，均將造成能量的永遠消失。

2. 高速傳輸的電流會集中在導體的表皮上，特稱為Skin Effect集膚效應（大陸稱趨膚效應）。為了減少Skin的電阻發熱而耗能起見應使其銅面儘量光滑。而且銅面可焊性的表面處理也會影響傳輸。注意真正皮膚=並非銅導線截面的外圍而已。

3. 傳輸線絕緣介質內的極性分子會隨著方波起舞，呈現快速抖動與拉扯而發熱，進而造成方波能量的損耗（即D_f的效應）。

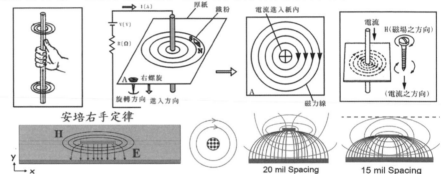

5-2 介質材料中極性官能基所形成的D_k與漏電之電阻

1. 板材樹脂分子中具有多量的極性官能基（如$-OH$、$-COOH$、$\overset{-C-N-}{\underset{O \quad H}{}}$、等），當跑線中 "1訊號"（例如1.0V）通過⊕之某特定點的瞬間，其歸路上將呈現⊖極，於是跑線正電荷與歸路負電荷將同時對極性分子的雙極做你推我拉的動作。致使方波必須挪用一些能量去應付偶極矩（Dipole Moment）的動作。

2. 此種瞬間不斷推拉動作所產生的無窮個偶極矩，當然會浪費掉方波在跑線中的部份能量，進而成為介質層的Dielectric Loss並轉為熱量而逸走，這也正是永遠消失的D_f了。對正弦波式RF高頻板類而言，其D_f將更關鍵須控制在0.01%以下。

3. 至於眾多極性分子其等（雙）極性（Polarity）大小或偶極矩（Dipole Moment）強弱，也正是介質材料的D_k。對高速數位板類而言，其D_k宜低於4.2以下才好。

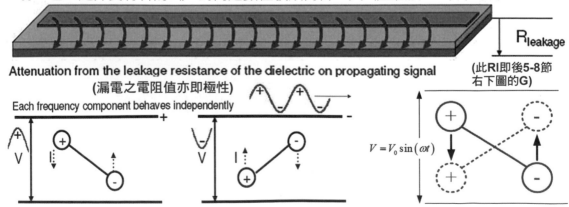

Attenuation from the leakage resistance of the dielectric on propagating signal
(漏電之電阻值亦即極性)

(此RI即後5-8節右下圖的G)

Each frequency component behaves independently

$V = V_0 \sin(\omega t)$

5-3 高速傳輸與板材的關係(2)

1. PCB板材包括①銅箔②玻纖與樹脂③粉料；銅箔表面粗糙造成訊號能量的損耗很大，膠含量較多者對雙股線總損耗（即Insertion Loss；SDD21）雖有正面效果但不大。玻纖之D_k達6.0損耗較多，至於填充粉料（Fillers）則目前尚無研究出現。

2. 台光電曾投稿2013 IPC論文集以16層板的傳輸線（含微帶線與帶狀線），利用Intel所提出的SET2DIL法，分別檢測各傳輸線的總損耗。此研究呈現了一些具體事實：①介質層增厚10%總損耗將下降5%②跑線根部銅箔粗糙度下降時總損耗減少約5.8%③P/P膠含量稍有影響④內層跑線與歸路其黑氧化的損耗大於棕色有機替代化皮膜。

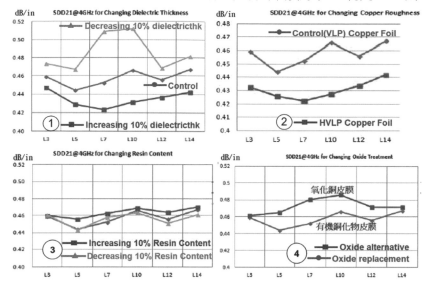

5-4 板材介質造成的降速與損耗(1)

1. 方波在頻譜之各個高頻諧波的微小能量，將被介質極性分子的D_k所暫時吸附，同時也會遭到極性分子的扭動、扯動與抖動造成的D_f所抵銷，亦即轉為一去不回的熱能了。

2. 是故長途傳輸的方波能量（即振幅）必將損耗，而傳輸速度也必然下降（亦即上升前沿RT的延長），甚至造成誤碼（Bit Error）。

3. 下右表列者為常見8種商品板材的εr(D_k)，D_f(tanδ)，與價格的比較情形。

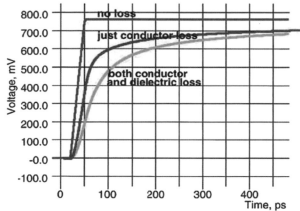

Material	ε_r	tan(δ)	Relative Cost
FR-4	4.0–4.7	0.02	1
DriClad(IBM)	4.1	0.011	1.2
GETek	3.6–4.2	0.013	1.4
BT	4.1	0.013	1.5
Polyimide/glass	4.3	0.014	2.5
CyanateEster	3.8	0.009	3.5
NelcoN6000SI	3.36	0.003	3.5
RogersRF35	3.5	0.0018	5

上圖案例為傳輸線之跑線長30in、RT為50PS、Z_0=50Ω、跑線寬8mil、FR-4介質之D_f=0.02，經由Mentor Graphics之 Hyperlynx軟體仿真所取得損耗的畫面。

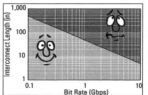

當厚大板跑線長度超過50吋，傳資率超過1G bps者，其收訊品質即將因雜訊而出現問題。

5-5 板材介質造成的降速與損耗(2)

1. 各種樹脂均有其平均介質常數(D_k)，而訊號傳輸速率（Velocity）與光速成正比，與其周圍介質環境的D_k平方根成反比，右列即為常見樹脂傳輸速率的比較。

2. 各種樹脂由於極性大小所造成的損耗（Loss），與其完工板的工作頻率（f）及損耗因素(D_f)成正比，且也與D_k平方根成正比。故知受連續損耗D_f的影響較大。

$$V_p = C / \sqrt{D_k}$$

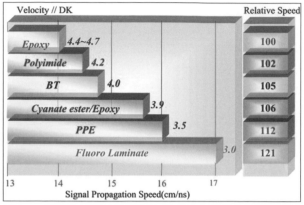

$$L(dB/in) = k \times f \times \sqrt{D_k} \times D_f$$

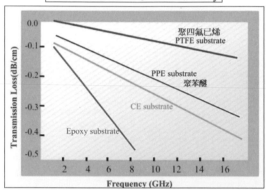

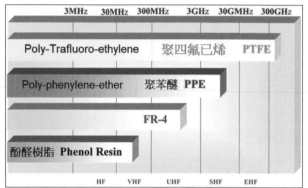

5-6 高速傳輸與綠漆的關係(1)

高速傳輸其能量的損耗與板材與設計及量產工藝都有關，且介質綠漆還會對外層微帶線造成影響。上右圖即為外層差動微帶線的俯視與端視圖，而綠漆對雙股差動線的影響又比單股線更大。上左圖搭配中表數值可見到外層雙股線有無綠漆時其Z_0的變化，有綠漆者寄生電容較大（$C=D_K$ A/t,因空氣的$D_K=1$,高速綠漆的$D_K=3.19$）是故造成有綠漆的Z_0會變小。右中表還見到兩種綠漆對外層雙股微帶線Z_0下降的比較。下表為各種高速板材其D_k與D_f的對比。換句話說$D_k D_f$越小者其傳輸損耗也越小。

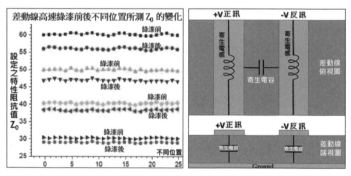

參數＼種類	常規綠漆				高速綠漆			
綠漆設計值/Ω	60	50	40	30	60	50	40	30
平均實測值 綠漆前 Z_0	59.8	50.0	40.6	30.6	60.8	50.7	41.1	31.0
綠漆後 Z_0	55.5	47.2	38.6	29.4	56.8	48.1	39.2	29.8
阻抗差值 Z_0	4.3	2.8	2.0	1.2	4.0	2.6	1.9	1.2

板材＼參數	常規FR-4	Middle Loss	Low Loss	Very Low Loss	Super Low Loss	常規綠漆	高速綠漆
介質常數D_k（1GHz）	3.9～4.5	3.6～4.4	3.2～3.8	3.1～3.6	2.5～3.2	～3.9	3.19
損耗因素D_f（1GHz）	～0.02	0.01～0.02	0.01～0.006	0.003～0.006	≦0.006	0.02～0.04	0.014

5-7 高速傳輸與綠漆的關係(2)

1. 銅質訊號線集膚效應所造成之衰減，與介質層極性對電磁波的損耗；兩者的反效果不但造成方波的變形，而且也使得方波速率變慢（即升起前沿RT的延長）。

2. 以FR-4板36吋長Z_0=50Ω的傳輸線為例，發訊端的RT為50PS，到了收訊端竟然延長至1.5ns整整慢了30倍。且該方波在頻域中諧波頻率愈高者，其損耗也愈嚴重。

3. 再以另一種電性稍好的FR-4製做厚大板，其跑線長度亦為36吋，Z_0=50Ω，某方波在發訊端之RT為50PS，到達收訊端時RT也慢了20倍而至1ns。右下圖可明顯見到發訊端與收訊端兩者方波前沿劣化與振幅降低的情形。

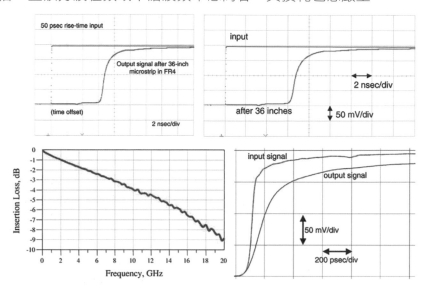

5-8 高速傳輸與板材的關係(3)

基材板是由銅箔、樹脂及玻纖等三者所組成，高頻或高速訊號傳輸中，其電流能量不但會在導體皮膚因電阻發熱而損耗，同時所伴隨的電磁場也會造成介質層中Diploes的抖動伸縮（導納Conductance指板材漏電多少）而發熱失能，後者即為D_f。

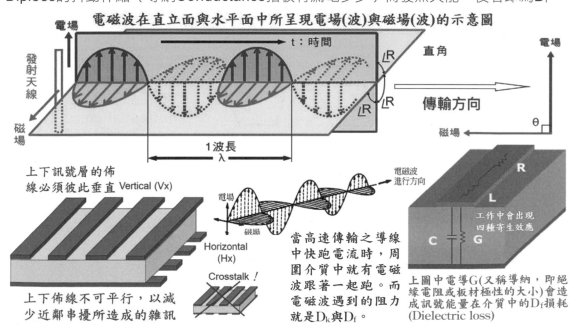

5-9 高速傳輸與板材的關係(4)

1. 當服務器（Server）、基地台（基站Base Station）、儲存器Storage等厚大板類（High Layer Count），其跑線變長而速度又再加快者所用板材之D_k則還需再降低，以減少方波能量被介質極性分子所拖累的能耗。

2. 長途傳輸訊號其能量的衰減（Attenuation）可分為暫時性能量的凍結（即D_k），與轉變成熱能的永久性銷損耗（即D_f）。而D_k愈低者其傳輸速率也愈快。

3. 絕緣板材是由玻纖與樹脂所合組，其中樹脂的D_k約3.0左右，玻纖布約為6.0左右，故平均FR-4的D_k值在4.5上下。但若再仔細追究時，將發現長途跑線所伴隨的電磁場，在非均質板材中實際穿越的耗損並不穩定，現行代表性不足的D_k已經不大有意義了。

4. 厚大板長程傳輸的訊號完整性，可利用瞪眼圖（Eye Diagram）做為板材與完工PCB優劣的監督比較。目前CPU的內頻已高達9GHz，且Intel宣稱將來會再加快到10GHz以上。然而載板或PCB等非均質之板材者，目前其外頻連1GHz都有問題。

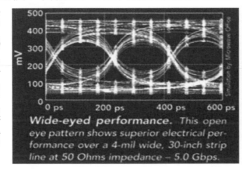

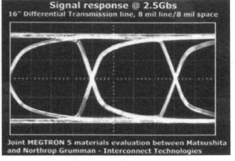

5-10 利用軟體將差動線極多正反方波疊加成為眼圖

1. 利用軟體選定PCB長途雙股差動線試樣的某一點，假設所有方波到達此點時即予以凍結停跑，於是可將大量正反方波在該定點予以疊加，即可成為瞪眼圖。

2. 此種眼圖Eye Diagram的表達法，可對實際傳輸中之基材板品質進行更真實的檢測，所得結果將遠比目前供應商所給的D_k/D_f更具意義。

3. 從VNA示波器就樣板所得眼圖大小的比較，即可區別出所用板材傳輸電性的好壞。

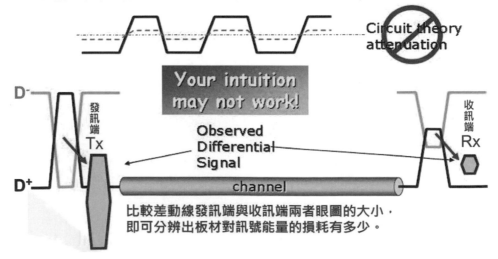

5-11 眼圖如何監視傳輸品質

1. 收訊端眼圖可用以監督傳輸能量的衰減情形，高速訊號長途傳輸過程中必然受到導體與介質兩者的妨礙而出現能量（電壓）的衰減（Attenuation），於是可利用考試板與軟體在精密示波器（Oscilloscope）的畫面上即可見到收訊端（Receiver）所呈現的眼圖。

2. 常規眼圖中會出現波形不可碰觸的三個禁航區：（1）多邊形眼罩（Eye Mask），（2）上面2號眼罩是檢查上衝（Overshoot）用的，（3）下面3號眼罩是檢查下衝（Undershoot）用的，最常用的是中央六角形的1號中罩。

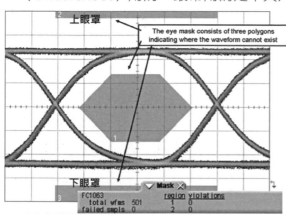
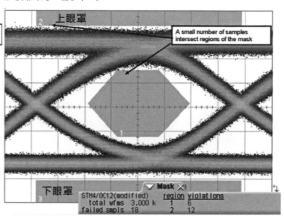

5-12 眼圖所用到的術語

　　利用瞬變的眼圖大小進行傳輸的比較，選擇大眼的良好板材對完工產品確有幫助。不過此法雖可比較出訊號能量的損耗，但卻不易測得出板材整體性的D_k與D_f。

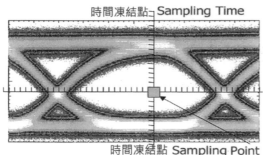

眼圖各種品質參數如下：

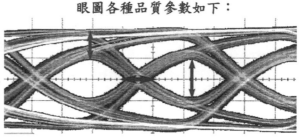

左上圖說明由8組三碼流通過取樣之定點，假想旁觀者已將時間凍結，使之逐一重疊而成眼圖。右上圖為眼圖可見到傳輸之品質項目：橫向紅標者稱為時間的抖動Jitter(單位PS)，直立藍標為方波振鈴Ringing(mV亦即可接受的雜訊範圍)的變化；直立線標稱為眼高Eye Height(mV)，此等參數可做為訊號品質的檢驗項目。左圖說明方波在時域與頻域兩者的對應情形。

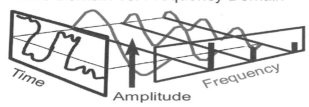

右列差動線利用蛇線來補救其等長的規定

5-13 眼圖的劣化與板材的不良

1. 前兩頁說明眼圖是由8個三碼式小碼流（bit pattern）所組成的造形，在出貨板的板邊或待檢驗的基材板中，加設長途傳輸的雙股差動線，再利用特殊軟體配合向（矢）量分析儀（VNA）即可看到眼圖的品質好壞。

2. 右列左之綠色實測圖（取材自泰克資料）即為某背板之長途雙股差動線，自發訊端（TX）送出正反方波疊加成的清楚眼圖。

3. 由於正反兩種訊號經差動線的銅材與介質層的雙重損耗下，致使到達中途43cm處其眼圖即已縮小變形了，到達末端86cm處已完全糊塗無法判讀了。

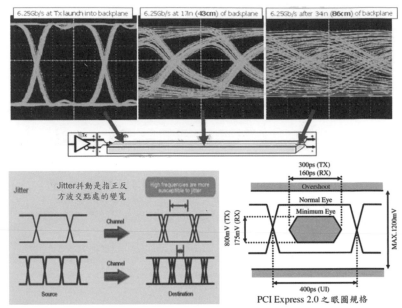

PCI Express 2.0 之眼圖規格

5-14 長途高速傳輸中訊號能量衰減的眼圖

　　5G雲端各種厚大板其高速差動訊號長途傳輸中的能量必然有所損耗，利用VNA的眼圖軟體即可測出收到訊號的品質。差動訊號其正反方波一旦觸及眼罩時其收訊品質就不及格了。

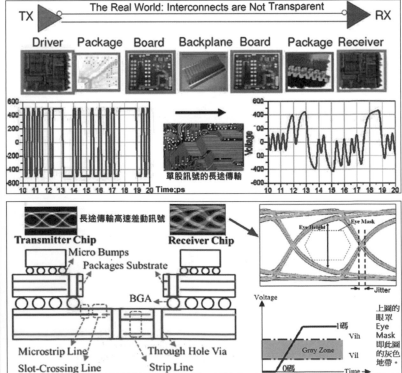

5-15 無鹵板材將造成高速匯流排（Bus大陸稱總線）訊號品質的下降

1. 無鹵板材排除FR-4的Br阻燃劑（TBBA）而改用含磷或含氮樹脂，由於極性變大而造成高速匯流排（Bus）訊號品質的下降。此節三圖出自由iNEMI主導的無鹵計劃，共有16家廠商參與，如系統公司（Intel、Cisco、HP）及樹脂與CCL廠（Dow、南亞、聯茂、台光、生益）以及組裝廠（富士康、廣達）等合作研究。

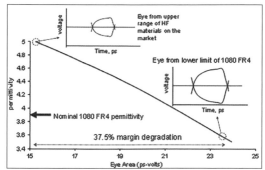

2. 現行1080 FR-4高速板材（RC50%）之D_k約3.6-3.9，而相同條件無鹵板材之D_k竟劣化至4.2-5.0（下兩圖）。利用眼圖的眼高另就無鹵板材對 DDR3的Bus傳輸做評估（右下圖），若再對高速比較時發現無鹵板材眼圖面積縮小竟達37.5%之多（右上圖）。即使Z_0不變但串擾也為之增大，傳輸速度也必然大幅減慢。

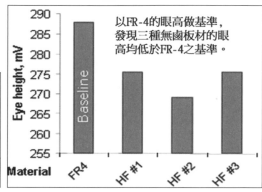

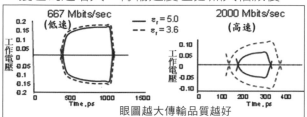

眼圖越大傳輸品質越好

5-16 光纜光纖的整合通信

　　右為超大DC內外網路示意圖，其最下機櫃內不足3m的短途互連則仍以傳統銅線為主。然而到了Tier1眾多機櫃之間超過3m時，為了節省成本減少散熱與電磁波負效應的損耗起見，已全部改為光路傳輸，於是光電之間的轉換就必須用到"光模塊"了。當再到Tier2超大DC廠棚內互連也只能採用光傳。甚至DC以外Tier3的都會區骨幹網，或更遠達1000公里都市之間也都必須採用光傳輸。此時原本NRZ兩個電平的方波，也必須改用PAM4四個電平的方波訊號了。

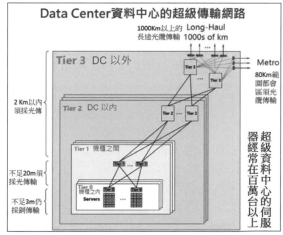

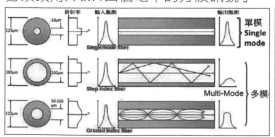

5-17 Data Center高速長途傳輸需用到光纜與兩端高速光模塊

　　5G的霧運算與邊緣運算或行動上網等流量成長10倍，全都需要資料中心DC雲端的支援，而DC的超大機房卻常達500m×200m如農場之巨。為了減少電傳的損耗、延遲與雜訊等不良效應起見，凡距離3m以上一律改為光纖更高速的光傳，5G時代高速光模塊已達400GbE。為了光電之間能夠匹配起見，於是方波訊號亦須改用四碼PAM4而得以更快一倍。

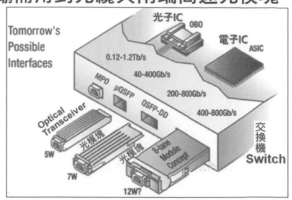

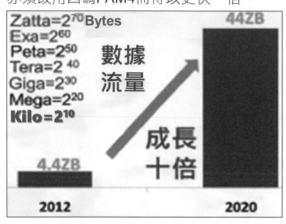

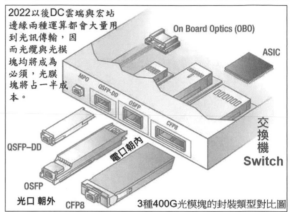

3種400G光模塊的封裝類型對比圖

5-18 四階脈衝振幅調製Pulse Amplitude Modulation 4（PAM4）

　　單一週期的兩碼可降低振幅而變為四碼的 PAM4，於是比特bit速度即可加快一倍，但對於微小雜訊而言就更加難以處理了。其實就是把原本單極兩碼的方波，降低其電壓振幅而調變成了雙極四碼，至於眼圖也由單眼變成三眼了。目前此等全新 PAM4超高速電傳訊號已在400GbE高速乙太網（收訊的厚大板）與各種光纖通路中使用了。

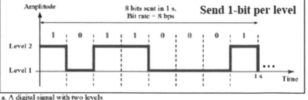

a. A digital signal with two levels

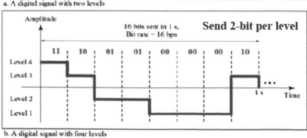

b. A digital signal with four levels

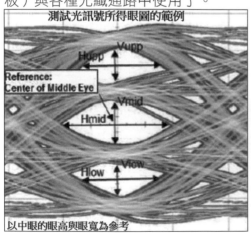

以中眼的眼高與眼寬為參考

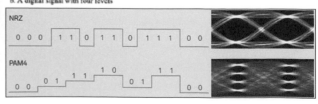

5-19 資料（數據）中心會用到大量的PAM4

全球超大資料中心（Hyper-scale Data Center）2018年約350座，據估計2025年會擴增到700座之多。原因是海量的高清視訊、物聯網與車聯網等龐大數據巨流量，使得5G時代必須採用更高速400GbE的乙太網（接入網），其單一信道需用到50GbE的「四階脈衝振幅調製」PAM4。於是眾多光模塊與厚大板都要從PAM2改編成PAM4才行，然而當每個bit比特之振幅（能量）下降時，各種大小PCB的雜訊管控就更加嚴格與困難了。

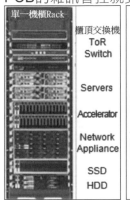

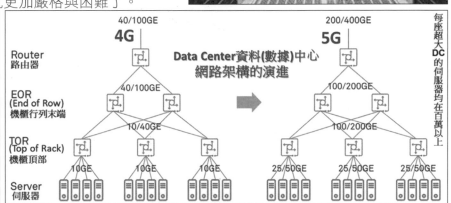

5-20 高速傳輸訊號能量在導體中的損耗

大板面長跑線其能量的損耗，首先遭受到跑線銅導體集膚效應的掣肘。若就高速Microstrip中之跑線而言，其瞬間電流通過銅線的表皮並非其外緣之全部，而僅指面對回歸層跑線的下緣而已。為了減少真正皮膚的電阻起見，先期可採單價不太貴的低稜線RTF（反瘤反轉銅箔）製做內外層訊號線。至於內層帶狀線Stripline則可將其訊號線的微瘤面，朝向上下兩回歸大銅面之較近一層即可。

此為VLP原本在毛面大瘤的低速銅箔

此為VLP改在光面微瘤的高速銅箔

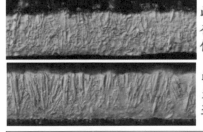

微帶線中介質層愈薄者，所跑電流的皮膚會愈集中在面對回歸層的訊號線下緣

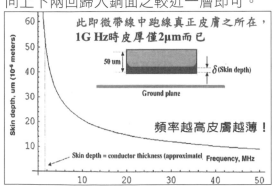

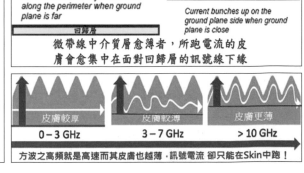

方波之高頻就是高速而其皮膚也越薄，訊號電流卻只能在Skin中跑！

5-21 大幅降低電流密度成為兩面光滑的新銅箔

為了去除柱狀箔銅粗糙的稜面與堆積式銅瘤以減少高速Skin Effect起見，乃將原本使用1500 ASF的高電流密度大幅降到100ASF左右，以消除柱狀結晶的高低稜面，並將大銅瘤改變為兩面光滑的超小銅瘤。如此雖可減少趨層損耗而有利於高速傳輸，但卻對樹脂抓力不足造成板面銲墊再焊時的脫墊風險。注意此等新箔都會出現中分線，那是出自鍍箔機底長條進液口強力衝打陰極而使添加劑脫附造成厚度瞬間減薄所致。

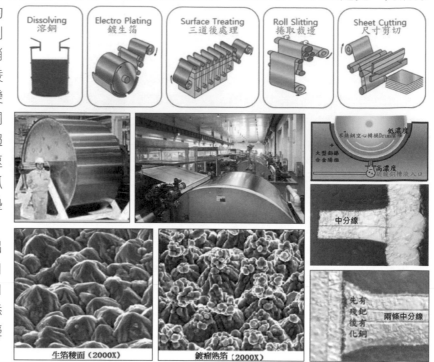

生箔稜面（2000X）　　鍍瘤熟箔（2000X）

5-22 兩面平滑且有中分線全新銅箔的製造

為了減少高速傳輸的不良趨膚效應（Skin Effect）起見，兩面平滑且有中分線全新銅箔的做法，首先是降低電流到100ASF左右，其次是改變槽液配方為一般鍍銅用的光澤劑、載運劑與平整劑，如此將不再出現柱狀結晶與稜面。從下二圖可知鍍箔機的槽液寬度僅2-5cm，槽底長條狀進液口強力噴入高濃度銅液以補充陰極的消耗。如此將瞬間沖掉正下方陰極膜（Cathodic Film）中的光澤劑，瞬間降低少許銅箔厚度而形成中分線，良好切片對此中分線應可清楚分辨。這種"藍色中分線"正如輕微刮痕般在電銅調變藍色中並不會呈現紅色得分界線。

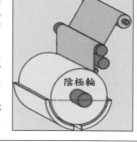

陰極輪

陰極輪

低濃度　不鏽鋼空心轉桶Drum陰極　低濃度

大型鉛銻合金陽極　高濃度　強力噴液進料

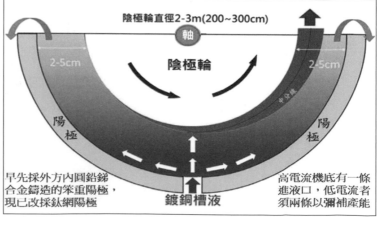

陰極輪直徑2-3m(200~300cm)

軸

陰極輪

2-5cm　　2-5cm

陽極　　　陽極

早先採外方內圓鉛銻合金鑄造的笨重陽極，現已改採鈦網陽極

鍍銅槽液

高電流機底有一條進液口，低電流者須兩條以彌補產能

5-23 無柱無稜兩面平滑最新銅箔的中分線

右圖1為筆者所繪業界首次出現鍍箔機的示意圖,其陰陽極距離僅2-5cm但陰極輪的直徑卻龐大到2-3m之巨。機底進液口強力沖入深藍高濃度的鍍銅液,再從左右兩側排出已幾乎被鍍光的淺藍槽液。轉動陰極所鍍出暗紅色的銅箔自左向右逐漸增厚,並如圖2所示向上撕離捲取的生箔(Raw Foil)。強力衝擊致使陰極表面光澤劑瞬間脫附造成箔厚稍許減薄而形成了中分線。此種中分線在所有PCB文獻中是筆者首度說明者。請注意藍色的中分線並非重新啟鍍的紅色分界線,從圖4、5、6即可看出兩者在顏色方面的區別。圖3為具雙中分線的最新高

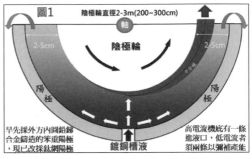

圖1 陰極輪直徑2-3m(200~300cm) 軸 陰極輪 2-5cm 2.5cm 陽極 陽極 早先採外方內圓鉛錫合金鑄造的笨重陽極,現已改採鈦網陽極 高電流機底有一條進液口,低電流者須兩條以彌補產能 鍍銅槽液

圖4 較多的化學銅 紅色的化學銅 不會變紅色低重流銅箔的中分線

速銅箔,而圖3黑鈀紅化銅的ICD處卻經常被業界誤認為是膠渣。

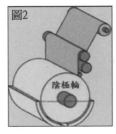

圖2 陰極輪

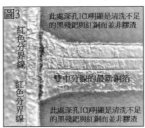

圖3 紅色分界線 雙中分線的最新銅箔 紅色分界線 此處深孔ICD明顯是清洗不足的黑殘鈀與紅銅而並非膠渣 此處深孔ICD明顯是清洗不足的黑殘鈀與紅銅而並非膠渣

圖5 鍍二銅流不連續的界線 無沙銅分界線 中分線 無沙銅分界線 3000X

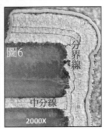

圖6 分界線 中分線 2000X

5-24 銅箔的製造與後處理(1)

1. PCB常用到兩種銅箔,即①電鍍銅箔E.D.Foil②壓延銅箔(Rolled Annealed Foil;R.A.Foil)。前者多用於各種硬板或載板,且ED銅箔產品非常多樣。後者很貴僅用於少數高階之動態軟板。

2. E.D.Foil鍍箔機具大型不銹鋼之空心滾胴直徑達2m長度達3m,外表另套有極薄鈦皮以方便撕箔,而心軸與陰極(Cathodic Drum)胴面間還連接有許多導電支架,至於陰陽極之間距則僅3-5cm而已。於是在1000-2000ASF高電流密度下,可快速連續鍍出及不斷撕取柱狀結晶的生箔(目前陽極電改用鈦網了)。

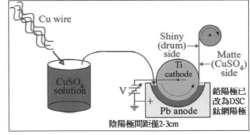

Cu wire Shiny (drum) side CuSO₄ solution Ti cathode V Pb anode Matte (CuSO₄) side 鉛陽極已改為DSC鈦網陽極 陰陽極間距僅2-3cm

3. 後處理是針對生箔(Raw Foil)再做三道皮膜才成為熟箔。即①稜面Matt Side加鍍抓地力用的銅瘤②為防止Br與Dicy高溫中攻擊銅面起見,而於稜面再加鍍黃銅或鋅所謂的的耐熱性薄膜③於光面Drum Side則另鍍上淺灰色的薄鉻層(5µin),以減少外觀的氧化與鈍化。

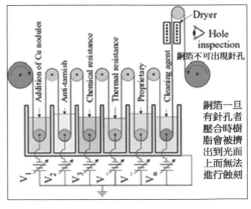

Addition of Cu nodules / Anti-tarnish / Chemical resistance / Thermal resistance / Proprietary / Clearing agent Dryer Hole inspection 銅箔不可出現針孔 V₁ V₂ V₃ V₄ V₅ V₆ 銅箔一旦有針孔者壓合時樹脂會被擠出到光面上而無法進行蝕刻

5-25 銅箔的製造與後處理(2)

1. E.D.Foil全都出自超高電流密度（一般PCB掛鍍銅僅25ASF）且又只添加光澤劑的槽液，可鍍得連續柱狀結晶（Columnar Structure）之撕取式生箔。若採較低CD與特殊助劑下還可取得超低稜線（Profile）之VLP或HS-VLP等特殊銅箔，有利於高速訊號之傳輸。

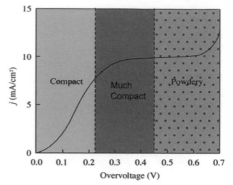

2. 當鍍銅電流超過其極限時（Jlim），則鍍出的銅層將呈現不良粉狀而非扎實的結晶狀。成瘤的機理是刻意將陽極斜置（見下節），使與生箔的距離先近後遠讓電流先大後小，其結構當然成為先內部粉銅後材外部實銅包覆的銅瘤了。

3. 哥倫比亞大學電化學鼻祖Tobias曾在其1962年專書中（右三圖）提到，當各式電鍍製程之"過電壓"（Overpotential即工作電壓）超出某種範圍者，其鍍層原子堆積即將由常規平面排列的堅實結晶，加速沉積成為非結晶立體堆積的粉狀銅了。

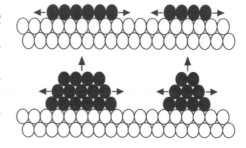

5-26 銅箔的製造與後處理(3)

1. 生產ED銅箔所用電流密度極高又只加光澤劑者，在銅膜快速增厚過程中就會堆疊出強烈柱狀（Columnar）之結晶，且銅箔毛面還會呈現出起伏明顯的稜線（Profile）。

2. 降低電流密度並加入特殊助劑之鍍液，則可取得特殊VLP銅箔（Very Low Profile），此種柱狀結晶很不明顯而稜線稜面卻極低的高價銅箔，不管是否反瘤其長途跑線的損耗都比較低。

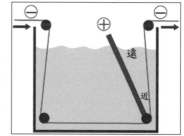

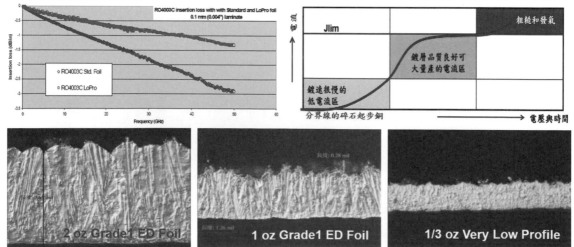

5-27 銅瘤的生成與高速跑線之反瘤銅箔

1. 首先是在硫酸銅槽液中利用極高CCD（1500ASF左右）在外表套鈦的不銹鋼空心胴體光滑面上，快鍍撕取的柱狀銅箔稱為生箔（Raw Foil）。之後還要再對生箔的毛面（Matt Side）上，另以超過極限電流密度（J_{lim}）的方式，故意鍍上銅瘤後才成為可用的熟箔。而銅瘤則是由眾多粉狀微小銅球如雪球般堆積成的錐體（右上圖）。

2. 高速跑線（Trace）為了減少集膚效應（Skin Effect）所造成的損耗起見，乃刻意將附著力所需的銅瘤改鍍在生箔的光面（Drum Side，Shinny Side）上，稱之為反瘤銅箔RTF。右下二圖放大2000倍者分別為1oz、2oz等RTF的切片畫面。

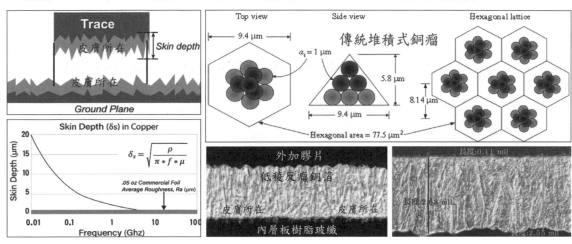

5-28 高速跑線皮膚粗糙度造成的損耗

1. 常規銅箔標準瘤牙的粗糙度約在6-8μm之間，超低稜線者（Very Low Profile；VLP）之粗糙度約2-4μm，而高超低稜線（Highly Very Low Profile；HVLP）約在0.5-1.0μm。當PCB/Carrier之外頻速度快到10GHz時，即使HVLP最小銅瘤0.5μm者（下右圖）所造成的皮膚損耗也讓訊號能量下降了0.4%（綠線）。

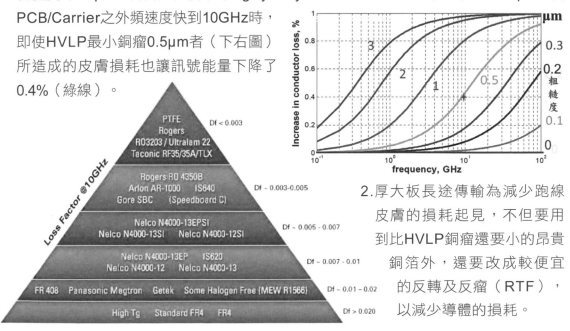

2. 厚大板長途傳輸為減少跑線皮膚的損耗起見，不但要用到比HVLP銅瘤還要小的昂貴銅箔外，還要改成較便宜的反轉及反瘤（RTF），以減少導體的損耗。

5-29 銅瘤之最新發展(1)

鑑於長途高速傳輸之各種厚大板與超大載板等，因5G各種基站與邊緣運算之快速興起而渴求不已，致使銅箔技術也為之快速進步。日商三井銅箔公司即曾在2014/0325 IPC所主辦之APEX展中發表論文（S25-02）呈現各種新型低稜線（LP）與細小銅瘤，甚至到了未來無瘤而只靠預膠層（Primer）的凡得瓦特力來抓緊銅線的境界。

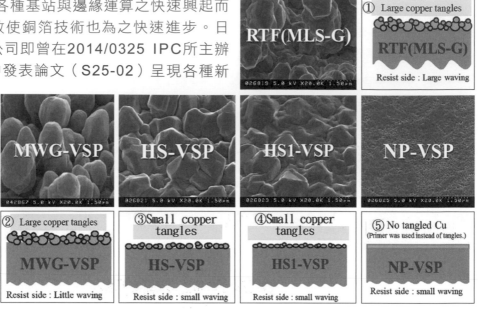

5-30 銅瘤之最新發展(2)

由前節三井公司所發表的五種銅瘤畫面，並搭配D_k3.7與D_f0.002長度200mm單股低損傳輸線，與其插入損耗（S21）的比較看來，到了20GHz的極高速時，1號銅瘤的損耗比起5號非銅瘤竟然超出1.4dB而達23.8％之多。若再將長度延長到1m時，即使反瘤銅箔（RTF）也需要更小瘤節（Tangles）才能減少S21而因應高速長途傳輸之要求。

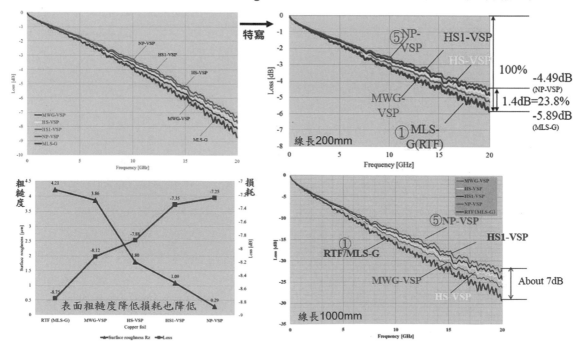

5-31 銅瘤之最新發展(3)

1. 事實上現行多種厚大板（High Layer Count）都已逐漸採用低稜線（LP）搭配RTF與超小瘤之高價銅箔了。然而High Tg與Low Loss此等高價板材的脆性增加且極性必然降低，因而在附著力與內聚力雙雙減弱下局部爆板將很難避免。即使下游仍採較溫和的有鉛焊接，但仍然會出現爆板與ICD式孔銅與環銅的拉離分裂，進而在Z_0無法守恆下引發SI的問題。

2. 本節左圖即為某22層板之全通孔全圖，中二圖為漂錫後內環與左銅壁發生疑似ICD拉離的微裂，右二圖亦為次內環右壁的ICD式拉裂畫面，四圖均可見到三井HS-VSP式小型銅瘤及局部輕微爆板之位置。

5-32 取消只做為補強卻無互連功用的孔環

1. 早先低速厚大板的各種深通孔，多次強熱中為了孔銅壁免遭拉離（Pull Away）之缺失，刻意在每個銅層上都刻意加做抓地用的孔環（Annular Ring）。

2. 現行高速厚大板為了排除孔環間寄生電容（Parasitic Capacitance）所帶來的雜訊起見，已將全無訊號傳輸功能的互連孔環全數取消，至於孔銅強熱中是否會產生拉離也就無法關心了。

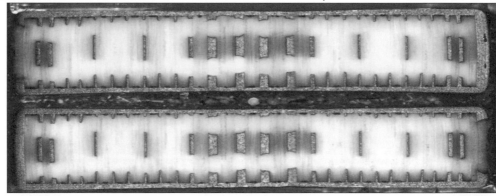

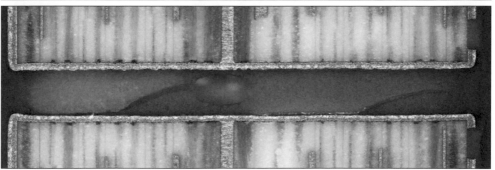

5-33 兩面光與微瘤的高速銅箔與背鑽

現行厚大板高速長途輸為了降低皮膚的損耗只能採用兩面光滑與超小瘤平舖方式的新箔,但此種做法只能做在內層,用於外層將有更換元件多次再焊而脫墊的風險。然而手機板的短途傳輸竟也一窩風改用長途傳輸用的高價新箔似有矯枉過正之嫌。

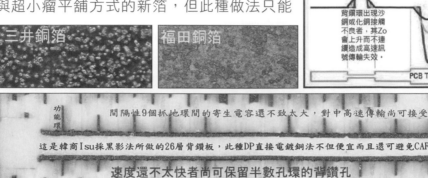

5-34 厚大板只有最高速的訊號線才會用兩面光滑的新銅箔

兩面光滑單面平舖微瘤的全新箔價格頗貴,只有厚大板長途傳輸最高速的訊號線才會採用。由於重要的HLC尤其是車板對CAF非常恐懼,部分化學銅的產線已被DP直接電鍍的黑孔或黑影製程所取代,但因DP導電不良致使產能下降與引發神似膠渣的各種誤判。

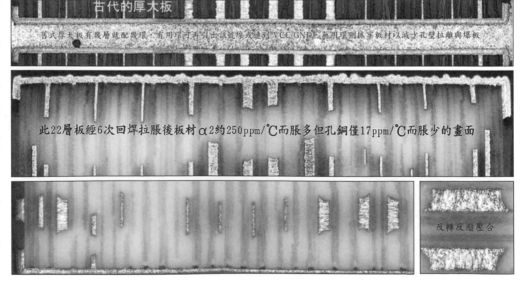

5-35 高速訊號線集膚效應Skin Effect的改善

1. 當微帶線執行高速傳輸時，由前可知其方波電流將集中於訊號線或稱跑線的下緣，故知電阻發熱的導體損耗也都集中於跑線下緣之表皮處。

2. 為了降低跑線下緣之電阻起見，乃刻意改在銅箔光面上長出微瘤，並使瘤面朝下疊構成多層板，而得以加強其附著力。此種異於常規（毛面長瘤）之銅箔者，特稱為反瘤銅箔（Reverse Treated Copper Foil；RTF，不宜稱做反轉銅箔）。

3. PCB以外的其他高速跑線仍以圓線為主，其電流均集中在表皮，頻率愈高表皮也愈薄。為了降低電阻起見乃刻意將圓線外表鍍銀以改善皮膚（δ）的導電。

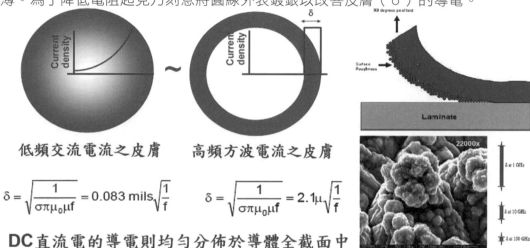

低頻交流電流之皮膚　　高頻方波電流之皮膚

$$\delta = \sqrt{\frac{1}{\sigma\pi\mu_0\mu f}} = 0.083 \text{ mils}\sqrt{\frac{1}{f}} \qquad \delta = \sqrt{\frac{1}{\sigma\pi\mu_0\mu f}} = 2.1\mu\sqrt{\frac{1}{f}}$$

DC直流電的導電則均勻分佈於導體全截面中

5-36 集（趨）膚效應的深入瞭解

1. 早先認為微帶線中方波的電流是沿著跑線下緣的Skin中流動，由於毛面原本凹凸粗糙，以致路徑變長電阻增大耗時也較久，且頻率愈高者效果愈顯著。

2. 但最近也有專家認為集膚效應不完全出自電流，却另認為電場與磁場在介質材料內部快速移動中，將會在導體下緣感應出另一股電流。每當電場與磁場的部份能量被介質層所吸附及損耗後，也將導致其感應電流的減弱。

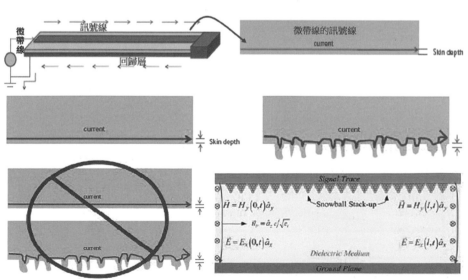

5-37 高速方波傳輸與板材的關係：介質對能量的損耗

1. 高速方波傳輸能量損耗的第二亂源，就是介質材料（Dielectric）的極性，以下四頁試加深入說明。

2. 若將高速方波也視為一種規律波動性能量時，其快速傳輸又可稱為傳播（Propagation）。傳播速率Vp與光速（C）成正比；與所穿過介質的D_k（正式學名為ε_r）開方值成反比。此即傳輸線之重要原理：

$$V_p = C \big/ \sqrt{D_k} \qquad 傳播速率 = 光速/\sqrt{介質常數}$$

3. 當高速方波於厚大板中傳輸時，其板材代表性的D_k D_f不但要極Low（低於4.2與0.01）而且還更要求全板均勻，幸好此二數值會隨著頻率升高（即振幅降低、能量減少）而呈降低的趨勢。

4. 一般組裝板經高溫作業中其板材的D_f會稍微變大，D_k（即ε_r相對容電率）則仍可守恆。

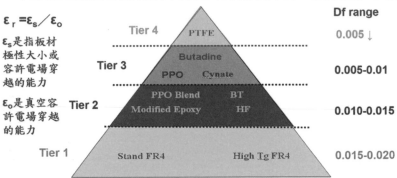

$\varepsilon_r = \varepsilon_s / \varepsilon_o$
ε_s是指板材極性大小或容許電場穿越的能力
ε_o是真空容許電場穿越的能力

5-38 細說D_f之(1)

1. 方波之振幅下降與頻率上升或速度加快之趨勢，造成訊號長途傳輸的多種衰減（出自銅材的集膚效應與介質層的極性拖累），方波速度變慢將受到介質層D_k的直接制約（$V_p=C/\sqrt{D_k}$），而其收訊品質的劣化（指訊號振幅或訊號能量變小），將更受到板材D_f的直接影響。即：$L(dB/in) = k \times f \times \sqrt{D_k} \times D_f$

2. 方波能量遭介質耗損的D_f原文是Dissipation Factor散失因素，亦稱Loss Tangent損耗正切（Tan δ），或另稱為Dielectric Loss介質損耗，或Loss Factor損耗因素等四說。其物理意義是指長途傳輸中的方波能量，部份在極性板材拖中已轉變為一去不回的發熱；於是「已損耗者」針對「尚健在者」兩者之比值即稱為板材的D_f。因為是比值故並無單位。

3. 將「已損耗者」設為能量的虛值（Imaginary），將「尚健在者」設為實值（Real），於是虛/實或Imaginary/Real兩者之比值，即成為三角函數δ角正切的"對邊/鄰邊"了，也就是還可利用數學的正切（日文稱正接）去表達D_f。

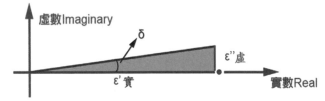

由上三角函數可知：Tanδ＝對邊/鄰邊＝ε"/ε'，或＝虛/實

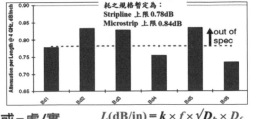

$L(dB/in) = k \times f \times \sqrt{D_k} \times D_f$
損耗與頻率成正比

5-39 D_k與傳輸線的寄生電容以及損耗的關係

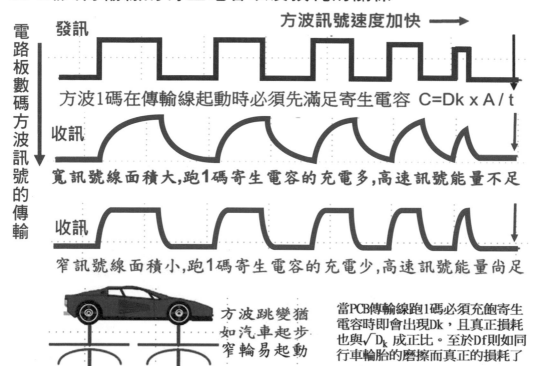

Insertion Loss 插損簡稱損耗：$L(dB/in) = k \times f \times \sqrt{D_k} \times D_f$

5-40 細說D_f之(2)

1. 當方波在PCB傳輸線中高速傳輸時，其訊號線及歸路等導體中會跑電流，而周圍介質中即有電磁波同步快移。導體將因電阻而損耗發熱，具極性的介質也將對電磁波不斷拖累而發熱。

2. 故知發訊端原本能量經不斷損耗到達收訊端時，只剩下部份能量還存在（即前頁的 ε' 實數），此實數即為D_k。而兩種發熱所共同損耗的能量即成為前頁的 ε" 虛數，於是D_f即被定義為 ε" / ε' 之比值了。

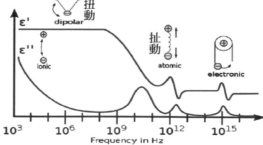

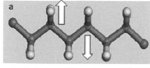

低極性Low D_k的分子示意圖

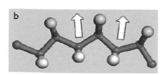

高極性High D_k的分子示意圖

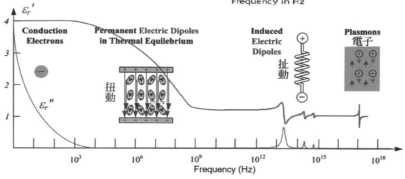

5-41 何謂分貝dB（Decibel）之(1)

1.百餘年前外科醫生A.G.Bell為了對聽力進行量化研究，發現人耳對聲音的敏感度並非由聲源的功率（Power）所決定，而是取決於功率P的對數值。

2.他將聽力分為10級（能聽到最小聲者為0，耳痛者為10），凡聽到的音量由1增到2時，實際上發聲器的功率P值卻已由10^1增大到10^2，亦即增加了10倍。於是科學界就以Bell（已簡化為Bel）做為聽到音量的單位。但卻又因分級太粗糙而有了1/10的decibel或dB之單位，並廣用到I與V等領域。分貝公式為：

$$dB = 10 \log \frac{P_{out}}{P_{in}} ; \text{也就是dB值} = 10 \log \frac{10^2}{10^1} = 10 \log 10 = 10dB$$

3.例如某電機之增益（Gain）為100(10^2)，可利用分貝公式加以表達：以下按電壓V或電流I之計算表達如下（電壓或振幅法常用，電流法少用）：

①用電壓（振幅）表達：

$$\because P = IV , \therefore P = \frac{V}{R} \cdot V = \frac{V^2}{R}$$

$$dB = 10 \log(\frac{V_0^2 / R}{V_i^2 / R}) = 10 \log(\frac{V_0}{V_i})^2 = 20dB 。$$

②用電流表達：

$$\because P = IV , \text{而} I = \frac{V}{R} , \therefore P = I \cdot IR = I^2 R$$

$$dB = 10 \log(\frac{I_0^2 R}{I_i^2 R}) = 10 \log(\frac{I_0}{I_i})^2 = 20dB 。$$

振幅下降與功率損耗		
幅降	功率損耗/吋	dB
100%	（無損耗）	0 dB
90%	（損耗10%）	-1 dB
80%	（損耗20%）	-2 dB
70%	（損耗30%）	-3 dB
50%	（損耗50%）	-6 dB
30%	（損耗70%）	-10 dB
10%	（損耗90%）	-20 dB
5%	（損耗95%）	-26 dB
3%	（損耗97%）	-30 dB
1%	（損耗99%）	-40 dB

-3dB相當於功率損耗掉30%或電壓振幅的V下降到70%

損耗上限之經驗值：
1. CMOS元件 -1dB/in
2. 已有Pre-emphasis 預加強的系統大板其上限為 -10dB/in
3. 已有Equalization等化處理(均衡處理)系統大板的上限為-20dB/in
4. 系統大板可補救的上限為-30dB/in

5-42 何謂分貝dB（Decibel）之(2)

1.由前頁可歸納出三種常用的分貝公式（功率、電壓、電流），即：

① $dB=10 \log P_{out}/P_{in}$ ② $dB=20 \log V_{out}/V_{in}$ ③ $dB=20 \log I_{out}/I_{in}$

2.當分貝公式用於損耗或衰減時，其計算式完全不變，只是再加上負即可。例如某方波的振幅（即電壓V）衰減了50％者，其衰減分貝值為-6dB即：電壓（振幅）表達法：$20 \log 0.5=-6dB$（此方波衰減50％之對應值-6dB用途很多，須強記）功率表達法：$10 \log(0.5/1)^2=10 \log 0.25=-6dB$

3.下圖以三組品質不同的差動線（$Z_0=100\Omega$）為例，分別利用dB為單位，表達其每吋長所出現的衰減數據，發現方波能量的衰減與頻率成正比，與間距成反比。

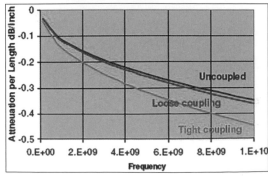

間距大耦合低衰減少之藍色差動線：
  W = 5mils 而 S = 20mils
間距與耦合中等衰減之紅色差動線：
  W = 4.6mils 而 S = 10mils
間距近耦合小衰減大之綠色差動線：
  W = 3.4mils 而 S = 5mils

5-43 5G長途傳輸線能量損耗dB的比較

右上圖為25cm長的外層微帶線與內層帶狀線兩者，在不同頻率(速度)所出現導體損耗與介質損耗以及總損耗（導體+介質）的比較圖。可見到現行兩面平滑的高速銅箔其趨膚效應的損耗已大幅降低了。至於在頻率為25GHz時內層帶狀線約比外層微帶線損耗多出5dB。下左圖為外層差動微帶線受到綠漆的影響，於12.5GHz處LowD$_f$的綠漆比起常規綠漆的損耗約減少0.004dB/cm。下右圖

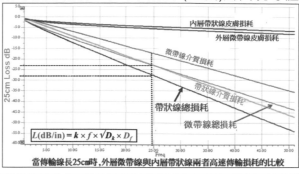

當傳輸線長25cm時，外層微帶線與內層帶狀線兩者高速傳輸損耗的比較

說明內層板雙股差動帶狀線的損耗與D$_k$/D$_f$兩者的關係，顯然可見D$_k$/D$_f$越低者其損耗也越小。

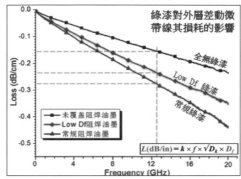

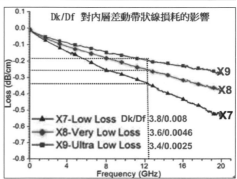

5-44 板材吸水後D$_k$/D$_f$都會升高而對SI不利

1. 由於水分子的極性很大（D$_k$=75），一旦板材吸水後即將使得D$_k$/D$_f$上升進而引發訊號之劣化，並使得長程傳輸訊號之衰減（Attenuation）加劇。

2. 以Nelco的標準FR-4板材而言，當方波訊號之頻率或速度高達1GHz時，其乾燥板材之衰減約為-0.14 dB/in，但吸飽水後居然上升到-0.34 dB/in，竟超出2倍以上。

3. 單股訊號線方波能量衰減之計算式為：$\text{Atten} = -4.34\left(\dfrac{R_{Len}}{Z_0} + G_{Len}Z_0\right)$ dB/length

   雙股差動線方波之衰減計算式為：$\text{Atten}_{diff} = \text{Atten}_{odd} = 4.34\left(\dfrac{R_{Len-odd}}{Z_{0-odd}} + G_{Len-odd}Z_{0-odd}\right)$ dB/length

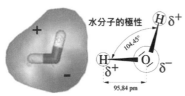

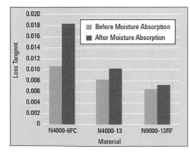

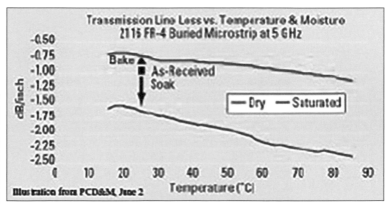

美商 Nelco 標準 FR-4 三種板材吸水後
D$_f$ 變大與未吸水者的比較

5-45 板材介質受環境溫溼度的影響

1. 板材樹脂高分子結構式中會存在著一些極性官能基（如-OH），因而很容易吸濕（Moisture Uptaking），且長期擴散板材後將呈現結晶水般而很難徹底烤乾。

2. IPC-2007有一篇Intel論文（S07-1）討論溼度對插損S$_{21}$的影響，後經人改寫為Arizona冬天與馬來西亞夏天，兩者在10GHz時插損S$_{21}$達-4dB的對比。

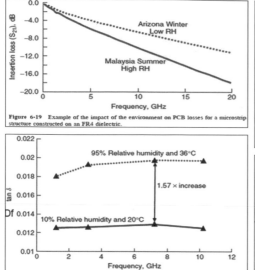

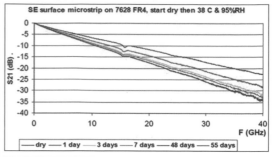

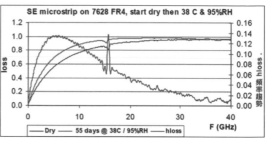

5-46 吸水率極低處於室外基站射頻用碳氫板材的加工

　　由於Rogers 4000系列碳氫樹脂的Tg高達280℃，是故全碳氫多層板的壓合也必須超過280℃才能加工，這對PCB業者們既有180℃的壓機將造成困難。幸好目前此等特殊板材只用為C-Stage的外層板，很少用到B-Stage碳氫膠片去進行全板壓合。從圖1與圖2即可見到外層才是碳氫雙面板，是故仍可採用一般P/P去與另一片完工四層板再混壓成的6L板。從圖3與圖4可見到剛性極強的碳氫板與密集通孔的四層板焊接後的開裂，須知該四層板孔銅本身的Z-CTE只有17ppm/℃，而且又都塞滿了剛性極強的樹脂，兩強間的弱材多次強熱難免不出現爆板。

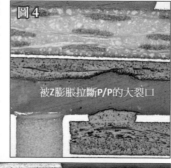

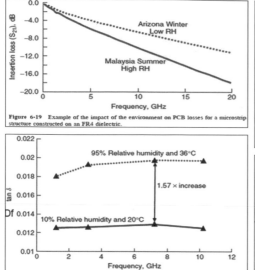

5-47 介質損耗（D_f）將轉為熱能而一去不返

· 高速方波在PCB的傳輸中，其電磁波與極性介質間之吸斥拖累作用將轉變為熱量，而且是一去不返的永遠損耗，正如同水管漏水般，屬於不可逆的損耗。

· 永久性損耗的D_f對高速訊號品質尤其關鍵。當高速傳輸線分佈於厚大板外與板中時，其一路衰減到達收訊端的訊號品質，對於厚大板將更為糟糕。

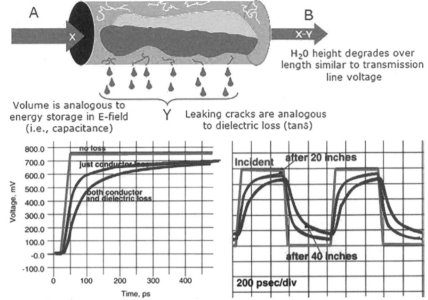

A → X

B → X-Y

H₂O height degrades over length similar to transmission line voltage

Volume is analogous to energy storage in E-field (i.e., capacitance)

Leaking cracks are analogous to dielectric loss (tanδ)

5-48 細說D_f之(2)

1. 厚大板類（High Layer Count）常指：路由器Router、服務器Server、交換機Switch 、工作站Work Station、基站Base Station、Line Card、Back Panel等高單價厚大多層傳統板而言。雲端運算（Cloud Computing）系統對此種板類的需求將會大大增加。

2. 現行高速或寬頻且大量之傳輸，以目前已量產5G智慧型手機之外頻達500MHz者為例；此等先進智慧型超小手機板，竟已用到Low D_k Low D_f的板材了。

3. Df之損耗比較，若按全新IBM之SPP法對9cm長的帶狀線Stripline，在1個GHz以上的高速傳輸中，各種絕緣材料所呈現的損耗數值範圍可分類如下：

Standard Loss	0.020-0.023
Middle Loss	0.015-0.020
Low Loss	0.008-0.015
Very Loss	<0.008
Super Low Loss	<0.004

$$\text{Atten}_{Len} = -2.3 \times f \times Df \times \sqrt{Dk} \quad \text{dB/inch, f in GHz}$$

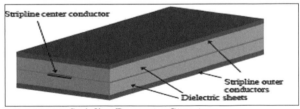

Stripline center conductor

Stripline outer conductors

Dielectric sheets

Stripline Resonator Structure

4. 先前按IPC-TM-650之2.5.5.1或2.5.5.3法利用Stripline試樣先量測低頻1MHz下的Df值，然後再從總損耗（Overall Loss）中減掉介質的損耗（D_f），即可取得導線本身的表皮損耗。不過此法太過陳舊已不宜用於目前的高速產品。

5. IBM利用時域傳輸儀（TDT）所提供的短脈衝傳播SPP法，已在2009.5正式列入TM-650手冊之2.5.5.12節中，此新法可測出多層板訊號能量之總損耗。該檢測文件中亦並列其他EBW、RIE與FD等三法。業界目前尚在進行商業之爭而尚未標準化。

5-49 高速傳輸與板材的關係

　　大系統高速傳輸中PCB之銅材與板材能量的總Loss稱為Insertion Loss插入損耗，此種能量損耗含銅材的Skin損耗，介質板材電磁波的損耗（Dielectric Loss D_f），與過孔（Via）損耗等；可利用全新SPP法精密測得PCB之插入損耗，再扣除銅材損耗後，即可取得板材的平均D_k/D_f數據。

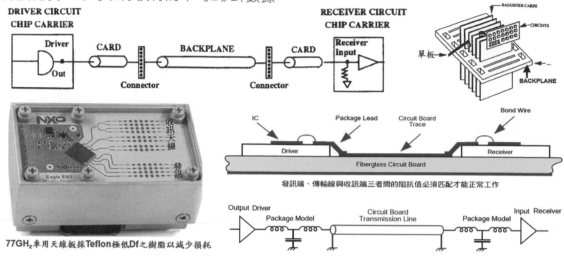

77GHz車用天線板採Teflon極低Df之樹脂以減少損耗

發訊端、傳輸線與收訊端三者間的阻抗值必須匹配才能正常工作

5-50 高速傳輸與板材的關係(5)…眼圖形成之一

　　利用向（矢）量分析儀VNA及三碼式眼圖（Eye Diagram）軟體，可對長途差動線樣板進行仿真，進而可對厚大板材其電性的好壞有了更明確的認知，以取代漸漸不切實際的D_k/D_f定點取樣而非全體板的真正數值。

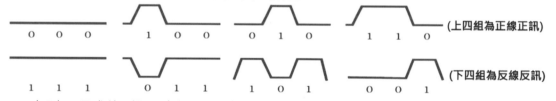

（上四組為正線正訊）

（下四組為反線反訊）

　　上列三碼式的8組碼流經10^7千萬次高速傳輸與定點時間凍結停跑下，即可逐一疊加而得到所謂的眼圖。

　　下列右四圖說明理想眼圖可呈現導體與介質兩者之總損耗，能量損耗後眼圖將被擠小。眼圖雖可表達板材影響傳輸之效果但却不易量化，於是只好又另採插入損耗Insertion Loss法檢測其總損耗了。

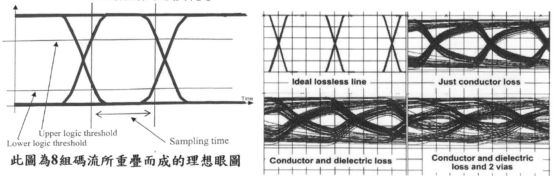

此圖為8組碼流所重疊而成的理想眼圖

5-51 高速傳輸與板材的關係(5)⋯眼圖形成之二

由前頁可知長途傳輸中監視訊號能量損耗的眼圖,是由三碼(bit)式的8組碼流(Byte)所累疊而成的。亦即雙股差動線在其發訊端分別發出正形與反形約10^7個正反碼流,全數到達時間凍結點的收訊端時,可利用軟體取得累疊而成可判讀的眼圖。右列各圖即為更接近實務的8組碼流與所疊加之眼圖。

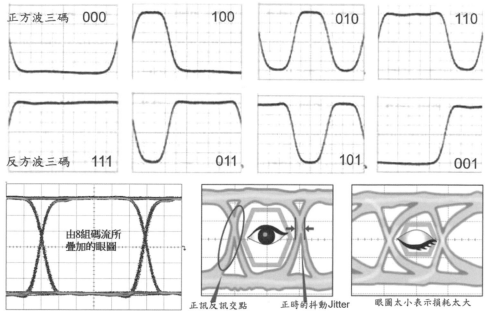

正方波三碼 000　　100　　010　　110

反方波三碼 111　　011　　101　　001

由8組碼流所疊加的眼圖

正訊反訊交點　　正時的抖動Jitter　　眼圖太小表示損耗太大

5-52 車用射頻雷達板的板材

5G車用雷達的PCB其板材D_f必須極低,才能接收到空中傳來的微弱射頻訊號。車用射頻範圍與市場變化從著名市調公司Yole所發表2015-2025的趨勢看來,24GHz近距雷達(倒車用)的成長已減緩,但中遠距77GHz的雷達則呈現大幅成長,致於遠距79Hz的雷達則自2021年也逐漸成長。所用板材以Rogers為例,已推出了銅箔瘤牙超細小與空心球形粉料D_k/D_f更小的新板材了。

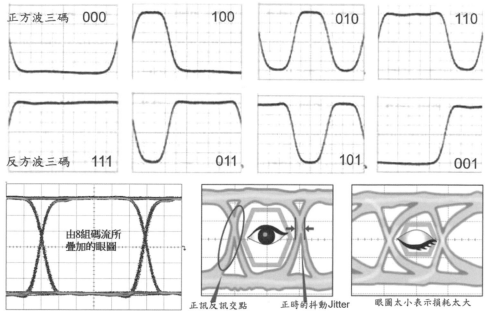

Automotive radar module: market forecast, split per frequency 2015-2025 ($B)

(Source: Radar and Wireless for Automotive: Market and Technology Trends 2019 report, Yole Développement, March 2019)

近距雷達　24GHz
中遠距雷達　77GHz
遠距雷達　79GHz

■79 GHz　■77 GHz　■24 GHz

短距雷達
中距雷達
長距雷達

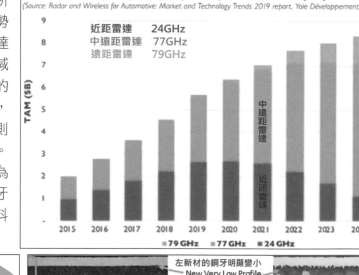

5mil厚雙面板

左新材的銅牙明顯變小
New Very Low Profile Copper

New Smaller, Rounded Filler Particles

Homogeneous Composition

左新材的球狀填充粉料不但變小而且更為均勻

5G車用雷達板新型RO3003G2板材

車用雷達板舊型RO3003板材

附錄第六章 D_k/D_f與S_{21}/SDD_{21}之檢測法

6-1 高速電路板傳輸損耗的量測

1. 資通工業快速進步使得板材所強調的D_k/D_f已經沒有太多意義，IPC在2005年對板材的Signal Loss組成了一個D24b的工作小組，起初僅有少數成員且都是來自Intel。

2. 之後又有許多大公司加入，最後於2009年對IPC-TM-650正式發佈了Method 2.5.5.12的四種全新完工板與訊號的檢測法，其內容比較如下表：

	EBW	RIE	SPP	FD
Instrument	TDR	TDR/VNA	TDT	VNA/TDT
Stimulus	Selected for appropriate spectral content	250 ps or specified	11-35 ps	300 KHz to 10 GHz or as specified
Coupon	> 5 cm	1.25 cm and 20.32 cm or specified	3 cm and 10 cm	20.32 cm or as specified
SW	Scope Algorithm	Algorithm & IPC web site pointer	Algorithm and IBM web site for software	Algorithm
Probe	Matched impedance probe	Matched impedance probe	Matched impedance probe, RF connector	Matched impedance probe, RF connector
Test Quantity	Maximum slope in MV/sec	Averaged loss (dB)	tanδ, ε_r, α, β, and Z_0 vs. frequency	Loss fit & slope
Applicability	PB fabrication testing	PB fabrication testing	PB material qualification, PB model generation	High-end PB fabrication testing, PB design guide specification

IPC-TM-650手冊中有關板材D_k/D_f者共有十三種檢測方法，但只有最後三法，似較能用於目前高速領域之大板類，未來如何發展尚待觀察。

SECTION 2.5 - ELECTRICAL TEST METHODS for Dk/Df		
2.5.5A	Dielectric Constant of Printed Wiring Materials	7/75
2.5.5.1B	Permittivity(Dielectric Constant) and Loss Tangent(Dissipation Factor) of Insulating Material at 1MHz(Contacting Electrode Systems)	5/86
2.5.5.2A	and DiDielectric Constant ssipation Factor of Printed Wiring Board Material--Clip Method	12/87
2.5.5.3C	Permittivity(Dielectric Constant) and Loss Tangent(Dissipation Factor) of Materials(Two Fluid Cell Method)	12/87
2.5.5.4	Dielectric Constant and Dissipation Factor of Printed Wiring Board Material--Micrometer Method	10/85
2.5.5.5C	Stripline Test for Permittivity and Loss Tangent(Dielectric Constant and Dissipation Factor) at X-Band	3/98
2.5.5.5.1	Stripline Test for Complex Relative Permittivity of Circuit Board Materials to 14GHZ	3/98
2.5.5.6	Non-Destructive Full Sheet Resonance Test for Permittivity of Clad Laminates	5/89
2.5.5.7	Characteristic Impedance and Time Delay of Lines on Printed Boards by TDR	11/92
2.5.5.8	Low Frequency Dielectric Constant and Loss Tangent, Polymer Films	7/95
2.5.5.9	Permittivity and Loss Tangent, Parallel Plate, 1MHz to 1.5GHz	11/98
2.5.5.10	High Frequency Testing to Determine Permittivity and Loss Tangent of Embedded Passive Materials	7/05
2.5.5.11	Propagation Delay of Lines on Printed Boards by TDR	4/09
2.5.5.12	Test Methods to Determine the Amount of Signal Loss on Printed Boards(PBs)	5/09
2.5.5.13	Relative Permittivity and Loss Tangent Using a Split-Cylinder Resonator	1/07

6-2 D_k/D_f較低之板材可減輕總體性衰減

1. 板材之平均D_f能夠降低時，即表高速傳輸中介質造成的衰減損耗即可減緩。且另當PCB特性阻抗一致性良好時，D_k較低者其導體損耗也較少。

2. 方波頻率愈高（振幅愈小）者D_k/D_f對衰減的影響愈大。現以4GHz兩種板材之差動帶狀線為例；當其他條件不變而僅D_k/D_f不同時，數據較高者之衰減竟多出了20％。

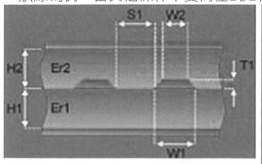

100 Ohm diff impedance
w = 5.6 mils
t = 0.6 mils
s = 10 mils
Dk = 4.2
Df = 0.02
H1 = H2 = 7 mils
2u rms copper

100 Ohm diff imped
w = 5.6 mils
t = 0.6 mils
s = 10 mils
Dk = 3.8
Df = 0.015
H1 = H2 = 7 mils
2u rms copper

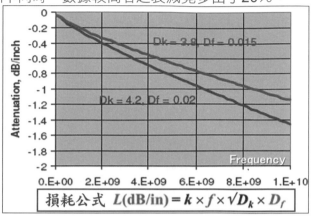

損耗公式 $L(dB/in) = k \times f \times \sqrt{D_k \times D_f}$

D_f 介質損耗是將訊號部份能量轉為熱能而成為永久損耗；但 D_k 是指訊號之部分能量暫時被介質極性所吸著卻同時也造成真正的損耗。

6-3 板材耗損與頻率關係的舉例

高速訊號在介質中的損耗（D_f）與對鄰線的遠端串擾，會隨著頻率（速度）增高而損耗逐漸下降，但卻也會隨著板材溫度上升而又增加損耗（見2010 IPC論文S16-01），下圖即為33吋長相鄰線路的數據呈現。

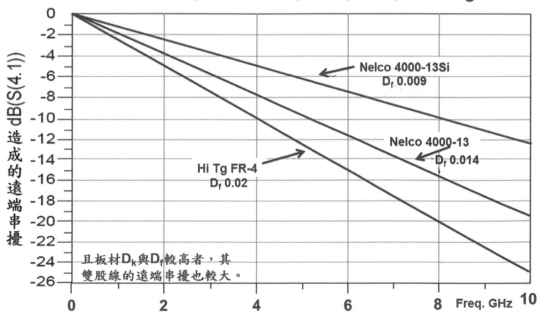

Figure 42.2 Dielectric Loss as a Function of Frequency for Three Materials, 33" long path

6-4 板材中玻纖密度分佈不均所造成D_k與D_f的差異

1.傳統玻纖布虛實分配不均（即D_k；D_f不均）對長程雙股差動線的訊號非常不利。

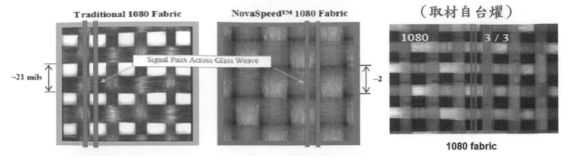

（取材自台燿）

2.上左圖左線D_k較大故速度較慢，而右線D_k較小速變較快，兩者對差動線都不利。

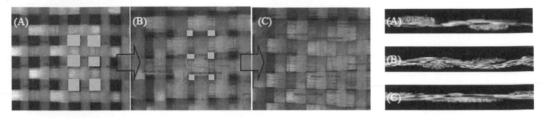

(A) regular type ;(B) open-filament type ;(C) flatten design；以C例之開纖布對高速最有利。

$$L(dB/in) = k \times f \times \sqrt{Dk} \times Df$$　　D_k對訊號損耗的關係不大，對訊號速度的影響卻很大($V_P=C/\sqrt{D_K}$)

6-5 降低玻纖對D_k影響的佈線

　　玻纖的D_k平均為6.0，環氧樹脂的D_k為3.0，因而高速訊號線飛越兩種複合材料所產生的拖累效果也不同。為了對待雙股差動線其正反兩單線公平起見，最好對常規板材採斜向佈局法，以減少兩者差異而發揮差動線的優點。

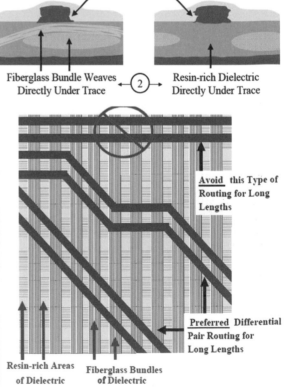

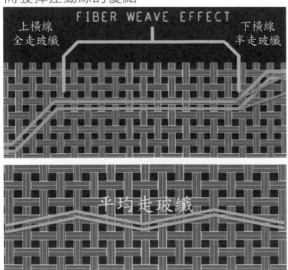

6-6 板材的樹脂與玻纖以及斜向佈線

1. FR-4其板材玻纖在1MHz量測之D_K為6.0，樹脂D_K為3.0。如此將使得跑線在玻纖處速率變慢（$V_P=C/\sqrt{D_K}$）而Z_0卻變小，然而樹脂處的速率卻變快與Z_0變大，長途傳輸中將造成Z_0的不連續（不穩）進而造成反射。 $Z_0=\sqrt{L/C}$ ， $C=D_K \times A / t$

2. 當外頻高速傳輸到達2-5GHz時，即使很短的差動線也將由於兩種板材D_K的差異而將造成正時性嚴重的歪斜（Timing Skew），進而影響到SI的不良。改用45°斜向佈線雖可改善有效介質常數（$\varepsilon_r eff$），但成本卻很不合算，目前是以較均勻的開纖布方式做為改善。

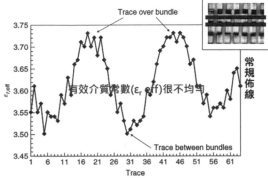

Figure 6-15 Example of $\varepsilon_{r,\,eff}$ variations due to the fiber-weave effect for 64 parallel transmission lines routed parallel to a board edge constructed with FR4 dielectric material.

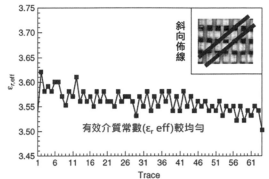

Figure 6-16 Example of the reduction in $\varepsilon_{r,\,eff}$ variations from the fiber-weave effect for 64 parallel transmission lines routed 45° with respect to a board edge constructed with FR4 dielectric material.

6-7 極高速或極高頻傳輸的輻射損耗

1. 傳輸中的總損耗（α_T）可利用VNA所測得的插入損耗（Insertion Loss）予以表達；也就是包括導體損耗（α_C），介質損耗（α_D）與輻射損耗（α_R以微帶線較大），以及Leakage Loss（α_L）等在內。一般訊號線愈長愈細者其α_R愈大，而α_L本來就很小可忽略之。

$$\alpha_T = \alpha_C + \alpha_D + \alpha_R + \alpha_L$$

2. 當PCB傳輸速度極高或射頻板之高頻傳輸時（例如2GHz–20GHz），就微帶線而言，發現當其介質層較厚時，導體損耗較小（例如在10GHz時，10mil厚介質者的α_C約0.25dB/in，而20mil厚者僅約0.15dB/in）。但目前100-500MHz之一般高速PCB，對此種介層厚度與損耗的關係則尚不明顯。

損耗公式 $L(\text{dB/in}) = k \times f \times \sqrt{D_k} \times D_f$

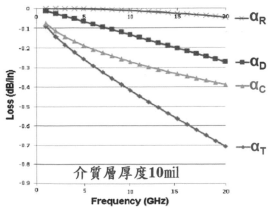

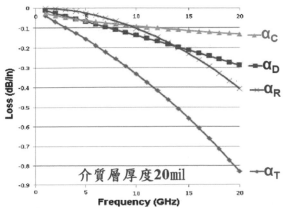

6-8 高速傳輸中微帶線與帶狀線兩者損耗的比較

1. 由於微帶線的電磁波一半是
在Air中奔跑，所受的阻力
當然要比埋在板材中的帶狀
線要小一些，因而不但微帶
線跑得快（$V_P=C/\sqrt{D_K}$因空氣
的D_K只有1而已）而且其損
耗（$L=K*F*\sqrt{D_K}*D_f$）也較
小。於是各種高速板的高速
傳輸線（例如USB3.1的佈
線）就必須佈在外層了。

2. 然而手執電子機器的板子太
小，外層板面連零組件都擠
不下當然就無法安置微帶
線了，不得已只好全部以帶
狀線設於板內。好在板子很
小，傳輸線長度較短下造成
的影響還不算太嚴重。

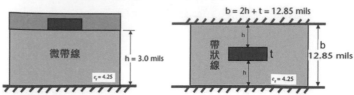

Figure 9.6 Dimensions of 50-Ω stripline and solder-mask-covered microstrip on FR4.

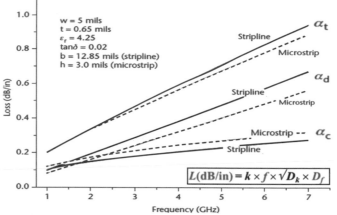

Figure 9.7 Losses in 50-Ω stripline (solid curve) and microstrip (broken curve). In this example, dielectric loss exceeds conductor loss for frequencies greater than 1GHz.

6-9 不同板材在各種工作頻率中期總體損耗的比較

Dielectric and Copper Loss
Examples 此表取自美商Telephonics網站

Frequency	FR4			4350		
	Copper Loss	Dielectric Loss	Total Loss	Copper Loss	Dielectric Loss	Total Loss
10 MHz	0.005	0.001	0.006	0.005	0.000	0.005
100 MHz	0.019	0.012	0.031	0.019	0.002	0.021
1 GHz	0.090	0.123	0.213	0.090	0.017	0.107
10 GHz	0.330	1.227	1.557	0.330	0.173	0.503

FR4 dielectric loss exceeds copper loss at 1 GHz

①真實PCB總體損耗(α_T)=α_C + α_D + α_R+反損+串損
②訊號速度愈快者板材損耗愈大，但銅導線則不變
③Intel要求4GHz中帶狀線的介質損失上限為0.78dB/inch

Notes:
1. Copper: 1 oz, electrodeposited, 10 mil width, 50 Ohms, strip-line
2. FR4 dielectric constant: 4.50, loss tangent 0.025, height 28 mils
3. 4350 dielectric constant: 3.48, loss tangent 0.004, height 22 mils
4. Loss units are dB/inch

Revision 4a   Copyright Telephonics 2002-2005

6-10 PCB導體加介質兩者之總損耗稱為插入損耗

1. 從組裝板各元件立場來看，訊號傳輸從A件到B件間的總共損耗可稱為 "插入損耗"
   （Insertion Loss），也就是導體加介質兩者之總損耗。

2. 就RF射頻板而言，其導體損耗約為介質損耗的3倍左右，下統計圖即為Rogers射頻
   板材按方波頻率所取得的損耗比較。實驗條件為：帶狀線Z_0=50Ω，跑線與歸路間之
   介質厚度為0.02mm，D_k=3.66，D_f=0.0036，銅箔稜線2.5μm。

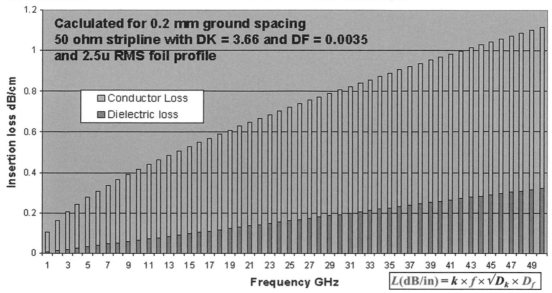

$$L(dB/in) = k \times f \times \sqrt{D_k \times D_f}$$

6-11 常規有損傳輸線（Lossy Line）與板材選擇

1. 真實世界的各種傳輸線都必定有所損耗，只是損耗多少而已。以傳輸線特性阻抗Z_0
   之公式而言，有損線之Z_0應按右列公式計算之。

2. 理論上全無損耗之傳輸線，其電阻R與電導G均視為0，
   而可將上式簡化成為：

$$Z_0 = \sqrt{\frac{R + j\omega L}{G + j\omega C}} \approx \sqrt{\frac{L}{C}}$$

實務公式　　理想公式

$$Z_0 = \sqrt{\frac{L}{C}}$$ 理想公式

3. 厚大板長程傳輸線其跑線之真正皮膚必須平
   滑，介質材料的D_k與D_f必須儘量抑低，才可
   減少高速方波能量的長途損耗。然而此等降
   低極性後的附著力必然較差，此類板材不但
   很貴，量應可製性又不佳，而且還很容易在
   強熱中爆板。一旦如此可採不同板材之混壓
   方式以解決困難。

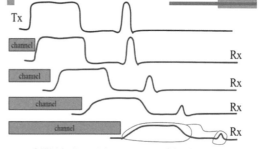

傳輸線越長則插入損耗(S₂₁)越大

RTF 銅箔

HS-VSP 銅箔

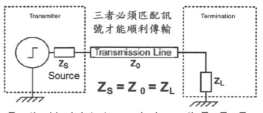

For the ideal data transmission path $Z_s=Z_0=Z_L$

6-12 PCB表面處理對訊號損耗的影響

1. 當高速方波之頻率（速度）超過4GHz者，完工板將因表面處理的不同而在損耗（Loss）方面有所差異，其中以ENIG的損耗最大。由於EN具少許磁性，當訊號超過6GHz時其插損將更趨明顯。此時ENEPIG就好一些了（見下中圖）。
2. 此種極高速的微帶線板類，除了板材須選用D_k與D_f極低（3.0/0.0013）的鐵弗龍Teflon樹脂外（例如Rogers的RO 3003），且完工板面更要求非常潔淨，甚至連綠漆也不宜使用，以減少極高速（或射頻）傳輸中的損耗。
3. 為了改善此種極高速RF板類的可製性（DFM）與可用性起見，經常採用性質差異極大的不同樹脂進行混壓（右下切片圖），例如外層跑線下直接介質採Teflon，其他支撐用的核心板材則可採FR-4做為主要疊構而進行混壓。

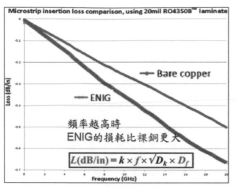
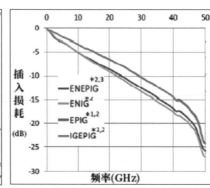

6-13 CCL與PCB吸水對高速傳輸的影響

1. 當板面的時脈頻率（外頻）高達500MHz時，只要跑線超過3cm就會明顯出現訊號品質劣化的各種負面傳輸效應。智慧型手機板早就到了此種境界。而載板的頻率還會更高。（三表為粗糙與吸水對D_k、D_f與Loss的影響）。
2. 為了省電與傳輸更快起見，工作電壓（即振幅）一路下降到目前的1V左右，使得CCL的電性（指D_k、D_f、銅箔表面粗糙度、S21插入損耗與吸水率等），以及PCB製程與品質等，都會影響到"訊號完整性"的品質。

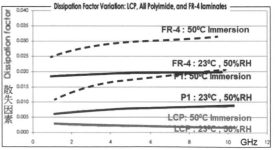
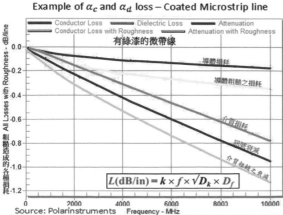
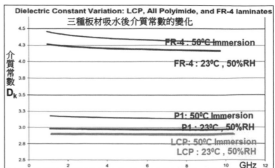

6-14 高速板材D_k/D_f與插入損耗（S_{21}，SDD_{21}）的量測法

　　IPC-TM-650 Test Method之2.5.5節中有關D_k與D_f的檢測方法，自2.5.5A（7/75）到2.5.5.12（5/2009）共有15種之多，十分混亂。早期平行板靜態LCR之低頻測法早已落伍。真正對高速訊號較有意義者為07年後對傳輸線的直接量測法，目前各大公司仍在較勁以致尚無定論。至於傳輸線SI之量測法也很多，下列三法較為著名：

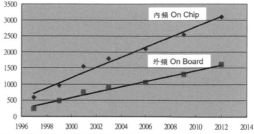

檢測法	Cisco的S3法	IBM的SPP法	Intel { ①SET2DIL已淘汰 ②Delta L 將成為2.5.5.14
IPC編號	----	TM-650-2.5.5.12	----
試樣與量測機 S3:帶狀線S參數掃描法	Vector Network Analyzer	TDR/LCR meter	此SET2DIL法已遭淘汰 VNA or TDR
比較	過程複雜較少使用	此法複雜仍用於CCL廠	方法檢單可用於差動線量產

6-15 IBM主導SPP法量測Insertion Loss插損及D_k/D_f(1)

　　大系統業者近年來已利用四種方法（TM-650之2.5.5.12），可在動態下量測介質中傳輸能量的損耗（D_f）。IBM採用SPP法對板材進行實測，且台灣PCB/CCL業界已推行多年。此種檢測法之過程頗為複雜，現簡要說明如下：

1.利用Tektronix DSA8200的TDR功能，先挑選出阻抗值為50±5%的良好樣板。並刻意在低頻下測取指定銅盤的D_k/D_f與線路之電容，以做為後續兩個軟體仿真的輸入工具。

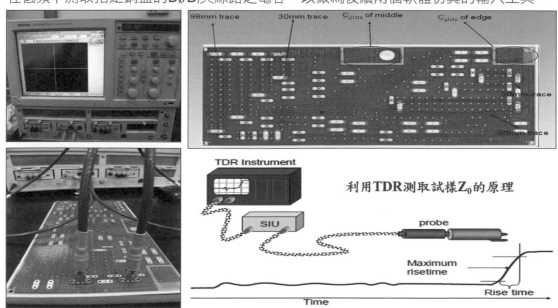

6-16 IBM主導SPP法量測Insertion Loss插損及D_k/D_f(2)

2. 再利用DSA8200時域傳輸儀TDR/TDT的功能，去量取樣板的插入損耗（S_{21}）。也就是利用發訊端的微分器（下左圖紅圈處）把原本梯階波轉變成極快極短的脈衝波，並在收訊端過程中測出其傳輸（播）中沿途振盪的插損。然後將時域TDT所測得的損耗，利用Gamma Z軟體轉換成為頻域中的實際損耗（見右圖藍色波線）。

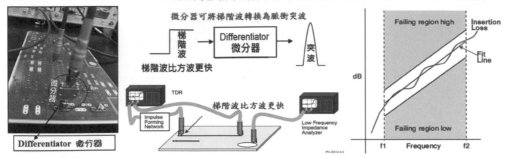

3. 再將樣板跑線（Trace）進行切片，求出各參數的平均值做成Model再與先前低速所測之D_k/D_f，一併交由CZ2D軟體找出高速傳輸的D_k/D_f值，並模擬出高速Loss的檢量線（上右圖的紅直線）。

4. 當此種藍色實測的Insertion Loss波線，已十分貼近軟體仿真的紅色檢量線（Fit Line）時，即表實測者已相當接近真實，進而可從上右圖的縱軸查出頻域的Loss有多少分貝（dB）了。一般在4GHz的傳輸線中，其Loss以不宜超過0.78 dB/in為宜（Intel內規）。

6-17 單股線的插入損耗S_{21}(1)

1. 假設將Agilent VNA（向量網路分析器）之Port1當成某弦波的發訊端(Driver)，將Port2當成收訊端（Receiver），而以指定樣板插入其間當成傳輸線。於是對此"插入板"而言，將出現反彈回Port1的部份弦波能量，與穿越"插入板"到達Port2的弦波傳播能量。

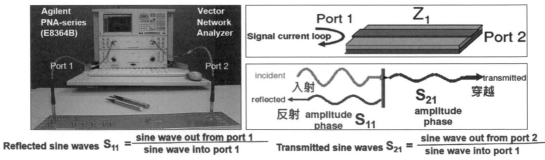

2. 此"插入板"將發生小部份能量之反彈（S_{11}）與大部份能量的通過（S_{21}），並可分別定義為不同的Scattered Parameters散射參數（即S參數）。其中之S_{21}亦即為Insertion Loss。

3. 利用頻域中的S_{21}原理，轉換成時域方波再檢測其插損。再將所測得總損耗扣除導體損耗後即可得到介質的Loss了。不過這只是針對單股線而言，若為雙股差動線時，其多項反覆Loss十分複雜，只宜採Field Solver的專用軟體加以解決了。

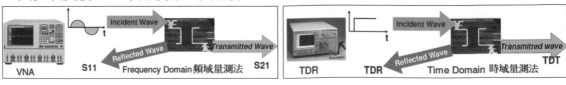

6-18 單股線的插入損耗S_{21}(2)

1. 利用Cisco研究Insertion Loss之2010年案例,從兩家PCB供應商提供相同板材與相同流程之兩片高階MLB看來,由於兩家跑線外表的粗糙度不同,兩片板同於10GHz高速傳輸所呈現之S_{21}竟然相差達6個dB之多!由此可見大系統所用高速MLB對於板材選擇與流程製作,以及下游組裝有多麼重要了。

2. 2011年德國Multek曾利用具有四端口的"向(矢)量網路分析儀"(VNA),Agilent的N5422A PNA-X,對考試板的背鑽盲腸長度與空環大小進行S_{21}的分析,發現盲腸愈短孔環愈大時其插損會愈小(下兩圖)。

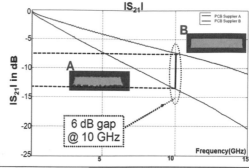

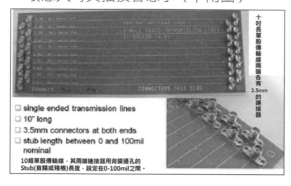

- single ended transmission lines
- 10" long
- 3.5mm connectors at both ends
- stub length between 0 and 100mil nominal

10組單股傳輸線,其兩端連接器用背鑽通孔的Stub(盲腸或殘樁)長度,設定在0-100mil之間

十吋長單股傳輸線兩頭各有3.5mm的連接器

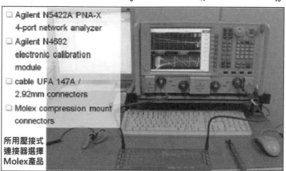

- Agilent N5422A PNA-X 4-port network analyzer
- Agilent N4692 electronic calibration module
- cable UFA 147A / 2.92mm connectors
- Molex compression mount connectors

所用壓接式連接器選擇Molex產品

6-19 雙股差動線差動插損SDD_{21}的量測(1)

雲端高速厚大板(如服務器Server等)經常要用到長途雙股差動線,此種差動插損SDD_{21}的量測曾有數種方法出現,目前以Intel的Delta L 2.0/4.0版本為主流。其做法是在板邊設置雙直線、雙蛇線、或雙波線各10吋長與5吋長之六種待測件,以客戶指定者為準。以圖3圖4雙蛇線為例採用觸通式精密探測頭座,用圖5的四通孔對準並重壓在差動線兩圓墊與其通孔以及C型接地金面,分別測得10吋與5吋雙蛇線的差動插損IL_{B10}與IL_{B5},代入公式即可求出雙蛇線每寸長的插損SDD_{21}。

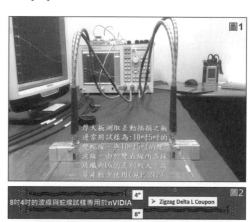

圖1

厚大板測取差動插損之板邊常用試樣為:10吋5吋的雙蛇線,與10吋5吋的雙波線。由於雙直線所各跨玻纖與Dk的差別較大,故量產較少使用(見P.212)

8吋4吋的波線與蛇線試樣專用於nVIDIA　▶ Zigzag Delta L Coupon 圖2

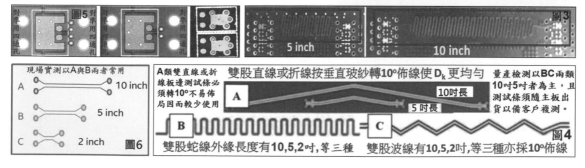

現場實測以A與B兩者常用

A ○——○ 10 inch
B ○——○ 5 inch
C ○——○ 2 inch 圖6

A類雙直線或折線板邊測試條必須轉10°不易佈局因而較少使用

雙股直線或折線按垂直玻紗轉10°佈線使D_k更均勻 量產檢測以BC兩類10吋5吋者為主,且測試條須隨主板出貨以備客戶複測。

A 10吋長 5吋長

B = C

雙股蛇線外緣長度有10,5,2吋,等三種 雙股波線有10,5,2吋,等三種亦採10°佈線 圖4

5 inch　10 inch 圖3

6-20 雙股差動線差動插損SDD$_{21}$的量測(2)

　　從圖1可知雙長線差損減去雙短線差損，即可排除四線兩端共8個訊號孔已崁入的干擾成份，稱為De-Embedding。由前頁公式IL$_{B10}$-IL$_{B5}$可知，相減後只剩下5吋長單純雙蛇線的IL了。且再從圖1右下所貼兩小圖可知DUT兩圓型金面測墊的四通孔中只有中間兩孔才是真的訊號孔，外側兩孔只是保鑣孔而已。圖2是測試前對校正的深入解說，亦即長短兩IL相減而扣除四個訊號孔的崁入干擾後，就只剩下5吋長雙線的IL/in了。

圖3實測為求兩具測試模組與各金面更好觸通起見還各加了1Kg的配重。測得兩DUT待測件的IL後即可利用軟體列出數據與報告。

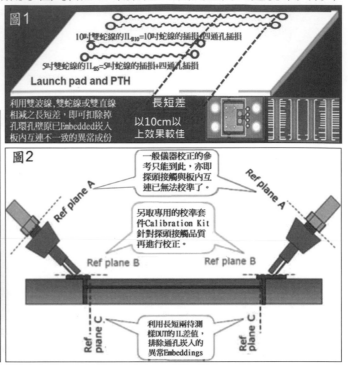

圖1
10吋雙蛇線的IL$_{B10}$=10吋蛇線的插損+四通孔插損
5吋雙蛇線的IL$_{B5}$=5吋蛇線的插損+四通孔插損
Launch pad and PTH
利用雙波線，雙蛇線或雙直線相減之長短差，即可扣除掉孔環孔壁原已Embedded崁入板內互連不一致的異常成份
長短差
以10cm以上效果較佳

圖2
一般儀器校正的參考只能到此，亦即探頭接觸與板內互連已無法校準了。
Ref plane A
另取專用的校準套件Calibration Kit針對探頭接觸品質再進行校正。
Ref plane B
利用長短兩待測樣DUT的IL差值，排除通孔崁入的異常Embeddings

6-21 內層銅面附著力皮膜也會影響損耗

　　內層銅面壓合前早年一向以黑棕氧化皮膜為主，無鉛焊接後棕替代性皮膜（如阿托的Bondfilm或日商美格的8100）漸成為主流。Cisco在IPC2014論文（S30-02）中特別提到此種增強附著力的銅面皮膜也會影響損耗。Cisco採歐洲Circuit Foil銅箔業者的超平坦平滑銅瘤（BF-HFi）分別由兩家PCB廠製做16吋長帶狀線的考試板，發現HFi銅箔與美格最新表面處理FB（耦聯劑）兩者搭配之損耗最低。

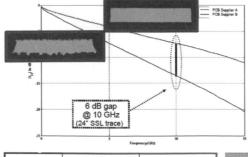

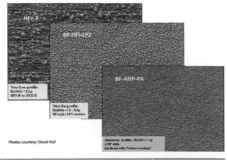

	Surface Roughening (CZ-8101:1um)	New Treatment (FlatBOND)
SEM X3,500		
Ra*(um)	0.27	0.04

No.	Identification	S21 (10 GHz)[a]	Df (10 GHz)
1	HFi / FB	-6.81	0.0063
2	HFi / CZ	-7.24	0.0072
3	HFi / BO-0.5	-7.01	0.0068
4	HFi / BO-1.5	-7.23	0.0071
5	HFi / RBO	-6.95	0.0065
6	HFz-B / FB	-7.41	0.0076
7	ANP-PA / FB	-6.96	0.0065

附錄第七章 高速載板與高速電路板之市場

7.1 智慧型手機所用載板與電路板已真正進入高速傳輸

智慧型20層手機板均已採用5μm超薄銅皮的類載板SLP超細線做法而且還貼焊了PoP，精密板雖小線路雖短但卻已進入高速傳輸的領域。

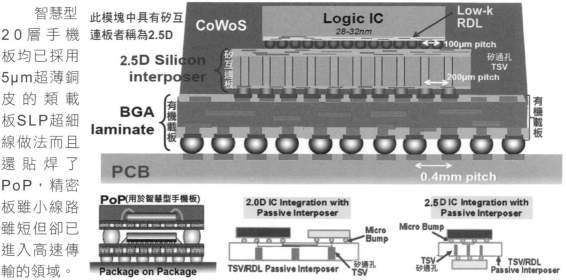

7-2 過度階段之2.5D IC之應用

1. 由於蘋果i-13手機AP晶片細線已到達5nm的境界，而BT載板的細線卻還在往10μm的目標努力，兩者相差幾達2000倍。造成IC內頻佈線無法與載板接軌下，於是就出現了上圖的矽載板與互連的矽通孔TSV而使傳輸大幅縮短。

2. 此種矽載板的矽通孔TSV約25-50μm左右，可採雷射成孔與電鍍銅填孔完成互連。凡是將數枚同質晶片以2D方式平裝在具有矽通孔之矽載板互連體（Interposer）者即稱之為2.5DIC，是目前一種過渡性做法。

3. 各晶片本身也可採矽通孔及填銅方式上下立體互連而成為真正的3DIC，然而其等TSV卻更縮小到5-6μm的地步，需另採DRIE乾式活性蝕刻法咬成微孔，再於孔壁做上SiO_2的絕緣層後才能去做CVD/PVD等濺鍍銅（等於化學銅）與電鍍銅以完成導通，但目前成本太貴尚無法量產。

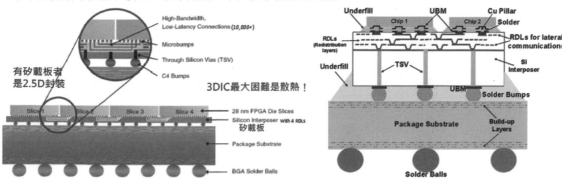

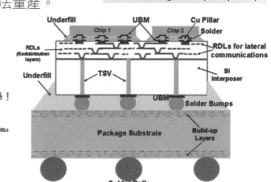

7-3 PoP低工作電壓高速訊號之傳輸

1. 智慧型手機與Tablet產品類已大量使用PoP（Package on Package）式的疊裝IC，係將完封覆晶式底件的CPU與打線式頂件的DRAM，利用三圈捆綁球綁成一體，從2D平面互連再度拉近到3D上下立體互連，雖又進一步縮短了高速訊號的傳輸路程，但對DDR2的533MHz高速訊號而言，收訊端仍然出現訊號品質的劣化。

2. 下右二圖取材自ECTC 2013之020文章，說明533MHz發訊端方波刻意變形為上凸下凹的藍色方波，在低電壓1.2V下通過傳輸線到達收訊端前，幾經折磨卻變為紅色的良好方波。此種減輕PCB成本而從軟體改善者稱為Pre-Emphasis（另見3-30節）。

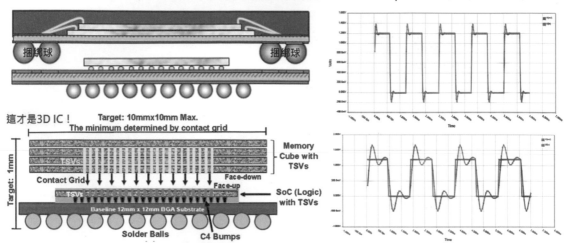

7-4 3DIC更有利於低壓高速之傳輸(1)

1. 前3-22節3D打線式之立體封裝因其傳輸線太長不易跑高速訊號，還不能稱為3DIC，只能稱Stacked Dies。然而真正覆晶式的3DIC其散熱卻成為一大難題。

2. 若採TSV矽通孔之矽載板做為互連體（Interposer），採2D承載主動與被動元件者稱為2.5D封裝（圖1）。當矽載板以單面或雙面Micro Bump承焊多個晶片而疊層者，才能稱為3DIC（圖2、3、4以圖4集成度最密）。有了TSV可使得互連路途大為縮短，對低振幅高速訊號之傳輸大為有利，估計2023年後也許會出現3DIC的電子產品。

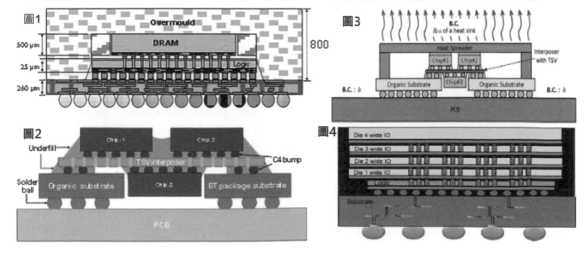

7-5 3DIC更有利於低壓高速之傳輸(2)

1. 前節所介紹以直徑5μm的TSV與微凸塊進行互連之真正3DIC立體疊晶已經很困難了，但卻仍只是Digital之同質性（Homogenous）整合而已。係將多個具奈米級TSV的功能晶片採疊構方式安裝在微米 TSV的矽載板上，然後才再裝在重新佈線RDL的有機載板上，但這仍只是SiP而已，還不算上是SoC。

2. 即使較為耗電的SiC整合其難度也非常高，例如①由於電測太困難以致Known Good Die的KGD取得不易。②Chip、Package、Carrier與PCB等產品間的溝通合作。③散熱（Thermal Solution）問題。④提升良率與FA失效分析各種手法的執行也都還存在著多重困難。

3. SiP對異質類比式晶片（Analog）的系統整合，與SoC晶片本身內部的緊密整合都將是未來努力的目標。

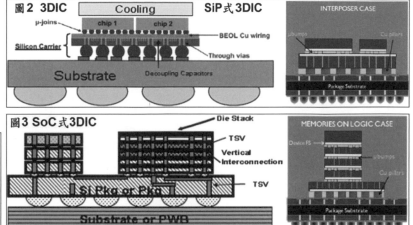

圖2 3DIC SiP式3DIC

圖3 SoC式3DIC

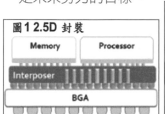

圖1 2.5D 封裝

7-6 Edge Computing邊緣運算與Fog Computing霧運算(1)

5G是從Sub-6GHz頻率較低的手機首先亮相，至於5G後期mmWave毫米波無限威風的2025年以後，將逐漸出現萬物互連IoT與自駕車，遠距教學，遠距醫療，AI人工智慧等全新生活，於是Edge的實時服務將不再依賴耗時的雲計算了。著名市調公司Gartner甚至預料2025年時Cloud將萎縮掉80%反之Edge將更為龐大，其中各種厚大PCB與各種超大Carrier載板將成為渴求的PCB了。圖1簡述邊緣計算的地位與工作內容，圖2說明5G公共全新基建的三大領域與邊緣計算的多種工作內容，其中自駕車IoT，IIoT（工業互連網）等發展潛力最大。圖3說明Edge角色在5G通信中的重要性。

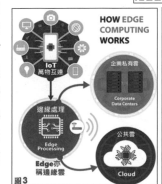

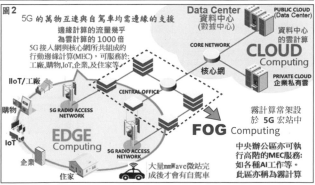

7-7 Edge Computing邊緣運算/Fog Computing霧運算(2)

圖1為4G以前時代網通的兩層式架構（Cloud與Edge），彼時邊緣計算的需求與計算能力都不大，很多資料還要去到真正的DC資料中心才能完成任務。圖2的5G時代不但資訊流量極大而且流速很快，因而不但Edge本身規模必須增大甚至又增加了一層Fog計算，以減少往返Cloud的流量與延遲。甚至5G自駕車、無人機等急需實時（Real Time）反應者還只能在眾多就近的Edge解決，因而Edge後續擴建的商機將更為龐大。圖3說明Edge的重要性將更甚於Fog。圖4也說明5G時代的Edge還更成為龐大流量的IoT萬物互聯與Cloud計算之間的橋梁。各種多接入式的Edge其需求PCB極多尤以厚大板為甚。

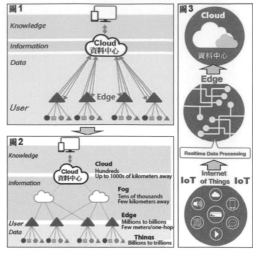

7-8 5G雲端各種厚大板的傳輸將以EMI較少的串傳為主流

5G雲端（含DC資料中心，Fog Computing霧計算，Edge Computing邊緣計算，與BS基站等）所用厚大板，均裝有多顆超大型IC的CPU與記憶體，其長途傳輸線均將以串傳為主以減少EMI的發生。

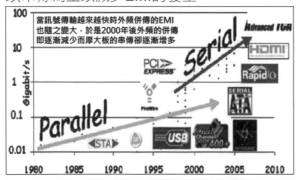

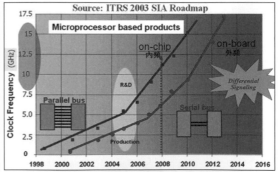

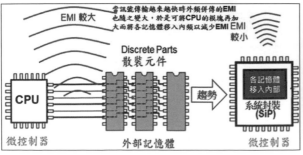

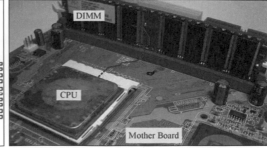

7-9 資訊產品工作電壓（方波振幅）的一再下降

出自節能減碳的壓力，資訊工業也積極研發Low Power的綠色計算，使得工作電壓已降到1V左右。如此一來雜訊（Noise）的容忍範圍將更加縮小，並迫使各種CCL板材的D_k/D_f值必須更低更均勻才行。2012資訊工業中原本NB一枝獨秀繼續成長外，全新開發的平板電腦也開始大流行，例如薄小密裝之iPhone 13、iPad、或EccPad與其他中間尺寸5-10"之產品因疫情還有很大的擴展空間。

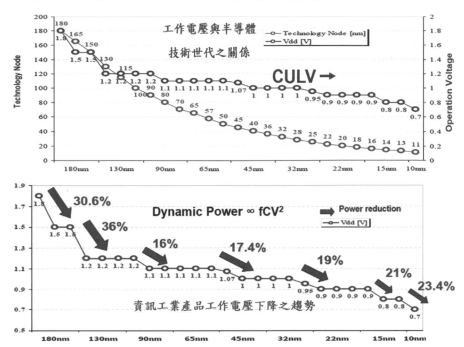

7-10 異族通婚如高速主材搭配射頻面材之混壓板

為達成高速方波訊號與射頻弦波訊號兩者傳輸的品質要求；高速方波訊號所用板材（如馬六馬七等）現已成為各種單板的主流，而射頻弦波卻只能選RF級D_f超低（0.005以下）的特殊板材了。為了機械強度與單價及可製性起見，其主力板與膠片則仍可繼續採用一般FR-4或高Tg者，如此之Hybrid異族混血PCB還另有提升功能增加良率與降低成本的好處。

Hydro-Carbon樹脂4350的Tg高達280℃現行設備無法壓合，Tefel樹脂3003的Tg僅19℃常溫中如同軟材故也無膠片可用，因而只能取其等雙面板做為RF射頻板的面材。

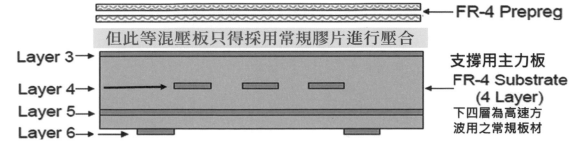

附錄第八章 結論與編後贅言

1. 以建模（Modeling）與仿真（Simulation）為基礎的訊號完整性，乃電腦硬體科技之半經驗式全新學門，雖與正統電子工程、電機工程、電工技術等有關，但差異性卻又很大，可說是一種跨學門性的訊號原理體系。關係較密切者應為電信工程。

2. 本SI系統教材主要涵蓋：方波構成、傳輸線原理、特性阻抗、板材關係、傳輸損耗等。編輯原則以彩圖為主文字為輔，並將重要觀念採多次重覆方式，以便於學員進入狀況與快速穿腦學習。

3. 幾乎所有PCB/PCBA業者們，對SI部份內容多少都曾接觸過但也都不深入。即使對軟體工具運用純熟的設計工程師們，一旦涉及基本原理與微調改善時則仍然一知半解，只能拜DOE之所賜尋找方向亂槍打鳥，而非一蹴可及一槍斃命。本教材希望能夠提供一些基礎智識以供強者之發揮。

4. 本教材耗時近十年參閱專業大陸及原文書籍近40冊，與其他原文講義、論文、期刊、商業介紹等數百篇資料；除小心吸取其中關鍵內容外，並以美工手法彩色重畫，整理多張圖片做為每頁主角，全文245節教材中各種彩圖達1055張之多。筆者學校背景原為舊時師範及化學，堪稱與SI全無關係，然而天道酬勤有心者豈能無獲？此書籍雖耗時五年編寫，小心校稿不下百次，但其中謬誤想必不在少數。尚盼高手們不吝指正，則感激不盡也。

國家圖書館出版品預行編目資料

5G與高速電路板 = 5G and high speed PCB/carrier/白蓉生編著. --
桃園市：臺灣電路板協會, 2022.06
470面；19×26公分
ISBN 978-986-99192-5-8(平裝)

1.CST: 無線電通訊 2.CST: 印刷電路

448.82   111008163

5G與高速電路板
5G and High Speed PCB / Carrier

發 行 人：李長明

發行單位：台灣電路板協會

執行單位：台灣電路板產業學院(PCB學院)

作　　者：白蓉生

地　　址：桃園市大園區高鐵北路二段147號

電　　話：886-3-3815659

傳　　真：886-3-3815150

網　　址：https://www.tpca.org.tw

電子信箱：service@tpca.org.tw

出版日期：2022年6月

定　　價：(會　員) 新台幣1500元整
　　　　　(非會員) 新台幣2300元整